高等院校化学化工类专业系列教材

New College Chemistry

新编大学化学

■ 主　编　倪哲明
副主编　陈爱民　干　宁　刘华彦

ZHEJIANG UNIVERSITY PRESS
浙江大学出版社

图书在版编目(CIP)数据

新编大学化学/倪哲明主编. —杭州：浙江大学出版
社，2014.12
　ISBN 978-7-308-13320-3

　Ⅰ.①新… Ⅱ.①倪… Ⅲ.①化学—高等学校—教
材 Ⅳ.①O6

　中国版本图书馆 CIP 数据核字（2014）第 118645 号

新编大学化学

倪哲明　主编

策划编辑	季　峥(zzstellar@126.com)
责任编辑	季　峥　冯其华
封面设计	刘依群
出版发行	浙江大学出版社
	（杭州市天目山路 148 号　邮政编码 310007）
	（网址：http://www.zjupress.com）
排　版	杭州林智广告有限公司
印　刷	德清县第二印刷厂
开　本	787mm×1092mm　1/16
印　张	25.5
字　数	557 千
版 印 次	2014 年 12 月第 1 版　2014 年 12 月第 1 次印刷
书　号	ISBN 978-7-308-13320-3
定　价	50.00 元

序 言

基础化学与通识教育的创新融合

　　大学化学与大学物理、大学数学、大学英语、大学语文等构成大学生基本知识和通识教育的重要组成部分。《新编大学化学》为高等院校(非化学化工类)学生们编写的化学基础课教材。本教材既关注传统经典化学基础知识的传授,又介绍现代化学的新进展和化学应用的新领域;既有别于中学化学,也不同于符合化学化工类学生学习程度的化学;既保持大学化学知识体系的整体性和系统性,也可根据不同的授课对象,有选择性、有侧重地介绍化学知识。本书也能为普通读者了解化学知识提供帮助。

　　目前,国外著名大学都十分重视化学理论知识的普及和教育。尤其是针对高等院校非化学化工类的学生,大学化学教材的编写常常不受传统化学基础和理论体系的影响,以探索化学问题为导向,以激发化学兴趣为考量,以提升化学素养为宗旨,用深入浅出的方式揭示化学在现代社会中的重要性,让人们了解现代化学与我们经济社会发展息息相关,化学就在我们的身边,化学对我们的生存环境影响也非常大。因此,大学化学教材变得生动活泼,有滋有味。

　　《新编大学化学》编写体现了基础化学与通识教育的创新融合,关注了化学应用教育和化学素养培养的交互整合。本教材分为上下两篇:上篇以介绍化学基础知识为主。尽可能让学生掌握最基础的、科学的化学基础知识,如化学反应基本规律、溶液与离子平衡、氧化还原反应与电化学、物质结构基础等。目的是使学生培养化学素养、熟悉化学方法、奠定化学思维。下篇以介绍化学应用知识为主。尽可能让学生了解化学与经济社会发展的密切相关性,以及化学应用的领域和特点,意识到化学与材料科学、环境科学、生命科学、能源科学、绿色化学及现代生活等有着千丝万缕的联系。

　　《新编大学化学》编写主要面对两大群体:一是理工科学生。理工科学生包括机械、建筑、信息等专业的学生。他们对化学基础知识的要求相对比较高,在授课的过程中,可强化基础化学的内容之教学,重点关注前四章的课程内容,后五章内容可作为化学知识的展开和深化。二是文科学生。文科学生包括经贸、管理、人文、艺术、法律等专业的学生。他们对化学基础知识的要求低一些,但也应该有所了解。授课的重点放在化学应用知识部分,以培养文科学生对化学的兴趣,使其了解化学拥有广泛的应用领域,现代生活离不开化学,引导学生关注生态环境、水环境、大气环境质量对人类生存的影响。

《新编大学化学》由国家教育部大学化学教学指导委员会专家、浙江省化学省级重点学科带头人、浙江工业大学化学工程学院博士生导师倪哲明教授主编,参与编写的教师有浙江工业大学陈爱民(第 1 章)、曹晓霞(第 2 章)、刘华彦(第 5 章)、卢晗锋(第 7 章)、倪哲明、藩国祥(第 8 章),宁波大学干宁(第 3 章)、舒杰(第 3 章及第 6 章)、水森(第 6 章),浙江科技学院干均江(第 4 章),湖州师范大学杨金田(第 9 章)、计兵(第 9 章)。由于化学的内容非常丰富,对内容的表述和取舍会受到编写者知识结构和化学素养的影响,从而令本教材在写作风格和内容编排上存在稍许差异,敬请读者包涵。

限于我们的知识修养和学术水平,本书难免存在不足甚至错误之处,恳请读者批评、指正!

倪哲明

2014 年之夏,于江南水乡

目　录

上篇：化学基础知识

第1章　化学反应基本理论

第 4 章　物质结构基础

下篇：化学应用知识

第5章　化学与材料科学

第6章　化学与能源科学

第7章　化学与环境保护

上篇

化学基础知识

化学反应基本理论
(Basic Principle of Chemisty Reaction)

1.1 基本概念

1.1.1 体系与环境

　　自然界中各事物总是相互联系的。为了研究的方便,人们常常把要研究的那部分物质和空间与其他物质和空间人为地分开,把作为研究对象的那部分物质和空间称为体系或系统(system),体系之外并与体系密切联系的其他物质和空间称为环境(surrounding)。例如,我们研究 298.15K、100kPa 时 NaCl 在水溶液中的溶解度,则 NaCl 水溶液是体系;而 NaCl 水溶液以外的部分,如盛溶液的容器、溶液上方空气等都属于环境。

　　体系与环境之间主要是通过物质交换和能量交换来关联的,因此,根据体系与环境之间能量与物质的交换情况,可以把体系分为如图 1-1 所示的三种模型。

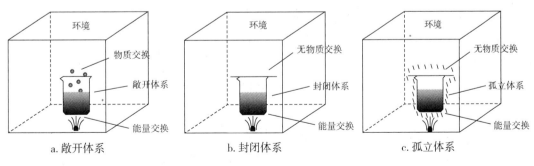

　　　a. 敞开体系　　　　　　　　b. 封闭体系　　　　　　　　c. 孤立体系

图 1-1　三种不同体系示意图

　　实际上,孤立体系是不存在的,但为了研究的方便,人们常常把一个体系在某些条件下近似为孤立体系。因此,孤立体系是为处理一些极端问题而建立的一种理想模型,类似于理想气体模型。

1.1.2　相

一个体系中,任何具有相同物理、化学性质的均匀部分叫作体系的相(phase)。只有一个相的体系,称单相系或均匀系(homogenous system);具有两个或两个以上相的体系,叫多相系或不均匀系(heterogenous system)。区分一个体系属于单相系还是多相系的关键是判断体系有无明显界面,而与体系是否为纯物质无关。例如,一般认为气态物质可以无限混合,因此将气体物质及其混合物均视为单相系。液体物质,如能相互溶解,则形成单相系,如酒精与水;如不互溶,混合时形成明显界面,为多相系,如四氯化碳和水。固态物质较为复杂,如果体系中不同物质达到分子程度地混合,则形成固熔体,视为单相系;除此之外,很难实现不同固态物质的分子、离子级混合,因此体系中有多少固体物质,就有多少相,如碳的三种同素异形体石墨、金刚石和 C_{60} 共存时,则视为三个相。

1.1.3　状态和状态函数

研究体系的变化,就是研究它的状态的变化。体系的状态(state)是指体系所有化学性质、物理性质的总和。描述体系状态的宏观性质,称为状态函数(state function)。例如,理想气体的状态,通常可用温度(T)、压强(p)、体积(V)和物质的量(n)四个物理量来描述。当这些性质确定时,体系就处在一定的状态;当体系状态一定时,体系的所有性质也都有确定值。当体系的一个状态函数或若干个状态函数发生变化时,则体系的状态也随之发生变化。变化前的状态称为始态;变化后的状态则称为终态。

需要注意的是,热力学状态与通常说的物质的存在状态(气、液、固)不是一个概念。状态函数具有以下特征:

① 体系的状态一定,状态函数的数值就有一个相应的确定值。但体系状态变化时,状态函数的变化只与始态和终态有关,与具体途径无关。

例如,将 1L 水由 25℃升温至 80℃,可以直接加热到 80℃;也可以先冷却到 0℃,再加热到 80℃。无论变化的具体过程如何,温度的变化值 $\Delta T = T_2 - T_1 = 55℃$。

② 体系的各个状态函数之间存在一定的制约关系。

例如,理想气体的四个变量 p、V、n、T 之间由理想气体状态方程 $pV = nRT$ 约束,当其中的三个变量固定时,第四个变量也必然有固定值,而其中的任意一个变量变化时,则至少有另外一个变量随之而变。

③ 状态函数的集合(和、差、积、商)也是状态函数。

状态函数按其性质不同,又可分为两类。

强度性质(intensive properties):其量值与体系中物质的量无关,仅取决于体系本身的性质,即不具有加和性。如温度、密度、压力、黏度等都为强度性质的状态函数。

容量性质(extensive properties):这种性质与体系中物质的量成正比,具有加和性。当将体系分成若干份时,体系的这些性质等于各部分该性质之和。如体积、内能、焓、熵等都为容量性质的状态函数。

1.1.4　过程与途径

1. 过程(process)

当体系状态发生任意变化时,这种变化称为"过程"。例如,气体的液化、固体的溶解、化学反应等,体系的状态都发生了变化。

热力学上常见的过程有下列几种:

① 等温过程(isothermal process)。体系在等温条件下发生的状态变化过程,$\Delta T = 0$。

② 等压过程(isobar process)。体系在等压条件下发生的状态变化过程,$\Delta p = 0$。

③ 等容过程(isovolum process)。体系在等容条件下发生的状态变化过程,$\Delta V = 0$。

④ 绝热过程(isothermal process)。体系与环境之间没有热量交换的过程,$Q = 0$。

2. 途径(path)

体系由一种状态变到另一状态可以经由不同的方式,这种始态变到终态的具体步骤称为途径。

1.1.5　热和功

对于每一个变化过程,其途径可以有多种。但无论采用何种途径,状态函数的增量仅取决于体系的始、终态,而与状态变化的途径无关。

在状态变化过程中,体系与环境之间可能发生能量交换,使体系和环境的热力学能发生改变。这种能量交换的方式有两种:热和功。

1. 热(heat)

指体系与环境之间因存在温度差异而发生的能量交换形式,用符号 Q 表示,具有能量单位(J 或 kJ)。对一个体系而言,不能说它具有多少热,只能讲它从环境吸收了多少热或释放给环境多少热。热力学中规定:体系向环境吸热,Q 取正值($Q > 0$,体系能量升高);体系向环境放热,Q 取负值($Q < 0$,体系能量下降)。

2. 功(work)

是热以外传递或交换能量的另一方式,用符号 W 表示,具有能量单位(J 或 kJ)。常见的功有体积功、表面功、电功、机械功等。

国家标准《物理化学和分子物理学的量和单位》（GB3102—93）规定：环境对体系做功，功取正值（$W>0$，体系能量升高）；体系对环境做功，功取负值（$W<0$，体系能量降低）。

功有多种形式，通常把功分为两大类：由于体系体积变化而与环境产生的功称体积功（volume work）或膨胀功（expension work）；除体积功以外的所有其他功都称为非体积功 W'（也叫有用功）。在化学过程中，由于大多数化学反应是在敞开容器中进行的，反应时体系由于体积变化而对抗外界压力做功，因此体积功具有特殊意义。如果体系只膨胀，则体系向环境做的功为：

$$W = -p_外(V_2 - V_1) = -p_外 \Delta V$$

式中：W 是功；p 是外压；ΔV 是反应过程中体系体积变化。通常规定：体系体积膨胀时，$\Delta V>0$，$p\Delta V>0$，W 为负值；体系体积收缩时，$\Delta V<0$，$p\Delta V<0$，W 为正值。

必须指出，热和功都不是状态函数，热和功除了与体系的始态、终态有关以外，还与体系状态变化的具体途径有关。

1.2　化学反应中的能量守恒和质量守恒

化学反应和状态变化过程中总是伴随热量的吸收或放出。例如，化学反应中甲烷气的燃烧，氢气和氯气反应生成氯化氢等反应是放热的；$CaCO_3$ 分解为 CaO 与 CO_2，NH_4Cl 分解为 NH_3 与 HCl 等反应是吸热的。此外，一些物理变化，如液态水的蒸发是吸热的，而液态水结冰则是放热；浓硫酸溶于水是放热，硝酸铵溶于水是吸热等等。热化学就是把热力学理论与方法应用于化学反应中，计算与研究化学反应的热量及变化规律的学科。

1.2.1　热力学能和热力学第一定律

1. 热力学能

体系处于一定状态时，具有一定的热力学能。热力学能（thermodynamic energy），又称内能（internal energy），它是体系内部各种形式能量的总和，用符号 U 表示，具有能量单位（J 或 kJ）。在一定条件下，体系的热力学能与体系中物质的量成正比，即热力学能具有加和性。热力学能 U 是体系的状态函数。体系状态变化时，热力学能变 ΔU 仅与始、终态有关，而与过程的具体途径无关。$\Delta U>0$，表明体系在状态变化过程中热力学能增加；$\Delta U<0$，表明体系在状态变化过程中热力学能减少。

由于体系内部质点的运动及相互作用很复杂，目前我们还无法确定体系某状态下热力学能 U 的绝对值。在实际化学过程中，人们关心的是体系在状态变化过程中的热力学能变

ΔU,而不是体系的热力学能 U 的绝对值。

2. 热力学第一定律

人们经过长期实践认识到,在孤立体系中能量是不会自生自灭的,它可以相互转化,但总量是不变的。这就是热力学第一定律(first law of thermodynamics),又称能量守恒与转化定律(law of energy conservation and transformation)。

若一个封闭体系,环境对其做功(W),并从环境吸热(Q),使其热力学能由 U_1 变化到 U_2,根据能量守恒定律,体系热力学能变化(ΔU)为:

$$\Delta U = U_2 - U_1 = Q + W \qquad\qquad (1-1)$$

此式为热力学第一定律的数学表达式。它的定义是:封闭体系热力学能的变化等于体系吸收的热与体系从环境所得功之和。当体系只对环境做体积功时,则:

$$\Delta U = Q + (-p\Delta V) \qquad\qquad (1-2)$$

【例 1-1】　某理想气体在恒定外压(100kPa)下吸热膨胀,其体积从 80L 变到 160L,同时吸收 25kJ 的热量,试计算体系内能的变化。

解:$\Delta U = [Q + (-p\Delta V) = 25 - 100 \times (160 - 80) \times 10^{-3}]kJ = 17kJ$

1.2.2　化学反应质量守恒定律

对任一化学反应:

$$a\mathrm{A} + b\mathrm{B} \Longrightarrow g\mathrm{G} + d\mathrm{D}$$

移项后写成:

$$0 = -a\mathrm{A} - b\mathrm{B} + g\mathrm{G} + d\mathrm{D}$$

令 $-a = \nu_{\mathrm{A}}$;$-b = \nu_{\mathrm{B}}$;$g = \nu_{\mathrm{G}}$;$d = \nu_{\mathrm{D}}$

简化为化学计量通式:

$$0 = \sum_{\mathrm{B}} \nu_{\mathrm{B}}\mathrm{B} \qquad\qquad (1-3)$$

式中:B 为化学反应方程式中任一反应物或产物的化学式;ν_{B} 为物质 B 的化学计量数(stoichiometric number)。

由通式可以看出,反应物的化学计量数为负值,而产物的化学计量数为正值。这与反应物减少和产物增加相一致。

例如以下反应:

$$\frac{1}{2}\mathrm{N}_2 + \frac{3}{2}\mathrm{H}_2 \Longrightarrow \mathrm{NH}_3$$

可写成:$0 = \dfrac{1}{2}\mathrm{N}_2 - \dfrac{3}{2}\mathrm{H}_2 + \mathrm{NH}_3$

化学计量数 ν_{B} 分别为:$\nu(\mathrm{N}_2) = \dfrac{1}{2}$,$\nu(\mathrm{H}_2) = \dfrac{3}{2}$,$\nu(\mathrm{NH}_3) = 1$。

1.2.3　化学反应的反应热

化学反应热效应是指体系发生化学反应时,在只做体积功而不做非体积功的等温过程中吸收或放出的热量。化学反应常在等容或等压条件下进行,因此化学反应热效应常分为等容热效应与等压热效应,即等容反应热与等压反应热。

1. 等容反应热 Q_V 和内能 ΔU

化学反应在密闭容器中进行,体积保持不变,称为等容(constant volume)过程,该过程体系与环境之间交换的热就是等容反应热,用符号 Q_V 表示,下标"V"表示等容过程。

因为等容过程 $\Delta V=0$,体积功 $p\Delta V$ 必为零,反应过程没有非体积功,所以过程的总功 W 为零。根据热力学第一定律(1-2)式可得:

$$Q_V = \Delta U = U_2 - U_1 \tag{1-4}$$

上式说明,在等容条件下进行的化学反应,其反应热等于该体系的热力学能的改变量。

2. 等压反应热 Q_p 和焓变 ΔH

大多数化学反应是在等压条件下进行的。在等温条件下,若体系发生化学反应是等压且只做体积功的过程,则该过程中与环境之间交换的热就是等压反应热,用符号 Q_p 表示,下标"p"表示等压过程。

等压过程 $p_环 = p_2 = p_1 = p$,由热力学第一定律得:

$$\Delta U = Q_p - p\Delta V \tag{1-5}$$

所以有:

$$Q_p = \Delta U + p\Delta V = \Delta U + (p_2 V_2 - p_1 V_1) = (U_2 + p_2 V_2) - (U_1 + p_1 V_1) \tag{1-6}$$

上式说明,在等压条件下进行的化学反应,其反应热等于终态和始态的 $(U+pV)$ 值之差。其中 U、p、V 都是取决于体系状态的状态函数,其组合 $(U+pV)$ 的值也应是取决于体系状态的状态函数。热力学中将 $(U+pV)$ 定义为焓(enthalpy),即:

$$H = U + pV \tag{1-7}$$

焓可用符号 H 表示,其单位为 $J \cdot mol^{-1}$ 或 $kJ \cdot mol^{-1}$,但没有明确的物理意义。由于热力学能 U 的绝对值无法确定,所以新组合的状态函数焓 H 的绝对值也无法确定。在一定条件下,体系的焓值与体系中物质的量成正比。可通过(1-6)式求得 H 在体系状态变化过程中的变化值——焓变 ΔH,即:

$$Q_p = H_2 - H_1 = \Delta H \tag{1-8}$$

上式有较明确的物理意义,即在恒温等压条件下只做体积功的过程中,体系吸收的热量全部用于增加体系的焓。物质的焓值越低,稳定性越高。

3. 反应焓变与热化学方程式

对于一个化学反应而言,等压条件下反应吸收或放出的热量通常用反应焓变(enthalpy of reaction)来表示,符号为 $\Delta_r H$。左下标 r 意为 reaction,代表一般化学反应。反应焓变等于反应终态产物的总焓与始态物质的总焓之差。

$$\Delta H = \sum H(终态物) - \sum H(始态物) \tag{1-9}$$

化学反应与反应热的关系又可以用热化学反应方程式来表达。例如,在 298.15K、100kPa 下,1mol $H_2(g)$ 和 0.5mol $O_2(g)$ 反应生成 $H_2O(g)$,热效应 $Q_p = -241.82$kJ·mol^{-1}。其热化学方程式为:

$$H_2(g) + \frac{1}{2}O_2(g) \longrightarrow H_2O(g); \qquad \Delta_r H_m = -241.82\text{kJ}\cdot\text{mol}^{-1}$$

式中:$\Delta_r H_m$ 称为摩尔反应焓变(molar enthalpy of reaction),右下标 m 表示反应进度为 1mol 时的反应焓变。$\Delta_r H_m$ 常用单位为 J·mol^{-1} 或 kJ·mol^{-1}。

书写热化学方程式应注意以下几点:

① 应注明反应的温度和压强。如果反应条件为 298.15K、100kPa,可忽略不写。

② 应注明参与反应的诸物质的聚集状态,以 g、l、s 分别表示气、液、固态。物质的聚集状态不同,其反应热亦不同。

注意:计算一个化学反应的 $\Delta_r H_m$ 时,必须明确写出其化学反应计量方程式。不给出反应方程式的 $\Delta_r H_m$ 是没有意义的。

4. 标准摩尔反应焓

如果反应是在标准状态下进行的,则可用标准摩尔反应焓 $\Delta_r H_m^{\ominus}$ (standard molar enthalpy of reaction)来表示。其右上标 $\ominus$ 表示为标准状态。物质的标准状态是在标准压强 $p^{\ominus}$(100kPa)下和某一指定温度下的物质的物理状态。$\Delta_r H_m^{\ominus}(T)$ 中,括号内的 T 表示指定温度。

对具体的物质而言,相应的标准状态如下:

① 纯理想气体物质的标准状态是该气体处于标准压强 $p^{\ominus}$ 下的状态;混合理想气体中任一组分的标准状态是该气体组分的分压为 $p^{\ominus}$ 时的状态;

② 纯液体(或纯固体)物质的标准状态就是标准压强 $p^{\ominus}$ 下的纯液体(或纯固体)的状态;

③ 溶液中溶质的标准状态是指标准压强 $p^{\ominus}$ 下溶质的浓度为 1mol·L^{-1} 的理想溶液的状态。

必须注意:在标准状态的规定中只规定了压强 $p^{\ominus}$,并没有规定温度。处于标准状态和不同温度下的体系的热力学函数有不同的值。一般的热力学函数值均为 298.15K(即 25℃)时的数值,若非 298.15K 时需特别指明。

1.2.4　化学反应热的计算

1. 盖斯定律

1840 年俄籍瑞士化学家盖斯(Hess)从大量热化学实验数据中总结出一条规律:任一化学反应,不论是一步完成的,还是分几步完成的,其化学反应的热效应总是相同的。这一定律就叫盖斯定律。

盖斯定律有着广泛的应用。利用一些反应热的数据,就可以计算出另一些反应的反应热。尤其是不易直接准确测定或根本不能直接测定的反应热,常可利用盖斯定律来计算。例如,C 和 O_2 反应生成 CO 的反应热是很难准确测定的,因为在实际反应过程中 CO 一定会被进一步氧化生成 CO_2。但是以下两个反应的反应热是可以在指定条件下定量准确测定的。

$$反应(1)\quad C(s)+O_2(g)\longrightarrow CO_2(g)\qquad \Delta H_1$$

$$反应(2)\quad CO(g)+\frac{1}{2}O_2(g)\longrightarrow CO_2(g)\qquad \Delta H_2$$

在恒温、等压条件下 C 燃烧生成 CO_2 的反应可以通过两种不同途径来完成:一种途径是 C 直接燃烧生成 CO_2;另外一种途径是 C 先氧化生成 CO,CO 再氧化成 CO_2。

$$反应(3)\quad C(g)+\frac{1}{2}O_2(g)\longrightarrow CO(g)\qquad \Delta H_3$$

其中:反应(3)=反应(1)−反应(2)

所以根据盖斯定律有:$\Delta H_3=\Delta H_1-\Delta H_2$

该结果表明,难测定的 ΔH_3 可以通过 ΔH_1 和 ΔH_2 计算得出。

2. 标准摩尔生成焓与标准摩尔反应焓的计算

标准状态和指定温度 T 下,由稳定态单质生成 1mol 物质 B 的标准摩尔反应焓即为物质 B 在 T 温度下的标准摩尔生成焓(standard molar enthalpy of formation),用 $\Delta_f H_m^\ominus$ 表示,单位为 $kJ\cdot mol^{-1}$。符号中的左下标 f 表示生成反应(formation),T 在 298.15K 时,通常可不注明。

根据标准摩尔生成焓的定义,可知单质的标准摩尔生成焓等于零。当一种元素有两种或两种以上单质时,通常规定最稳定的单质为参考状态,其标准摩尔生成焓为零。例如,石墨和金刚石是碳的两种同素异形体,石墨是碳的最稳定单质,是 C 的参考状态,它的标准摩尔生成焓等于零。由最稳定单质转变为其他形式的单质时,要吸收热量。例如,石墨转变成金刚石:

$$C(石墨)\longrightarrow C(金刚石)\qquad \Delta_r H_m^\ominus=+1.895kJ\cdot mol^{-1}$$

即　$\Delta_r H_m^\ominus(C,金刚石)=+1.895kJ\cdot mol^{-1}$

本书附录Ⅲ表中给出了在 298.15K、100kPa 下常见化合物与水合离子的标准摩尔生成焓 $\Delta_f H_m^\ominus$ 数据。这个表是很有用的，因为任何反应的标准摩尔焓变可以通过反应物和产物的标准摩尔生成焓来计算。

3．标准摩尔反应焓变的计算

在温度 T 及标准状态下同一个化学反应的反应物和产物存在如图 1-2 所示的关系，它们均可由等物质的量、同种类的参考状态单质生成。

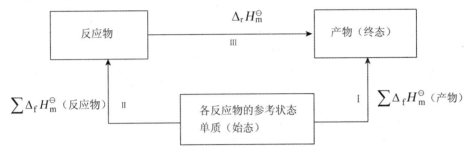

图 1-2　标准摩尔生成焓与标准摩尔反应焓之间的关系

由盖斯定律可以导出：

反应Ⅲ＝反应Ⅰ－反应Ⅱ

化学中任何反应的标准摩尔反应焓等于产物的标准摩尔生成焓的总和减去反应物的标准摩尔生成焓的总和。

对于一般的化学反应：$a\mathrm{A}+b\mathrm{B}\mathop{=\!=\!=}g\mathrm{G}+d\mathrm{D}$

$$\Delta_r H_m^\ominus = [g\Delta_f H_m^\ominus(\mathrm{G})+d\Delta_f H_m^\ominus(\mathrm{D})]-[a\Delta_f H_m^\ominus(\mathrm{A})+b\Delta_f H_m^\ominus(\mathrm{B})] \tag{1-10}$$

或表示为：

$$\Delta_r H_m^\ominus = \sum \nu_B \Delta_f H_m^\ominus(\mathrm{B}) \tag{1-11}$$

式中：ν_B 表示反应式中物质 B 的化学计量数。在大多数情况下，对于一给定反应，当温度 T 变化时，温度变化所引起的产物的焓变与温度变化所引起的反应物的焓变相差不多，因此温度改变时，反应焓变的变化不明显，在无机及分析化学计算中，可不考虑温度的影响。

【**例 1-2**】　1mol $C_2H_5OH(l)$ 于恒定 298.15K、100kPa 条件下与理论量的 $O_2(g)$ 进行下列反应：

$$C_2H_5OH(l)+3O_2(g)\longrightarrow 2CO_2(g)+3H_2O(g)$$

求这一过程的标准摩尔反应焓 $\Delta_r H_m^\ominus$。

解：

$$\begin{aligned}
\Delta_r H_m^\ominus &= [2\Delta_f H_m^\ominus(CO_2,g)+3\Delta_f H_m^\ominus(H_2O,g)]-[3\Delta_f H_m^\ominus(O_2,g)+\Delta_f H_m^\ominus(C_2H_5OH,l)]\\
&= [2\times(-393.51)+3\times(-241.82)]kJ\cdot mol^{-1}-[3\times0+(-277.69)]kJ\cdot mol^{-1}\\
&= -1234.79kJ\cdot mol^{-1}
\end{aligned}$$

1.3　化学反应方向和吉布斯自由能

自然界发生的过程都有一定的方向性。例如,水总是自动地从高处向低处流;铁在潮湿的空气中容易生锈。这种在一定条件下不需外界做功,一经引发就能自动进行的过程,称为自发过程。而要使水从低处输送到高处,需借助水泵做机械功来实现;要使水在常温下分解成氢气和氧气,则需要通过电解过程来实现。类似于这种需要通过外界作用力才能实现的过程称为非自发过程。化学反应在给定条件下能否自发进行、进行到什么程度是科研和生产实践中的一个重要问题。

1.3.1　影响化学反应方向的因素

1. 化学反应焓变——反应自发性的一种判据

在研究各种体系的变化过程时,人们发现自然界的自发过程,一般都朝着能量降低的方向进行。能量越低,体系的状态就越稳定。人们自然想到把焓变与化学反应的方向性联系起来。由于化学反应的焓变可作为产物与反应物能量差值的量度,因此人们起初认为如果一个化学反应的 $\Delta_r H_m^{\ominus} < 0$,即放热反应,体系的能量降低,反应可自发进行。例如:

$$3Fe(s) + 2O_2(g) \longrightarrow Fe_3O_4(s) \qquad \Delta_r H_m^{\ominus} = -1118.4 kJ \cdot mol^{-1}$$

$$CH_4(g) + 2O_2(g) \longrightarrow 2H_2O(l) + CO_2(g) \qquad \Delta_r H_m^{\ominus} = -890.4 kJ \cdot mol^{-1}$$

$$HCl(g) + NH_3(g) \longrightarrow NH_4Cl(s) \qquad \Delta_r H_m^{\ominus} = -176.0 kJ \cdot mol^{-1}$$

但是,实践表明,有些化学反应的 $\Delta_r H_m^{\ominus} > 0$,即吸热反应,在高温下亦能自发进行。例如:

$$NH_4Cl(s) \longrightarrow HCl(g) + NH_3(g) \qquad \Delta_r H_m^{\ominus} = 176.0 kJ \cdot mol^{-1}$$

$$CaCO_3(s) \longrightarrow CaO(s) + CO_2(g) \qquad \Delta_r H_m^{\ominus} = 178.5 kJ \cdot mol^{-1}$$

上述反应在 298.15K、标准状态下,反应是非自发的,但是当温度分别升高到 621K 和 1110K 时,$NH_4Cl(s)$ 和 $CaCO_3(s)$ 分别开始自发分解。因此,仅把反应焓变作为化学反应能否自发进行的普遍判据是不准确、不全面的。显然,还有其他影响因素的存在。

2. 化学反应熵变——反应自发性的另一种判据

自然界的自发过程,无论是化学变化还是物理变化,体系不仅有趋于最低能量状态的倾向,还有趋于最大混乱度的趋势。例如,对于两种原先被隔开的气体,抽取隔板,它们就能自发地混合,直至混合均匀;但无论等多少年,两气体也不能自动分离。又如,NaCl 晶体中的 Na^+ 和 Cl^-,在晶体中的排列是整齐有序的。NaCl 晶体投入水中后,晶体表面的 Na^+ 和 Cl^-

受到极性水分子的吸引从晶体表面脱落,形成水合离子并在水中扩散。在 NaCl 溶液中,无论是 Na^+、Cl^-,还是水分子,它们的分布情况都比 NaCl 溶解前要混乱得多。又如,$CaCO_3(s)$ 的分解反应式表明 1mol 的 $CaCO_3(s)$ 分解产生 1mol 的 CaO(s) 和 1mol 的 $CO_2(g)$,反应前后对比,不但是物质的种类和"物质的量"增多,而且产生了大量的气体,使整个体系的混乱程度明显增大。这些例子说明任何体系有向混乱度增加的方向进行的趋势。

混乱度的大小在热力学中是用一个新的热力学状态函数熵(entropy)来量度的,用符号 S 表示,单位为 $J \cdot mol^{-1} \cdot K^{-1}$。因此,高度无序的体系具有较大的熵值,而低熵值总是和井然有序的体系相联系。很显然,同一种物质的熵值有:$S^{\ominus}(g,T) > S^{\ominus}(l,T) > S^{\ominus}(s,T)$;同类物质,相对分子质量愈大,熵值愈大;物质的相对分子质量相近时,复杂分子的熵值大于简单分子。物质的熵值与体系的温度、压力有关。一般温度升高,体系中微粒的无序性增加,熵值增大;压力增大,微粒被限制在较小空间内运动,熵值减小。

1.3.2　标准摩尔熵及标准摩尔反应熵计算

在绝对温度零度(0K)时,纯物质的完美晶体空间排列是整齐有序的。此时体系的熵值 $S^*(0K) = 0$,其中上标 * 表示为完美晶体。在这个基准上,就可以确定其他温度下物质的熵值。即以 $S^*(0K) = 0$ 为始态,以温度为 T 时的指定状态 $S(B,T)$ 为终态,所算出的 1mol 物质 B 的反应熵 $\Delta_r S_m(B)$ 即为物质 B 在该指定状态下的摩尔规定熵 $S_m(B,T)$,即:

$$\Delta_r S_m(B) = S_m(B,T) - S_m^*(B,0K) = S_m(B,T)$$

在标准状态下的摩尔规定熵称标准摩尔熵,用 $S_m^{\ominus}(B,T)$ 表示,在 298.15K 时,简写为 $S_m^{\ominus}(B)$。标准摩尔熵的单位是 $J \cdot mol^{-1} \cdot K^{-1}$。注意:在标准状态下,最稳定单质的标准摩尔熵 $S_m^{\ominus}(B)$ 并不等于零。这与标准状态稳定单质的标准摩尔生成焓 $\Delta_r H_m^{\ominus}(B) = 0$ 不同。

不同水合离子的标准摩尔熵是以 $S_m^{\ominus}(H^+,aq) = 0$ 为基准而求得的相对值。一些物质在 298.15K 下的标准摩尔熵和一些常用水合离子的标准摩尔熵见附录Ⅲ。

由于熵是状态函数,由标准摩尔熵 $S_m^{\ominus}$ 求标准摩尔反应熵 $\Delta_r S_m^{\ominus}$ 的计算,类似于求标准摩尔反应焓变 $\Delta_r H_m^{\ominus}$。

对于一般的化学反应:$aA + bB \Longrightarrow gG + dD$,有:

$$\Delta_r S_m^{\ominus} = [gS_m^{\ominus}(G) + dS_m^{\ominus}(D)] - [aS_m^{\ominus}(A) + bS_m^{\ominus}(B)] \tag{1-12}$$

或表示为:

$$\Delta_r S_m^{\ominus} = \sum \nu_B S_m^{\ominus} \tag{1-13}$$

【例 1-3】　求下列反应在 298.15K 时的标准摩尔反应熵。

$$NH_4Cl(s) \Longrightarrow NH_3(g) + HCl(g)$$

解:查表并将数据代入下式:

$$\Delta_r S_m^{\ominus} = S_m^{\ominus}(NH_3,g) + S_m^{\ominus}(HCl,g) - S_m^{\ominus}(NH_4Cl,s)$$

$$=[(192.70+186.90)]J \cdot mol^{-1} \cdot K^{-1} - 94.56J \cdot mol^{-1} \cdot K^{-1}$$

$$=285.04J \cdot mol^{-1} \cdot K^{-1}$$

温度升高，粒子的热运动加快，因而粒子处于较大的混乱状态，所以物质的熵随温度的升高而增加。但在大多数情况下，当反应确定后，产物所增加的熵与反应物所增加的熵相差不多，因此温度改变时，化学反应的反应熵变化不明显。在无机及分析化学中，计算化学反应的反应熵时可不考虑温度的影响。

1.3.3　吉布斯自由能——化学反应方向的最终判据

前面我们讲过体系发生自发变化的两种驱动力：趋向于最低能量和最大混乱度状态。这两种因素事实上决定了宏观化学反应方向。为了确定一个过程(反应)的自发性，1878年美国著名物理化学家吉布斯(Gibbs)由热力学定律证明，对于一个恒温等压条件下非体积功等于零的过程，该过程如果是自发的，则过程的焓、熵和温度三者的关系为：

$$\Delta H - T\Delta S < 0$$

热力学定义：

$$G = H - TS \tag{1-14}$$

G 为状态函数 H、T 和 S 的集合，亦必为状态函数，称为吉布斯函数(Gibbs function)，又称吉布斯自由能，其单位为 $J \cdot mol^{-1}$ 或 $kJ \cdot mol^{-1}$。

对一个恒温等压条件下不做非体积功的过程，体系从始态 G_1 变化到终态 G_2，有：

$$\Delta G = G_2 - G_1 = \Delta H - T\Delta S \tag{1-15}$$

ΔG 可以作为判断过程能否自发进行的判据。即：

$\Delta G < 0$　自发进行

$\Delta G = 0$　平衡状态

$\Delta G > 0$　不能自发进行(其逆过程是自发的)

从(1-15)式可以看出，ΔG 的值取决于 ΔH、ΔS 和 T。ΔH、ΔS 的符号及温度 T 对化学反应 ΔG 的影响，可归纳为四种情况，见表 1-1。

表 1-1　等压下 ΔH、ΔS 及 T 对 ΔG 及反应自发性的影响

各种情况	ΔH 符号	ΔS 符号	ΔG 符号	反应的情况
1	(−)	(+)	(−)	在任何温度都自发进行
2	(+)	(−)	(+)	在任何温度都非自发进行
3	(+)	(+)	低温(+) 高温(−)	低温非自发进行 高温自发进行
4	(−)	(−)	低温(−) 高温(+)	低温自发进行 高温非自发进行

1.3.4　标准摩尔生成吉布斯函数与标准摩尔反应吉布斯函数变

与标准摩尔生成焓的定义类似,温度 T 时,在标准状态下,对于有最稳定态单质 B 的反应,其反应进度为 1mol 时的标准摩尔反应吉布斯函数变 $\Delta_r G_m^\ominus$,称为该物质 B 在温度 T 时的标准摩尔生成吉布斯函数,其符号为 $\Delta_f G_m^\ominus(B, T)$。热力学规定,在标准状态下所有最稳定态单质的标准摩尔生成吉布斯函数 $\Delta_f G_m^\ominus(B) = 0 kJ \cdot mol^{-1}$。

附录Ⅲ中列出了常见物质的标准摩尔生成吉布斯函数 $\Delta_f G_m^\ominus(298.15K)$ 和一些常见水合离子的标准摩尔生成吉布斯函数。

对于一般的化学反应:$aA + bB \Longrightarrow gG + dD$,有:

$$\Delta_r G_m^\ominus = [g\Delta_f G_m^\ominus(G) + d\Delta_f G_m^\ominus(D)] - [a\Delta_f G_m^\ominus(A) + b\Delta_f G_m^\ominus(B)] \qquad (1-16)$$

或表示为:

$$\Delta_r G_m^\ominus = \sum \nu_B \Delta_f G_m^\ominus(B) \qquad (1-17)$$

也可从吉布斯函数定义得到:

$$\Delta_r G_m^\ominus = \Delta_r H_m^\ominus - T\Delta_r S_m^\ominus \qquad (1-18)$$

由于 $\Delta_r H_m^\ominus$ 和 $\Delta_r S_m^\ominus$ 随温度的变化不大,可以近似认为与温度无关,所以可用 298.15K 时的 $\Delta_r H_m^\ominus$ 和 $\Delta_r S_m^\ominus$ 替代其他任意温度下的 $\Delta_r H_m^\ominus(T)$ 和 $\Delta_r S_m^\ominus(T)$,来计算任意温度下的 $\Delta_r G_m^\ominus(T)$。因此,(1-18)式可变为:

$$\Delta_r G_m^\ominus(T) \approx \Delta_r H_m^\ominus(298.15K) - T\Delta_r S_m^\ominus(298.15K)$$

【例 1-4】　计算反应 $Na_2O_2(s) + H_2O(l) \Longrightarrow 2NaOH(s) + \frac{1}{2}O_2(g)$ 在 298.15K 时的标准摩尔反应吉布斯函数变 $\Delta_r G_m^\ominus$,并判断此时反应的方向。

解:$\Delta_r G_m^\ominus = [2\Delta_f G_m^\ominus(NaOH, s) + \frac{1}{2}\Delta_f G_m^\ominus(O_2, g)] - [\Delta_f G_m^\ominus(NaOH, s) + \Delta_f G_m^\ominus(H_2O, l)]$

　　　　$= [2 \times (-379.5) + 0] - [(-447.7) + (237.2)] kJ \cdot mol^{-1}$

　　　　$= 74.1 kJ \cdot mol^{-1} < 0$

所以此时反应正向进行。

【例 1-5】　估算反应 $CaCO_3(s) \longrightarrow CaO(s) + CO_2(g)$ 在标准状态下的最低分解温度。

解:要 $CaCO_3(s)$ 分解反应进行,须 $\Delta_r G_m^\ominus < 0$,即:

$\Delta_r H_m^\ominus - T\Delta_r S_m^\ominus < 0$

$\Delta_r H_m^\ominus = \Delta_f H_m^\ominus(CaO, s) + \Delta_f H_m^\ominus(CO_2, g) - \Delta_f H_m^\ominus(CaCO_3, s) < 0$

　　　　$= [(-653.09) + (-393.51) - (-1206.92)] kJ \cdot mol^{-1} = 178.32 kJ \cdot mol^{-1}$

$\Delta_r S_m^\ominus = S_m^\ominus(CaO, s) + S_m^\ominus(CO_2, g) - S_m^\ominus(CaCO_3, s)$

　　　　$= (39.75 + 213.7 - 92.9) J \cdot mol^{-1} \cdot K^{-1} = 160.5 J \cdot mol^{-1} \cdot K^{-1}$

$$178.32 \times 10^3 \text{J} \cdot \text{mol}^{-1} - T \times 160.5 \text{J} \cdot \text{mol}^{-1} \cdot \text{K}^{-1} < 0$$

$$T_{分解} > \frac{178.32 \times 10^3 \text{J} \cdot \text{mol}^{-1}}{160.5 \text{J} \cdot \text{mol}^{-1} \cdot \text{K}^{-1}} = 1111\text{K}$$

所以 $CaCO_3(s)$ 的最低分解温度为 1111K。

必须指出的是,$\Delta_r G_m^\ominus$ 只能判断某一反应在标准状态时能否自发进行。若反应处于非标准状态时,不能直接用 $\Delta_r G_m^\ominus$ 来判断,必须计算 $\Delta_r G_m^\ominus$ 才能判断反应方向。

1.4　化学平衡及其移动

如果一个化学反应可以自发进行,那么进行的程度如何? 最大转化率是多少? 这将涉及化学反应的限度问题,即化学平衡问题。研究化学平衡及其规律,可以帮助人们找到合适的反应条件,最大限度地提高产品转化率。本节应用热力学基本原理,讨论化学平衡建立的条件以及化学平衡移动的方向与化学反应的限度等问题。

1.4.1　化学平衡及其特征

在恒温等压且非体积功为零的条件下,可用化学反应的吉布斯函数变 $\Delta_r G_m^\ominus$ 来判断化学反应进行的方向。其实随着反应的进行,体系吉布斯函数在不断变化,直至最终体系的吉布斯函数 G 值不再改变,此时反应的 $\Delta_r G_m^\ominus = 0$。这时化学反应达到最大限度,体系内的物质 B 的组成不再改变,我们称体系此时为化学平衡状态。例如,在密闭容器中,当压强为 100kPa,温度为 773K 时,SO_2 转化为 SO_3 的反应:

$$2SO_2(g) + O_2(g) \xrightarrow{V_2O_5} 2SO_3(g)$$

当 $SO_2(g)$ 与 $O_2(g)$ 以 $2 : 1$ 的体积比反应时,实验证明在反应"结束"时,转化为 $SO_3(g)$ 的最大转化率为 90%,而不是 100%。因为 $SO_2(g)$ 与 $O_2(g)$ 在生成 $SO_3(g)$ 的同时,部分 $SO_3(g)$ 在同一条件下又分解为 $SO_2(g)$ 与 $O_2(g)$,致使 $SO_2(g)$ 与 $O_2(g)$ 的反应不能进行完全。

这种在同一条件下,同时可向正、逆两个方向进行的化学反应称为可逆反应(reversible reaction)。在化学反应方程式中用双向半箭头号表示该反应为可逆的。即上述正、逆两个反应可写成:

$$2SO_2(g) + O_2(g) \rightleftharpoons 2SO_3(g)$$

把从左向右进行的反应称作正反应;从右向左进行的反应则称作逆反应。

原则上所有的化学反应都具有可逆性,只是不同的反应其可逆程度不同而已。反应的可逆性和不彻底性是一般化学反应的普遍特征。

化学平衡具有以下特征：

① 化学平衡是一个动态平衡（dynamic equilibrium）。一定条件下，平衡状态将体现出该反应条件下化学反应可以完成的最大限度。当达到平衡状态时，反应物和产物的浓度均不再发生变化，但反应却没有停止。实际上，正、逆反应仍然在进行，并且两者的反应速率相等。

② 化学平衡是相对的，同时也是有条件的。一旦维持平衡的条件发生了变化（例如温度、压力的变化），体系的宏观性质和物质的组成都将发生变化。原有的平衡将被破坏，代之以新的平衡。

③ 在一定温度下化学平衡一旦建立，以化学反应方程式中化学计量数为幂指数的反应方程式中各物种的浓度（或分压）的乘积为一常数，叫平衡常数。在同一温度下，同一反应的化学平衡常数相同。

1.4.2　标准平衡常数

1. 标准平衡常数的表达式

标准平衡常数（standard equilibrium constant）$K^{\ominus}$ 可以用来定量表达化学反应的平衡状态。它表达化学反应进行的程度：$K^{\ominus}$ 越大，平衡体系中产物越多而反应物越少；反之亦然。

对于一般化学反应　　　　$a\mathrm{A}+b\mathrm{B}\Longrightarrow g\mathrm{G}+d\mathrm{D}$

如果反应体系中物质都是气体，$K^{\ominus}$ 的表达式为：

$$K^{\ominus}=\frac{[p(\mathrm{G})/p^{\ominus}]^{g}[p(\mathrm{D})/p^{\ominus}]^{d}}{[p(\mathrm{A})/p^{\ominus}]^{a}[p(\mathrm{B})/p^{\ominus}]^{b}} \tag{1-19}$$

式中：$p/p^{\ominus}$ 表示体系的物质相对分压，p 表示平衡体系中物质各自的分压，$p^{\ominus}$ 表示气态物质的标准状态压强。

如果是溶液中的化学反应，$K^{\ominus}$ 的表达式为：

$$K^{\ominus}=\frac{[c(\mathrm{G})/c^{\ominus}]^{g}[c(\mathrm{D})/c^{\ominus}]^{d}}{[c(\mathrm{A})/c^{\ominus}]^{a}[c(\mathrm{B})/c^{\ominus}]^{b}} \tag{1-20}$$

式中：$c/c^{\ominus}$ 表示体系的物质相对浓度，c 表示平衡体系中物质各自的浓度，$c^{\ominus}$ 表示溶质的标准状态浓度。由于 $c^{\ominus}=1\mathrm{mol\cdot L^{-1}}$，为简单起见，式（1-20）中 $c^{\ominus}$ 在与 $K^{\ominus}$ 有关的数值计算中常予以省略。

对于多相反应的标准平衡常数表达式，反应组分中的气体用相对分压（$p_{\mathrm{B}}/p^{\ominus}$）表示；溶液中的溶质用相对浓度（$c_{\mathrm{B}}/c^{\ominus}$）表示；固体和纯液体的相对分压（$p_{\mathrm{B}}/p^{\ominus}$）为"1"，可省略。

例如，在 298.15K 下，实验室中制取 $CO_2(g)$ 的反应为：

$$\mathrm{CaCO_3(s)+2H^+(aq)}\Longrightarrow\mathrm{Ca^{2+}(aq)+CO_2(g)+H_2O(l)}$$

其标准平衡常数 $K^\ominus = \dfrac{[c(Ca^{2+})/c^\ominus][p(CO_2)/p^\ominus]}{[c(H^+)/c^\ominus]^2}$

2. 应用平衡常数注意事项

① 标准平衡常数只与反应温度有关，而与平衡组成无关。在使用平衡常数时，必须注明温度。

② 平衡常数 $K^\ominus$ 与化学反应计量方程式有关；同一化学反应，化学反应计量方程式不同，其 $K^\ominus$ 值也不同。

例如合成氨反应：

$N_2 + 3H_2 \Longrightarrow 2NH_3$　　$K_1^\ominus = [p(NH_3)/p^\ominus]^2 \cdot [p(H_2)/p^\ominus]^{-3} \cdot [p(N_2)/p^\ominus]^{-1}$

$\dfrac{1}{2}N_2 + \dfrac{3}{2}H_2 \Longrightarrow NH_3$　　$K_2^\ominus = [p(NH_3)/p^\ominus] \cdot [p(H_2)/p^\ominus]^{-\frac{3}{2}} \cdot [p(N_2)/p^\ominus]^{-\frac{1}{2}}$

$\dfrac{1}{3}N_2 + H_2 \Longrightarrow \dfrac{2}{3}NH_3$　　$K_3^\ominus = [p(NH_3)/p^\ominus]^{\frac{2}{3}} \cdot [p(H_2)/p^\ominus]^{-1} \cdot [p(N_2)/p^\ominus]^{-\frac{1}{3}}$

显然 $K_1^\ominus = (K_2^\ominus)^2 = (K_3^\ominus)^3$。因此，使用和查阅平衡常数时，必须注意它们所对应的化学反应计量方程式。

③ 平衡常数表达式中各组分的浓度（或分压）都是平衡状态时的浓度（或分压）；纯固体或纯液体参加反应时，其"浓度"不需表达出来。

3. 多重平衡规则

化学反应的平衡常数也可以利用多重规则来计算。如果某反应为若干个分步反应之和（或之差）时，则总反应的平衡常数为这若干个分步反应平衡常数的乘积（或商），这就是多重平衡规则。

【例 1-8】 已知下列反应(1)和反应(2)的平衡常数分别为 $K_1^\ominus$、$K_2^\ominus$，试求反应(3)的平衡常数 $K_3^\ominus$。

反应(1)　$SO_2(g) + \dfrac{1}{2}O_2(g) \Longrightarrow SO_3(g)$　　　　　　$K_1^\ominus$

反应(2)　$NO_2(g) \Longrightarrow NO(g) + \dfrac{1}{2}O_2(g)$　　　　　　　$K_2^\ominus$

反应(3)　$SO_2(g) + NO_2(g) \Longrightarrow NO(g) + SO_3(g)$　　$K_3^\ominus$

解：反应(1)+反应(2)得反应(3)，根据多重规则，得：

　　　$K_3^\ominus = K_1^\ominus \cdot K_2^\ominus$

根据多重规则，人们可以应用若干已知反应的平衡常数，求得某个或某些其他反应的平衡常数，而无需一一通过实验测定。

1.4.3　化学反应等温方程式

由前面的讨论我们知道，用 $\Delta_r G_m$ 和 $\Delta_r G_m^\ominus$ 都可以判断化学反应进行的程度，那么这两者之间必然存在某种内在联系。热力学研究证明,在恒温等压、任意状态下的 $\Delta_r G_m$ 与标准状态 $\Delta_r G_m^\ominus$ 有如下关系:

$$\Delta_r G_m = \Delta_r G_m^\ominus + RT\ln Q \tag{1-21}$$

式中: Q 为反应商。

对一般化学反应　　$a A(aq) + b B(g) \Longrightarrow g G(aq) + d D(g)$

$$Q = \frac{[c(G)/c^\ominus]^g [p(D)/p^\ominus]^d}{[c(A)/c^\ominus]^a [p(B)/p^\ominus]^b} \tag{1-22}$$

由上式可看出,反应商 Q 的表达式与标准平衡常数 $K^\ominus$ 的表达式形式相同,不同之处在于 Q 表达式中的浓度和分压为任意态(包括平衡态)的浓度和分压,而表达式 $K^\ominus$ 中的浓度和分压为平衡态时的浓度和分压。

由公式(1-21)及(1-22)可知,非标准状态条件下自发性判据 $\Delta_r G_m = 0$ 不仅与 $\Delta_r G_m^\ominus$ 有关,还与反应物和产物的压强(或浓度)有关。

当反应达到平衡时, $\Delta_r G_m = 0$,此时反应商 Q 即为 $K^\ominus$, $Q = K^\ominus$,因此:

$$\Delta_r G_m^\ominus + RT\ln K^\ominus = 0$$

或　　$\Delta_r G_m^\ominus = -RT\ln K^\ominus$ $\tag{1-23}$

上式表示化学反应的标准平衡常数与标准摩尔吉布斯函数变之间的关系。因此,只要知道温度 T 时的 $\Delta_r G_m^\ominus$,就可求得该反应此时的平衡常数。 $\Delta_r G_m^\ominus$ 值可通过查热力学函数表计算,所以,任一反应的标准平衡常数均可通过(1-23)式计算。显然,在一定温度下,若某可逆反应的 $\Delta_r G_m^\ominus$ 值愈小,则 $K^\ominus$ 值愈大,反应就进行得愈完全;反之, $\Delta_r G_m^\ominus$ 值愈大,则 $K^\ominus$ 值愈小,反应进行的程度亦愈小。将(1-23)式代入(1-21)式可得:

$$\Delta_r G_m = -RT\ln K^\ominus + RT\ln Q = RT\ln \frac{Q}{K^\ominus} \tag{1-24}$$

上式称为化学反应等温式,也可简称为反应等温式(reaction isotherm)。它表明恒温等压下,化学反应的摩尔吉布斯函数变 $\Delta_r G_m$ 与反应的平衡常数 $K^\ominus$ 及化学反应的反应商 Q 之间的关系。利用等温方程式(1-24),将 $K^\ominus$ 与 Q 进行比较,可以得出判断化学反应移动的方向:

$Q < K^\ominus$ 　　　　平衡正向移动

$Q > K^\ominus$ 　　　　平衡逆向移动

$Q = K^\ominus$ 　　　　处于平衡状态

【例 1-11】　已知可逆反应 $CO_2(g) + H_2(g) \Longrightarrow CO(g) + H_2O(g)$

在 820℃时, $K^\ominus = 1$,若有一混合低压气体其总压为 100kPa,内含 $H_2(g)$ 20%(体积分数)、$CO_2(g)$ 20%、$CO(g)$ 50%、$H_2O(g)$ 10%,问此时反应朝什么方向进行?

解: 低压混合气体可近似看作理想气体

$$Q = \frac{[p(CO)/p^\ominus] \cdot [p(H_2O)/p^\ominus]}{[p(H_2)/p^\ominus] \cdot [p(CO_2)/p^\ominus]} = \frac{50\% \times 10\%}{20\% \times 20\%} = 1.25$$

$$Q > K^{\ominus}$$

所以,该反应逆向进行。

1.4.4 平衡移动

外界条件改变时从一种平衡状态向另一种平衡状态转变的过程称为平衡移动。所有的平衡移动都服从勒夏特列原理(Le Chatelier's principle):如果对平衡体系施加外力,则平衡将沿着减小外力影响的方向移动。对化学平衡体系而言,外力主要是指浓度、压力以及温度。必须注意:勒夏特列原理只适用于已经处于平衡状态的体系,对于未达平衡状态的体系则不适用。

1. 浓度对化学平衡的影响

浓度作为化学平衡移动的外力时,增大反应物浓度(或减小产物浓度)时,平衡将沿着正反应方向移动;减小反应物浓度(或增大产物浓度)时,平衡将沿着逆反应方向移动。

在一定温度下反应体系达到化学平衡时,$Q = K^{\ominus}$,任何反应物或产物的浓度改变,都会使 $Q \neq K^{\ominus}$,平衡将发生移动。增加反应物的浓度或降低产物的浓度都使 Q 值变小,则 $Q < K^{\ominus}$。此时体系不再处于平衡状态,反应将向正方向移动,直到 Q 重新等于 $K^{\ominus}$,体系又建立起新的平衡。不过在新的平衡体系中各组分的平衡浓度已发生了变化。反之,若在已达平衡的体系中降低反应物浓度或增加产物浓度,则 $Q > K^{\ominus}$,此时平衡将向逆反应方向移动。

通过浓度(或分压)对化学平衡的影响,人们可以充分利用某些不易得的、高价值的反应原料,使这些反应物有高的转化率。如反应:

$$CO(g) + H_2O(g) \rightleftharpoons CO_2(g) + H_2(g)$$

为充分利用 $CO(g)$,可增加 $H_2O(g)$ 的分压,使其过量,从而提高 $CO(g)$ 的转化。又如反应:

$$CaCO_3(s) \rightleftharpoons CaO(s) + CO_2(g)$$

若不断移去 $CO_2(g)$,降低 $CO_2(g)$ 分压,有利于 $CaCO_3(s)$ 的分解,使其全部转化为 $CaO(s)$。

2. 压力对化学平衡的影响

压力变化对化学平衡的影响应视化学反应的具体情况而定。对只有液体或固体参与的反应而言,改变压力对平衡影响很小,可以不予考虑。但对于有气态物质参与的平衡体系,体系压力的改变则可能会对平衡产生影响。现举例说明压力对平衡的影响,如合成氨反应:

$$N_2(g) + 3H_2(g) \rightleftharpoons 2NH_3(g)$$

在一定温度、压强($p_{1总}$)下达平衡,平衡常数为:

$$K^{\ominus} = \frac{[p_1(NH_3)/p^{\ominus}]^2}{[p_1(N_2)/p^{\ominus}] \cdot [p_1(H_2)/p^{\ominus}]^3}$$

如果改变总压,使新的总压为:

$$p_{2总} = 2p_{1总}$$

此时

$$p_2(N_2) = 2p_1(N_2) \qquad p_2(H_2) = 2p_1(H_2) \qquad p_2(NH_3) = 2p_1(NH_3)$$

则 $$K^{\ominus} = \frac{[p_2(NH_3)/p^{\ominus}]^2}{[p_2(N_2)/p^{\ominus}] \cdot [p_2(H_2)/p^{\ominus}]^3} = \frac{[2p_1(NH_3)/p^{\ominus}]^2}{[2p_1(N_2)/p^{\ominus}] \cdot [2p_1(H_2)/p^{\ominus}]^3} = \frac{1}{4}K^{\ominus}$$

$$Q < K^{\ominus}$$

因此增加总压后，反应向正方向进行，平衡向右移动。

如果改变总压使新的总压 $p_{2总} = \dfrac{1}{2}p_{1总}$，则 $Q = 4K^{\ominus} > K^{\ominus}$，因此降低总压后，反应向逆方向进行，平衡向左移动。

通过上例讨论，可以看出压力对化学平衡影响的原因在于反应前后气态物质的化学计量数之和 $\sum \nu_B(g) \neq 0$。增加压力，平衡向气体分子数较少的一方移动；降低压力，平衡向气体分子数较多的一方移动。显然，如果反应前后气体分子数没有变化，$\sum \nu_B(g) = 0$，则改变总压对化学平衡没有影响。

对有固体或液体参与的多相反应，压力的改变一般也不会影响溶液中各组分的浓度，通常只要考虑反应前后气态物质分子数的变化即可。例如反应：

$$C(s) + H_2O(g) \Longleftrightarrow CO(g) + H_2(g)$$

如果增加压力，平衡向左移动；降低压力，则平衡向右移动。

3. 温度对化学平衡的影响

每个化学平衡都涉及正、逆一对反应。如果正反应是吸热反应，逆反应一定是放热反应；反之亦然。温度作为化学平衡移动的外力时，其对化学平衡的影响可以简单归纳为：升高温度，平衡沿吸热反应的方向移动；降低温度，平衡沿放热的方向移动。

前面已经提到，平衡常数的数值与温度有关，改变温度使得 $K^{\ominus} \neq Q$，从而引起平衡的移动。

根据(1-18)式和(1-23)式：

$$\Delta_r G_m^{\ominus} = \Delta_r H_m^{\ominus} - T\Delta_r S_m^{\ominus} = -RT\ln K^{\ominus}$$

可以推导出温度与平衡常数之间的关系为：

$$-RT\ln K^{\ominus} = \Delta_r H_m^{\ominus} - T\Delta_r S_m^{\ominus}$$

$$\ln K^{\ominus} = \frac{-\Delta_r H_m^{\ominus}}{RT} + \frac{T\Delta_r S_m^{\ominus}}{RT} \tag{1-25}$$

在温度变化不大时，$\Delta_r H_m^{\ominus}$ 和 $\Delta_r S_m^{\ominus}$ 可看作是常数。若反应在 T_1 和 T_2 时的平衡常数分别为 $K_1^{\ominus}$ 和 $K_2^{\ominus}$，并认为在 $T_1 \sim T_2$ 范围内 $\Delta_r H_m^{\ominus}$ 和 $\Delta_r S_m^{\ominus}$ 的数值不变，则近似地有：

$$\ln K_1^{\ominus} = \frac{-\Delta_r H_m^{\ominus}}{RT_1} + \frac{\Delta_r S_m^{\ominus}}{R}$$

$$\ln K_2^\ominus = \frac{-\Delta_r H_m^\ominus}{RT_2} + \frac{\Delta_r S_m^\ominus}{R}$$

两式相减有：

$$\ln \frac{K_1^\ominus}{K_2^\ominus} = \frac{-\Delta_r G_m^\ominus}{R} = \left(\frac{1}{T_1} - \frac{1}{T_2}\right) \tag{1-26}$$

上式表示在实验温度变化范围内，$\Delta_r G_m^\ominus$ 为常数时不同温度下的标准平衡常数之间的关系。

【例 1-11】 反应 $BeSO_4(s) \Longrightarrow BeO(s) + SO_3(g)$ 在 400K 时，平衡常数 $K^\ominus = 3.87 \times 10^{-16}$，反应的标准摩尔焓变 $\Delta_r H_m^\ominus = 175 kJ \cdot mol^{-1}$，求反应在 600K 时的平衡常数。

解：$\ln \frac{K_1^\ominus}{K_2^\ominus} = \frac{-\Delta_r H_m^\ominus}{R} \left(\frac{1}{T_1} - \frac{1}{T_2}\right)$

$\ln \frac{3.87 \times 10^{-16}}{K_2^\ominus} = \frac{175 \times 10^3}{8.314} \left(\frac{1}{400} \times \frac{1}{600}\right)$

$H^\ominus = 1.61 \times 10^{-8}$

1.5 化学反应速率

化学反应有些进行得很快，例如炸药的爆炸、照相胶片的感光、酸碱中和反应等几乎是瞬间完成的；有些化学反应进行得很慢，如塑料和橡胶的老化、煤和石油在地壳内的形成等，在宏观上几乎观察不到反应的进行。即使是同一反应，在不同条件下，反应速率也不相同，例如 H_2 与 O_2 在室温时反应非常慢，其混合气体放置 1 万年仍看不出生成 H_2O 的迹象，但是，只要遇到火花，H_2 与 O_2 就会快速反应。在生产实践中常常需要采取措施来加快反应速率，以便缩短生产时间；而对于有些反应（如金属腐蚀）则应设法降低其反应速率，甚至抑制其发生。因此，必须掌握化学反应速率的变化规律。

1.5.1 反应速率理论

1. 碰撞理论

1918 年，路易斯在气体分子运动论基础上提出了碰撞理论（collision theory），该理论有两条重要假定：

① 原子、分子或离子等微粒只有相互碰撞才能发生反应。

② 只有少部分微粒碰撞能导致化学反应，大多数反应物微粒在碰撞后发生反弹，而不发生任何作用。

能导致化学反应的碰撞叫有效碰撞（effective collision），反之为无效碰撞。单位时间内

有效碰撞的频率越高,反应速率也越大。有效碰撞至少应满足以下两个条件:

① 碰撞微粒有足够的动能。

碰撞理论把那些具有足够高的能量、能够发生有效碰撞的分子称为活化分子(activated molecular)。气体分子的平均能量用 E_k 表示,分子发生有效碰撞必须具备的最低能量用 E_0 表示,则能量超过 E_0 的分子为活化分子,能量低于 E_0 的分子称非活化分子或普通分子。使普通分子成为活化分子所需的最小能量称为活化能(E_a,activation energy)。统计热力学把活化分子的最低能量与反应物分子的平均能量的差值称为活化能,即 $E_a = E_0 - E_k$。活化能可以理解为要使 1mol 具有平均能量的分子转化成活化分子所需吸收的最低能量。一般化学反应的活化能为 $40\sim400$kJ。图 1-3 是气体分子的能量分布示意图,横坐标为能量,纵坐标 $\Delta N/(N\Delta E)$ 表示具有能量在 E 到 $E+\Delta E$ 范围内单位能量区间的分子所占的分子百分数。由图可以看出,在一定温度下,反应的活化能越大,其活化分子百分数越小,反应速率就越小;反之,反应的活化能越小,其活化分子百分数就越大,反应则越快。

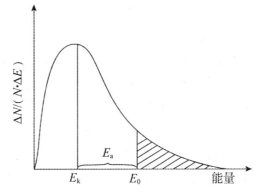

图 1-3　气体分子的能量分布曲线

②发生有效的碰撞还应当采取有利的取向。

分子通过碰撞发生化学反应,不仅要求分子有足够的能量,而且要求这些分子要有适当的取向(或方位)。如图 1-4 中 BrNO 与 BrNO 的反应,只有 BrNO 中的 Br 与 BrNO 中的 Br 相碰才有可能发生反应,见图 1-4a、b;如果 BrNO 中的 O 与 BrNO 中的 O 相撞,则不会发生反应,见图 1-4c。因此,反应物分子必须具有足够的能量和适当的碰撞方向,才能发生反应。对于复杂的分子,方位的因素影响更大。

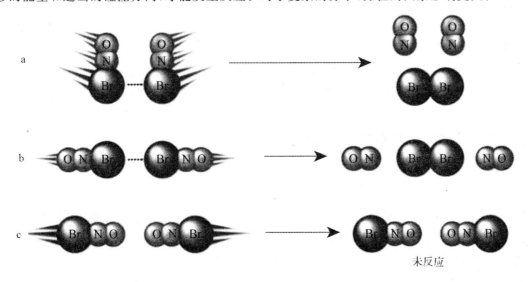

图 1-4　化学反应的方位因素

在气体分子运动论基础上建立起来的碰撞理论,较成功地解释了某些实验事实,如反应物浓度、反应温度对反应速率的影响等,但也存在一些局限性。碰撞理论把反应分子看成没有内部结构的刚性球体的模型过于简单,因而对一些分子结构比较复杂的反应,如某些有机反应、配位反应等,常常不能很好解释。

2. 过渡状态理论

20 世纪 30 年代中期,在量子力学和统计力学的发展基础上,埃林(Eyring)等人提出了过渡状态理论(又称活化配合物理论)。该理论认为,化学反应并不是通过反应物分子之间的简单碰撞就完成的,而是必须经过一个中间过渡状态,即反应物分子间首先形成活化配合物(activated complex),再转化为产物。例如反应:

$$2BrNO \longrightarrow Br_2 + 2NO$$

当两个 BrNO 活化分子按适当的取向碰撞后,由于分子间的相互作用,形成了活化配合物 ON···Br···Br···NO。活化配合物通常是一种短暂的高能态的"过渡区物种(transition state)",其特点是能量高、不稳定、寿命短,它一经形成,就很快分解。它既可分解成为产物,也可以分解成为原来的反应物。

$$2BrNO \Longleftrightarrow ON \cdots Br \cdots Br \cdots NO \longrightarrow Br_2 + 2NO$$

图 1-5 表示上述反应途径的能量变化。纵坐标表示反应体系的能量,横坐标表示反应途径。图中 a 和 b 点分别代表基态反应物(BrNO)和基态产物($Br_2 + 2NO$)的能量,c 点为基态活化配合物的能量。E_{a1}、E_{a2}分别表示基态活化配合物与基态反应物分子和基态产物分子的能量差。在过渡状态理论中,所谓活化能,其实质就是反应物分子翻越活化配合物的能垒,即 E_{a1}。E_{a2} 为逆向反应的活化能。而正、逆反应的活化能差 $\Delta E = E_{a1} - E_{a2}$,一般认为是反应的热效应

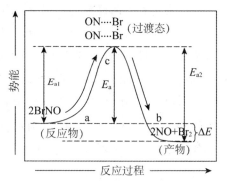

图 1-5　反应途径能量变化示意图

$\Delta_r H_m$。很明显,如果反应的活化能越大,能峰就越高,能越过能峰的反应物分子比例就越小,反应速率也就越慢;如果反应的活化能越小,则能峰越低,反应速率越快。

1.5.2　化学反应速率的定义

1. 传统定义

为了定量地比较反应进行的快慢,必须介绍反应速率的概念。传统的说法是,反应速率指在一定条件下单位时间内某化学反应的反应物转变为产物的速率。对于均匀体系的等容反应,习惯用单位时间内反应物浓度的减少或产物浓度的增加来表示,而且习惯取正值。浓度单位通常用 $mol \cdot L^{-1}$,时间单位可用 s、min、h 等表示。这样,化学反应速率的单位可

为 $mol \cdot L^{-1} \cdot s^{-1}$、$mol \cdot L^{-1} \cdot min^{-1}$、$mol \cdot L^{-1} \cdot h^{-1}$等。例如,给定条件下,合成氨反应:

$$N_2 \quad + \quad 3H_2 \quad \Longleftrightarrow \quad 2NH_3$$

起始浓度/$(mol \cdot L^{-1})$　　2.0　　3.0　　0

2s 末浓度/$(mol \cdot L^{-1})$　　1.8　　2.4　　0.4

该反应平均速率若根据不同物质的浓度变化可分别表示为:

$$\overline{v}(N_2) = -\frac{\Delta c(N_2)}{\Delta t} = -\frac{(1.8-2.0)mol \cdot L^{-1}}{(2-0)s} = 0.1 mol \cdot L^{-1} \cdot s^{-1}$$

$$\overline{v}(H_2) = -\frac{\Delta c(H_2)}{\Delta t} = -\frac{(2.4-3.0)mol \cdot L^{-1}}{(2-0)s} = 0.13 mol \cdot L^{-1} \cdot s^{-1}$$

$$\overline{v}(NH_3) = \frac{\Delta c(NH_3)}{\Delta t} = \frac{(0.4-0)mol \cdot L^{-1}}{(2-0)s} = 0.12 mol \cdot L^{-1} \cdot s^{-1}$$

式中:Δt 表示反应时间,$\Delta c(N_2)$、$\Delta c(H_2)$、$\Delta c(NH_3)$分别表示 Δt 时间内反应和产物浓度变化。以上介绍的是在 Δt 时间内的平均速率。对大多数化学反应来说,反应过程中反应物和产物的浓度时时刻刻都在变化着,故反应速率也是随时间变化的,平均反应速率不能真实反映这种变化,只有瞬时反应速率才能表示化学反应反应中的真实反应速率。某瞬间(即 $\Delta t \to 0$)的反应速率,称为瞬时反应速率,例如:

$$v(NH_3) = \lim_{\Delta t \to 0} \frac{\Delta c(NH_3)}{\Delta t} = \frac{dc(NH_3)}{dt}$$

可见,同一反应的反应速率,按照传统的定义,当以体系中不同物质表示时,其数值可能有所不同。

2. 用反应进度定义的反应速率

按照国家标准 GB 3102.8—93,反应速率的定义为:单位体积内反应进度随时间的变化率,即:

$$v = \frac{1}{V} \frac{d\xi}{dt} \tag{1-27}$$

对等容反应,例如密闭反应器中的反应,或液相反应,体积值不变,所以反应速率(基于浓度的速率)的定义为:

$$v = \frac{1}{\nu_B} \times \frac{dn_B}{V dt} = \frac{1}{\nu_B} \times \frac{dc_B}{dt} \tag{1-28}$$

对于一般化学反应:

$$aA + bB \Longrightarrow gG + dD$$

$$v = \frac{1}{-a} \frac{dc(A)}{dt} = \frac{1}{-b} \frac{dc(B)}{dt} = \frac{1}{g} \frac{dc(G)}{dt} = \frac{1}{d} \frac{dc(D)}{dt}$$

例如反应:

$$N_2 + 3H_2 \Longleftrightarrow 2NH_3$$

$$v = \frac{1}{-1} \frac{dc(N_2)}{dt} = \frac{1}{-3} \frac{dc(H_2)}{dt} = \frac{1}{2} \frac{dc(NH_3)}{dt}$$

很明显,对给定的反应,反应物的消耗速率或产物的生成速率均随物质 B 的选择而异,而反应速率与物质 B 的选择无关。反应速率是对特定的化学反应式而言的。因此,在讨论反应速率时必须指明化学反应计量方程式,否则就没有意义了。

实际上,随着反应的进行,化学反应速率在不断地发生变化,反应物的浓度不断减少,产物的浓度不断增加。若测出各不同时刻 t 时某反应物 A 的浓度 c_A 或某产物 D 的浓度 c_D,则可绘出如图 1-6 所示的 c-t 曲线。某时刻 t 曲线的斜率 dc_A/dt 或 dc_D/dt 即为 t 时反应物 A 的消耗速率或产物 D 的生成速率。因此,实验测定反应速率,实际上就是测定各不同时刻 t 时某组分 A 或 D 的浓度 c_A 或 c_D 后,从 c-t 曲线上求得时刻 t 时的斜率而得到的。

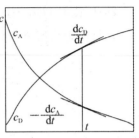

图 1-6　反应物或产物浓度随时间的变化曲线

1.5.3　基元反应和质量作用定律

1. 基元反应

化学反应的计量式,只表明了热力学中的反应物与产物及其计量关系,并没有说明反应物是经过怎样的途径、步骤转变为产物的。例如反应:

$$H_2(g) + Cl_2(g) \longrightarrow 2HCl(g)$$

经研究,发现它实际反应是经历下列 4 步反应完成的:

(1) $Cl_2(g) + M \longrightarrow 2Cl \cdot (g) + M$

(2) $Cl \cdot (g) + H_2(g) \longrightarrow HCl(g) + H \cdot (g)$

(3) $H \cdot (g) + Cl_2(g) \longrightarrow HCl(g) + Cl \cdot (g)$

(4) $Cl \cdot (g) + Cl \cdot (g) + M \longrightarrow Cl_2(g) + M$

式中:M 是惰性物质(反应器壁或其他不参与反应的物质),只起传递能量的作用。上述四步反应的每一步都是由反应物分子直接相互作用,一步转化为产物分子的。这种由反应物分子只经过一步就直接转变成产物的反应称为基元反应(elementary reaction)。基元反应为组成一切化学反应的基本单元。大多数化学反应往往要经过若干个基元反应步骤,使反应物最终转化为产物。这些基元反应代表了反应所经过的历程。

研究表明,只有少数化学反应是由反应物一步直接转化为产物的基元反应。如:

(1) $SO_2Cl_2 \longrightarrow SO_2 + Cl_2$

(2) $2NO_2 \longrightarrow 2NO + O_2$

(3) $NO_2 + CO \longrightarrow NO + CO_2$

反应(1)参加反应的分子数为一,这类基元反应称为单分子反应;而反应(2)和(3)中,参加反应的分子数为二,称为双分子反应。

2. 质量作用定律

基元反应的反应速率与反应物浓度之间有简单的定量关系：在一定温度下，化学反应速率与各反应物浓度幂的乘积成正比，浓度的幂次为基元反应方程式中相应组分的化学计量数。基元反应的这一规律称为质量作用定律(law of mass action)。"质量"在此处实际上意味着浓度。

例如某基元反应为：

$$a A + b B \longrightarrow g G + d D$$

则该基元反应的速率方程式为：

$$v = k \cdot c_A^a \cdot c_B^b \qquad\qquad (1-29)$$

上式就是质量作用定律的数学表达式，也称基元反应的速率方程式(rate equation)。式中：c_A、c_B 分别表示反应物 A 和 B 的浓度，单位为 $mol \cdot L^{-1}$；k 称为速率常数(rate constant)。速率常数 k 表示反应速率方程中各有关浓度项均为单位浓度时的反应速率。k 值与反应物的浓度无关，而与温度的关系较大，温度一定，速率常数为一定值。同一温度下，比较几个反应的 k，可以大略知道它们反应速率的相对大小，k 值越大，则反应越快。

速率方程式(1-29)中各浓度项的幂次 a、b 分别称为反应组分 A、B 的级数，即该反应对 A 来说是 a 级反应，对 B 来说是 b 级反应。该反应总反应级数(reaction order)用 n 表示：

$$n = a + b$$

$n=1$ 时称为一级反应，$n=2$ 时称为二级反应，至今尚无发现 $n>3$ 的反应。

3. 非基元反应速率方程的确定

对于非基元反应，是不能根据反应方程式直接得出速率方程式的。必须通过实验，由实验数据经过处理，才能确定速率方程。

例如某非基元反应为：

$$a A + b B \longrightarrow g G + d D$$

非基元反应速率方程式假设为：

$$v = k \cdot c_A^x \cdot c_B^y \qquad\qquad (1-30)$$

然后，通过实验确定 x、y 的数值。x、y 的值可以是整数、分数，也可以为零。非基元反应中的级数一般不等于 $(a+b)$。例如，在 800℃，一氧化氮和氢气的反应为：

$$2NO + 2H_2 \longrightarrow N_2 + 2H_2O$$

根据实验结果，$v = kc^2(NO)c(H_2)$，而不是 $v = kc^2(NO)c^2(H_2)$。

4. 书写速率方程注意事项

① 由于气体反应物的分压与其浓度成正比 $(p=cRT)$，因而对气相反应和有气相参与的反应而言，速率方程中的浓度项可用分压代替。

② 速率常数 k 的单位随 n 的变化而变化。因为反应速率的单位是 $mol \cdot L^{-1} \cdot s^{-1}$，当

为一级反应时速率常数的单位为 s^{-1}，二级反应时为 $mol^{-1} \cdot L \cdot s^{-1}$，以此类推。

③ 稀溶液中溶剂、固体或纯液体参加的化学反应，其速率方程式的数学表达式中可不必列出它们的浓度项。

如蔗糖的水解反应

$$C_{12}H_{22}O_{11}(蔗糖) + H_2O \longrightarrow C_6H_{12}O_6(葡萄糖) + C_6H_{12}O_6(果糖)$$

是一个双分子反应，根据质量作用定律其速率方程式为：

$$v = kc(H_2O)c(C_{12}H_{22}O_{11})$$

由于 H_2O 作为溶剂是大量的，蔗糖的量相对 H_2O 来说非常小，在反应过程中 H_2O 的量基本上可认为没有变化，其浓度可作常量并入 k 中，得到：

$$v = k'c(C_{12}H_{22}O_{11})$$

其中，$k' = kc(H_2O)$。因此，蔗糖的水解反应是双分子反应，却是一级反应（也称假一级反应）。

【例 1-6】　在 1073K 时，测得反应 $2NO(g) + 2H_2(g) \longrightarrow N_2(g) + 2H_2O(g)$ 的反应速率及有关实验数据如下：

实验编号	初始浓度/(mol·L^{-1})		初始速率/(mol·L^{-1}·s^{-1})
	$c(NO)$	$c(H_2)$	
1	1.00×10^{-3}	6.00×10^{-2}	4.80×10^{-4}
2	2.00×10^{-3}	6.00×10^{-2}	1.92×10^{-3}
3	2.00×10^{-3}	3.00×10^{-2}	9.60×10^{-4}

求：(1) 上述反应的速率方程式和反应级数；

(2) 求 1073K 时该反应的速率常数。

(3) 计算 1073K，$c(NO) = c(H_2) = 4.00 \times 10^{-3} mol \cdot L^{-1}$ 时的反应速率。

解：(1) 该反应的速率方程式可写为：

$$v = kc^x(NO)c^y(H_2)$$

将 1 号、2 号实验数据代入上式：

$$4.80 \times 10^{-4} = k(1.00 \times 10^{-3})^x(6.00 \times 10^{-2})^y \qquad (a)$$

$$1.92 \times 10^{-4} = k(2.00 \times 10^{-3})^x(6.00 \times 10^{-2})^y \qquad (b)$$

式(a)除以式(b)得：

$$\frac{4.80 \times 10^{-4}}{1.92 \times 10^{-3}} = \left(\frac{1.00 \times 10^{-3}}{2.00 \times 10^{-3}}\right)^x$$

解得：$x = 2$。

同样将 2 号、3 号实验数据代入速率方程式，然后两式相除得：

$$\frac{1.92 \times 10^{-3}}{9.6 \times 10^{-4}} = \left(\frac{6.00 \times 10^{-2}}{3.00 \times 10^{-2}}\right)^y$$

解得：$y=1$。

因此,该反应的速率方程式为：

$$v=kc^2(\text{NO})c(\text{H}_2)$$

该反应的级数为：　　　　　　　　　$n=x+y=2+1=3$

（2）将表中任一实验数据代入速率方程式,即可求得速率常数：

$$4.80\times10^{-4}=k\times(1.00\times10^{-3})^2\times(6.00\times10^{-2})$$

$$k=8.00\times10^3\,\text{mol}^{-2}\cdot\text{L}^2\cdot\text{s}^{-1}$$

（3）$v=kc^2(\text{NO})c(\text{H}_2)$

$$=8.00\times10^3\times(4.00\times10^{-3})^2\times(4.00\times10^{-3})=5.12\times10^{-4}\,\text{mol}\cdot\text{L}^{-1}\cdot\text{s}^{-1}$$

1.5.4　影响化学反应速率的因素

1. 温度对反应速率的影响

温度对反应速率的影响,随具体的反应不同而各异。一般来说,温度升高反应速率加快。当温度升高时,一方面分子的运动速度加快,单位时间内的碰撞频率增加,使反应速率加快;另一方面更主要的是温度升高,体系的平均能量增加,图 1-3 中分子的能量分布曲线明显右移。从而有较多的分子获得能量成为活化分子,增加了活化分子百分数。结果,单位时间内有效碰撞次数显著增加,因而反应速率大大加快。

速率常数 k 与温度 T 有一定的关系。1889 年,在大量实验事实的基础上,阿仑尼乌斯建立了速率常数与温度关系的经验式,称之为阿仑尼乌斯(Arrhenius)方程：

$$k=A\text{e}^{-\frac{E_a}{RT}} \tag{1-31}$$

式中：A 为常数,称指前因子(以前称频率因子),A 与温度、浓度无关,不同反应 A 值不同,其单位与 k 值相同;R 为摩尔气体常数;T 为热力学温度;E_a 为活化能(单位为 $\text{J}\cdot\text{mol}^{-1}$)。对某一给定反应,$E_a$ 为定值,在反应温度区间变化不大时,E_a 和 A 不随温度而改变。

阿仑尼乌斯方程也可表示为：$\ln k=-\dfrac{E_a}{RT}+\ln A$ $\tag{1-32}$

若已知反应的活化能,在温度 T_1 时有：

$$\ln k_1=-\frac{E_a}{RT_1}+\ln A$$

在温度 T_2 时：

$$\ln k_2=-\frac{E_a}{RT_2}+\ln A$$

两式相减得：

$$\ln\frac{k_1}{k_2}=-\frac{E_a}{R}\left(\frac{1}{T_1}-\frac{1}{T_2}\right) \tag{1-33}$$

利用上式可以计算反应的活化能。

【例 1-7】 已知反应 $N_2O_5(g) \longrightarrow N_2O_4(g) + O_2(g)$ 在 298K 和 338K 时的反应速率常数分别为 $k_1 = 3.46 \times 10^5 \, s^{-1}$ 和 $k_2 = 4.87 \times 10^7 \, s^{-1}$,求该反应的活化能 E_a 和 318K 时的速率常数 k_3。

解:由 $\ln \dfrac{k_1}{k_2} = \dfrac{E_a}{R} \left(\dfrac{1}{T_1} - \dfrac{1}{T_2} \right)$ 得:

$$\ln \frac{4.87 \times 10^7}{3.46 \times 10^5} = -\frac{E_a}{8.314} \left(\frac{1}{338} - \frac{1}{298} \right)$$

$$E_a = 1.04 \times 10^5 \, J \cdot mol^{-1}$$

设 318K 时的速率常数为 k_3:

$$\ln \frac{4.87 \times 10^7}{k_3} = -\frac{1.04 \times 10^5}{8.314} \left(\frac{1}{338} - \frac{1}{318} \right)$$

$$k_3 = 4.8 \times 10^6 \, s^{-1}$$

2. 浓度对反应速率的影响

化学反应速率随着反应物浓度的变化而改变。从化学反应的速率方程式看,反应物浓度对反应速率有明显影响,一般反应速率随反应物的浓度增大而增大。根据反应速率理论,对于一确定的化学反应,一定温度下,反应物分子中活化分子所占的百分数是一定的,因此单位体积内的活化分子的数目与反应物的浓度成正比。当反应物浓度增大时,单位体积内分子总数增加,活化分子的数目相应也增多,单位体积、单位时间内的分子有效碰撞的总数也就增多,因而反应速率加快。

反应速率与反应物浓度之间的定量关系,不能简单地从反应的计量方程式获得,它与反应进行的具体过程即反应机理有关。反应速率与浓度的定量关系是通过速率方程式体现的,而速率方程的具体形式除了基元反应必须通过实验确定。

3. 催化剂对反应速率的影响

催化剂(catalyst)是一种只要少量存在就能显著改变反应速率,但不改变化学反应的平衡位置,而且在反应结束时,其自身的质量、组成和化学性质基本不变的物质。通常,把能加快反应速率的催化剂简称为催化剂,而把减慢反应速率的催化剂称为负催化剂(negative catalyst)。催化剂对化学反应的作用称为催化作用(catalysis)。例如,合成氨生产中使用的铁,硫酸生产中使用的 V_2O_5,以及促进生物体化学反应的各种酶(如淀粉酶、蛋白酶、脂肪酶等)均为正催化剂;减慢金属腐蚀速率的缓蚀剂,防止橡胶、塑料老化的防老剂等均为负催化剂。

催化剂能显著地加快化学反应速率,是由于在反应过程中催化剂与反应物之间形成一种能量较低的活化配合物,改变了反应的途径,与无催化反应的途径相比较,所需的活化能显著地降低(如图 1-7 所示),从而使活化分子百分数和有效碰撞次数增多,导致反应速率加快。例如以下反应：

$$2H_2O_2(aq) \Longrightarrow 2H_2O(1) + O_2(g)$$

在无催化剂时，反应的活化能为 $75.3kJ \cdot mol^{-1}$；当用 I^- 做催化剂时，反应的活化能为 $56.5kJ \cdot mol^{-1}$ 活化能降低了 $18.8kJ \cdot mol^{-1}$，因而使反应速率大大加快。

对可逆反应，催化剂既能加快正反应速率也能加快逆反应速率，因此催化剂能缩短平衡到达的时间。但在一定温度下，催化剂不能改变平衡时混合物的浓度（反应限度），即不能改变平衡状态，因此，反应的平衡常数不受影响。

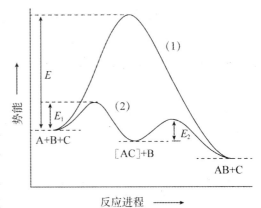

图 1-7　催化剂改变反应途径示意图

当反应过程中催化剂与反应物同处于一个相时，这类反应属均相催化反应（homogeneous catalysis）。例如，I^- 离子催化 H_2O_2 分解的催化反应，I^- 叫均相催化剂，相应的催化作用叫均相催化。当反应过程中催化剂与反应物处于不同相时，这类催化反应叫多相催化反应（heterogeneous catalysis），相应的催化剂叫多相催化剂。其中固体催化剂在化工生产中用得较多（气相反应和液-固相反应等）。多相催化反应发生在催化剂表面（或相界面），催化剂表面积愈大，催化效率愈高，反应速率愈快。在化工生产中，为了增大反应物与催化剂之间的接触表面，往往将催化剂的活性组分附着在一些多孔性的物质（载体）上，如硅藻土、高岭土、活性炭、硅胶等，或一些特殊的金属氧化物，如 Al_2O_3、ZnO、MgO、RuO_2 等上面。由此制得的催化剂叫负载型催化剂，比普通催化剂往往有更高的催化活性和选择性。

催化剂加快反应速率是一种相当普遍的现象，它不仅出现在化工生产中，而且在有生命的动植物体内（包括人体）也广泛存在。生物体内几乎所有的化学反应都是由酶（enzyme）催化的。酶的化学本质是蛋白质或复合蛋白质，它在生物体内所起的催化作用称为酶催化（enzyme catalysis）。例如，食物中的蛋白质的水解（即消化），在体外需在强酸（或强碱）条件下煮沸相当长的时间，而在人体内正常体温下，在胃蛋白酶的作用下短时间内即可完成。

酶催化的特点是高效、专一。酶的催化效率比普通催化剂高 $10^6 \sim 10^{10}$ 倍。如 H^+ 可催化蔗糖水解，若用蔗糖转化酶催化，在 $37℃$ 时其速率常数 k 约为同温度下 H^+ 催化反应的 10^{10} 倍。催化剂都有选择性，但作为生物催化剂的酶其专一性更强。如淀粉酶催化淀粉水解，磷酸酶催化磷酸酯的水解。同时，酶对反应的条件要求是很高的，酶催化反应一般在体温 $37℃$ 和血液 pH 约 $7.35 \sim 7.45$ 的条件下进行的。若遇到高温、强酸、强碱、重金属离子或紫外线照射等因素，都会使酶失去活性。

综上所述，催化剂有如下特点：

① 与反应物生成活化配合物中间体，改变反应历程，降低活化能，加快反应速率；

② 只缩短反应到达平衡的时间，同时加快正、逆向反应速率，不改变平衡位置；

③ 反应前后催化剂的化学性质不变；

④ 催化剂有选择性。

　　无生命和有生命体系的催化剂及催化作用的研究，已引起化学家、工程技术专家、生物学家和医学家的极大兴趣，它是现代化学和现代生物学、医学的重要研究课题之一。

▶▶▶ **练习题** ◀◀◀

一、选择题

1. 某系统由 A 态沿途径 Ⅰ 到 B 态放热 100J，同时得到 50J 的功；当系统由 A 态沿途径 Ⅱ 到 B 态做功 80J 时，Q 为　　　　　　（　　）

　　A. 70J　　　　　　B. 30J　　　　　　C. $-30J$　　　　　　D. $-70J$

2. 下列符号中哪些不属于状态函数　　　　　　　　　　　　　　（　　）

(1) T　(2) P　(3) U　(4) ΔH　(5) Q

　　B. (1)(4)(5)　　　B. (1)(2)(4)(5)　　　C. (4)(5)　　　D. 都不属于

3. 标准状态下，$H_2(g)$ 与 $O_2(g)$ 反应生成 $2.0mol$ $H_2O(l)$ 时放热 QkJ，则 $H_2O(l)$ 的 $\Delta_f H_m^\ominus$ 值为　　　　　　（　　）

　　A. Q　　　　　　B. $Q/2$　　　　　　C. $Q/18$　　　　　　D. $Q/36$

4. 若某反应的 $\Delta_r H_m^\ominus = 10kJ \cdot mol^{-1}$，由此可推断该反应　　　　（　　）

　　A. $\Delta_r H_m^\ominus > 0, \Delta_r S_m^\ominus < 0$　　　　B. 一定不能自发进行

　　C. 在标准状态下一定不能自发进行　　D. 在非标准状态下一定不能自发进行

5. 在某温度下，反应 $\frac{1}{2}N_2(g)+\frac{3}{2}H_2(g) \Longrightarrow NH_3(g)$ 的平衡常数 $K^\ominus = a$，上述反应若写成 $2NH_3(g) \Longrightarrow N_2(g)+3H_2(g)$，则在相同温度下反应的平衡常数为　　（　　）

　　A. $\frac{a}{2}$　　　　　　B. $2a$　　　　　　C. a^2　　　　　　D. $\frac{1}{a^2}$

6. 已知下列反应的平衡常数

$H_2(g)+S(s) \Longrightarrow H_2S(g)$　　$K_1^\ominus$

$S(s)+O_2(g) \Longrightarrow SO_2(g)$　　$K_2^\ominus$

则反应 $H_2(g)+SO_2(g) \Longrightarrow O_2(g)+H_2S(g)$ 的平衡常数为　　　　（　　）

　　A. $K_1^\ominus + K_2^\ominus$　　B. $K_1^\ominus - K_2^\ominus$　　C. $K_1^\ominus K_2^\ominus$　　D. $K_1^\ominus / K_2^\ominus$

7. A $\longrightarrow$ B+C，是吸热的可逆基元反应，正反应的活化能为 $E_正$，逆反应的活化能为 $E_逆$，则　　　　　　（　　）

　　A. $E_正 < E_逆$　　　　　　B. $E_正 > E_逆$

　　C. $E_正 = E_逆$　　　　　　D. $E_正$ 与 $E_逆$ 的大小无法比较

8. 已知 $2A+2B \Longrightarrow C$，当 A 的浓度增大一倍，其反应速度为原来的 2 倍，当 B 的浓度

增大一倍,其反应速度为原来的 4 倍,总反应为( )级反应。

    A. 1   B. 2   C. 3   D. 0

9. 下列方法能使平衡 $2NO(g)+O_2(g) \Longrightarrow 2NO_2(g)$ 向左移动的是: ( )

    A. 增大压力   B. 增大 $p(NO)$

    C. 减小 $p(NO)$ D. 减小压力

10. 反应 $CaCO_3(s) \longrightarrow CaO(s)+CO_2(g)$ 在高温下正反应能自发进行,而在 298K 时是不自发的,则逆反应的 $\Delta_r H_m^{\ominus}$ 和 $\Delta_r S_m^{\ominus}$ 是 ( )

    A. $\Delta_r H_m^{\ominus}>0$ 和 $\Delta_r S_m^{\ominus}>0$ B. $\Delta_r H_m^{\ominus}<0$ 和 $\Delta_r S_m^{\ominus}>0$

    C. $\Delta_r H_m^{\ominus}>0$ 和 $\Delta_r S_m^{\ominus}<0$ D. $\Delta_r H_m^{\ominus}<0$ 和 $\Delta_r S_m^{\ominus}<0$

11. 当速率常数单位为 $L \cdot mol^{-1} \cdot s^{-1}$ 时,反应级数为 ( )

    A. 零级   B. 一级   C. 二级   D. 三级

12. 催化剂是通过改变反应进行的历程来加快反应速率,这一历程的影响是 ( )

    A. 增大碰撞频率   B. 降低活化能

    C. 减小速率常数   D. 增大平衡常数值

13. 有基元反应,$A+B \Longrightarrow C$,下列叙述正确的是 ( )

    A. 此反应为一级反应

    B. 两种反应物中,无论哪一种的浓度增加一倍,都将使反应速度增加一倍

    C. 两种反应物的浓度同时减半,则反应速度也将减半

    D. 两种反应物的浓度同时增大一倍,则反应速度增大两倍,

14. 下列叙述中正确的是 ( )

    A. 焓是状态函数,也是强度性质

    B. 焓是为了研究问题方便而引入的一个物理量

    C. 焓可以认为就是体系所含的热量

    D. 封闭体系不做其他功时,$\Delta_r H = Q_p$

二、填空题

1. 体系对环境做了 200J 的功,体系须从环境_____热_____J,才能使体系热力学能增加 50J。

2. 如果一个反应是放热反应,而反应的熵变小于零,则该反应在_____是可以自发的,_____下就不是自发的。

3. 在 373K 和 101.325kPa 时,液态 H_2O 变成水蒸气的过程中

$\Delta_r G_m^{\ominus}$ _____;$\Delta_r H_m^{\ominus}$ _____;$\Delta_r S_m^{\ominus}$ _____(填">0","=0","<0")

4. 已知反应:$CO(g)+2H_2(g) \longrightarrow CH_3OH(g)$,其 523K 时 $K^{\ominus}=2.33 \times 10^{-3}$;548K 时 $K^{\ominus}=5.42 \times 10^{-4}$。该反应是_____热反应。系统加压,平衡向_____方向移动。

5. 反应 $N_2O_4(g) \Longrightarrow 2NO_2(g)$ 是一个熵____的反应。在恒温恒压下平衡,使

$n(N_2O_4)$：$n(NO_2)$ 增大，平衡向 _____ 移动；$n(NO_2)$ 将 _____；若向该系统中加入 $Ar(g)$，$n(NO_2)$ 将 _____；$\alpha(N_2O_4)$ 将 _____。

6. 有 A、B、C、D 四个反应，在 298K 时反应的热力学函数分别为：

反应	A	B	C	D
$\Delta_r G_m^\ominus / (kJ \cdot mol^{-1})$	1.80	10.5	−126	−11.7
$\Delta_r S_m^\ominus / (J \cdot mol^{-1} \cdot K^{-1})$	30.0	−113	84	−105

则在标准状态下，任何温度都能自发进行的反应是 _____，任何温度都不能自发进行的反应是 _____，另两个反应中，在温度高于 _____ ℃时可自发进行的是 _____，在温度低于 _____ ℃时，可自发进行的是 _____。

7. 如果反应 A 的 $\Delta G_1^\ominus < 0$，反应 B 的 $\Delta G_2^\ominus < 0$，$|\Delta G_1^\ominus| = \frac{1}{2}|\Delta G_2^\ominus|$，则 $K_1^\ominus$ 等于 $K_2^\ominus$ 的 _____ 倍。两反应的速率常数的相对大小 _____。

8. 已知反应 $2N_2O_5(g) \longrightarrow 4NO_2(g) + O_2(g)$ 在 45℃时的反应速度常数 $k = 6.3 \times 10^{-4} s^{-1}$，此反应为 _____ 级反应。

9. 在酸性溶液中，反应 $ClO_3^- + 9I^- + 6H^+ =\!=\!= 3I_3^- + Cl^- + 3H_2O$ 的速率方程为 $v = kc(ClO_3^-)c(I^-)c^2(H^+)$。在下列三项中，影响反应速率的因素有 _____，影响速率常数的因素为 _____。① 在反应溶液中加水；② 在反应溶液中加氨；③ 反应溶液从 20℃加热到 35℃。

三、计算题

1. 在水的正常沸点温度，ΔH^0 蒸发为 $40.58kJ \cdot mol^{-1}$，假定 $1mol \cdot L^{-1}$ 液体的体积可忽略，并假定水蒸气为理想气体，计算在恒压 101325Pa 和 373K 下，1mol/水气化的 Q、W、ΔU。

2. 已知下列热化学反应

$Fe_2O_3(s) + 3CO(g) \longrightarrow 2Fe(s) + 3CO_2(g)$ $\Delta_r H_m^\ominus = -27.61 kJ \cdot mol^{-1}$

$3Fe_2O_3(s) + 3CO(g) \longrightarrow 2Fe_3O_4(s) + CO_2(g)$ $\Delta_r H_m^\ominus = -27.61 kJ \cdot mol^{-1}$

$Fe_3O_4(s) + CO(g) \longrightarrow 3FeO(s) + CO_2(g)$ $\Delta_r H_m^\ominus = +38.07 kJ \cdot mol^{-1}$

求下列反应的反应热 $\Delta_r H_m^\ominus$ $FeO(s) + CO(g) =\!=\!= Fe(s) + CO_2(g)$

3. 计算 $MgCO_3(s) =\!=\!= MgO(s) + CO_2(g)$ 的 $\Delta_r H_m^\ominus(298K)$、$\Delta_r S_m^\ominus(298K)$ 和 850K 时的 $\Delta_r G_m^\ominus(850K)$。

已知： $\Delta_f H_m^\ominus / (kJ \cdot mol^{-1})$ $S_m^\ominus / (J \cdot mol^{-1} \cdot K^{-1})$

$MgCO_3(s)$ −1096   65.7

$MgO(s)$ −601.7   26.9

$CO_2(g)$ −393   214

4. 指定 $NH_4Cl(s)$ 分解产物的分压皆为 $10^5 Pa$,试求 $NH_4Cl(s)$ 分解的最低温度。

5. 已知下列物质:

	$CO_2(g)$	$NH_3(g)$	$H_2O(g)$	$CO(NH_2)_2(s)$
$\Delta_f H_m^{\ominus}(298K)/(kJ \cdot mol^{-1})$	-390	-45	-242	-330
$\Delta S_m^{\ominus}(298K)/(kJ \cdot mol^{-1})$	210	190	190	100

通过计算说明,反应 $CO_2(g)+2NH_3(g)\Longrightarrow H_2O(g)+CO(NH_2)_2(s)$

(1) 在 298K 时,反应能否正向自发进行?

(2) 在 1000K 时,反应能否正向自发进行?

6. 高温时,$I_2(g)$ 分子可解离为 $I(g)$ 原子:$I_2(g)\Longrightarrow 2I(g)$;已知该反应的 $\Delta_r H_m^{\ominus}=152.55 kJ \cdot mol^{-1}$,求该解离反应在 1450K 与 1150K 时的平衡常数之比。

7. 已知下列反应在 298.15K 的平衡常数:

(1) $SnO_2(s)+2H_2(g)\Longrightarrow 2H_2O(g)+Sn(s)$　　$K_1^{\ominus}=21$

(2) $H_2O(g)+CO(g)\Longrightarrow H_2(g)+CO_2(g)$　　$K_2^{\ominus}=0.034$

计算反应 $2CO(g)+SnO_2(s)\Longrightarrow Sn(s)+2CO_2(g)$ 在 298.15K 时的平衡常数 $K^{\ominus}$。

8. 在一定温度下 Ag_2O 的分解反应为 $Ag_2O(s)\Longrightarrow 2Ag(s)+\frac{1}{2}O_2(g)$,假定反应的 $\Delta_r H_m^{\ominus}$、$\Delta_r S_m^{\ominus}$ 不随温度的变化而改变,估算 Ag_2O 的最低分解温度和在该温度下的 $p(O_2)$ 分压是多少?

9. 已知反应 $2H_2(g)+2NO(g)\longrightarrow 2H_2O(g)+N_2(g)$ 的速率方程 $v=kc(H_2) \cdot c^2(NO)$,在一定温度下,若使容器体积缩小到原来的 $\frac{1}{2}$ 时,反应速率如何变化?

10. 某基元反应 $A+B\longrightarrow C$,在 1.20L 溶液中,$c(A)=4.0 mol \cdot L^{-1}$,$c(B)=3.0 mol \cdot L^{-1}$ 时,$v=4.20\times 10^{-3} mol \cdot L^{-1} \cdot s^{-1}$,写出该反应的速率方程式,并计算其速率常数。

11. 反应 $S_2O_3^{2-}+3I^-\longrightarrow 2SO_4^{2-}+I_3^-$,当反应速率 $v=3.0\times 10^{-3} mol \cdot L^{-1} \cdot s^{-1}$ 时,求 $S_2O_3^{2-}$ 和 I^- 消耗速率及 SO_4^{2-} 和 I_3^- 生成速率各为多少?

12. 已知反应 $HI(g)+CH_3(g)\Longrightarrow CH_4+I_2(g)$ 在 157℃ 时的反应速率常数 $k=1.7\times 10^{-5} L \cdot mol^{-1} \cdot s^{-1}$,在 227℃ 时的速率常数 $k=4.0\times 10^{-5} L \cdot mol^{-1} \cdot s^{-1}$,求该反应的活化能。

某人发烧至 40℃ 时,体内某一酶催化反应的速率常数为正常体温(37℃)的 1.25 倍,求该酶催化反应的活化能。

第 2 章

溶液与离子平衡
(Solution and Ion Equilibrium)

2.1 溶 液

2.1.1 分散系

在自然界和生产实践中,经常遇到的并不是纯的气体、液体或固体,而多数为一种或几种物质分散在另一种物质之中所构成的体系,奶油或蛋白质分散在水中形成的牛奶,染料分散在油中形成的油漆和油墨,各种矿物分散在岩石中形成的矿石等。我们把一种或几种物质分散到另一种物质中所形成的体系,称为分散系(dispersion system),其中被分散了的物质称为分散质(dispersate),起分散作用的物质称为分散剂(dispersant)。例如,把一些糖和泥土分别撒入水中,搅拌后形成的糖水和泥水都是分散系。其中糖和泥土是分散质,水是分散剂。

胶体分散系和粗分散系为多相体系。按分散质在分散剂中颗粒大小或分散程度的不同,常把分散体系分为三大类:分子分散系、胶体分散系和粗分系见表 2-1。

表 2-1 分散系按分散质粒子大小分类

分散质粒子 直径 d/m	分散系类型	分散相粒子	性　质	举　例
$<10^{-9}$	低分子或离子分散系	小分子、离子或原子	均相、稳定体系;分散相离子扩散快,能通过滤纸和半透膜	食盐水溶液、酒精水溶液等

续表

分散质粒子 直径 d/m	分散系类型		分散相粒子	性　　质	举　　例
$10^{-9} \sim 10^{-7}$	胶体分散系	溶胶	胶粒(分子、离子、原子聚集体)	非均相体系;分散相离子扩散慢,能通过滤纸,不能通过半透膜	氢氧化铁、硫化砷溶胶及金、硫等单质溶胶等
		高分子溶液	高分子	均相、稳定体系;分散相离子扩散慢,能通过滤纸,不能通过半透膜	蛋白质、核酸水溶液
$>10^{-7}$	粗分散系		粗粒子	非均相不稳定体系;分散相离子扩散慢,不能通过滤纸和半透膜	泥浆、乳汁等

分子分散系又称溶液,因此溶液(solution)是指分散质以分子或者比分子更小的质点(如原子或离子)均匀地分散在分散剂中所得的分散系。在形成溶液时,物态不改变的组分称为溶剂。如果溶液由几种相同物态的组分形成时,往往把其中数量最多的一种组分称为溶剂。溶液可分为固态溶液(如某些合金)、气态溶液(如空气)和液态溶液(如糖水和食盐水)。最常见的是液态溶液,特别是以水为溶剂的水溶液,下面主要讨论这一类溶液。

2.1.2　溶液浓度的表示方法

溶液的性质与溶质和溶剂的相对含量有关,为了研究和生产的需要,溶液的浓度有很多方法表示,最常见的有物质的量浓度、质量摩尔浓度、摩尔分数和质量分数等。现简要介绍如下:

1. B 的物质的量浓度

B 的物质的量浓度是指 B 物质的量除以混合物(溶液)的体积。用符号 c_B 表示,即:

$$c_B = \frac{n_B}{V} \tag{2-1}$$

式中:n_B 为物质 B 的物质的量,SI 单位为摩尔(mol)。V 为混合物的体积,SI 单位为 m^3。体积常用的非 SI 单位为升(L),故浓度的常用单位为 $mol \cdot L^{-1}$。

根据 SI 规定,使用物质的量的单位"mol"时,要指明物质的基本单元。由于物质的量浓度的单位是由基本单位 mol 推导得到的,所以在使用物质的量浓度时也必须注明物质的基本单元。基本单元是指分子、原子、离子、电子等粒子的特定组合,常根据需要进行确定。

2. 溶质 B 的质量摩尔浓度

溶液中溶质 B 的物质的量除以溶剂的质量,称为溶质 B 的质量摩尔浓度。其数学表达式为:

$$b_B = \frac{n_B}{m_A} \tag{2-2}$$

式中：b_B 为溶质 B 的质量摩尔浓度，其 SI 单位为 $mol \cdot kg^{-1}$；n_B 是溶质 B 的物质的量，SI 单位为 mol；m_A 是溶剂的质量，SI 单位为 kg。

3. B 的物质的量分数

B 的物质的量与混合物的物质的量之比，称为 B 的物质的量分数，又称摩尔分数（mole fraction），其数学表达式为：

$$\chi_B = \frac{n_B}{n} \tag{2-3}$$

式中：n_B 为 B 的物质的量，SI 单位为 mol；n 为混合物总的物质的量，SI 单位为 mol；所以 χ_B 的 SI 单位为 1[①]。即 B 的物质的量分数的量纲为"1"。

对于一个两组分的溶液系统来说，溶质的物质的量分数与溶剂的物质的量分数分别为：

$$\chi_B = \frac{n_B}{n_A + n_B} \qquad \chi_A = \frac{n_A}{n_A + n_B}$$

所以　　　$\chi_A + \chi_B = 1$

若将这个关系推广到任何一个多组分系统中，则 $\sum \chi_i = 1$

4. B 的质量分数

组分 B 的质量分数 w_B[②] 定义是：组分 B 的质量与混合物的质量之比，其数学表达式为：

$$w_B = \frac{m_B}{m_S} \tag{2-4}$$

式中：w_B 为 B 的质量，m_S 为混合物的质量。w_B 为 B 的质量分数，质量分数的量纲为"1"。

【例 2-1】 求 $w(NaCl) = 5\%$ 的 NaCl 水溶液（生理盐水）中溶质和溶剂的摩尔分数。

解：根据题意，100g 溶液中 $m(NaCl) = 5g$，$m(H_2O) = 95g$

$$n(NaCl) = \frac{m(NaCl)}{M(NaCl)} = \frac{5g}{58g \cdot mol^{-1}} = 0.086mol$$

$$n(H_2O) = \frac{m(H_2O)}{M(H_2O)} = \frac{95g}{18.0g \cdot mol^{-1}} = 5.28mol$$

所以　　$\chi(NaCl) = \frac{n(NaCl)}{n(NaCl) + n(H_2O)} = \frac{0.086mol}{(0.086 + 5.28)mol} = 0.016$

$$\chi(H_2O) = \frac{n(H_2O)}{n(NaCl) + n(H_2O)} = \frac{5.28mol}{(0.086 + 5.28)mol} = 0.984$$

---

① 以前称为无量纲，现在把它们的 SI 单位规定为"1"。

② 根据规定，质量分数的单位为 1，也可以百分数给出，但不再用百分含量一词。

5．几种溶液浓度之间的关系

（1）物质的量浓度 c_B 与质量分数 w_B

如果已知溶液的密度 ρ 和溶质 B 的质量分数 w_B，则该溶液的浓度可表示为：

$$c_B = \frac{n_B}{V} = \frac{m_B}{M_B V} = \frac{m_B}{\frac{M_B m}{\rho}} = \frac{\rho m_B}{M_B m} = \frac{w_B \rho}{M_B} \tag{2-5}$$

式中：M_B 为溶质 B 的摩尔质量。

（2）物质的量浓度 c_B 与质量摩尔浓度 b_B

如果已知溶液的密度 ρ 和溶液的质量 m，则有：

$$c_B = \frac{n_B}{V} = \frac{n_B}{\frac{m}{\rho}} = \frac{n_B \rho}{m}$$

若该系统是一个两组分系统，且 B 组分的含量较少，则 m 近似等于溶剂的质量 m_A，上式可近似成为：

$$c_B = \frac{n_B \rho}{m} = \frac{n_B \rho}{m_A} = b_B \rho \tag{2-6}$$

若该溶液是稀的水溶液，则：

$$c_B \approx b_B \tag{2-7}$$

【例 2-2】　已知浓硝酸的密度 $\rho = 1.42 \text{g} \cdot \text{mL}^{-1}$，含硝酸为 70%，求其浓度。如何配制 $c(\text{HNO}_3) = 0.20 \text{mol} \cdot \text{L}^{-1}$ 的硫酸溶液 500mL？

解：根据式（2-5），则有：

$$c(\text{HNO}_3) = \frac{w(\text{HNO}_3) \times \rho}{M(\text{HNO}_3)} = \frac{1.42 \text{g} \cdot \text{mL}^{-1} \times 0.70 \times 1000 \text{mL} \cdot \text{L}^{-1}}{63.01 \text{g} \cdot \text{mol}^{-1}} = 15.8 \text{mol} \cdot \text{L}^{-1}$$

根据 $c(A)V(A) = c(B)V(B)$，则有：

$$V(\text{H}_2\text{SO}_4) = \frac{0.20 \text{mol} \cdot \text{L}^{-1} \times 0.500 \text{L}}{15.8 \text{mol} \cdot \text{L}^{-1}} = 0.0063 \text{L} = 6.3 \text{mL}$$

所以需量取 6.3mL 浓硝酸，然后稀释至 500mL。

2.2　稀溶液的依数性

不同的溶液具有不同的性质，如颜色、密度、导电性、酸碱性等，这些性质主要由溶质的本性所决定，溶质不同性质各异。但难挥发非电解质的稀溶液与纯溶剂相比具有一类相同的性质：蒸气压下降、沸点升高、凝固点下降和具有渗透压。这些性质都只和溶液中溶质的粒子数（浓度）有关，而与溶质本身的性质没有关系，我们把这类性质称为稀溶液的依数性（colligative properties）。

2.2.1　溶液的蒸气压下降

在一定的温度下,将纯溶剂放入一密闭容器中,该液体中一部分动能较高的分子从液体表面逸出到液面上方的空间而成为气态分子,这一过程称为蒸发。在蒸发过程进行的同时,有一部分气态分子在运动中碰到液体表面又成为液态分子,这一过程称为凝聚。随着蒸发的进行,气态分子数目增多,浓度增大,凝聚速度逐渐加快,最后当蒸发速度与凝聚速度相等时,达到动态平衡。这时液面上方的气态分子浓度不再改变,达到饱和,这时的蒸气压称为饱和蒸气压,简称蒸气压(图2-1a)。

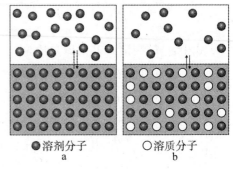

●溶剂分子　　　　○溶质分子
　　a　　　　　　　　b

图 2-1　稀溶液的蒸发示意图

1. 溶液的蒸气压下降

液体的饱和蒸气压与物质的本性有关,某一温度时不同的液体在相同的条件下饱和蒸气压不同。如20℃时,水和乙醇的蒸气压分别是$2.33×10^3$ Pa、$5.93×10^3$ Pa。很明显,温度越高,分子的动能增加,所以同一液体的饱和蒸气压随着温度的升高而增大(图2-2)。

若往水中加入少量的葡萄糖形成溶液,当蒸发和凝聚达到平衡时,溶液上方的蒸气压下降(图2-1b),这是因为部分液体表面被溶质分子所占据,从而使得单位时间内逸出液面的水分子数目减少。推广开来,与纯溶剂相比,难挥发非电解质稀溶液的蒸气压下降(图2-2)。

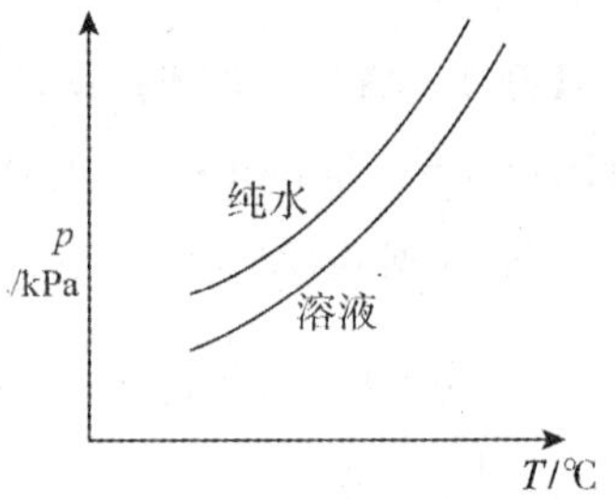

$$\Delta p = p^* - p \qquad (2-8)$$

式中:Δp 为溶液的蒸气压下降值;p^* 为纯溶剂的蒸气压;p 为溶液的蒸气压。

图 2-2　蒸气压随温度变化曲线图

2. 拉乌尔定律

法国物理学家法拉乌尔(F. M. Raoult)根据大量实验结果,于1887年得出如下结论:在一定的温度下,难挥发非电解质稀溶液的蒸气压等于纯溶剂的蒸气压与溶液中溶剂的摩尔分数的乘积。这一定量关系称为拉乌尔定律。即:

$$p = p^* x_A \qquad (2-9)$$

式中:p 和 p^* 分别是溶液和溶剂的饱和蒸气压,单位为 Pa;x_A 是溶剂的摩尔分数。

对于双组分体系,由于　　　　　　　$x_A + x_B = 1$

所以　　　　　　　　$p = p^* x_A = p^* (1 - x_B) = p^* - p^* x_B$

移项　　　　　　　　$p^* - p = p^* x_B$

$$\Delta p = p^* x_B \tag{2-10}$$

因此,拉乌尔定律又可表示为:在一定温度下,难挥发非电解质稀溶液的蒸气压下降与溶质 B 的摩尔分数成正比。当溶质是电解质时,溶液的蒸气压也下降,但不遵循拉乌尔定律的定量关系。

2.2.2　溶液的沸点升高和凝固点下降

当液体的蒸气压等于外界大气压时液体就会沸腾,此时的温度称为该液体的沸点(图 2-3)。由图可知,T_b^* 为纯溶剂的沸点。而在此温度时溶液由于蒸气压下降并不会沸腾,欲使其沸腾必须继续升高温度,直到溶液的蒸气压达到外界压力,因此溶液的沸点与纯溶剂相比升高。固体与液体相似,在一定的温度下也有一定的蒸气压,冰在不同温度下的饱和蒸气压如表 2-2 所示。

表 2-2　冰在不同温度下的蒸气压

温度/℃	−20	−15	−10	−5	0
蒸气压/kPa	0.11	0.16	0.25	0.40	0.61

凝固点是指在一定的压力下(通常是指 100kPa)液态的蒸气压与固态纯溶剂的蒸气压相等且两相共存时的温度。图 2-3 中 AB 与 AA′ 的交点就是纯溶剂的凝固点,而 AB 与 BB′ 的交点是溶液的凝固点。

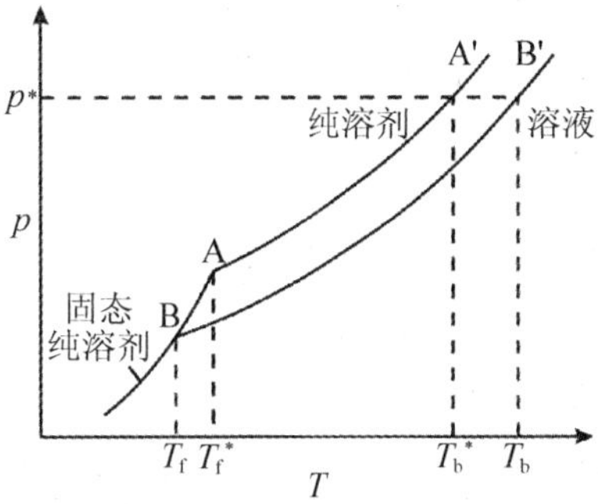

不难看出,造成溶液沸点升高和凝固点下降的根本原因是溶液的蒸气压下降。难挥发非电解质稀溶液的沸点升高和凝固点下降与溶液的质量摩尔浓度成正比,即:

图 2-3　溶液的沸点升高凝固点降低示意图
AA′-纯溶剂;BB′-溶液;AB-纯固体

$$\Delta T_b = K_b b_B \tag{2-11}$$

$$\Delta T_f = K_f b_f \tag{2-12}$$

式中:b_B 为溶液的质量摩尔浓度,单位为 $mol \cdot kg^{-1}$;ΔT_b 和 ΔT_f 分别为溶液沸点升高值和凝固点下降值,$\Delta T_b = T_b - T_b^*$,$\Delta T_f = T_f^* - T_f$;K_b 和 K_f 分别为溶剂的摩尔沸点升高常数和摩尔凝固点下降常数,单位为 $K \cdot kg \cdot mol^{-1}$ 或 $℃ \cdot kg \cdot mol^{-1}$。$K_b$ 和 K_f 的大小只取决于溶剂的本性,而与溶质的本性无关,它们可以从理论推算出来,也可以由实验测得(表 2-3)。

在生产和生活中,沸点升高和凝固点下降这些性质得到了广泛的应用。如冰和盐的混合物常用作实验室的制冷剂;在冬天,往汽车的水箱中加入甘油或乙二醇可以防止水的冻结;另外,还可以通过对溶液沸点上升和凝固点下降的测定来估算溶质的相对分子质量。

表 2 - 3　几种溶剂的 T_b、K_b、T_f 和 K_f

溶　剂	沸点 T_b/K	$K_b/(K \cdot kg \cdot mol^{-1})$	凝固点 T_f/K	$K_f/(K \cdot kg \cdot mol^{-1})$
水	373.15	0.512	273	1.86
苯	353.15	2.53	278.5	5.12
乙酸	390.9	3.07	289.6	3.90
四氯化碳	349.7	5.03	250.2	29.8

【例 2 - 3】　有一质量分数为 1.0% 的水溶液,测得其凝固点为 273.05K。计算溶质的摩尔质量。

解:因为　　　$b_B = \dfrac{n_B}{M_A}$,$n_B = \dfrac{m_B}{M_B}$,$\Delta T_f = \dfrac{K_f m_B}{m_A M_B}$

所以　　　$M_B = \dfrac{K_f m_B}{m_A \Delta T_f}$

由于该溶液的浓度较小,所以 $m_A + m_B \approx m_A$,即 $m_B / m_A \approx 1.0\%$。

$$M_B = \frac{1.83K \cdot kg \cdot mol^{-1} \times 1.0\%}{(273.15 - 273.05)K} = 0.183 kg \cdot mol^{-1}$$

所以溶质的摩尔质量为 183g · mol^{-1}。

2.2.3　溶液的渗透压

与溶液中溶质分子浓度有着直接联系的另一现象是渗透现象。在一根 U 型管的中间固定一张半透膜(图 2-4a),在膜的左、右双侧分别加入相同体积的 5% 的葡萄糖水溶液和纯水,静置一段时间后纯水这一侧的液面降低,而溶液这一侧的液面升高(图 2-4b),我们把这种溶剂分子透过半透膜自动扩散的过程称为渗透。

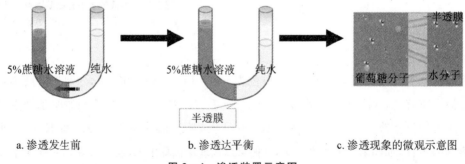

5%蔗糖水溶液　纯水　　　5%蔗糖水溶液　　纯水　　　　　　　　半透膜

葡萄糖分子　　水分子

半透膜

a.渗透发生前　　　　　　　b.渗透达平衡　　　　　　c.渗透现象的微观示意图

图 2 - 4　渗透装置示意图

半透膜(semipermeable membrane)是一种只允许某些物质透过而不允许另一些物质透过的多孔性薄膜,如细胞膜、膀胱膜、鸡蛋膜、毛细血管壁等生物膜,以及人工制成的火棉胶膜、羊皮膜、玻璃纸等都具有一定的半透膜性质。若将溶质相同而浓度不同的两种溶液用半透膜隔开,由于渗透,水从稀溶液一侧透入浓溶液一侧,我们会看到浓溶液的液面上升。随着溶液液面的升高,静水压增大,从而使溶液中的水分子透入纯水中的速率增加。当膜两侧透过水分子的速率相等时,达到渗透平衡,液面不再上升。

为了阻止纯溶剂中的水分子透过半透膜进入溶液,需在溶液一侧施加一外压,我们把这种恰能阻止渗透现象发生而施加的额外压力称为该溶液的渗透压(osmotic pressure)。不难理解,溶液的浓度越大,维持渗透平衡需要的外力就越大,即渗透压就越大。

产生渗透的原因是半透膜两侧单位体积内溶剂分子数不同。当纯水与葡萄糖溶液被半透膜隔开时,由于半透膜只允许水分子自由透过,而单位体积内纯水比葡萄糖溶液中的水分子数目多,因此在单位时间内透入溶液中的水分子数目要比离开溶液的水分子数目多,所以葡萄糖溶液的液面升高。由此可见,渗透现象的发生必须具备两个条件:① 有半透膜存在;② 膜两侧单位体积内溶剂的分子数目不同。

1885 年,范特霍夫(Van't Hoff)根据实验结果指出,难挥发非电解质稀溶液的渗透压正比于溶液的物质的量浓度 c 和绝对温度 T,其比例常数就是气体常数 R。即:

$$\pi V = nRT \quad 或 \quad \pi = \frac{nRT}{V} = cRT \tag{2-13}$$

式中:π 是溶液的渗透压,单位为 kPa;c_B 是溶液的物质的量浓度,单位为 mol·L^{-1};R 是气体常数 8.314kPa·L·mol^{-1}·K^{-1};T 是体系的温度,单位为 K。

从上式可以看出,在一定温度下,溶液的渗透压与溶液中所含溶质的数目成正比,而与溶质的本性无关。实验证明,即使是蛋白质这样的大分子,其溶液的渗透压与其他小分子一样,是由它们的质点数决定的,而与溶质的性质没有关系。对于稀的水溶液,由于 $c_B \approx b_B$,所以上式也可以写为:

$$\pi \approx b_B RT$$

利用范特霍夫公式,通过测定溶液渗透压的办法可求算溶质的摩尔质量。

【例 2-4】 有一蛋白质的饱和水溶液,每升含有蛋白质 5.18g,已知在 293.15K 时,溶液的渗透压为 413Pa,求此蛋白质的摩尔质量。

解:根据公式 $\pi = \frac{nRT}{V} = cRT$,得:

$$M_B = \frac{m_B RT}{\pi V} = \frac{5.18g \times 8.314 \times 10^3 Pa·L·mol^{-1}·K^{-1} \times 293.15K}{413Pa \times 1L} = 30569 g·mol^{-1}$$

即该蛋白质的摩尔质量为 30569g·mol^{-1}。

渗透现象对于生物的生理活动具有十分重要的影响。在盐碱地中由于溶质粒子浓度过高,使植物根部吸水困难甚至使植物体内水分外渗而干枯。同样的,施肥不当也会造成土壤溶液局部浓度过大,致使植物枯萎。当人体需要输液补充水分时,应使用质量分数为 0.9% 的生理盐水或 5% 的葡萄糖溶液(等渗液),浓度过高或过低都会导致红细胞失水或破裂。

渗透作用在工业上的应用也很广泛。例如,反渗透(reverse osmosis)就是在渗透压较大的溶液一边加上比其渗透压还要大的压力,迫使溶剂从高浓度溶液处向低浓度溶液处扩散,从而达到浓缩溶液的目的。反渗透常用于电镀业中重金属离子的浓缩回收等。同时反渗透技术还可以用于海水的淡化(图 2-5)。

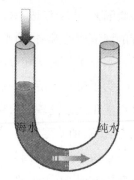

海水　　　　纯水

图 2-5　海水反渗透示意图

通过以上有关稀溶液的一些性质的讨论,可以总结出一条关于稀溶液的定理:难挥发非电解质稀溶液的某些性质(蒸气压下降、沸点上升、凝固点下降和具有渗透压)与一定量的溶剂中所含溶质的物质的量成正比,而与溶质的本性无关,这就是稀溶液的依数性定律。

应该指出,稀溶液的依数性定律不适用于浓溶液和电解质。因为在浓溶液中情况比较复杂,溶质浓度大,溶质粒子之间的相互影响大为增加,简单的依数性的定量关系不再适用。电解质溶液的蒸气压、凝固点、沸点和渗透压的变化要比相同浓度的非电解质的都大。这是因为相同浓度的电解质溶液在溶液中会电离产生正、负离子,因此它所具有的总的粒子数就要多。此时稀溶液的依数性取决于溶质分子、离子的总粒子数,根据稀溶液通性所定的定量关系不再存在,必须加以校正。表 2-4 列出了不同浓度的 NaCl 和 HAc 溶液的凝固点下降的实验值和计算值。

表 2-4　NaCl 和 HAc 溶液的凝固点下降值

$b_B/(mol \cdot kg^{-1})$	NaCl			HAc		
	实验值	计算值	实验值/计算值	实验值	计算值	实验值/计算值
0.1000	0.348	0.186	1.87	0.188	0.186	1.01
0.0500	0.176	0.0930	1.89	0.0949	0.0930	1.02
0.0100	0.0359	0.0186	1.93	0.0195	0.0186	1.05
0.00500	0.0180	0.0093	1.94	0.0098	0.0093	1.06

2.3　酸碱质子理论

酸和碱是两类重要的化学物质,酸碱平衡是水溶液中重要的平衡体系。正是如此,长期以来科学家们对酸碱进行了大量的研究,对酸碱的认识也经历了一个由浅入深、由低级到高级的过程。随着认识的不断深化,先后形成了多种酸碱理论,如溶剂理论、质子理论、电子理论和软硬酸碱理论等。这里主要介绍酸碱质子理论。

2.3.1　酸碱的定义

酸碱质子理论(proton theory of acids and bases)是丹麦化学家布朗斯特(Bronsted)和英国化学家路易(Lowry)各自独立地于 1923 年提出的。酸碱质子理论认为：能给出质子(H^+)(proton)的物质是酸(acid)，能接受质子的物质是碱(base)。酸和碱不是孤立的，它们之间的关系是：

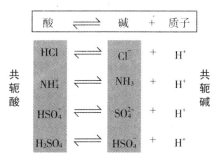

图 2 - 6　共轭酸碱关系图

某酸失去一个质子后成为碱，该碱得到一个质子后又转变为原来的酸，满足这样关系的一对酸碱对称为共轭酸碱对(conjugate acid-base pairs)。由上述可知 HCl、NH_4^+ 和 H_2SO_4 均为酸，而 Cl^-、NH_3 和 HSO_4^- 是其共轭碱。可见酸和碱可以是正离子、负离子或中性分子。

在酸碱中有一类物质，它既可以得质子又可以失质子，我们把这类物质称为两性物质(amphoteric compound)。如 HSO_4^- 可以得到质子成为 H_2SO_4，也可以失去质子成为 SO_4^{2-}，所以 HSO_4^- 是两性物质。同理，$H_2PO_4^-$、HPO_4^{2-} 和 HCO_3^- 均为两性物质。

显而易见，在一个平衡中，酸越容易失去质子，其酸性就越强，则其共轭碱则越不容易得到质子，其碱性越弱；反之，共轭酸酸性越弱，则其共轭碱碱性就越强(图 2 - 7)。

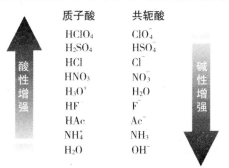

图 2 - 7　常见的共轭酸碱对的相对强弱

必须指出，H^+ 的半径只有氢原子的十万分之一，体积小，电荷密度高，这样的游离质子在水溶液中只能瞬间存在，它必然要转移到另一种能接受质子的物质上去，故上面所举的共轭酸碱平衡式只是从概念上来说明什么是酸什么是碱,其实溶液中不可能真正存在那样的平衡。实际存在的酸碱平衡必然是两个共轭酸碱对之间进行质子传递的结果,即酸$_1$把质子传给碱$_2$,各自转变为相应的共轭物质。

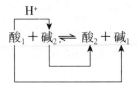

如 HAc 在水中的解离:

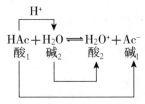

在此平衡中,HAc 把质子传递给 H_2O,各自分别生成了共轭碱 Ac^- 和共轭酸 H_3O^+,在溶液中并不存在游离的氢离子。同样的,我们可以把这一理论推广到水溶液中的水解反应、中和反应和水的质子自递过程。

中和反应:

$$\overset{H^+}{\overbrace{HAc+NH_3}}\Longrightarrow NH_4^++Ac^-$$
$$\text{酸}_1\ \ \text{碱}_2\ \ \ \ \text{酸}_1\ \ \text{碱}_1$$

$$\overset{H^+}{\overbrace{H_3O^++OH^-}}\Longrightarrow H_2O+H_2O$$
$$\text{酸}_1\ \ \text{碱}_2\ \ \ \ \text{酸}_2\ \ \text{碱}_1$$

水解反应:

$$\overset{H^+}{\overbrace{H_2O+Ac^-}}\Longrightarrow HAc+OH$$
$$\text{酸}_1\ \ \text{碱}_2\ \ \ \ \text{酸}_1\ \ \text{碱}_1$$

$$\overset{H^+}{\overbrace{NH_4^++H_2O}}\Longrightarrow H_3O^++NH_3$$
$$\text{酸}_1\ \ \text{碱}_2\ \ \ \ \text{酸}_2\ \ \text{碱}_1$$

水的质子自递过程:

$$\overset{H^+}{\overbrace{H_2O+H_2O}}\Longrightarrow H_3O^++OH^-$$
$$\text{酸}_1\ \ \text{碱}_2\ \ \ \ \text{酸}_2\ \ \text{碱}_1$$

质子传递的过程实际上就是不同酸碱争夺质子的竞争,其结果必然是较强的酸给出质子和较强的碱得到质子,生成较弱的酸和较弱的碱。

2.3.2　酸碱反应的实质和酸碱平衡

如上所述,纯水是一种极弱的电解质,在水分子之间也存在着质子自递:

$$H_2O + H_2O \rightleftharpoons H_3O^+ + OH^-$$

标准平衡常数表达式为：

$$H_2O \rightleftharpoons H^+ + OH^-$$

$$K^\ominus = \frac{c(H^+)}{c^\ominus} \times \frac{c(OH^-)}{c^\ominus}$$

$c^\ominus = 1\,mol \cdot L^{-1}$，上式可以简写为： $\qquad\qquad\qquad\qquad\qquad\qquad\qquad (2-14)$

$$K^\ominus = c(H^+)c(OH^-)$$

我们把这个平衡常数称为水的离子积(ion product of water)，用 $K_w^\ominus$ 表示，25℃时，$K_w^\ominus = c(H^+)c(OH^-) = 1.0 \times 10^{-14}$。

根据酸碱质子理论可知，酸或碱的强弱取决于其给出质子或接受质子能力的大小。在水中酸给出质子和碱接受质子能力的大小可以用酸的解离常数 $K_a^\ominus$ (dissociation constant)或碱的解离常数 $K_b^\ominus$ 来衡量。下面以 HAc 和 NH$_3$ 在水中的解离来加以说明。HAc 在水中的解离平衡为：

$$HAc + H_2O \rightleftharpoons H_3O^+ + Ac^-$$

解离的平衡常数为：

$$K_a^\ominus(HAc) = \frac{c(H_3O^+)c(Ac^-)}{c(HAc)} = 1.8 \times 10^{-5}$$

一般可简写为：

$$K_a^\ominus(HAc) = \frac{c(H^+)c(Ac^-)}{c(HAc)} = 1.8 \times 10^{-5}$$

$K_a^\ominus$ 越大，此平衡正向进行的趋势就越大，给出质子的能力就越强，则酸性越强。

NH$_3$ 在水中的解离平衡为：

$$NH_3 + H_2O \rightleftharpoons NH_4^+ + OH^-$$

其平衡常数为：

$$K_b^\ominus(NH_3) = \frac{c(NH_4^+)c(OH^-)}{c(NH_3)} = 1.8 \times 10^{-5}$$

同样，$K_b^\ominus$ 越大则碱性越强。

不同的酸和碱有不同的解离常数，其数据见附录Ⅳ。对于多元弱酸碱而言，其在水中是逐级解离的，且平衡常数逐级减小 $K_{a_1}^\ominus > K_{a_2}^\ominus > K_{a_3}^\ominus$，所以其酸性也逐级减弱；多元弱碱的情况也类似。

$$H_3PO_4 + H_2O \rightleftharpoons H_3O^+ + H_2PO_4^- \qquad K_{a_1}^\ominus = \frac{c(H^+)c(H_2PO_4^-)}{c(H_3PO_4)} = 7.6 \times 10^{-3}$$

$$H_2PO_4^- + H_2O \rightleftharpoons H_3O^+ + HPO_4^{2-} \qquad K_{a_2}^\ominus = \frac{c(H^+)c(HPO_4^{2-})}{c(H_2PO_4^-)} = 6.3 \times 10^{-8}$$

$$HPO_4^{2-} + H_2O \rightleftharpoons H_3O^+ + PO_4^{3-} \qquad K_{a_3}^\ominus = \frac{c(H^+)c(PO_4^{3-})}{c(HPO_4^{2-})} = 4.4 \times 10^{-13}$$

从上可知,共轭酸碱对 HAc - Ac^- 在水溶液中的解离平衡分别为:

$$HAc + H_2O \rightleftharpoons H_3O^+ + Ac^- \qquad Ac^- + H_2O \rightleftharpoons OH^- + HAc$$

其解离常数分别为:

$$K_a^\ominus = \frac{c(H_3O^+)c(Ac^-)}{c(HAc)} \qquad K_b^\ominus = \frac{c(HAc)c(OH^-)}{c(Ac^-)}$$

两式相乘,得:

$$K_a^\ominus K_b^\ominus = \frac{c(H_3O^+)c(Ac^-)}{c(HAc)} \times \frac{c(HAc)c(OH^-)}{c(Ac^-)} = c(H_3O^+)c(OH^-) = K_W^\ominus$$

可见,在水溶液中共轭酸碱对的 $K_a^\ominus$ 和 $K_b^\ominus$ 满足如下关系式:

$$K_a^\ominus K_b^\ominus = K_W^\ominus \tag{2-15}$$

因此在计算的过程中,只要知道了酸或碱的解离常数,就可以通过计算求得其共轭碱或共轭酸的解离常数。

又如,磷酸在水中的解离平衡为:

$$H_3PO_4 + H_2O \rightleftharpoons H_3O^+ + H_2PO_4^-$$

$$K_{a_1}^\ominus = \frac{c(H^+)c(H_2PO_4^-)}{c(H_3PO_4)} = 7.6 \times 10^{-3}$$

而磷酸的共轭碱 $H_2PO_4^-$ 在水中的解离平衡为:

$$H_2PO_4^- + H_2O \rightleftharpoons OH^- + H_3PO_4$$

$$K_{b_3}^\ominus = \frac{c(OH^-)c(H_3PO_4)}{c(H_2PO_4^-)} = 1.3 \times 10^{-12}$$

两解离常数相乘,得:

$$K_{a_1}^\ominus \times K_{b_3}^\ominus = \frac{c(H^+)c(H_2PO_4^-)}{c(H_3PO_4)} \times \frac{c(OH^-)c(H_3PO_4)}{c(H_2PO_4^-)} = K_W^\ominus$$

同样推导可得:

$$K_{a_2}^\ominus K_{b_2}^\ominus = K_W^\ominus, K_{a_3}^\ominus K_{b_1}^\ominus = K_W^\ominus$$

即对于三元弱酸(碱)和其共轭碱(酸)的各级解离常数满足下式:

$$K_{a_1}^\ominus K_{b_3}^\ominus = K_{a_2}^\ominus K_{b_2}^\ominus = K_{a_3}^\ominus K_{b_1}^\ominus = K_W^\ominus \tag{2-16}$$

以此类推,二元弱酸(碱)和其共轭碱(酸)的各级解离常数满足:

$$K_{a_1}^\ominus K_{b_2}^\ominus = K_{a_2}^\ominus K_{b_1}^\ominus = K_W^\ominus$$

2.3.3 同离子效应和盐效应

在 HAc 溶液中滴加少量甲基橙溶液使其呈红色后,再加入少量 $NaAc$ 固体,不断振荡使其溶解后发现溶液由红色逐渐转变为黄色。之所以出现这样的现象,是由于加入 $NaAc$ 后 HAc 解离平衡向左移动,导致溶液的酸度降低了,所以甲基橙由红色(酸色)转变为黄色

（碱色）。其平衡式如下：

$$HAc + H_2O \Longrightarrow H_3O^+ + Ac^-$$
平衡逆向进行

这种在弱电解质溶液中加入含有相同离子的强电解质,导致弱电解质解离度降低的现象称为同离子效应(common ion effect)。如果加入的强电解质不具有相同离子,同样会破坏原有的平衡,但平衡移动的方向与同离子效应相反,弱酸、弱碱的解离度增大,这种现象叫作盐效应(salt effect)。如往 HAc 溶液中加入少量 NaCl 固体,由于 NaCl 的加入大大增大了溶液中离子的总浓度,使得离子间的相互牵制作用增强,降低了离子重新结合成弱电解质分子的几率。显然,同离子效应存在的同时也一定伴随盐效应,但两者相比同离子效应强得多,所以一般计算时通常忽略盐效应。

2.3.4 缓冲溶液

一般的水溶液容易受到外加酸、碱或稀释的影响而改变其原有的 pH 值。溶液的酸度对许多化学反应和生物化学反应有着重要的影响,只有将溶液的 pH 值严格控制在一定范围内,这些反应才能顺利地进行。例如,健康人体血液的 pH 值是 7.35～7.45,稍有偏差就会生病;EDTA 配位滴定法测定 Ca^{2+} 时 pH 值需保持在 10 左右;水稻正常生长要求的适宜 pH 值为 6～7 等。要将溶液的 pH 值保持在一定范围内,就必须依靠缓冲溶液来控制。

一定条件下,如果在 50ml pH=7.00 的纯水中加入 0.05ml 1.0mol·L^{-1} HCl 溶液或同浓度、同体积的 NaOH 溶液,则溶液的 pH 值分别由 7.00 降低到 3.00 或增加到 11.00,即 pH 值改变了 4 个单位。

而在相同条件下,如果在 50ml 0.10mol·L^{-1} HAc 和 0.10mol·L^{-1} NaAc 的混合溶液中,加入同浓度、同体积(0.05ml,1.0mol·L^{-1})的 HCl 或 NaOH 溶液,则溶液的 pH 值分别从 4.76 降低到 4.75 或增加到 4.77,即 pH 值都只改变了 0.01 个单位。

从上述实验可以看出,在含有 HAc-Ac$^-$ 这样的共轭酸碱对的混合溶液中加入少量强酸或强碱之后,溶液的 pH 基本上无变化,这种溶液具有保持 pH 值相对稳定的性能,称为缓冲溶液(buffer solution)。

1. 缓冲作用原理

缓冲溶液为什么具有对抗外来少量酸或碱而保持其 pH 基本不变的性能呢? 根据酸碱质子理论,缓冲溶液由浓度较大的一对共轭酸碱对组成,它们在水溶液中存在以下质子转移平衡:

$$HA + H_2O \Longrightarrow H_3O^+ + A^-$$

大量　　　　　很少　　大量(来自共轭碱)

当加入少量强酸时,H_3O^+ 浓度暂时增加,平衡被破坏向左移动,这时 A$^-$ 的浓度略有减少,而 HA 的浓度略有增加,当新的平衡重新建立时,可仍旧保持 H_3O^+ 浓度基本不变;相反,当加入少量强碱时,H_3O^+ 浓度暂时略有减少,平衡向右移动产生 H_3O^+,以补充减少的 H_3O^+,而 pH 基本保持不变。由此可知,共轭酸碱对之所以具有缓冲能力是因为质子在共轭酸碱之间发生转移以维持质子浓度基本不变。

2. 缓冲溶液 pH 值的计算

以弱酸 HA 及其共轭碱 NaA 组成的缓冲溶液为例来推导缓冲溶液的计算公式,设其初始浓度分别为 c_a 和 c_b。在水溶液中的质子转移平衡为:

$$HA + H_2O \Longrightarrow H_3O^+ + A^-$$

根据平衡,得:

$$c(H^+) = K_a^\ominus \times \frac{c(HA)}{c(A^-)}$$

上式两边取负对数,得:

$$pH = pK_a^\ominus(HA) - \lg \frac{c(HA)}{c(A^-)} \qquad (2-17)$$

由于缓冲剂浓度较大,以及存在同离子效应,可以认为 $c(HA) \approx c_a$,$c(A^-) \approx c_b$,所以:

$$pH = pK_a^\ominus - \lg \frac{c_a}{c_b} \qquad (2-18)$$

若用弱碱与其共轭酸组成缓冲溶液,则其 pOH 值可用下式计算:

$$pOH = pK_b^\ominus - \lg \frac{c_b}{c_a} \qquad (2-19)$$

式(2-18)和式(2-19)是计算缓冲溶液 pH 值的公式。由公式可见,缓冲溶液的 pH 或 pOH 首先取决于弱酸或弱碱的解离常数的大小,其次与共轭酸碱对浓度的比值有关。

【例 2-5】 计算 100.00mL 含有 $0.040 \text{mol} \cdot L^{-1}$ HAc 和 $0.060 \text{mol} \cdot L^{-1}$ NaAc 溶液的 pH 值,并计算向该溶液中加入 10.00mL $0.050 \text{mol} \cdot L^{-1}$ HCl、NaOH 及 10.00mL 水后溶液的 pH 值。

解:$pK_a^\ominus = 4.74$　　$pH = pK_a^\ominus + \lg \frac{c_b}{c_a} = 4.74 + \lg \frac{0.06}{0.04} = 4.92$

加入 10.00mL $0.050 \text{mol} \cdot L^{-1}$ HCl:

$$pH = pK_a^\ominus + \lg \frac{c_b}{c_a} = 4.74 + \lg \frac{0.06 \times 0.1 - 0.01 \times 0.05}{0.04 \times 0.1 + 0.01 \times 0.05} = 4.83$$

加入 10.00mL $0.050 \text{mol} \cdot L^{-1}$ NaOH:

$$pH = pK_a^\ominus + \lg \frac{c_b}{c_a} = 4.74 + \lg \frac{0.06 \times 0.1 + 0.01 \times 0.05}{0.04 \times 0.1 - 0.01 \times 0.05} = 5.01$$

加入 10.00mL H_2O:

$$pH = pK_a^\ominus + \lg \frac{c_b}{c_a} = 4.74 + \lg \frac{(0.06 \times 0.1)/(0.11 \times 1.0)}{(0.04 \times 0.1)/(0.11 \times 1.0)} = 4.92$$

3. 缓冲溶液的配制

任何缓冲溶液的缓冲能力都是有一定限度的,对于每一种缓冲溶液只有在加入的强酸或强碱的量不大,或将溶液稍加稀释时,才能保持溶液的 pH 值基本不变。实验证明,缓冲溶液的缓冲能力取决于缓冲组分的浓度的大小及缓冲组分浓度的比值。当缓冲组分即共轭酸碱对的浓度较大时,缓冲能力较大;当共轭酸碱对的总浓度一定时,两者的浓度比值为1:1时缓冲能力最大。因此,实际在配缓冲溶液时,应使缓冲组分的浓度较大(但也不宜太大,否则易造成对化学反应或生物化学反应的不良影响),实际应用中常使缓冲溶液各组分的浓度处于 $0.1 \sim 1.0 \, mol \cdot L^{-1}$;另外,还应使共轭酸碱对浓度比值尽量接近于 $1:1$,一般控制在 $0.1 \sim 10$,即利用确定的一对缓冲对配制缓冲溶液时,pH 或 pOH 应控制在 $pH = pK_a^\ominus \pm 1$ 或 $pOH = pK_b^\ominus \pm 1$ 范围内,超出此范围则缓冲溶液的缓冲能力很小,甚至丧失了缓冲作用,这一范围称为缓冲范围(buffer range)。

在实际配制一定 pH 值的缓冲溶液时,为使共轭酸碱对浓度比接近于1,则要选用 $K_a^\ominus$(或 $K_b^\ominus$)等于或接近于该 pH 值(或 pOH 值)的共轭酸碱对。例如,要配制 $pH = 5$ 左右的缓冲溶液,可选用 $K_a^\ominus = 4.74$ 的 $HAc - Ac^-$ 缓冲对;配制 $pH = 9$ 左右的缓冲溶液,则可选用 $K_a^\ominus = 9.25$ 的 $NH_4^+ - NH_3$ 缓冲对。表 2-5 列出最常用的几种标准缓冲溶液。

表 2-5　pH 标准缓冲溶液

pH 标准溶液	pH 标准值($>5℃$)
饱和酒石酸氢钾($0.034 mol \cdot L^{-1}$)	3.56
$0.05 mol \cdot L^{-1}$ 邻苯二甲酸氢钾	4.01
$0.025 mol \cdot L^{-1} KH_2PO_4 - 0.025 mol \cdot L^{-1} Na_2HPO_4$	6.86
$0.01 mol \cdot L^{-1}$ 硼砂	9.18

下面通过具体例子来说明如何配制缓冲溶液。

【例 2-6】　配制 $1.0L$ $pH = 9.80$,$c(NH_3) = 0.10 mol \cdot L^{-1}$ 的缓冲溶液,需用 $6.0 mol \cdot L^{-1}$ $NH_3 \cdot H_2O$ 多少毫升和固体 $(NH_4)_2SO_4$ 多少克? 已知:$(NH_4)_2SO_4$ 的摩尔质量为 $132g \cdot mol^{-1}$。

解:$pH = pK_a^\ominus + \lg \dfrac{c_b}{c_a}$

$9.80 = 14 - 4.74 + \lg \dfrac{0.1}{c_a}$

$c_a = 0.028 mol \cdot L^{-1}$

固体 $(NH_4)_2SO_4$ 用量:$0.028 \times 132 \times \dfrac{1}{2} \times 1.0 = 1.8g$

$NH_3 \cdot H_2O$ 用量:$1.0 \times 0.1 / 6.0 = 0.017L$

配制方法：称取 1.8g 固体 $(NH_4)_2SO_4$ 溶于少量水中，加入 0.017L 6.0mol · L^{-1} $NH_3 · H_2O$，然后加水稀释到 1L 摇匀即可。

2.4 难溶电解质的沉淀-溶解平衡

2.4.1 溶度积原理

与酸碱平衡体系不同，沉淀-溶解平衡（precipitation dissolution equilibrium）是一种两相化学平衡体系。溶液中离子间相互作用析出难溶性固态物质的反应称为沉淀反应（precipitation reaction）。如果在含有 $CaCO_3$ 的溶液中加入过量的盐酸，则可使沉淀溶解，该反应称为溶解反应（dissolution reaction）。固态难溶电解质与由它离解产生的离子之间的平衡称为沉淀溶解平衡。例如，将难溶电解质 $BaSO_4$ 固体放入水中，在极性的水分子作用下，表面上的 Ba^{2+} 和 SO_4^{2-} 进入溶液，成为水合离子，这就是 $BaSO_4$ 固体溶解（dissolution）的过程。同时，溶液中的 Ba^{2+} 和 SO_4^{2-} 在无序地运动中，可能同时碰到 $BaSO_4$ 固体的表面而析出，这个过程称为沉淀（precipitation）过程。在一定温度下，当溶解的速度与沉淀的速度相等时，溶解与沉淀就会建立起动态平衡，这种状态称为难溶电解质的溶解-沉淀平衡。其平衡式可表示为：

$$BaSO_4(s) \Longrightarrow Ba^{2+}(aq) + SO_4^{2-}(aq)$$

该反应的标准平衡常数为：

$$K^{\ominus} = \frac{c(Ba^{2+})}{c^{\ominus}} \times \frac{c(SO_4^{2-})}{c^{\ominus}}$$

对于一般的难溶电解质的溶解-沉淀平衡可表示为：

$$A_nB_m(s) \Longrightarrow nA^{m+}(aq) + mB^{n-}(aq)$$

$$K_{sp}^{\ominus} = \left[\frac{c(A^{m+})}{c^{\ominus}}\right]^n \times \left[\frac{c(B^{n-})}{c^{\ominus}}\right]^m \tag{2-20}$$

式（2-20）表明，在一定温度时，难溶电解质的饱和溶液中，各离子浓度幂次方的乘积为常数，该常数称为溶度积常数（solubility product constant），用符号 $K_{sp}^{\ominus}$ 表示。它是表征难溶物溶解能力的特征常数，其值与温度有关，与浓度无关。一些常见难溶强电解质的 $K_{sp}^{\ominus}$ 值见附录 V。

在一定温度下，难溶电解质是否生成或溶解，可以根据溶度积原理来判断。在难溶电解质溶液中，其离子浓度幂次方的乘积称为离子积，用 Q_i 表示，对于 A_nB_m 型难溶电解质，则：

$$Q_i = \frac{c^n(A^{m+})}{c^{\ominus}} \times \frac{c^m(B^{n-})}{c^{\ominus}} \tag{2-21}$$

Q_i 和 $K_{sp}^{\ominus}$ 的表达式相同,但 $K_{sp}^{\ominus}$ 表示难溶电解质沉淀-溶解平衡时饱和溶液中离子浓度的乘积,对某一难溶电解质来说,在一定温度下 $K_{sp}^{\ominus}$ 为一常数;而 Q_i 则表示任一条件下离子浓度的乘积,其值不是一个常数。$K_{sp}^{\ominus}$ 只是 Q_i 的一种特殊情况。

对于某一给定的溶液,溶度积 $K_{sp}^{\ominus}$ 与离子积 Q_i 之间的关系可能有以下三种情况(溶度积原理):

① $Q_i > K_{sp}^{\ominus}$ 时,溶液为过饱和溶液,会有沉淀析出,直至 $Q_i = K_{sp}^{\ominus}$,达到饱和状态为止。

② $Q_i = K_{sp}^{\ominus}$ 时,溶液为饱和溶液,处于平衡状态。

③ $Q_i < K_{sp}^{\ominus}$ 时,溶液为未饱和溶液。若溶液中有难溶电解质固体存在,就会继续溶解,直至 $Q_i = K_{sp}^{\ominus}$,达到饱和状态为止。

2.4.2 沉淀-溶解平衡移动

1. 沉淀的生成

根据溶度积原理,在难溶电解质溶液中,若 $Q_i > K_{sp}^{\ominus}$,则溶液为过饱和溶液,会有沉淀析出。

【例 2-7】 判断将下列溶液混合是否生成 $CaSO_4$ 沉淀:(1) 20mL 1mol·L^{-1} Na_2SO_4 溶液与 20mL 1mol·L^{-1} $CaCl_2$ 溶液;(2) 20mL 0.002mol·L^{-1} Na_2SO_4 溶液与 20mL 0.002mol·L^{-1} $CaCl_2$ 溶液。

解:当两种溶液等体积混合时,浓度缩为原来的一半。

(1) $[Ca^{2+}] = 0.5$ mol·L^{-1},$[SO_4^{2-}] = 0.5$ mol·L^{-1}

则 $Q_i = [Ca^{2+}][SO_4^{2-}] = 0.5 \times 0.5 = 0.25$ mol·$L^{-1} > K_{sp}^{\ominus} = 9.1 \times 10^{-6}$

所以有沉淀析出直至 $[Ca^{2+}][SO_4^{2-}] = K_{sp}^{\ominus}$ 为止。

(2) $[Ca^{2+}] = 0.001$ mol·L^{-1},$[SO_4^{2-}] = 0.001$ mol·L^{-1}

则 $Q_i = [Ca^{2+}][SO_4^{2-}] = 0.001 \times 0.001 = 1 \times 10^{-6}$ mol·$L^{-1} < K_{sp}^{\ominus} = 9.1 \times 10^{-6}$

所以没有沉淀析出。

在定性分析中,溶液中被沉淀的离子浓度小于 1.0×10^{-5} mol·L^{-1},就可以认为该离子已被沉淀完全。

【例 2-8】 室温下往含 Zn^{2+} 0.01mol·L^{-1} 的酸性溶液中通入 H_2S 达到饱和,如果 Zn^{2+} 能完全沉淀为 ZnS,则沉淀完全时溶液中 $[H^+]$ 应为多少?

解:Zn^{2+} 能完全沉淀为 ZnS,则溶液中 Zn^{2+} 的浓度小于 1.0×10^{-5} mol·L^{-1}

根据溶度积原理:$[S^{2-}] = \dfrac{K_{sp}^{\ominus}(ZnS)}{[Zn^{2+}]} = \dfrac{1.6 \times 10^{-24}}{10^{-5}} = 1.6 \times 10^{-19}$ mol·L^{-1}

所以 $[H^+] = \sqrt{\dfrac{K_{a_1}^{\ominus} K_{a_2}^{\ominus} c(H_2S)}{1.6 \times 10^{-19}}} = \sqrt{\dfrac{1.4 \times 10^{-21}}{1.6 \times 10^{-19}}} = 9.3 \times 10^{-2}$ mol·L^{-1}

即$[H^+]$应为$9.3\times10^{-2}\,\mathrm{mol\cdot L^{-1}}$以下。

在实际工作中,为了使离子沉淀完全,需加入过量的沉淀剂。但是如果沉淀剂加入过多,有时会发生其他副反应,因此沉淀剂的量要适当,一般加过量$20\%\sim25\%$的沉淀剂。

2. 沉淀的溶解

根据溶度积原理,当$Q_i<K_{sp}^{\ominus}$时,若溶液中有难溶电解质固体存在,就会继续溶解,直到$Q_i=K_{sp}^{\ominus}$,建立新的平衡状态。通常当往溶液中加入酸碱、氧化剂、还原剂或配位剂时,会减少溶液中难溶电解质离子的浓度而使沉淀溶解。

(1) 酸碱溶解法

利用酸或碱与难溶电解质的组分离子反应生成可溶性弱电解质,使沉淀平衡向溶解的方向移动,导致沉淀溶解。

例如,在含有固体$CaCO_3$的饱和溶液中加入盐酸后,体系中存在着下列平衡的移动:

$$CaCO_3(s)\Longleftrightarrow Ca^{2+}+CO_3^{2-}$$
$$+$$
$$HCl\longrightarrow Cl^-+H^+$$
$$\Big\Updownarrow\quad HCO_3^-+H^+\Longleftrightarrow H_2CO_3\longrightarrow CO_2\uparrow+H_2O$$

由于H^+与CO_3^{2-}结合生成弱酸H_2CO_3,又分解为CO_2和H_2O,使$CaCO_3$饱和溶液中的CO_3^{2-}离子浓度大大减少,使$c(Ca^{2+})\cdot c(CO_3^{2-})<K_{sp}^{\ominus}$,因而$CaCO_3$溶解了。

金属硫化物和难溶的金属氢氧化物,加酸溶解时,因为生成H_2S分子和水,使$Q_i<K_{sp}^{\ominus}$,也可以使沉淀溶解。

再如,ZnS的酸溶解可用下列的平衡表示:

$$ZnS(s)\Longleftrightarrow Zn^{2+}+S^{2-}$$
$$+$$
$$HCl\longrightarrow Cl^-+H^+$$
$$\Big\Updownarrow\quad HS^-+H^+\Longleftrightarrow H_2S$$

金属氢氧化物溶于强酸的总反应式为:

$$M(OH)_n+nH^+=\!=\!=M^{n+}+nH_2O$$

反应平衡常数为:$K^{\ominus}=\dfrac{c(M^{n+})}{c^n(H^+)}=\dfrac{c(M^{n+})c^n(OH^-)}{c^n(H^+)c^n(OH^-)}=\dfrac{K_{sp}^{\ominus}}{(K_W^{\ominus})^n}$

室温时,$K_W^{\ominus}=10^{-14}$,而一般MOH的$K_{sp}^{\ominus}$大于10^{-14}(即$K_W^{\ominus}$),$M(OH)_2$的$K_{sp}^{\ominus}$大于10^{-28}(即$K_W^{\ominus2}$),$M(OH)_3$的$K_{sp}^{\ominus}$大于10^{-42}(即$K_W^{\ominus3}$),所以反应平衡常数都大于1,表明金属氢氧化物一般都能溶于强酸。

【例2-9】 计算ZnS在$0.50\,\mathrm{mol\cdot L^{-1}}$盐酸中的溶解度,已知$K_{sp}^{\ominus}(ZnS)=1.6\times10^{-24}$

解:$ZnS+HCl\Longleftrightarrow Zn^{2+}+H_2S$

该反应的平衡常数表达式为：

$$K^{\ominus} = \frac{[H_2S][Zn^{2+}]}{[H^+]^2} = \frac{[H_2S][Zn^{2+}][S^{2-}]}{[H^+]^2[S^{2-}]} = \frac{K_{sp}^{\ominus}(ZnS)}{K_{a_1}^{\ominus}K_{a_2}^{\ominus}} = 1.1 \times 10^{-4}$$

该平衡常数较小，设 ZnS 的溶解度为 $x\,mol \cdot L^{-1}$，则生成的 H_2S 也为 $x\,mol \cdot L^{-1}$

$$ZnS \quad + \quad 2HCl \quad =\!=\!= \quad ZnCl_2 + \quad H_2S$$

初始浓度　　　　　　　　　　　0.5

平衡浓度　　　　　　　　　　　$0.5-2x$　　　　x　　　　　x

$$\frac{x^2}{(0.5-2x)^2} = 1.1 \times 10^{-4}$$

解得：$x = 5.2 \times 10^{-3}\,mol \cdot L^{-1}$

（2）氧化还原溶解法

有些金属硫化物的 $K_{sp}^{\ominus}$ 数值特别小，因而不能用盐酸溶解。如 CuS 的 $K_{sp}^{\ominus}$ 为 6.3×10^{-36}，如要使其溶解，则 $c(H^+)$ 需达到 $10^6\,mol \cdot L^{-1}$，这是根本不可能的。如果使用具有氧化性的硝酸，通过氧化还原反应，将 S^{2-} 氧化成单质 S，反应如下：

$$3S^{2-} + 2NO_3^- + 8H^+ =\!=\!= 3S\downarrow + 2NO\uparrow + 4H_2O$$

这使金属硫化物饱和溶液中 S^{2-} 浓度大大降低，离子积小于溶度积，金属硫化物溶解。例如，CuS 溶于硝酸的反应如下：

$$CuS(s) =\!=\!= Cu^{2+} + S^{2-}$$
$$+$$
$$HNO_3 \longrightarrow S\downarrow + NO\uparrow + H_2O$$

HgS 的溶度积更小，$K_{sp}^{\ominus}$ 为 6.44×10^{-53}，则需用王水来溶解，即利用浓硝酸的氧化作用使 S^{2-} 降低，同时利用浓盐酸 Cl^- 的配位作用使 Hg^{2+} 的浓度也降低，反应如下：

$$3HgS + 2HNO_3 + 12HCl \longrightarrow 3H_2[HgCl_4] + 3S\downarrow + 2NO\uparrow + 4H_2O$$

（3）配位溶解法

利用配位反应，使难溶盐组分的离子形成可溶性的配离子，从而达到沉淀溶解的目的，例如，AgCl 不溶于酸，但可溶于 NH_3 溶液，由于 NH_3 和 Ag^+ 结合而生成稳定的配离子 $[Ag(NH_3)_2]^+$，降低了 Ag^+ 的浓度，使 $Q_i < K_{sp}^{\ominus}$，则固体 AgCl 开始溶解。其反应如下：

$$AgCl(s) =\!=\!= Ag^+ + Cl^-$$
$$+$$
$$2NH_3 =\!=\!= [Ag(NH_3)_2]^+$$

2.5　配位平衡

最早报道的配合物是 1704 年由德国涂料工人迪士巴赫在研制美术涂料时合成的，叫普

鲁士蓝 $KFe[Fe(CN)_6]$。20 世纪 60 年代以来，配合物的研究发展很快，已形成独立的学科。配位反应已渗透到生物化学、有机化学、分析化学、催化动力学、生命科学等领域中。以下从配合物的基本概念出发，介绍其组成、结构、在溶液中的平衡等。

2.5.1　配位化合物的基本概念

通常把由一个简单正离子(或原子)和一定数目的阴离子或中性分子以配位键相结合形成的复杂离子(或分子)称为配位单元，含有配位单元的复杂化合物称为配位化合物，简称配合物。

1. 配位化合物的组成

(1) 内界和外界

配合物一般由内界和外界两部分组成。在配合物中，把由简单正离子(或原子)和一定数目的阴离子或中性分子以配位键相结合形成的复杂离子(或分子)，即配位单元部分，称为配合物的内界(inner)，写化学式的时候用方括号括起来。内界既可以是配位阳离子，也可以是配位阴离子。在配合物中除了内界外，距中心离子较远的其他离子称为外界离子，构成配合物的外界(outer)，内界与外界之间以离子键相结合。例如：

$$[Cu(NH_3)_4]SO_4$$
$$\downarrow \qquad\quad \downarrow$$
$$\text{内界} \qquad \text{外界}$$

(2) 中心离子或原子

在配合物的内界中，总是由中心离子(或原子)和配位体两部分组成。中心离子(central ion)在配离子的中心，例如 $[Cu(NH_3)_4]^{2+}$ 中的 Cu^{2+}。常见的是一些过渡金属，如铁、钴、镍、铜、银、金、铂等金属元素的离子。高氧化数的非金属元素如硼、硅、磷等和高氧化数的主族金属离子如 $[AlF_6]^{3-}$ 中的 Al^{3+} 等也能作为中心离子。也有不带电荷的中性原子作中心原子，如 $[Ni(CO)_4]$、$[Fe(CO)_5]$ 中的 Ni、Fe 都是中性原子。

(3) 配位体和配位原子

在内界中与中心离子以配位键相结合的、含有孤电子对的中性分子或阴离子叫作配位体(ligand)，如 NH_3、H_2O、CN^-、X^-(卤素阴离子)等。

配位体中提供孤电子对的、与中心离子以配位键结合的原子称为配位原子。一般常见的配位原子是电负性较大的非金属原子。常见的配位原子有 C、N、O、P 及卤素原子。

由于不同的配位体含有的配位原子不一定相同。根据一个配位体所提供的配位原子的数目，可将配位体分为单齿配位体(unidentate ligand)和多齿配位体(multidentate ligand)。只含有一个配位原子的配位体称单齿配位体，如 H_2O、NH_3、卤素等。有两个或两个以上的配位原子的配位体称多齿配位体，如乙二胺 $NH_2CH_2CH_2NH_2$(简写为 en)、草酸根 $C_2O_4^{2-}$

（简写为 ox）、乙二胺四乙酸根（简称 EDTA）等。

（4）配位数及其影响因素

与中心离子直接以配位键结合的配位原子数称为中心离子的配位数（coordination number）。由于配位体分为单齿配位体和多齿配位体，因此配位数是配位原子数而不是配位体的个数。中心离子的配位数一般为 2、4、6、8 等，最常见的是 4 和 6。比较常见的配位数与中心离子的电荷数有如下的关系：

中心离子的电荷：　+1　　　　　+2　　　　　+3　　　　　+4

常见的配位数：　　2　　　　4（或 6）　　6（或 4）　　6（或 8）

（5）配离子的电荷

配离子的电荷等于中心离子电荷与配位体总电荷的代数和。例如，$[Ag(NH_3)_2]^+$ 配离子电荷数为 +1，因为 NH_3 是电中性的。由于配合物必须是中性的，因此也可以由外界离子的电荷来决定配离子的电荷。如 $[Co(en)_3]Cl_3$ 中，外界有 3 个 Cl^-，所以配离子的电荷一定是 +3。

2.5.2　配位平衡

在水溶液中，配离子是以比较稳定的结构单元存在的，但是仍然有一定的解离现象。如 $[Cu(NH_3)_4]SO_4 \cdot H_2O$ 固体溶于水中时，存在以下平衡：

$$Cu^{2+} + 4NH_3 \Longleftrightarrow [Cu(NH_3)_4]^{2+}$$

这种平衡称为配离子的配位平衡（coordination equilibrium）。其平衡常数表达式为：

$$K_{稳}^{\ominus} = \frac{c([Cu(NH_3)_4]^{2+})}{c(Cu^{2+}) \cdot c^4(NH_3)} \tag{2-22}$$

式中：$K_{稳}^{\ominus}$ 为配合物的稳定常数[①]（stability constant），$K_{稳}^{\ominus}$ 值越大，配离子越稳定。一些常见配离子的稳定常数见附录。

上述平衡反应若是向左进行，则是配离子 $[Cu(NH_3)_4]^{2+}$ 在水中的解离平衡：

$$[Cu(NH_3)_4]^{2+} \Longleftrightarrow Cu^{2+} + 4NH_3$$

其平衡常数表达式为：

$$K_{不稳}^{\ominus} = \frac{c(Cu^{2+})c^4(NH_3)}{c([Cu(NH_3)_4]^{2+})} \tag{2-23}$$

式中：$K_{不稳}^{\ominus}$ 为配合物的不稳定常数（instability constant）或解离常数。$K_{不稳}^{\ominus}$ 值越大，表示配离子在水中的解离程度越大，即越不稳定。很明显，稳定常数和不稳定常数之间是倒数关系：

$$K_{稳}^{\ominus} = \frac{1}{K_{不稳}^{\ominus}}$$

---

① 又称形成常数（formation constant）。

【例 2 - 10】　比较 $0.10\text{mol} \cdot \text{L}^{-1}[\text{Ag(NH}_3)_2]^+$ 溶液中含有 $0.1\text{mol} \cdot \text{L}^{-1}$ 的氨水和 $0.10\text{mol} \cdot \text{L}^{-1}[\text{Ag(CN)}_2]^-$ 溶液中含有 $0.10\text{mol} \cdot \text{L}^{-1}$ 的 CN^- 离子时,溶液中 Ag^+ 的浓度。

解:(1)设在 $0.1\text{mol} \cdot \text{L}^{-1}\text{NH}_3$ 存在下,Ag^+ 的浓度为 $x\text{mol} \cdot \text{L}^{-1}$,则:

$$\text{Ag}^+ + 2\text{NH}_3 \rightleftharpoons [\text{Ag(NH}_3)_2]^+$$

起始浓度$/(\text{mol} \cdot \text{L}^{-1})$　　0　　　0.1　　　　0.1

平衡浓度$/(\text{mol} \cdot \text{L}^{-1})$　　x　　0.1+2x　　0.1-x

由于 $c(\text{Ag}^+)$ 较小,所以$(0.1-x)\text{mol} \cdot \text{L}^{-1} \approx 0.1\text{mol} \cdot \text{L}^{-1}$,$(0.1+2x)\text{mol} \cdot \text{L}^{-1} \approx 0.1\text{mol} \cdot \text{L}^{-1}$,将平衡浓度代入稳定常数表达式得:

$$K_\text{稳}^\ominus = \frac{c([\text{Ag(NH}_3)_2]^+)}{c(\text{Ag}^+)c^2(\text{NH}_3)} = \frac{0.1}{x \times 0.1^2} = 1.12 \times 10^7$$

$$x = 8.9 \times 10^{-7}\text{mol} \cdot \text{L}^{-1}$$

(2)设在 $0.1\text{mol} \cdot \text{L}^{-1}\text{CN}^-$ 存在下,Ag^+ 的浓度为 $y\text{mol} \cdot \text{L}^{-1}$,则:

$$\text{Ag}^+ + 2\text{CN}^- \rightleftharpoons [\text{Ag(CN)}_2]^-$$

起始浓度$/(\text{mol} \cdot \text{L}^{-1})$　　0　　　0.1　　　　0.1

平衡浓度$/(\text{mol} \cdot \text{L}^{-1})$　　y　　0.1+2y　　0.1-y

由于 $c(\text{Ag}^+)$ 较小,所以$(0.1-y)\text{mol} \cdot \text{L}^{-1} \approx 0.1\text{mol} \cdot \text{L}^{-1}$,$(0.1+2y)\text{mol} \cdot \text{L}^{-1} \approx 0.1\text{mol} \cdot \text{L}^{-1}$,将平衡浓度代入稳定常数表达式得:

$$K_\text{稳}^\ominus = \frac{c([\text{Ag(CN)}_2]^-)}{c(\text{Ag}^+)c^2(\text{CN}^-)} = \frac{0.1}{y \times 0.1^2} = 1 \times 10^{21.7}$$

$$y = 2.0 \times 10^{-21}\text{mol} \cdot \text{L}^{-1}$$

2.5.3　配位平衡的移动

与其他化学平衡一样,配位平衡也是一种动态平衡,当平衡体系的条件(如浓度、酸度等)发生改变,平衡就会发生移动,例如向存在下述平衡的溶液中加入某种试剂,使金属离子 M^{n+} 生成难溶化合物,或者改变 M^{n+} 的氧化态,都可使平衡向左移动。改变溶液的酸度使配位体 L^- 生成难电离的弱酸,同样也可以使平衡向左移动。此外,如加入某种试剂能与 M^{n+} 生成更稳定的配离子时,也可以改变上述平衡,使 $\text{ML}_x^{(n-x)}$ 遭到破坏。

$$\text{M}^{n+} + x\text{L}^- \rightleftharpoons \text{ML}_x^{(n-x)}$$

由此可见,配位平衡只是一种相对的平衡状态,溶液的 pH 值变化,另一种配位剂或金属离子的加入,氧化剂或还原剂的存在都对配位平衡有影响,下面分别讨论。

1. 溶液 pH 值的影响

① 酸度对配位反应的影响是多方面的,既可以对配位剂 L 有影响,也可以对金属离子有影响。常见的配位剂 NH_3 和 CN^-、F^- 等都是碱。因此,可与 H^+ 结合而生成相应的共轭

酸,反应的程度取决于配位体碱性的强弱,碱越强就越易与 H^+ 结合。当溶液中的 pH 值发生变化时,L 会与 H^+ 结合生成相应的弱酸分子,从而降低 L 的浓度,使配位平衡向解离的方向移动,降低了配离子的稳定性。

例如在酸性介质中,F^- 离子能与 Fe^{3+} 离子生成 $[FeF_6]^{3-}$ 配离子。但当酸度过大,$c(H^+) > 0.5mol \cdot L^{-1}$ 时,由于 H^+ 与 F^- 结合生成了 HF 分子,降低了溶液中 F^- 浓度,使 $[FeF_6]^{3-}$ 配离子大部分解离成 Fe^{3+},因而被破坏。反应如下:

$$Fe^{3+} + 6F^- \Longrightarrow [FeF_6]^{3-}$$
$$+$$
$$6H^+ \Longrightarrow 6HF$$

上式表明,酸度增大会引起配位体浓度下降,导致配合物的稳定性降低。这种现象通常称为配位体的酸效应。

总反应为:

$$[FeF_6]^{3-} + 6H^+ \Longrightarrow Fe^{3+} + 6HF$$

$$K^\ominus = \frac{c(Fe^{3+}) c^6(HF)}{c([FeF_6]^{3-}) c^6(H^+)} = \frac{c(Fe^{3+}) c^6(HF)}{c([FeF_6]^{3-}) c^6(H^+)} \times \frac{c^6(F^-)}{c^6(F^-)} = \frac{1}{K^\ominus_{稳}(K^\ominus_a)^6}$$

显然,pH 值对配位反应的影响程度与配离子的稳定常数有关,与配位剂 L 生成的弱酸的强度有关。

② 在配位反应中,通常是过渡金属作为配离子的中心离子。而对大多数过渡元素的金属离子,尤其在高氧化态时,都有显著的水解作用。例如 $[CuCl_4]^{2-}$ 配离子,如果酸度降低,即 pH 值较大时,Cu^{2+} 会发生水解。

$$[CuCl_4]^{2-} \Longrightarrow Cu^{2+} + 4Cl^-$$
$$+$$
$$H_2O \Longrightarrow Cu(OH)^+ + H^+$$
$$+$$
$$H_2O \Longrightarrow Cu(OH)_2 + H^+$$

随着水解反应的进行,溶液中游离 Cu^{2+} 浓度降低,使配位平衡朝着解离的方向移动,导致配合物的稳定性降低,这种现象通常称为金属离子的水解效应。当溶液中 pH 大于 8.5 时,配离子 $[CuCl_4]^{2-}$ 完全解离。

因此,在配位反应中,当溶液的 pH 值变化时,既要考虑对配位体的影响(酸效应),又要考虑对金属离子的影响(水解效应),但通常以酸效应为主。

2. 配位平衡对沉淀反应的影响

沉淀反应与配位平衡的关系,可看成是沉淀剂和配位剂共同争夺中心离子的过程。配合物的稳定常数越大或沉淀的 $K^\ominus_{溶}$ 越大,则沉淀越容易被配位反应溶解。

例如用浓氨水可将氯化银溶解。这是由于沉淀物中的金属离子与所加的配位剂形成了稳定的配合物,导致沉淀的溶解,其过程为:

$$AgCl(s) \Longrightarrow Ag^+ + Cl^-$$
$$+$$
$$2NH_3 \Longrightarrow [Ag(NH_3)_2]^+$$

即：$AgCl(s) + 2NH_3 \Longrightarrow [Ag(NH_3)_2]^+ + Cl^-$

该反应的平衡常数为：

$$K^\ominus = \frac{c([Ag(NH_3)_2]^+)c(Cl^-)}{c^2(NH_3)} = \frac{c([Ag(NH_3)_2]^+)c(Cl^-)c(Ag^+)}{c^2(NH_3)c(Ag^+)} = K_{稳}^\ominus K_{sp}^\ominus$$

同样，在配合物溶液中加入某种沉淀剂，它可与该配合物中的中心离子生成难溶化合物，该沉淀剂或多或少地导致配离子的破坏。例如，在 $[Cu(NH_3)_4]^{2+}$ 溶液中加入 Na_2S 溶液，就有 CuS 沉淀生成，配离子被破坏，其过程可表示为：

$$[Cu(NH_3)_4]^{2+} \Longrightarrow Cu^{2+} + 4NH_3$$
$$+$$
$$S^{2-} \Longrightarrow CuS \downarrow$$

总反应为：　　　　$[Cu(NH_3)_4]^{2+} + S^{2-} \Longrightarrow CuS \downarrow + 4NH_3$

$$K^\ominus = \frac{c^4(NH_3)}{c([Cu(NH_3)_4]^{2+})c(S^{2-})} = \frac{c^4(NH_3)}{c([Cu(NH_3)_4]^{2+})c(S^{2-})} \times \frac{c(Cu^{2+})}{c(Cu^{2+})}$$
$$= \frac{1}{K_{MY}^\ominus([Cu(NH_3)_4^{2+}])K_{sp}^\ominus(CuS)}$$

由上述两个平衡常数表达式可以看出，沉淀能否被溶解或配合物能否被破坏，主要取决于沉淀物的 $K_{sp}^\ominus$ 和配合物 $K_{稳}^\ominus$ 的值。而能否实现还取决于所加的配位剂和沉淀剂的用量。

【例 2-11】　计算完全溶解 0.01mol 的 AgCl 和完全溶解 0.01mol 的 AgBr，至少需要 1L 多大浓度的氨水？已知：AgCl 的 $K_{sp}^\ominus = 1.8 \times 10^{-10}$，AgBr 的 $K_{sp}^\ominus = 5.0 \times 10^{-13}$，$[Ag(NH_3)_2]^+$ 的 $K_{稳} = 1.12 \times 10^7$。

解：假定 AgCl 溶解全部转化为 $[Ag(NH_3)_2]^+$，则氨一定是过量的。因此，可忽略 $[Ag(NH_3)_2]^+$ 的离解产生的 NH_3，所以平衡时 $[Ag(NH_3)_2]^+$ 的浓度为 $0.01mol \cdot L^{-1}$，Cl^- 的浓度为 $0.01mol \cdot L^{-1}$，反应为：

$$AgCl + 2NH_3 \Longrightarrow [Ag(NH_3)_2]^+ + Cl^-$$

$$K^\ominus = \frac{c([Ag(NH_3)_2]^+)c(Cl^-)}{c^2(NH_3)} = \frac{c([Ag(NH_3)_2]^+)c(Cl^-)}{c^2(NH_3)} \times \frac{c(Ag^+)}{c(Ag^+)}$$
$$= K_{稳}^\ominus([Ag(NH_3)_2]^+) \times K_{sp}^\ominus(AgCl) = 1.12 \times 10^7 \times 1.8 \times 10^{-10} = 2.02 \times 10^{-3}$$

$$c(NH_3) = \sqrt{\frac{c([Ag(NH_3)_2]^+)c(Cl^-)}{2.02 \times 10^{-3}}} = \sqrt{\frac{0.01 \times 0.01}{2.02 \times 10^{-3}}} = 0.22mol \cdot L^{-1}$$

在溶解的过程中与 AgCl 反应需要消耗氨水的浓度为 $2 \times 0.01 = 0.02mol \cdot L^{-1}$，所以氨水的最初浓度为：

$$0.22 + 0.02 = 0.24mol \cdot L^{-1}$$

同理，完全溶解 0.01mol 的 AgBr，设平衡时氨水的平衡浓度为 $ymol \cdot L^{-1}$

$$AgCl + 2NH_3 \rightleftharpoons [Ag(NH_3)_2]^+ + Cl^-$$

$$K^{\ominus} = \frac{c([Ag(NH_3)_2]^+)c(Br^-)}{c^2(NH_3)} = \frac{c([Ag(NH_3)_2]^+)c(Br^-)}{c^2(NH_3)} \times \frac{c(Ag^+)}{c(Ag^+)}$$

$$= K^{\ominus}_{稳}([Ag(NH_3)_2]^+) \times K^{\ominus}_{sp}(AgBr) = 1.12 \times 10^7 \times 5.0 \times 10^{-13} = 5.99 \times 10^{-6}$$

$$c(NH_3) = \sqrt{\frac{c([Ag(NH_3)_2]^+)c(Br^-)}{5.99 \times 10^{-6}}} = \sqrt{\frac{0.01 \times 0.01}{5.99 \times 10^{-6}}} = 4.09 mol \cdot L^{-1}$$

所以溶解 0.01mol 的 AgBr 需要的氨水的浓度是 4.09+0.02=4.11mol・L^{-1}

从例 2-11 可以看出，同样是 0.01mol 的固体，由于两者的 $K^{\ominus}_{sp}$ 相差较大，导致溶解需要的氨水的浓度有很大的差别。

【例 2-12】 向 0.1mol・L^{-1} 的 $[Ag(CN)_2]^-$ 配离子溶液(含有 0.10mol・L^{-1} 的 CN^-)中加入 KI 固体，假设 I^- 的最初浓度为 0.1mol・L^{-1}，有无 AgI 沉淀生成？已知：$[Ag(CN)_2]^-$ 的 $K^{\ominus}_{稳} = 1.0 \times 10^{21}$，AgI 的 $K^{\ominus}_{sp} = 8.3 \times 10^{-17}$。

解：设 $[Ag(CN)_2]^-$ 配离子离解所生成的 $c(Ag^+) = x mol \cdot L^{-1}$

$$Ag^+ + 2CN^- \rightleftharpoons [Ag(CN)_2]^-$$

初始浓度/(mol・L^{-1})   0   0.10   0.10

平衡浓度/(mol・L^{-1}) x $2x + 0.10$ $0.10 - x$

$[Ag(CN)_2]^-$ 解离度较小，故 $0.10 - x \approx 0.1$，代入 $K_{稳}$ 表达式得：

$$K^{\ominus}_{稳} = \frac{c([Ag(CN)_2]^-)}{c^2(CN^-)c(Ag^+)} = \frac{0.10}{x(0.10)^2} = 1.0 \times 10^{21}$$

解得：$x = c(Ag^+) = 1.0 \times 10^{-20} mol \cdot L^{-1}$

$c(Ag^+) \cdot c(I^-) = 1.0 \times 10^{-20} \times 0.1 = 1.0 \times 10^{-21} < K^{\ominus}_{sp}(AgI) = 8.3 \times 10^{-17}$，因此，向 0.1mol・L^{-1} 的 $[Ag(CN)_2]^-$ 配离子溶液(含有 0.10mol・L^{-1} 的 CN^-)中加入 KI 固体，没有 AgI 沉淀产生。

3. 配位平衡之间的转化

在配位反应中，一种配离子可以转化成更稳定的配离子，即平衡向生成更难解离的配离子方向移动。两种配离子的稳定常数相差越大，则转化反应越容易发生。

如 $[HgCl_4]^{2-}$ 与 I^- 反应生成 $[HgI_4]^{2-}$，$Fe(NCS)_6^{3-}$ 与 F^- 反应生 $[FeF_6]^{3-}$，其反应式如下：

$$[HgCl_4]^{2-} + 4I^- \rightleftharpoons [HgI_4]^{2-} + 4Cl^-$$

$$[Fe(NCS)_6]^{3-} + 6F^- \rightleftharpoons [FeF_6]^{3-} + 6SCN^-$$

血红色   无色

这是由于 $K^{\ominus}_{稳}([HgI_4]^{2-}) > K^{\ominus}_{稳}([HgCl_4]^{2-})$；$K^{\ominus}_{稳}([FeF_6]^{3-}) > K^{\ominus}_{稳}([Fe(NCS)_6]^{3-})$。

【例 2-14】 计算反应 $[Ag(NH_3)_2]^+ + 2CN^- \rightleftharpoons [Ag(CN)_2]^- + 2NH_3$ 的平衡常数，并判断配位反应进行的方向。

解：查表得：$K_{稳}^{\ominus}([Ag(NH_3)_2]^+)=1.12\times10^7$，$K_{稳}^{\ominus}([Ag(CN)_2]^-)=1.0\times10^{21}$

$$K^{\ominus}=\frac{c([Ag(CN)_2]^-)c^2(NH_3)}{c([Ag(NH_3)_2]^+)c^2(CN^-)}=\frac{c([Ag(CN)_2]^-)c^2(NH_3)}{c([Ag(NH_3)_2]^+)c^2(CN^-)}\times\frac{c(Ag^+)}{c(Ag^+)}$$

$$=\frac{K_{稳}^{\ominus}([Ag(CN)_2]^-)}{K_{稳}^{\ominus}([Ag(NH_3)_2]^+)}=\frac{1.0\times10^{21}}{1.0\times10^7}=9.09\times10^{13}$$

反应朝生成$[Ag(CN)_2]^-$的方向进行。

通过以上讨论我们可以知道，形成配合物后，物质的溶解性、酸碱性、氧化还原性、颜色等都会发生改变。在溶液中，配位解离平衡常与沉淀-溶解平衡、酸碱平衡等发生相互竞争。利用这些关系，使各平衡相互转化，可以实现配合物的生成或破坏，以达到科学实验或生产实践的需要。

2.6　胶　体

胶体分散系是指分散质直径在$10^{-9}\sim10^{-7}$ m 的分散体系，通常包含两类：胶体(colloid)溶液和高分子(polymer)溶液。胶体溶液又称为溶胶，它是由一些小分子化合物聚集成一个单独的大颗粒多相集合体系，如$Fe(OH)_3$胶体和As_2S_3胶体等。而高分子溶液是由高分子化合物组成，高分子化合物由于其分子结构较大，其整个分子大小属于胶体分散系，因此它表现出许多与胶体相同的性质。

2.6.1　胶体的特性

1. 光学性质

在暗室中让一束经聚集的强光通过溶胶时，从垂直于入射光前进的方向观察，可以看到胶体中出现一个浑浊发亮的光锥，这种现象称为丁达尔效应(图 2-8)。丁达尔现象的实质是溶胶粒子强烈散射光的结果。当光束投射到一个分散体系上时，可以发生光的吸收、反射、散射和透射等，究竟产生哪种现象，则与入射光的波长(或频率)、分散粒子的大小密切相关。当入射光的频率与分散相粒子的振动频率相同时，主要发生光的吸收，如有颜色的真溶液；当入射光与体系不发生任何相互作用时，则发生透射，如清晰透明溶液；当入射光的波长小于分散相粒子的直径时，则发生光反射现象，使体系呈现浑浊，如悬浊液；当入射光的波长略大于分散相粒子的直径时，则发生光散射现象，如溶胶体系。可见光的波长在 400～740nm，胶粒的大小在 1～100nm，因此，当可见光束投射于溶胶体系时，会发生光的散射现象，可以通过此效应来鉴别溶液与胶体。

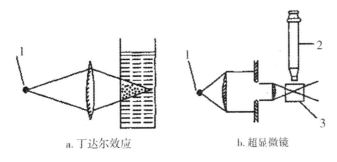

a. 丁达尔效应　　　　　b. 超显微镜

图 2-8　丁达尔效应(a)和超显微镜(b)

1-光源;2-显微镜;3-样品池

2. 动力学性质

在超显微镜下看到溶胶的散射现象的同时,还可以看到溶胶中的发光点并非是静止不动的,它们是在做无休止、无规则的运动。这一现象与花粉在液体表面的运动情况很相似,由于该现象是由植物学家布朗(Brown)首先发现,所以就被称为溶胶的布朗运动(图 2-9)。

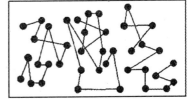

图 2-9　溶胶粒子的布朗运动

产生"布朗运动"的原因是:在分散体系中分散介质分子均处无规则的热运动状态,它们可以从四面八方不断地撞击悬浮在介质中的分散相粒子。对于粗分散体系的粒子来说,在某一瞬间可能受到的撞击达千百次,从统计的观点来看,各个方向上所受撞击的概率相等,合力为零,所以不会发生位移,即使在某一方向上遭受撞击的次数较多,但由于粒子的质量较大,发生的位移并不明显,故无布朗运动。对于胶体分散相粒子来说,由于它的大小比粗分散系的粒子要小得多,因而介质分子从各个方向对它的撞击次数相对的也要少得多,在各个方向上所受到的撞击力不易完全抵消,它们在某一瞬间从某一方向受到较大冲量,而在另一瞬间又从另一方向受到较大的冲量,这样就使得溶胶粒子不断改变运动方向和速度,即产生布朗运动。

3. 电学性质

在电解质溶液中插入两根电极,接通直流电就会发生离子的定向迁移,即阳离子移向负极,阴离子移向正极,这种在电场中溶胶粒子在分散剂中发生定向迁移的现象称为溶胶的电泳(electrophoresis),实验装置见图 2-10。可以通过溶胶粒子在电场中的迁移方向来判断溶胶粒子的带电性。例如,在 U 形管中装入棕红色的氢氧化铁溶胶,并在溶胶的表面小心滴入少量蒸馏水,使溶胶表面与水之间有一明显的界面。然后在两边管子的蒸馏水中插入铂电极,并给电极加上电压。经过一段时间的通电,可以观察到

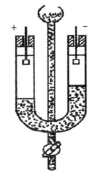

图 2-10　电泳实验装置

U 形管中溶胶的液面不再相同,负极一端溶胶界面比正极端高。这说明该溶胶在电场中往负极一端迁移,溶胶粒子带正电。

2.6.2　胶体的稳定性和聚沉

从理论上讲,溶胶是高度分散的多相体系,拥有巨大的表面积和较高的表面能,属于热力学不稳定体系,胶粒有相互聚集成大颗粒而沉降析出的趋势。然而,事实上,经过纯化的溶胶往往可以保持数月甚至更长时间也不会沉降析出。溶胶为什么能相对稳定的存在呢?主要有以下三个方面的原因:① 胶粒存在布朗运动。由它产生的扩散作用能克服重力场的影响而不下沉。一般来说,分散相与分散介质的密度差越小,分散介质黏度越大及分散相颗粒越小,布朗运动越强烈,溶胶就越稳定。② 胶粒的静电排斥作用。由于同一体系内的胶粒带有相同电性的电荷,同性电荷间的相互排斥作用阻止了胶粒间的靠近、聚集。胶粒电荷量越多,胶粒间斥力越大,溶胶越稳定。③ 水化膜的保护作用。胶粒中的吸附离子和反离子都是水化的(即离子外围包裹着水分子),所以胶粒是带有水化膜的粒子。水化膜犹如一层弹性隔膜,起到了防止运动中的胶粒碰撞时互相合并聚集变大的作用。

溶胶的稳定性是相对的、有条件的,只要减弱或消除使溶胶稳定的因素,就能使胶粒聚结成较大的颗粒而沉降,这种使胶粒聚集成较大颗粒而沉降的现象称为溶胶的聚沉。在生产和科学实验中,有时需要制备稳定的溶胶,有时却需要破坏胶体的稳定性,使胶体物质聚沉下来,以达到分离提纯的目的。例如净化水时就需要破坏泥沙形成的胶体;在蔗糖的生产中,蔗糖澄清需要除去硅酸溶胶、果胶及蛋白质等。

要使溶胶聚沉,必须破坏其稳定因素,增加溶胶的浓度、辐射、强烈振荡、加入电解质或另一种溶胶都能导致溶胶的聚沉。而最常用的方法是加入电解质。

在溶胶体系中加入适量的强电解质,就会使溶胶发生明显的聚沉现象。其主要原因是电解质的加入会使分散介质中的反电荷离子的浓度增加,由于浓度和电性的影响,将有较多的反离子被"挤入"吸附层,从而减少甚至完全中和了胶粒所带的电荷,使胶粒之间的相互斥力减少甚至丧失,导致胶粒聚集合并变大,最终从溶胶中聚沉下来。其次加入强电解质后,由于电解质离子的水化作用,夺取了胶粒水化膜中的水分子,使胶粒水化膜变薄,因而有利于胶体的聚沉。

不同电解质对溶胶的聚沉能力是不同的。通常用聚沉值来比较各种电解质的聚沉能力。所谓聚沉值是使一定量溶胶在一定时间内完全聚沉所需电解质溶液的最低浓度(mol·L^{-1})。显然聚沉值越小的电解质,其聚沉能力就越强。表 2-6 列出几种电解质对不同类型溶胶的聚沉值。值得注意的是聚沉值与实验条件有关。

表 2 - 6　不同电解质几种溶胶的聚沉值

As_2S_3（负溶胶）	聚沉值	AgI（负溶胶）	聚沉值	Al_2O_3（正溶胶）	聚沉值
LiCl	58	$LiNO_3$	165	NaCl	43.5
NaCl	51	$NaNO_3$	140	KCl	46
KNO_3	50	KNO_3	136	KNO_3	60
$CaCl_2$	0.65	$Ca(NO_3)_2$	2.40	K_2SO_4	0.30
$MgCl_2$	0.72	$Mg(NO_3)_2$	2.60	$K_2Cr_2O_7$	0.63
$AlCl_3$	0.093	$Al(NO_3)_3$	0.067	$K_3[Fe(CN)_6]$	0.08
$Al(NO_3)_3$	0.095	$La(NO_3)_3$	0.069		

　　研究结果表明：起聚沉作用的主要是与胶粒带电符号相反的离子，即反离子。对带正电的溶胶起聚沉作用的是阴离子，对带负电的溶胶起聚沉作用的是阳离子。其次，反离子的价数越高，其聚沉能力越强，聚沉能力随反离子价数的增高而迅速增大。一般来说，一价反离子的聚沉值约在 25～150，二价反离子的聚沉值在 0.5～2，三价的约在 0.01～0.1。这些规律称为叔采-哈迪规则。

▶▶▶　练习题　◀◀◀

一、判断题

1. 当配制某一 pH 值的缓冲溶液时，理论上应选择 $pK_a^\ominus$ 最接近于此 pH 值的缓冲体系。　　　　　　　　　　　　　　　　　　　　　　　　　　　　（　　）

2. 盐效应和同离子效应均会使物质在水中的溶解度降低。　　　　　　　（　　）

3. 配合物中心离子的配位数就是配合物配位体的个数。　　　　　　　　（　　）

4. 缓冲溶液的 pH 值主要取决于缓冲比 $c_酸/c_盐$ 或 $c_碱/c_盐$。　　　　　　（　　）

5. 盐碱地中的植物不易存活，主要是土壤溶液的渗透压太小所致。　　　（　　）

6. 多元弱酸的逐级电离常数总是 $K_{a1}^\ominus > K_{a2}^\ominus > K_{a3}^\ominus$。　　　　　　　　　　（　　）

二、选择题

1. AgCl 固体在下列哪一种溶液中的溶解度最大　　　　　　　　　　　（　　）

A. $1mol \cdot L^{-1}$ 氨水溶液　　　　　　　　　B. $1mol \cdot L^{-1}$ 氯化钠溶液

C. 纯水　　　　　　　　　　　　　　　　D. $1mol \cdot L^{-1}$ 硝酸银溶液

2. 对于 H_3PO_4 其各级解离常数及对应的共轭碱的离解常数之间存在的关系正确的是

　　　　　　　　　　　　　　　　　　　　　　　　　　　　　　　（　　）

A. $K_{a1}^\ominus \times K_{b1}^\ominus = K_w^\ominus$　　　　　　　　　B. $K_{a2}^\ominus \times K_{b2}^\ominus = K_w^\ominus$

C. $K_{a3}^\ominus \times K_{b3}^\ominus = K_w^\ominus$　　　　　　　　　D. $K_{a1}^\ominus \times K_{b2}^\ominus = K_w^\ominus$

3. 缓冲溶液的 pH 值主要由下列哪个因素决定 （ ）

A. 共轭酸碱对的平衡常数　　　　　B. 共轭酸碱对的浓度比

C. 温度　　　　　　　　　　　　　D. 共轭酸碱对双方的总浓度

4. 下列配离子能在强酸性介质中稳定存在的是 （ ）

A. $[Ag(S_2O_3)_2]^{3-}$　　　　　　　　B. $[Ni(NH_3)_4]^{2+}$

C. $[Fe(C_2O_4)_3]^{3-}$　　　　　　　　D. $[HgCl_4]^{2-}$

5. $ZnS(s)+4OH^- \rightleftharpoons [Zn(OH)_4]^{2-}+S^{2-}$ 的标准平衡常数 $K^{\ominus}$ 等于 （ ）

A. $K_{sp}^{\ominus}(ZnS)/K^{\ominus}([Zn(OH)_4]^{2-})$

B. $K_{sp}^{\ominus}(ZnS)K_f^{\ominus}([Zn(OH)_4]^{2-})$

C. $\dfrac{K_f^{\ominus}([Zn(OH)_4]^{2-})}{K_{sp}^{\ominus}(ZnS)}$

D. $K_{sp}^{\ominus}(ZnS)K_f^{\ominus}([Zn(OH)_4]^{2-})K_{sp}^{\ominus}(Zn(OH)_2)$

6. 下列各混合溶液中,具有缓冲作用的是 （ ）

A. $HCl(1mol \cdot L^{-1})+NaAc(2mol \cdot L^{-1})$

B. $NaOH(1mol \cdot L^{-1})+NH_3(1mol \cdot L^{-1})$

C. $HCl(1mol \cdot L^{-1})+NaCl(1mol \cdot L^{-1})$

D. $NaOH(1mol \cdot L^{-1})+NaCl(1mol \cdot L^{-1})$

7. CuS 沉淀可溶于 （ ）

A. 热浓硝酸　　　　　　　　　　　B. 浓氨水

C. 盐酸　　　　　　　　　　　　　D. 乙酸

8. 在铝盐中滴加碱溶液,当刚有 $Al(OH)_3$ 沉淀生成时,溶液中的 Al^{3+} 为 $0.36mol \cdot L^{-1}$,试推断开始沉淀时,溶液 pH 与下列数值相近的是(已知: $K_{sp}^{\ominus}(Al(OH)_3)=1.9\times10^{-33}$) （ ）

A. 4.23　　　　B. 3.24　　　　C. 2.43　　　　D. 1.43

9. 下列物质对中属于共轭酸碱对的是 （ ）

A. H_2S 与 S^{2-}　　　　　　　　　B. H_3O^+ 与 OH^-

C. H_3O^+ 与 H_2O　　　　　　　　D. $Zn(H_2O)_2(OH)_2$ 与 $Zn(H_2O)_3OH^-$

10. 下列水溶液凝固点最高的是 （ ）

A. $0.1mol \cdot L^{-1}$ KCl　　　　　　B. $0.1mol \cdot L^{-1}$ CH_3COOH

C. $0.1mol \cdot L^{-1}$ HCl　　　　　　D. $0.1mol \cdot L^{-1}$ K_2SO_4

三、填空题

1. 根据酸碱质子理论,Ac^- 是_____,NH_4^+ 是_____,H_2O 是_____,HPO_4^{2-} 的共轭酸是_____,HPO_4^{2-} 的共轭碱是_____。

2. HAc 的 $pK_a^{\ominus}=4.75$,将 $0.5mol \cdot L^{-1}$ 的 HAc 和 $0.5mol.L^{-1}$ 的 NaAc 溶液等体积混合,溶液 pH=_____,溶液缓冲范围 pH=_____。

3. 难挥发、非电解质稀溶液的蒸气压下降、沸点上升、凝固点下降和渗透压与一定量的溶剂中所含溶质的_____成正比,与_____无关。

4. 同类型的难溶电解质,溶度积大的溶解度_____;当溶液中存在与难溶电解质中具有共同离子的其他电解质时,难溶电解质的溶解度_____;这种现象称为_____

_____。

5. NaH_2PO_4 可与_____或_____组成缓冲溶液,若抗酸抗碱成分浓度和体积都相等,则前者 pH=_____,后者 pH=_____。(已知:H_3PO_4 的 $pK_{a1}^\ominus = 2.1$,$pK_{a2}^\ominus = 7.2$,$pK_{a3}^\ominus = 12.4$)

四、计算题

1. 要使 0.1mol FeS 完全溶于 1L 盐酸中,求所需盐酸的最低浓度。(已知:H_2S 的 $K_{a1}^\ominus \times K_{a2}^\ominus = 1.4 \times 10^{-20}$,FeS 的 $K_{sp}^\ominus = 1.59 \times 10^{-19}$)

2. 今由某弱酸 HA 及其盐配制缓冲溶液,其中 HA 的浓度为 0.25mol·L^{-1},于此 100mL 缓冲溶液中加入 200mg NaOH,溶液的 pH 值为 5.60,问原来所配制的缓冲溶液的 pH 值是多少?(设 $pK_a^\ominus = 5.30$)

3. 某浓度的葡萄糖溶液在 -0.25℃时结冰,该溶液在 25.0℃时的蒸气压为多少?渗透压为多少?(已知:纯水在 25℃时的蒸气压为 3130Pa,水的凝固点下降常数为 1.86L·kg^{-1}·mol^{-1})

4. 与人体血液具有相等渗透压的葡萄糖溶液,其凝固点降低值为 0.543K。求此葡萄糖溶液的质量分数和血液的渗透压。(已知:葡萄糖的相对分子质量为 180)

5. 计算 0.1015mol·L^{-1} HCl 标准溶液对 CaO 的滴定度。

6. 用酸碱质子理论判断下列物质哪些是酸(写出其共轭碱),哪些是碱(写出其共轭酸),哪些是两性物质(写出其共轭酸和共轭碱)。

$$HS^- \quad NH_3 \quad OH^- \quad H_2PO_3^- \quad H_2O$$

7. 欲配制 250mL pH 为 5.00 的缓冲溶液,问在 125mL 1.0mol·L^{-1} NaAc 溶液中应加入多少 6.0mol·L^{-1} HAc 和多少水?

8. 写出下列难溶电解质的溶度积常数表达式:

$$AgBr \quad Ag_2S \quad Ca_3(PO_4)_2 \quad MgNH_4AsO_4$$

9. 为了防止热带鱼池中水藻的生长,需使水中保持 0.75mg·L^{-1} 的 Cu^{2+},为避免在每次换池水时溶液浓度的改变,可把一块适当的铜盐放在池底,它的饱和溶液提供了适当的 Cu^{2+} 浓度。假如使用的是蒸馏水,哪一种盐提供的饱和溶液最接近所要求的 Cu^{2+} 浓度?

$$CuSO_4 \quad CuS \quad Cu(OH)_2 \quad CuCO_3 \quad Cu(NO_3)_2$$

第 3 章

氧化还原反应与电化学
(Redox Reaction and Electrochemistry)

3.1 氧化还原反应

3.1.1 氧化与还原的定义

氧化是指物质与氧化合;还原是指从氧化物中去掉氧恢复到未被氧化前的状态的反应。例如:

$$4Fe(s)+3O_2(g)\!=\!\!=\!\!2Fe_2O_3(s) \qquad \text{(铁的氧化)} \qquad (3-1)$$

$$Fe_2O_3(s)+3H_2(g)\!=\!\!=\!\!2Fe(s)+3H_2O(l) \qquad \text{(氧化铁的还原)} \qquad (3-2)$$

以后这个定义逐渐扩大,氧化不一定专指和氧化合,和氯、溴、硫等非金属化合也称为氧化。随着电子的发现,氧化还原的定义又得到进一步的发展。

任何一个氧化还原反应都可看作是两个"半反应"(half-reaction)之和,一个半反应失去电子,另一个得到电子。例如,前面提到的铁氧化的例子,在 Fe_2O_3 中,铁是以 Fe^{3+} 离子形式存在,而氧是以 O^{2-} 离子存在的,因此,铁的氧化反应可以看成是以下两个半反应的结果:

$$Fe(s)\longrightarrow Fe^{3+}+3e^- \qquad (3-1a)$$

$$\frac{1}{2}O_2(g)+2e^-\longrightarrow O^{2-} \qquad (3-1b)$$

它们的代数和就是总的反应。在式(3-1a)中,金属铁失去电子,变成铁离子,铁被氧化;氧得到电子,变成氧离子,氧被还原。因此,氧化和还原可定义为:氧化是失去电子,还原是得到电子。有失必有得,有得必有失,所以这两个反应不能单独存在,而是同时并存的。失去电子并不意味着电子完全移去。当电子云密度远离一个原子时,该原子就是氧化。类

似地,化学键中电子云密度趋向于某一原子时就构成还原。这就是氧化还原反应的进一步
扩展。

式(3-1a)称为氧化半反应,式(3-1b)称为还原半反应。特别注意在化学物种之间发
生这种电子转移时,永远也没有多余的游离电子。我们看到的只是总的反应,在总的配平方
程式中不应当出现多余的电子。

当讨论酸碱反应时,根据质子的传递把一个酸与它的共轭碱称为共轭酸碱对。类似地,
我们把一个还原型物种(电子给体)和一个氧化型物种(电子受体)称为氧化还原电对:

$$氧化型 + ne^- \rightleftharpoons 还原型$$

或

$$Ox + ne^- \rightleftharpoons Red$$

式中:n 代表电极反应转移的电荷数。每个氧化还原半反应都包含一个氧化还原电对
Ox/Red。因此,Fe^{3+} 和 Fe 是一个氧化还原电对,写成电对 Fe^{3+}/Fe。

在讨论酸碱反应时,我们还提到一类既能作为酸,又能作为碱的两性物质。水就是最重
要的两性物质。类似地,一些物种有时能起氧化剂的作用,有时又能起还原剂的作用。

综上所述,还原剂和氧化剂之间的反应是一个氧化还原反应。还原剂能还原其他物质,
而它本身失去电子被氧化。在反应式(3-1)中,Fe 是还原剂,O_2 是氧化剂。Fe 被 O_2 氧化
成 Fe^{3+},而 O_2 被 Fe 还原成 O^{2-}。

3.1.2　元素的氧化数

为了描述氧化还原中发生的变化和书写正确的氧化还原平衡方程式,引进氧化数
(oxidation number)的概念是很方便的。这样,我们就能用氧化数的变化来表明氧化还原反
应,氧化数升高就是被氧化,氧化数降低就是还原。在式(3-1)铁和氧生成氧化铁的反应
中,铁的氧化数从 0 上升到 +3,氧的氧化数从 0 降低到 -2,因此铁被氧氧化,氧被铁还原。

氧化数是指某元素一个原子的表观电荷数(apparent charge number)。计算表观电荷
数时,假设把每个键中的电子指定给电负性更大的原子。例如,二氧化氮中的氮可以认为在
形式上失去 4 个电子,表观电荷数是 +4,每个氧原子形式上得到 2 个电子,表观电荷数是
-2,这种形式上的表观电荷数就表示原子在化合物中的氧化数。氧化数的概念与化合价不
同,后者永远是整数,而氧化数可能是分数。

确定氧化数的一般原则是:

① 任何形态的单质中元素的氧化数等于零。

② 多原子分子中,所有元素的氧化数之和等于零。

③ 单原子离子的氧化数等于它所带的电荷数。多原子离子中所有元素的氧化数之和
等于该离子所带的电荷数。

④ 在共价化合物中,可按照元素电负性的大小,把共用电子对归属于电负性较大的那个原子,再由各原子上的电荷数确定它们的氧化数,例如在 MgO 中,Mg(+2),O(−2)。

⑤ 氢在化合物中的氧化数一般为+1。但在金属氢化物,如 NaH 中,氢的氧化数为−1。氧在化合物中的氧化数一般为−2。但在过氧化物,如 H_2O_2 等中,氧的氧化数为−1。在超氧化物,如 KO_2 中,氧的氧化数为 $-\dfrac{1}{2}$。在氟氧化物,如 OF_2 中,氧的氧化数为+2。

⑥ 氟在化合物中的氧化数皆为−1。

根据以上规则,我们可以计算复杂分子中任一元素的氧化数。

【例 3−1】　确定下列化合物中 S 原子的氧化数:(a) H_2SO_4;(b) $Na_2S_2O_3$;(c) $K_2S_2O_8$;(d) SO_3^{2-}。

解:设题给化合物中 S 原子的氧化数依次在 x_1,x_2,x_3,x_4,根据上述有关规则可得:

(a) $2(+1)+1(x_1)+4(-2)=0$ 　　　　　$x_1=+6$

(b) $2(+1)+2(x_2)+3(-2)=0$ 　　　　　$x_2=+2$

(c) $2(+1)+2(x_3)+8(-2)=0$ 　　　　　$x_3=+7$

(d) $1(x_4)+3(-2)=-2$ 　　　　　　　　$x_4=+4$

3.1.3　氧化还原方程式的配平

配平氧化还原方程式,首先要知道在反应条件(如温度、压力、介质的酸碱性等)下,氧化剂的还原产物和还原剂的氧化产物是什么,再根据氧化剂和还原剂氧化数的变化相等的原则,或氧化剂和还原剂得失电子数相等的原则进行配平。前者称为氧化数法,后者称为离子-电子法,本章重点介绍离子-电子法。

任何氧化还原反应都由氧化半反应和还原半反应组成。例如,锌与氧气所直接化合生成 ZnO 的反应的两个半反应为:

氧化半反应　　　　　$Zn \longrightarrow Zn^{2+}+2e^-$

还原半反应　　　　　$O_2+2e^- \longrightarrow O^{2-}$

半反应法是根据对应的氧化剂或还原剂的半反应方程式,再按以下配平原则进行配平。

① 将化学反应拆分成两个半反应。

② 根据质量守恒和电荷守恒定律,半反应前后各原子总数相等,半反应前后电荷平衡。

③ 反应过程中氧化剂得到的电子数必须等于还原剂失去的电子数。

④ 将两个半反应相加,消去相同部分。

现以铜和稀硝酸作用,生成硝酸铜和一氧化氮为例说明配平步骤。

第一步,找出氧化剂、还原剂及相应的还原产物与氧化产物,并写成离子反应方程式:

$$Cu+NO_3^- \longrightarrow Cu^{2+}+NO$$

第二步,再将上述反应分解为两个半反应,并分别加以配平,使每一半反应的原子数和电荷数相等。

$$Cu \rightleftharpoons Cu^{2+} + 2e^- \qquad 氧化半反应$$

$$NO_3^- + 4H^+ + 3e^- \rightleftharpoons NO + 2H_2O \qquad 还原半反应$$

对于 NO_3^- 被还原为 NO 来说,需要去掉 2 个 O 原子,为此可在反应式的左边加上 4 个 H^+(因为反应在酸性介质中进行),使 2 个 H 与 1 个 O 结合生成 H_2O:

$$NO_3^- + 4H^+ \longrightarrow NO + 2H_2O$$

再根据离子电荷数可确定所得到的电子数为 3。则得:

$$NO_3^- + 4H^+ + 3e^- \rightleftharpoons NO + 2H_2O$$

推而广之,在半反应方程式中,如果反应物和生成物内所含的氧原子数目不同,可以根据介质的酸碱性,分别在半反应方程式中加 H^+、加 OH^- 或加 H_2O,并利用水的解离平衡使反应式两边的氧原子数目相等。不同介质条件下配平氧原子的经验规则见表 3-1。

表 3-1　配平氧原子的经验规则

介质条件	比较方程式两边氧原子数	配平时左边应加入物质	生成物
酸　性	左边 O 多 左边 O 少	H^+ H_2O	H_2O H^+
碱　性	左边 O 多 左边 O 少	H_2O OH^-	OH^- H_2O
中性(或弱碱性)	左边 O 多 左边 O 少	H_2O H_2O(中性) OH^-(弱碱性)	OH^- H^+ H_2O

第三步,据氧化剂得到的电子数和还原剂失去的电子数必须相等的原则,以适当系数乘以氧化半反应和还原半反应。在此反应中要分别乘上 2 和 3,使得失电子数相同。然后将两个半反应相加,消去相同部分,就得到一个配平了的离子反应方程式。

$$2NO_3^- + 8H^+ + 6e^- \rightleftharpoons 2NO + 4H_2O$$
$$+)\qquad\qquad 3Cu \rightleftharpoons 3Cu^{2+} + 6e^-$$

$$3Cu + 2NO_3^- + 8H^+ \rightleftharpoons 3Cu^{2+} + 2NO + 4H_2O$$

3.2　原电池和电极电势

3.2.1　原电池

在硫酸铜溶液中投入一块锌片,会发生如下反应,其离子方程式表示为:

$$Zn(s) + Cu^{2+}(aq) \Longrightarrow Zn^{2+}(aq) + Cu(s)$$

这是一个可自发进行的氧化还原反应,由于氧化剂与还原剂直接接触,电子直接从还原剂转移到氧化剂,无法产生电流。要将氧化还原反应的化学能转化为电能,必须使氧化剂和还原剂之间的电子转移通过一定的外电路,做定向运动,这就要求反应过程中氧化剂和还原剂不能直接接触,因此需要一种特殊的装置来实现上述过程。

如果在两个烧杯中分别放入 $ZnSO_4$ 和 $CuSO_4$ 溶液,在盛有 $ZnSO_4$ 溶液的烧杯中放入 Zn 片,在盛有 $CuSO_4$ 溶液的烧杯中放入 Cu 片,将两个烧杯的溶液用一个充满电解质溶液（一般用饱和 KCl 溶液,为使溶液不流出,常用琼脂与 KCl 饱和溶液制成胶冻。胶冻的组成大部分是水,离子可在其中自由移动）的倒置 U 形管作桥梁（称为盐桥,salt bridge）,以联通两杯溶液,如图 3-1 所示。在 Zn 电极上发生氧化反应,电子直接从锌片传递给铜离子,这样铜离子得到电子而被还原析出金属铜,在 Cu 电极上发生还原反应,锌氧化为 Zn^{2+}。

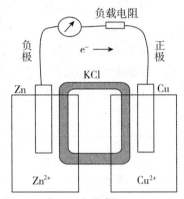

图 3-1　原电池示意图

在两电极上分别进行的反应是:

负极发生氧化反应: $Zn^{2+} + 2e^- \Longrightarrow Zn$

正极发生还原反应: $Cu^{2+} + 2e^- \Longrightarrow Cu$

像这种利用氧化还原反应,将化学能转变为电能,并通过一定回路使电子能够传递产生电流的装置叫作原电池（primary cell）。

在原电池中,电子流出的一极叫负极（cathode）,电子流入的一极叫正极（anode）。在丹尼尔（Daniell）原电池中,电子由锌电极经由导线流向铜电极,可知两个电极上发生的反应为上述两个反应。

在上述原电池中,随着反应的不断进行,Zn 不断以 Zn^{2+} 形式进入溶液,这样溶液中 Zn^{2+} 达到饱和,会阻止继续生成 Zn^{2+},同样,由于 Cu 的不断析出,Cu^{2+} 的浓度会减少而阻碍铜的继续析出,所造成的结果就是没有电子从负极向正极流动,使电流中断。中间盐桥所起的作用是使电流能够持续地产生。

图 3-1 的铜锌原电池可以用下述电池符号予以简明的表示:

$$(-)Zn \mid Zn^{2+}(c_1) \parallel Cu^{2+}(c_2) \mid Cu(+)$$

式中:(-)、(+)为原电池的负极和正极。一般书写时,把负极写在左边,正极写在右边;用"$\parallel$"表示盐桥,用"$\mid$"表示不同物相的界面;c_1、c_2 表示溶液的浓度,气体以分压（p）来表示。

任何一个原电池都是由两个电极构成的,其中构成原电池的电极有四类,分别表现为以下几种类型:

(1) 金属电极

是由金属浸泡在含有该金属离子的溶液中构成。例如,Zn(s)插在 $ZnSO_4$ 溶液中,电对写为 Zn^{2+}/Zn,电极符号可以表示 $Zn(s) \mid Zn^{2+}(aq)$。电极反应为:

$$Zn^{2+} + 2e^- \longrightarrow Zn(s)$$

（2）金属-金属难溶盐电极

此类电极是由金属及其表面覆盖一层该金属的难溶盐,然后浸入含有该难溶盐的负离子的溶液中所构成。银-氯化银电极和甘汞电极就是属于这一类。

$$Cl^-(aq) \mid AgCl(s) \mid Ag(s) \qquad AgCl(s) + e^- \rightleftharpoons Ag(s) + Cl^-(aq)$$

$$Cl^-(aq) \mid Hg_2Cl_2 \mid Hg(s) \qquad Hg_2Cl_2(s) + 2e^- \rightleftharpoons 2Hg(l) + 2Cl^-(aq)$$

（3）氧化-还原电极

由惰性金属插入含有某种离子的不同氧化态的溶液中构成。氧化还原反应是溶液中不同价态的离子在溶液与金属界面上进行。此类电极有 Fe^{3+}/Fe^{2+}、Sn^{4+}/Sn^{2+} 等,电对表示和电极反应分别为:

$$Fe^{3+}(c_1), Fe^{2+}(c_2) \mid Pt(s) \qquad Fe^{3+} + e^- \rightleftharpoons Fe^{2+}$$

（4）非金属-非金属离子电极

此类电极是将惰性金属片浸入含有该气体所对应的离子的溶液中,使气流冲击金属片。例如氢电极和氧电极在酸性或碱性电极介质中,其电极符号和电极反应分别是:

$$H^+ \mid H_2(g) \mid Pt \qquad 2H^+ + 2e^- \rightleftharpoons H_2(g)$$

$$OH^- \mid O_2(g) \mid Pt \qquad O_2(g) + 2H_2O + 4e^- \rightleftharpoons 4OH^-$$

3.2.2　电极电势

1. 电极电势的产生

在电学中规定:正电荷流动的方向为电流方向,电流由正极流向负极。在锌铜原电池中,产生的电流由 Cu 电极向 Zn 电极流动,即表明 Cu 极电势高,Zn 极电势低,两者产生电势差。这个电势差是怎么产生的呢?

1889 年 Nernst 提出双电层的概念:按金属的自由电子理论,金属晶体中有金属原子、金属阳离子和自由电子。例如,将金属锌插入含有锌离子 Zn^{2+} 的溶液中时,会产生两种可能:其一是金属原子受到水分子强极性作用而溶解,以一种水合离子的形式进入溶液中。

$$Zn(s) \longrightarrow Zn^{2+} + 2e^-$$

另一种是溶液中的 Zn^{2+} 受到金属板上电子的吸引而沉积到极板上,$Zn^{2+} + 2e^- \longrightarrow Zn$(s),当沉积与溶解的速度相等时,达到平衡态。这样金属 Zn 表面带负电荷,在其附近的溶液中就有较多的 Zn^{2+} 离子吸引在金属表面附近,结果金属表面附近的溶液所带的电荷与金属本身所带的电荷恰好相反,这样就形成了一个双电层。双电层之间存在电位差,这种由于双电层的作用在金属和盐溶液之间产生的电位差,就叫作金属的电极电势(图 3 - 2)。

图 3 - 2　金属电极电势

2. 标准电极电势

电极电势的绝对值是无法测量的,目前采用的方法是选定一个电极作为参考,用于衡量其他电极电势的标准。通常用的是标准氢电极,并规定其标准电极电势为零。这样,将待测电极和标准氢电极组成原电池,通过外测该电池的电动势,即可以计算出待测电极的电极电势,注意这里计算出的待测电极电势也是相对于标准氢电极所得,而不是其绝对电极电势。

标准氢电极

如图 3 - 3 所示,将镀有一层铂黑的铂片浸入浓度为 $1mol \cdot L^{-1}$ 的 H^+ 溶液中,在 298.15K 时通入压强为 100kPa 的纯氢气让铂黑吸附,被氢气饱和了的铂电极就是氢气电极,其电极符号为 $H^+ | H_2 | Pt$。此时溶液中的 H^+ 与 H_2 之间建立了如下的平衡:

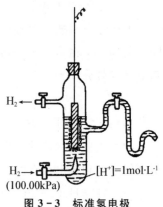

图 3 - 3　标准氢电极

$$\frac{1}{2} H_2(g) \Longrightarrow H^+ + e^-$$

标准氢电极的标准电极电势定为零,记为:

$$E^{\ominus}(H^+/H_2) = 0.0000V$$

右上角的 $\ominus$ 表示标准状态,即指离子的质量摩尔浓度为 $1.0mol \cdot L^{-1}$,气体分压为 100.00kPa 时的状态。

测定其他电极的标准电极电势时,可将标准状态的待测电极与标准氢电极组成原电池,测定此原电池的电动势。例如,待测电极是标准状态的锌电极 $Zn | Zn^{2+}(1.0mol \cdot L^{-1})$,原电池装置如图 3 - 4 所示。

实验确定,在此原电池中标准氢电极是正极,锌电极是负极,原电池的符号可表示为:

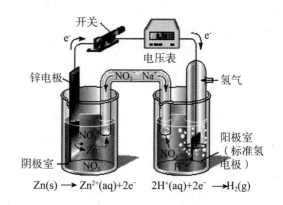

图 3 - 4　Zn 电极电极电势的测定

$$(-)Zn | Zn^{2+}(1.0mol \cdot L^{-1}) \| H^+(1.0mol \cdot L^{-1}) | H_2(100kPa) | Pt(+)$$

在 298.15K,由电位计测得此原电池的电动势为 0.7618V,即:

$$E = E^{\ominus}(H^+/H_2) - E^{\ominus}(Zn^{2+}/Zn) = 0.7618V$$

所以:$E^{\ominus}(Zn^{2+}/Zn) = -0.7618V$

欲测铜电极的标准电极电势,可在标准状态下用铜电极与标准氢电极组成原电池,此时铜电极为正极:

$$(-)Pt | H_2(100kPa) | H^+(1.0mol \cdot L^{-1}) \| Cu^{2+}(1.0mol \cdot L^{-1}) | Cu(+)$$

在 298.15K 测得此电池电动势为 0.3419V,因此:

$$E = E^{\ominus}(Cu^{2+}/Cu) - E^{\ominus}(H^+/H_2) = 0.3419V$$

所以:$E^{\ominus}(Cu^{2+}/Cu) = 0.3419V$

标准氢电极由于制备和纯化非常复杂,以及使用条件及其严格,因此在实际使用过程中非常不方便,所以在实际测定时,一般采用甘汞电极(calomel electrode)代替标准氢电极作为参比电极。图 3-5 所示为甘汞电极的构造,在电极底部用 Hg、Hg_2Cl_2 以及 KCl 构成的糊状物质,上面充入饱和了的 KCl 溶液,用导线引出。由于 KCl 的浓度不同,甘汞电极的电极电势也会发生变化,下表列举了几种常用的甘汞电极及其电极电势。

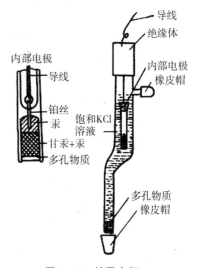

图 3-5　甘汞电极

表 3-2　三种甘汞电极的电极电势

$c(KCl)/(mol \cdot L^{-1})$	电极反应	$E^{\ominus}/V$
0.1	$Hg_2Cl_2(s) + 2e^- \Longrightarrow 2Hg(l) + 2Cl^-(0.1mol \cdot L^{-1})$	+0.3337
1	$Hg_2Cl_2(s) + 2e^- \Longrightarrow 2Hg(l) + 2Cl^-(1mol \cdot L^{-1})$	+0.2801
饱和	$Hg_2Cl_2(s) + 2e^- \Longrightarrow 2Hg(l) + 2Cl^-(饱和)$	+0.2412

3.2.3　原电池电动势与吉布斯函数变的关系

可以把一个能自发进行的氧化还原反应,设计成一个原电池,把化学能转变为电能,根据化学热力学,在定温、定压下,系统所做的最大非膨胀功等于其吉布斯自由能的变化值:

$$W_f = -\Delta G \tag{3-3}$$

而在原电池中,非膨胀功只有电功,因此化学反应的吉布斯自由能转变为电能,所以上式可以写成:

$$\Delta G = -nEF \tag{3-4}$$

式中:n 为电池的氧化还原反应中传递的电子数;F 是法拉第常数(96485C · mol^{-1});E 是电动势。若反应在标准状态下进行,则:

$$\Delta G^{\ominus} = -nE^{\ominus}F \tag{3-5}$$

上述两个关系式非常重要,把热力学和电化学联系起来。因此,只要根据这一关系式,测定出原电池的标准电动势 $E^{\ominus}$,就可以求出电池反应的标准吉布斯自由能 $\Delta G^{\ominus}$;反之,已知某氧化还原的吉布斯自由能的数据,就可以求得由该反应所组成的原电池的标准电动

势 $E^{\ominus}$。

【例 3 - 2】 试计算下列电池的 $E^{\ominus}$ 和 $\Delta G^{\ominus}$：

$$(-)Zn \mid ZnSO_4(1mol \cdot L^{-1}) \parallel CuSO_4(1mol \cdot L^{-1}) \mid Cu(+)$$

解：该电池的氧化还原反应为：

$$Zn + Cu^{2+} \Longrightarrow Zn^{2+} + Cu$$

已知：$E^{\ominus}(Zn^{2+}/Zn) = -0.762V, E^{\ominus}(Cu^{2+}/Cu) = +0.342V$

因此：$E^{\ominus} = E^{\ominus}_{正} - E^{\ominus}_{负} = E^{\ominus}(Cu^{2+}/Cu) - E^{\ominus}(Zn^{2+}/Zn) = 0.342 - (-0.762) = 1.104V$

根据式(3 - 5)得：

$$\Delta G^{\ominus} = -nE^{\ominus}F = -(2 \times 1.104 \times 96485) = -213 \times 10^3 J \cdot mol^{-1} = -213kJ \cdot mol^{-1}$$

3.2.4 影响电极电势的因素及电极电势的应用

1. 影响电极电势的因素

标准电极电势的代数值是在标准状态下测得的。当电极处于非标准状态时，其电极电势将随浓度、压力、温度等因素而变化。

（1）浓度对电极电势的影响

半反应通式为：a 氧化型(Ox) $+ ne^- \longrightarrow b$ 还原型(Red)

电极电势与标准电极电势之间符合能斯特方程(Nernst equation)，其关系式是：

$$E(Ox/Red) = E^{\ominus}(Ox/Red) + \frac{2.303RT}{nF}\lg\frac{c(Ox)^a}{c(Red)_b} \tag{3 - 6}$$

$T = 298K$ 时，将各常数值代入式(3 - 6)，其相应的浓度对电极电势的影响通式为：

$$E(Ox/Red) = E^{\ominus}(Ox/Red) + \frac{0.059}{n}\lg\frac{c(Ox)^a}{c(Red)_b} \tag{3 - 7}$$

式中：E 为电对的电极电势；$E^{\ominus}$ 为电对的标准电极电势；n 为半反应中转移的电子数；R 为摩尔气体常数，$8.314J \cdot K^{-1} \cdot mol^{-1}$；$F$ 为法拉第常量，$96485C \cdot mol^{-1}$；T 为温度，K；$c(Ox)$、$c(Red)$ 为电极反应中氧化态物质、还原态物质的物质的量浓度，$mol \cdot L^{-1}$。

在能斯特方程式中，各物质浓度的指数等于电极反应中各物质的系数。纯固体和纯液体参加反应，他们的浓度是常数，被认为是 1；若有气体参加反应，则以气体物质的分压 p 进行计算，在公式中活度的表现形式为：$p/p^{\ominus}$。

从上式可以看出氧化型物质的浓度或还原型物质的浓度愈小，则电对电极电势愈高；反之，电对电极电势愈小。

【例 3 - 3】 试计算在 298K 时，$c(Fe^{3+})$ 为 $1mol \cdot L^{-1}$，$c(Fe^{2+})$ 为 $1.0 \times 10^{-4} mol \cdot L^{-1}$ 时，Fe^{3+}/Fe^{2+} 的电极电势。

解：电对的电极反应：$Fe^{3+} + e^- \Longrightarrow Fe^{2+}$　　　　$E^{\ominus} = 0.771V$

由 Nernst 方程得：$E(Fe^{3+}/Fe^{2+}) = E^{\ominus}(Fe^{3+}/Fe^{2+}) + \dfrac{0.059}{n}\lg\dfrac{c(Fe^{3+})/c^{\ominus}}{c(Fe^{2+})/c^{\ominus}}$

$$= E^{\ominus}(Fe^{3+}/Fe^{2+}) + \frac{0.059}{1}\lg\frac{1.0}{1.0\times10^{-4}} = 0.771 + 0.236 = 1.007V$$

结果表明，增大氧化态物质的浓度或降低还原态物质的浓度，电极电势将增大。

（2）溶液 pH 对电极电势的影响

Nernst 方程反映了电极电势随浓度的变化，但在电极反应中除了参与反应的氧化型和还原型物质的浓度会影响电极电势外，当反应中有 H^+ 或 OH^- 参与时，通过调节溶液的 pH 也会改变电极电势。

【例 3-4】 若溶液中的 $[MnO_4^-] = [Mn^{2+}]$，问：（1）$pH = 3.00$ 时，MnO_4^- 能否氧化 Cl^-、Br^-、I^-？（2）$pH = 6.00$ 时，MnO_4^- 能否氧化 Cl^-、Br^-、I^-？[已知：$E^{\ominus}(MnO_4^-/Mn^{2+}) = 1.51V$，$E^{\ominus}(Cl_2/Cl^-) = 1.36V$，$E^{\ominus}(Br_2/Br^-) = 1.08V$，$E^{\ominus}(I_2/I^-) = 0.54V$]

解：当 $pH = 3.00$ 时：$MnO_4^- + 8H^+ + 5e^- \longrightarrow Mn^{2+} + 4H_2O$，$E^{\ominus}(MnO_4^-/Mn^{2+}) = 1.51V$

$$E = E^{\ominus} + \frac{0.0591}{n}\lg\frac{[a(\text{氧化态})^a]}{[a(\text{还原态})^b]} = 1.51 + \frac{0.0591}{5}\lg\frac{[MnO_4^-][H^+]^8}{[Mn^{2+}]} = 1.23V$$

所以，能氧化 Br^-、I^-，但不能氧化 Cl^-。

同理，当 $pH = 6.00$ 时：

$$E = E^{\ominus} + \frac{0.0591}{n}\lg\frac{[a(\text{氧化态})^a]}{[a(\text{还原态})^b]} = 1.51 + \frac{0.0591}{5}\lg\frac{[MnO_4^-][H^+]^8}{[Mn^{2+}]} = 0.94V$$

所以，只能氧化 I^-，但不能氧化 Br^-、Cl^-。

结果表明，增大氧化态物质的浓度或降低还原态物质的浓度，电极电势将增大。

2. 电极电势的应用

（1）判断原电池的正、负极和计算电动势

在原电池中，正极发生还原半反应，负极发生氧化半反应。因此，电极电势代数值较大的电极是正极，电极电势代数值较小的电极是负极。正极电势与负极电势之差即为原电池的电动势。

【例 3-5】 判断下述两电极所组成的原电池的正、负极，并计算此电池在 298.15K 时的电动势。

（1）$Zn | Zn^{2+}(0.001mol \cdot L^{-1})$

（2）$Zn | Zn^{2+}(1.0mol \cdot L^{-1})$

解：根据能斯特方程式分别计算此两电极的电极电势。

（1）$E_1(Zn^{2+}/Zn) = E^{\ominus}(Zn^{2+}/Zn) + \dfrac{0.059}{2}\lg\dfrac{c(Zn^{2+})}{c^{\ominus}} = -0.7618 + \dfrac{0.059}{2}\lg 0.001 =$

$-0.8503V$

(2) $E_2(Zn^{2+}/Zn) = E^{\ominus}(Zn^{2+}/Zn) = -0.7618V$

因为 $E_2(Zn^{2+}/Zn) > E_1(Zn^{2+}/Zn)$，所以电极(1)为负极，而电极(2)为正极。电池符号为：

$$(-)Zn|Zn^{2+}(0.001mol \cdot L^{-1}) \| Zn^{2+}(1.0mol \cdot L^{-1})|Zn(+)$$

其电动势 $E = E^+ - E^- = (-0.7618) - (-0.8503) = 0.089V$

在此原电池中，$c(Zn^{2+}) = 1.0mol \cdot L^{-1}$ 者为正极，$c(Zn^{2+}) = 0.001mol \cdot L^{-1}$ 者为负极。电动势为 $0.089V$。

这种电极的组成相同，仅由于离子浓度不同而产生电流的电池称为浓差电池(differential concentration cell)。浓差电池的电动势甚小，不能做电源使用。但是，浓差电池的形成在金属腐蚀中的作用是不可忽视的。

（2）判断水溶液中氧化剂氧化性和还原剂还原性相对强弱

$E^{\ominus}$ 越大，物质氧化态的氧化性越强；$E^{\ominus}$ 越小，表示物质还原态还原性越强。

例如：$E^{\ominus}(MnO_4^-/Mn^{2+}) = 1.51V$，$E^{\ominus}(Cr_2O_7^-/Cr^{3+}) = 1.23V$

表明 MnO_4^- 的氧化性比 $Cr_2O_7^-$ 氧化性要强。

（3）判断氧化还原反应进行的方向

判断氧化还原反应进行的方向时，可将反应拆为两个半反应，求出电极电位。然后根据电势高的为正极发生还原反应，电位低的为负极发生氧化反应的原则，就可以确定反应自发进行的方向。

【例3-6】　在标准状况下，判断 $Fe^{3+} + Sn^{2+} \Longrightarrow Fe^{2+} + Sn^{4+}$ 反应进行的方向。

解：负极　$Sn^{4+} + 2e^- \Longrightarrow Sn^{4+}$　　$E^{\ominus}(Sn^{4+}/Sn^{2+}) = 0.15V$

　　　正极　$Fe^{3+} + e^- \Longrightarrow Fe^{2+}$　　$E^{\ominus}(Fe^{3+}/Fe^{2+}) = 0.72V$

　　　$E = E^{\ominus}(Fe^{3+}/Fe^{2+}) - E^{\ominus}(Sn^{4+}/Sn^{2+}) = 0.72 - 0.15 = 0.57V$

此判断该反应可以自发向右进行。

（4）测定难溶盐溶度积常数

【例3-7】　利用原电池测定 AgCl 的溶度积常数 $K_{sp}(AgCl)$。

解：首先 AgCl 的沉淀-溶解平衡如下：$AgCl(s) \Longrightarrow Ag^+ + Cl^-$

$$K_{sp}^{\ominus} = \frac{c(Ag^+)}{c^{\ominus}} \frac{c(Cl^-)}{c^{\ominus}}$$

这样可设计成为一个电池，表示为：

$$(-)Ag(s) | Cl^- | (1.0mol \cdot L^{-1}) | AgCl(s) \| Ag^+(1.0mol \cdot L^{-1}) | Ag(s)(+)$$

负极：$AgCl(s) + e^- \longrightarrow Ag(s) + Cl^-$　　$E^{\ominus}(AgCl/Ag) = 0.2224V$

正极：$Ag^+ + e^- \longrightarrow Ag(s)$　　　　$E^{\ominus}(Ag^+/Ag) = 0.7991V$

电池电动势：$E^{\ominus} = E^{\ominus}(Ag^+/Ag) - E^{\ominus}(AgCl/Ag) = 0.5767V$

$$\Delta_r G_m^{\ominus} = -nE^{\ominus}F = -RT\ln K^{\ominus}$$

$$K^{\ominus} = \exp\left(\frac{nE^{\ominus}F}{RT}\right), K_{sp}^{\ominus} = \frac{1}{K^{\ominus}}$$

在 $T = 298K$ 时　$K_{sp}^{\ominus} = 1.76 \times 10^{-10}$

(5) 电势法测定溶液的 pH

将适当的指示电极、参比电极与被测溶液共同组成电池(或称为工作电池)。该电池的电动势,即指示电极相对于参比电极的电势,与被测溶液中的 H^+ 浓度(或 pH 值)存在一定的函数关系,通过测定电池的电动势就可以测出溶液的 pH 值了。如下电池:

参比电极 $\mid$ KCl 溶液 $\parallel$ 未知溶液 $\mid$ H_2 $\mid$ Pt

测定其电池电势 E_x,然后把未知液换成标准液,再测定其电池电势 E_s,如下:

参比电极 $\mid$ KCl 溶液 $\parallel$ 标准溶液 $\mid$ H_2 $\mid$ Pt

两个电池在同一条件下测定,未知溶液的 pH 用 pH_x 表示,标准溶液的 pH 用 pH_s 表示,则两者关系表示为:

$$pH_x = pH_s + \frac{(E_s - E_x)F}{2.303RT} \tag{3-8}$$

所以只要给出标准溶液的 pH_s 就能够求出未知液的 pH。

(6) 计算氧化还原反应进行的程度

对于可逆的氧化还原反应,由于反应物和生成物的浓度不断发生变化,所以正逆反应的速度也在不断变化,所以两个电对的电极电势也相应发生变化,当反应进行到一定程度时就达到平衡,此时两电对的电极电势也相等,利用这一原理就能求得反应的平衡常数。

对任一氧化还原反应:

n_2 氧化剂 $1 + n_1$ 还原剂 $2 \Longrightarrow n_2$ 还原剂 $1 + n_1$ 氧化剂 2

将其设计成原电池,根据 $\Delta_r G_m^{\ominus} = -RT\ln K^{\ominus}$ 和 $\Delta_r G_m^{\ominus} = -nE^{\ominus}F$,当反应温度为 298K 时得 $\ln K^{\ominus} = \frac{nE^{\ominus}}{0.059}$,其中 n 为电池反应的电子转移数。

【例 3-8】　已知 $2Hg^{2+} + 2e^- \Longrightarrow Hg_2^{2+}$,$E^{\ominus} = 0.90V$;$Hg_2^{2+} + 2e^- \Longrightarrow 2Hg$,$E^{\ominus} = 0.80V$,求反应 $Hg^{2+} + Hg \Longrightarrow Hg_2^{2+}$ 的平衡常数。

解:根据 $\ln K^{\ominus} = \frac{nE^{\ominus}}{0.059}$ 得 $\ln K^{\ominus} = \frac{1 \times (0.90 - 0.80)}{0.059} = 1.69$,所以 $K^{\ominus} = 49$。

3.3　电　解

3.3.1　电解的基本原理

电流通过熔融状态电解质或者电解质溶液,导致物质发生分解的过程叫电解(electrolysis),

实现电解过程的装置为电解池(electrolytic cell)。电解池由电极、电解质溶液和直流电源组成。

例如,电解熔融的方法使 $CuCl_2$ 分解为它的组成元素 Cu 和 Cl_2。

$$CuCl_2 \longrightarrow Cu(s) + Cl_2 \uparrow (g)$$

该过程是在电解池中实现的。电解池是由浸在 $CuCl_2$ 熔体中的两个电极组成,与原电池一样,发生氧化反应的电极叫阳极,发生还原反应的电极叫阴极。

阴极:$Cu^{2+} + 2e^- \longrightarrow Cu(s)$

阳极:$2Cl^- - 2e^- \longrightarrow Cl_2 \uparrow (g)$

总反应:$Cu^{2+} + 2Cl^- \longrightarrow Cu(s) + Cl_2 \uparrow (g)$

3.3.2　分解电压

在电池上若外加一个直流电源,并逐渐增加电压直至使电池中的物种在电极上发生化学反应,就是电解过程。

如图 3-6 所示,在 $1mol \cdot L^{-1}$ H_2SO_4 溶液中放入两个铂电极,接到由可变电阻器和电源组成的分压器上,逐渐增加电压,并记录相应的电流数值,以电流对电压作图得到如图 3-7 所示的电流-电压曲线。

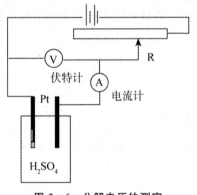

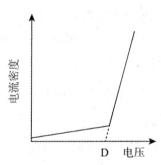

图 3-6　分解电压的测定　　　　图 3-7　电流-电压曲线

当开始加电压时,电流强度很小,电极上观察不到电解现象。当电压增加到某一数值时,电流突然直线上升,同时有气泡溢出,电解开始。此时的电压即为实际分解电压,也就是电解质溶液发生电解时所必须加的最小电压,称为分解电压(decomposition voltage)。电解池中通入电流后发生的反应如下:

阴极反应:$4H^+(aq) + 4e^- \longrightarrow 2H_2(g)$

阳极反应:$4OH^- \longrightarrow 2H_2O(l) + O_2(g) + 4e^-$

析出的 H_2 和 O_2 分别吸附在两个电极上,并与溶液中的 H^+ 和 OH^- 建立平衡,而成为氢电极和氧电极,并组成原电池:

$$\text{Pt} \mid \text{H}_2(p) \mid \text{H}_2\text{SO}_4(\text{mol} \cdot \text{L}^{-1}) \mid \text{O}_2(p) \mid \text{Pt}$$

该原电池的负极是氢电极，正极是氧电极，一旦原电池形成，其电极反应是：

负极 $\quad \text{H}_2(\text{g}) \longrightarrow 2\text{H}^+(\text{aq}) + 2\text{e}^-$

正极 $\quad \text{O}_2 + 2\text{H}_2\text{O} + 4\text{e}^- \longrightarrow 4\text{OH}^-$

$$E = E^\ominus + \frac{0.059}{2} \lg \frac{\left[p(\text{H}_2)/p^\ominus \right] \left[p(\text{O}_2)/p^\ominus \right]^{\frac{1}{2}}}{\left[c(\text{H}^+)/c^\ominus \right]^2 \left[c(\text{OH}^-)/c^\ominus \right]^2} \qquad (3-9)$$

在 298.15K，$E^\ominus(\text{H}^+/\text{H}_2) = 0.000\text{V}$，$E^\ominus(\text{O}_2/\text{OH}^-) = 0.401\text{V}$，$p(\text{H}_2) = p(\text{O}_2) = p^\ominus$，$c(\text{H}^+) = c(\text{OH}^-) = 1.0 \times 10^{-7}\text{mol} \cdot \text{L}^{-1}$，所以 $E = 0.401 + 0.059\lg10^{13} = 1.229\text{V}$。

原电池中进行的电极反应，正好是电解池中两电极进行的反应的逆过程，原电池产生的电动势与外加电压数值相等而方向相反。因此，要使电解顺利地进行，外加电压必须克服并超过这一相反方向的电动势。这种相反方向的电动势称为反电动势 (back electromotive force)。从理论上讲，外加电压只要稍稍超过 1.229V，电解反应就能应能进行，但实际测得的分解电压是 1.67V，比理论分解电压高很多，这种现象称为极化作用。影响极化作用的因素很多，如电极材料、电流密度、温度等。

3.3.3 电解产物的判断

对熔融液，电解时只有组成电解质的正、负离子分别在两极上放电。对于水溶液，除了有电解质的正、负离子外，还有水中的 OH^- 和 H^+ 离子。电解时，电极上究竟是哪种离子放电呢？主要影响因素有：放电离子的标准电极电势、离子浓度、电解产物在电极上的超电势。综合三者后，在阳极上放电的是析出电势代数值小的还原态物质；在阴极上放电的是析出电势代数值大的氧化态物质。盐类水溶液电解产物的一般规律见下表。

表 3-3 盐类水溶液电解产物的一般规律

电极	阴 极（还原）	阳 极（氧化）
反应物质	金属离子或 H^+ 离子	金属或负离子
电解产物	1. 电动序位于 Al 后的金属离子放电，析出相应金属 2. 电动序位于 Al 前（包括 Al）的金属离子不能放电，放的是 H^+ 离子，得到 H_2	1. 除 Pt、Au、Cr 外，金属做阳极时，金属失电子发生溶解 2. 简单负离子，如 Cl^-、Br^-、I^-、S^{2-} 等离子放电得到相应单质 3. 复杂负离子不能放电，是 OH^- 放电，得到 O_2

3.4 金属的腐蚀与防护

腐蚀是一种悄悄进行的破坏反应，材料的腐蚀有很多种，如金属材料的腐蚀、无机非金属材料的腐蚀和高分子材料的腐蚀等。一般来说,金属表面与周围环境介质相接触而发生化学或电化学作用所引起的破坏或变质现象叫金属的腐蚀。金属的腐蚀现象非常普遍,据统计,世界各国每年因金属的腐蚀而造成的经济损失约占该国当年国民生产总值的 2%～5%。例如,钢结构构件在土壤、大气或海水中非常容易生锈,这不仅会造成经济损失,而且还可能会引起重大事故。因此,研究金属腐蚀的发生机制及其防护措施具有重要的意义。

金属的腐蚀往往发生在金属与介质之间的界面上,根据腐蚀发生时的作用机制,金属的腐蚀可以分为两大类:化学腐蚀和电化学腐蚀。

3.4.1　化学腐蚀

金属的化学腐蚀是金属和周围环境介质在相接触时仅仅发生化学反应,而没有电流的产生。这类腐蚀现象并不普遍,只有在特定的环境或条件下才能发生,并且受温度的影响较大。

1. 干燥气体中的腐蚀

金属与干燥气体(O_2、Cl_2、SO_2 等)直接发生化学反应,特别是在高温条件下,如钢铁在高温气体中表面的初期氧化过程属于典型的化学腐蚀现象,金属因此而失去光泽,其表面生成氧化层,然而,随后的氧化膜生长过程并不是单纯的化学腐蚀过程,而是涉及了电化学腐蚀机理。

2. 非电解质溶液中的腐蚀

非电解质溶液是指在熔融状态和水溶液中都不能导电的液体,如四氯化碳、汽油、润滑油、醇类等。将四氯化碳溶液盛放在铝罐中,会发生明显的化学腐蚀现象,铝罐的内表面会立刻形成一层氯化铝膜。同样的,镁或钛在甲醇溶液中也能发生类似的化学腐蚀现象。

3.4.2　电化学腐蚀

电化学腐蚀是金属腐蚀中最主要的腐蚀形式,它是指金属表面与介质相接触而发生电化学作用的腐蚀现象。根据金属材料所处的环境可以将金属腐蚀分为大气腐蚀、海水腐蚀、淡水腐蚀、土壤腐蚀、生物腐蚀等多种。

与化学腐蚀的机理不同,电化学腐蚀是一种氧化还原反应,主要通过阳极反应(氧化反应)和阴极反应(还原反应)进行的,金属本身起着传递电子将阳极和阴极短路的作用,使得流过金属内部的电子流和介质中的离子流形成回路。因此,一个电化学腐蚀体系实际上是一个短路的原电池,我们将这种导致金属材料破坏或变质的短路原电池称为腐蚀电池。

根据腐蚀电池的工作原理,可以将金属的电化学腐蚀分为析氢腐蚀、吸氧腐蚀和差异充气腐蚀三大类,其阳极过程均是金属的溶解。

1. 吸氧腐蚀

如图 3-8 所示,暴露在潮湿空气中的铁质水管外端,在不使用时管壁内外表面都会被一层水膜所覆盖,空气中的二氧化碳、二氧化硫等少量酸性气体的溶解使得水膜变成含 H^+、CO_3^{2-}、SO_3^{2-} 等离子的弱酸性电解液,由于 H^+、O_2 在铁管中所含碳杂质上的电极电势与 Fe^{2+}/Fe 的不同,这样子以碳杂质和铁分别为阴、阳两极在水膜电解液中构成了腐蚀电池。此外,因为空气中富含氧气,且氧气能不断溶于水膜并扩散到阴极,同时,由于 O_2/OH^- 电对的电极电势大于 H^+/H_2 电对的电极电势,即 O_2 的氧化能力比 H^+ 强,使得在金属表面的腐蚀区域会发生如下电极反应:

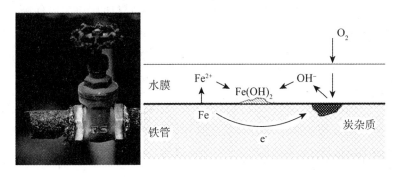

图 3-8　潮湿空气中铁管的腐蚀机理

阳极(Fe)反应:$Fe \longrightarrow Fe^{2+} + 2e^-$

阴极(杂质)反应:$O_2 + 2H_2O + 4e^- \longrightarrow 4OH^-$

电池总反应:$2Fe + 2H_2O + O_2 \longrightarrow 2Fe(OH)_2$

反应产物 $Fe(OH)_2$ 是一种亚稳定的化合物,在空气中会进一步被氧化成 $Fe(OH)_3$,脱水后可得到红褐色的 Fe_2O_3,这就是我们常见的铁锈的主要成分。这个腐蚀过程中由于需要不断吸收并消耗氧气,因此称为吸氧腐蚀。这是大气环境下最常见的一类金属腐蚀现象。

2. 析氢腐蚀

当铁管完全浸没在酸性较强的电解液中(如 $0.5mol/dm^3$ 的稀硫酸),由于铁管表面含有大量的氢离子,使得氧气来不及进入水膜并扩散到铁管表面,此时电化学腐蚀的主要反应机理为:

阳极(Fe)反应:$Fe \longrightarrow Fe^{2+} + 2e^-$

阴极(杂质)反应:$2H^+ + 2e^- \longrightarrow H_2$

腐蚀电池总反应:$Fe + 2H^+ \longrightarrow Fe^{2+} + H_2$

然而,在大气环境中,由于氧气的氧化能力比氢离子强,并且溶液中或多或少还是会溶解一定含量的氧,因此,在酸性溶液中析氢腐蚀出现的同时,吸氧腐蚀也会同时存在。

3. 差异充气腐蚀

当铁管插到湿润的泥土中,呈现一半铁管暴露在空气中,而另一半埋在泥土中的状态,此时由于氧气在空气中和泥土中的浓度不同,使得铁管表面的氧气分布不均匀,也会引起铁管的腐蚀。铁管插入含氧气的介质中会构成一个氧电极,根据下面的式子,可以知道这个氧电极的电极电势与氧的浓度(即分压)有关:

$$O_2 + 2H_2O + 4e^- \longrightarrow 4OH^-$$

$$E(O_2/OH^-) = E^\ominus[O_2/OH^-] + \frac{0.059}{4} \lg \frac{[p(O_2)/p^\ominus]}{[c(OH^-)/c^\ominus]^4}$$

由于空气中氧的浓度要高于泥土中,因此,泥土以下部分的铁管所构成的氧电极的电极电势较小,而空气中铁管部分的氧电极的电极电势较高,这样便构成了以铁管上端部分为阴极,下端部分为阳极的腐蚀电池,最终使得插入泥土以下部分的铁管发生了腐蚀,这种腐蚀叫差异充气腐蚀,由于这种腐蚀是由不同区域氧浓度的差异造成的,也称为浓差腐蚀。由氧浓差造成的金属腐蚀是社会中危害较大却又难以防止的一种腐蚀。海上采油平台、轮船外壳、地下管道等处于水下或地下处的器材是最容易遭受氧浓差腐蚀而严重破坏的。

3.4.3　金属腐蚀的防止

随着工业的迅速发展,金属的腐蚀问题也越来越严重,因此,有必要采取行之有效的手段来抑制金属腐蚀的发生及发展。目前,针对金属的用途及其使用环境而常采取的有以下四种防护手段:

1. 表面保护膜

在不破坏金属材料的情况下,在金属表面沉积或覆盖耐腐蚀性能好的金属或非金属保护膜可以有效提高金属材料的耐蚀性。

(1)金属保护膜

被保护金属材料表面的金属保护膜可以通过电镀、化学镀、溅射等方式获得。如在工业及民用领域广泛应用的白铁,就是在铁表面电镀了一层锌,而锌的表层会氧化形成致密的碱式碳酸锌保护膜,使得铁与大气隔绝,提高了铁的耐蚀性能。

(2)非金属保护膜

将油漆、塑料、陶瓷等耐腐蚀强的非金属覆盖在被保护金属的表面也能对金属材料起到很好的保护作用。如汽车零部件表面的防护涂装,一些汽车零部件是由铁质材料加工而成的,其防腐性能较弱,而油漆是一种由油料、树脂等非电介质组成的耐蚀材料,它可以通过电泳或电喷的方式沉积到零件表面,从而提高了材料的防腐能力,延长了汽车配件的使用寿命。

2. 合金化

在金属中加入其他金属元素能改变材料的电极电势,这样可以通过选择添加一些特定的金属元素来有效地降低材料的活性,从而提高金属的耐腐蚀性能,并且针对不同的使用环境下,可以选择不同类型的金属元素来制备不同性能的耐蚀合金。如在合金钢中加入 Cr、Ti、V 等元素可防止氧的腐蚀,其中含 18％ Cr、8％ Ni 的不锈钢在大气和酸中都具有较好的耐腐蚀性能。

3. 缓蚀剂

缓蚀剂是一种以低浓度加入金属材料所处的环境介质中以减缓金属腐蚀速度的物质。缓蚀剂的品种繁多,常见的如磷酸盐、石油磺酸钡、亚硝酸二环己胺等,缓蚀剂的加入量一般很少,通常为 $0.1％～1.0％$。缓蚀剂的保护效果与金属材料的种类、性质和腐蚀介质的性质、温度、流动情况有密切关系,即缓蚀剂的保护有强烈的选择性。缓蚀剂根据工作时的电化学作用原理不同,可以分为阳极型缓蚀剂、阴极型缓蚀剂和混合型缓蚀剂。

（1）阳极型缓蚀剂

通过抑制腐蚀的阳极过程而减缓金属腐蚀的物质称为阳极型缓蚀剂。这种缓蚀剂通常是由其阴离子向金属表面的阳极区迁移,氧化金属使之钝化,从而减缓阳极过程,如具有氧化性的铬酸盐和亚硝酸盐。铬酸钠在中性水溶液中可使铁氧化成氧化铁,并与铬酸钠的还原产物三氧化二铬形成符合氧化物保护膜。

$$2Fe+2Na_2CrO_4+2H_2O \longrightarrow Fe_2O_3+Cr_2O_3+4NaOH$$

而一些非氧化型的缓蚀剂,如硫酸锌、苯甲酸盐、正磷酸盐、硅酸盐等在中性介质中,只有与溶解氧并存,才能起到阳极缓蚀剂的作用。硫酸盐中的锌离子能与阴极上产生的氢氧根发生反应,生成难溶的氢氧化锌保护膜,其反应过程可用下式来表示:

$$O_2+2H_2O+4e^- \longrightarrow 4OH^- \qquad Zn^{2+}+2OH^- \longrightarrow Zn(OH)_2$$

（2）阴极型缓蚀剂

通过抑制腐蚀的阴极过程而减缓金属腐蚀的物质称为阴极型缓蚀剂。这种缓蚀剂通常是由其阳离子向金属表面的阴极区迁移,或者被阴极还原,或者与阴离子反应形成沉淀膜,使阴极过程受到减缓。如 $ZnSO_4$、$Ca(HCO_3)_2$ 可以和 OH^- 分别生成 $Zn(OH)_2$、$Ca(OH)_2$ 沉淀膜,而砷盐、锑盐被还原为金属 As、Sb 覆盖在阴极表面,提高了析氢过电位,以减缓金属的腐蚀。

（3）混合型缓蚀剂

这种缓蚀剂既可抑制阳极过程,又可抑制阴极过程,这类物质中含有两种性质相反的极性基团,能吸附在金属表面形成单分子膜,它们既能在阳极成膜,也能在阴极成膜,从而阻止水和侵蚀向金属表面的扩散,起了缓蚀作用。在这类缓蚀剂中,一般含 N、O、S、P 元素的极性基团或不饱和键,如有巯基苯并噻唑、苯并三唑、十六烷胺等。

4. 电化学保护

(1) 阴极保护

阴极保护就是使被保护金属成为电化学体系中的阴极,从而不被环境介质所腐蚀。

1) 牺牲阳极保护

这是将电化学活性较高的金属或合金连接在被保护的金属上,使两者构成原电池的方法。在这个腐蚀电池中,电化学活性较高的金属作为腐蚀电池的阳极而被腐蚀,被保护的金属作为阴极则得到电子而达到保护的目的。如白铁制的水桶在使用时经常会遭遇磕磕碰碰的事故,但是不会发生锈蚀,这是因为镀锌层受到部分破坏后,虽然会发生电化学腐蚀,但是由于锌比铁活泼,锌将作为原电池的阳极发生氧化反应而损耗,而铁会受到保护。

2) 外加电流保护

外加电流法是将被保护金属直接连接到直流电源的负极,使得被保护金属成为阴极,而以废钢或石墨等不溶性物质作阳极,通以阴极电流,将被保护金属极化到保护电位范围内,从而达到防腐蚀的目的。

阴极保护应用日益广泛,主要用于保护水中和地下的各种金属构件和设备。如海中采油平台、海底管线、舰船、码头、桥梁、水闸、地下管线等都可用牺牲阳极法或外加流电法进行阴极保护,防腐蚀效果很好。

(2) 阳极保护

用铁制容器盛放浓硫酸不会发生腐蚀,而盛放稀硫酸会发生腐蚀这个事实早已为人所知。这种在一定条件下,金属或合金由于阳极过程受到阻滞而导致其耐腐蚀性增强的现象叫金属的钝化。钝化根据作用机理可以分为化学钝化和电化学钝化。

将被保护的金属与外加直流电源的正极相连,在腐蚀介质中将被保护金属阳极极化到稳定的钝化区,金属材料就能得到保护,这种方法称为阳极保护法。这种方法适用于铁、铬、镍、钛、不锈钢等既具有电化学活性又具有钝化转变特性的金属和合金。

▶▶▶ 练习题 ◀◀◀

一、选择题

1. 下列关于氧化还原反应说法正确的是　　　　　　　　　　　　　　　　　（　　）

A. 肯定一种元素被氧化,另一种元素被还原

B. 某元素从化合态变成游离态,该元素一定被还原

C. 在反应中不一定所有元素的化合价都发生变化

D. 在氧化还原反应中非金属单质一定是氧化剂

2. 下列变化过程属于还原反应的是　　　　　　　　　　　　　　　　　　（　　）

A. $HCl \longrightarrow MgCl_2$　　　　　　　　　　　B. $Na \longrightarrow Na^+$

C. $CO \longrightarrow CO_2$　　　　　　　　　　　　D. $Fe^{3+} \longrightarrow Fe$

3. 对反应 $H^- + NH_3 \Longrightarrow H_2 + NH_2^-$ 的不正确说法是　　　　　　　　（　　）

A. 是置换反应　　　　　　　　　　　　B. H^- 是还原剂

C. NH_3 是氧化剂　　　　　　　　　　D. 氧化产物和还原产物都是 H_2

4. 为了治理废水中 $Cr_2O_7^{2-}$ 的污染,常先加入试剂使之变为 Cr^{3+},该试剂为　　（　　）

A. $NaOH$ 溶液　　　　　　　　　　　B. $FeCl_3$ 溶液

C. 明矾　　　　　　　　　　　　　　　D. Na_2SO_3 和 H_2SO_4

5. 下列各反应中,水只做氧化剂的是　　　　　　　　　　　　　　　　　（　　）

A. $C + H_2O \Longrightarrow CO + H_2$　　　　　　B. $2H_2O \Longrightarrow 2H_2 \uparrow + O_2 \uparrow$

C. $Na_2O + H_2O \Longrightarrow 2NaOH$　　　　　D. $CuO + H_2 \Longrightarrow Cu + H_2O$

6. 已知 25℃时,$E^{\ominus}(Fe^{3+}/Fe^{2+}) = 0.77V$,$E^{\ominus}(Sn^{4+}/Sn^{2+}) = 0.15V$。今有一电池,其电池反应为 $2Fe^{3+} + Sn^{2+} \Longrightarrow Sn^{4+} + 2Fe^{2+}$,则该电池的标准电动势 $E^{\ominus}(298K)$ 为　　（　　）。

A. 1.39V　　　　　　　　　　　　　　B. 0.62V

C. 0.92V　　　　　　　　　　　　　　D. 1.07V

二、填空题

1. 油画的白色颜料含有 $PbSO_4$,久置后会变成 PbS,使油画变黑,如果用双氧水擦拭则可恢复原貌。试写出反应的方程式:＿＿＿＿＿＿＿＿＿＿＿＿＿＿＿＿＿＿。

2. 分析下列变化过程是氧化还是还原。

（1）$Fe \longrightarrow FeCl_2$,需加入＿＿＿＿＿剂,如＿＿＿＿＿。

（2）$CuO \longrightarrow Cu$,需加入＿＿＿＿＿剂,如＿＿＿＿＿。

（3）$HCl \longrightarrow H_2$,是＿＿＿＿＿反应,HCl 是＿＿＿＿＿剂。

3. 一些酸在反应中可以表现出多种性质。如 $MnO_2 + 4HCl(浓) \Longrightarrow MnCl_2 + Cl_2 \uparrow + 2H_2O$ 中的 HCl 既表现出酸性又表现出还原性,分析下列反应中酸的作用。

（1）$NaOH + HCl \Longrightarrow NaCl + H_2O$

＿＿＿＿＿＿＿＿＿＿＿＿＿＿＿＿＿＿＿＿＿＿＿＿＿＿＿＿＿＿＿＿＿＿＿＿＿

（2）$C + 2H_2SO_4 \Longrightarrow CO_2 \uparrow + 2SO_2 \uparrow + 2H_2O$

＿＿＿＿＿＿＿＿＿＿＿＿＿＿＿＿＿＿＿＿＿＿＿＿＿＿＿＿＿＿＿＿＿＿＿＿＿

（3）$Cu + 4HNO_3(浓) \Longrightarrow Cu(NO_3)_2 + 2NO_2 \uparrow + 2H_2O$

＿＿＿＿＿＿＿＿＿＿＿＿＿＿＿＿＿＿＿＿＿＿＿＿＿＿＿＿＿＿＿＿＿＿＿＿＿

4. 对于电池$(-)Pt|H_2(p)|HCl(c_1) \parallel NaOH(c_2)|H_2(p)|Pt(+)$,阳极反应是＿＿＿＿＿＿＿;阴极反应是＿＿＿＿＿;电池反应是＿＿＿＿＿。

5. 对于电池$(-)Pt|H_2(p)|NaOH(c)|O_2(p)|Pt(+)$,负极反应是＿＿＿＿＿＿;正极反应是＿＿＿＿＿＿;电池反应是＿＿＿＿＿。

6. 当电池$(-)Zn|ZnSO_4(c_1) \parallel CuSO_4(c_2)|Cu(+)$ 放电时,＿＿＿＿＿电极是阴极。

7. 在一定温度下,用相同的铂电极电解相同体积 $1mol \cdot L^{-1}$ 的 NaOH 水溶液和 $1mol \cdot L^{-1}$ H_2SO_4 水溶液的理论分解电压分别为 E_1 和 E_2,则两者的关系是_____。

三、计算题

1. 25℃时,将待测溶液置于下列电池中,测得电动势 $E = 0.829V$,求该溶液的 pH 值。已知:甘汞电极的 $E(甘汞) = 0.2800V$。电池为:Pt$|H_2(p^{\ominus})|$溶液$(H^+) \parallel$ 甘汞电极。

2. 有一原电池$(-)$Ag$|$AgCl(s)$|$Cl$^-(c_1 = 1) \parallel$ Cu$^{2+}(c_2 = 0.01)|$Cu$(+)$。

(1) 写出上述原电池的反应式;

(2) 计算该原电池在 25℃时的电动势 E;

(3) 25℃时,原电池反应的吉布斯函数变$(\Delta_r G_m)$和平衡常数 $K^{\ominus}$ 各为多少?

(已知:$E^{\ominus}(Cu^{2+}|Cu) = 0.3402V$,$E^{\ominus}(Cl^-|AgCl|Ag) = 0.2223V$)

3. 25℃时,对电池 Pt$|$Cl$_2(p^{\ominus})$Cl$^-(c = 1) \parallel$ Fe$^{3+}(c = 1)$,Fe$^{2+}(c = 1)|$Pt:

(1) 写出电池反应;

(2) 计算电池反应的 $\Delta_r G_m^{\ominus}$ 及 $K^{\ominus}$ 值;

(3) 当 Cl$^-$ 的活度改变为 $a(Cl^-) = 0.1$ 时,E 值为多少?

(已知:$E^{\ominus}(Cl_2|Cl^-|Pt) = 1.3583V$,$E^{\ominus}(Fe^{3+}|Fe^{2+}) = 0.771V$)

4. 在 298K 和标准压力下,试写出下列电解池在两电极上说发生的反应,并计算其理论分解电压:

(1) Pt(s)$|$HBr$(0.05mol \cdot kg^{-1}, \lambda_{\pm} = 0.860)|$Pt(s)

(2) Ag(s)$|$AgNO$_3(0.5mol \cdot kg^{-1}, \lambda_{\pm} = 0.526) \parallel$ AgNO$_3(0.01mol \cdot kg^{-1}, \lambda_{\pm} = 0.902)|$Ag(s)

第 4 章

物质结构基础

（Material Structure Foundation）

4.1　原子的结构

人们对原子、分子的认识要比对宏观物体的认识艰难得多。因为原子、分子等粒子过于微小，人们只能通过观察宏观实验现象，经过推理去认识它们。因此，人们对它们的认识过程实际上是根据科学实验不断创立、完善模型的过程。按其历史顺序，大致可分为如下几个重要阶段：经典原子模型（卢瑟福模型）的建立、微观粒子能量量子化规律的发现、氢原子玻尔（Bohr）理论的提出、近代量子力学原子结构理论的建立与完善。

自然界中的物体，无论是宏观的天体还是微观的分子，无论是有生命的有机体还是无生命的无机体，都是由化学元素组成的。到 20 世纪末，人们已发现了自然界存在的全部 92 种化学元素，加上用粒子加速器人工制造的化学元素，目前总数已达 114 种。物质由分子（离子）或分子簇组成，分子由原子组成。

19 世纪初，道尔顿（Dalton）提出了物质结构的原子论。他认为物质是由"原子"构成的，"原子是不可分割的最小微粒"。直到发现了电子、X 射线和放射现象，人们才舍弃这一观念。

1897 年，汤姆生（Thomson）发现了电子。并且在 1904 年，他提出正电荷均匀分布的原子模型。

1911 年卢瑟福（Rutherford）通过 α 粒子的散射实验提出了含核原子模型（称卢瑟福模型）：原子是由带负电荷的电子与带正电荷的原子核组成。原子是电中性的。原子核由带正电荷的质子和不带电荷的中子组成。电子、质子、中子等称为基本粒子。原子很小，基本粒子更小，但是它们都有确定的质量与电荷，如表 4-1 所示。

表 4 - 1　一些基本粒子的性质

基本粒子	符号	m/kg	m/u[①]	Q/C	Q/e[②]
质子	p	1.67252×10^{27}	1.007277	$+1.602\times10^{-19}$	$+1$
中子	n	1.67482×10^{27}	1.008665	0	0
电子	e	9.1091×10^{31}	0.000548	-1.602×10^{-19}	1

电子质量相对于中子、质子要小得多，如果忽略不计，原子相对质量的整数部分就等于质子相对质量（取整数）与中子相对质量（取整数）之和，这个数值叫作质量数。

元素是具有相同质子数的同一类原子的总称。具有一定数目的质子和中子的原子称为核素，即具有一定的原子核的元素。同一元素的不同核素互称同位素。例如氢元素有 $_1^1\text{H}$（气）、$_1^2\text{H}$（氘）、$_1^3\text{H}$（氚）3 种同位素，氘、氚是制造氢弹的材料。元素铀（U）有 $_{92}^{234}\text{U}$、$_{92}^{235}\text{U}$、$_{92}^{238}\text{U}$ 三种同位素，$_{92}^{235}\text{U}$ 是制造原子弹的材料和核反应堆的燃料。

4.2　核外电子的运动状态

4.2.1　微观粒子能量的量子化规律

微观粒子的运动规律有别于宏观物体，经典物理不能解释卢瑟福提出的原子结构的含核模型。

1. 氢原子光谱

太阳或白炽灯发出的白光，通过三角棱镜的分光作用，可分出红、橙、黄、绿、青、蓝、紫等波长的光谱，这种光谱叫连续光谱（continuous spectrum）。而诸如气体原子（离子）受激发后则产生不同种类的光线，这些光经过三角棱镜分光后，得到分立的、彼此间隔的线状光谱（line spectrum），或称原子光谱（atomic spectrum）。相对于连续光谱，原子光谱为不连续光谱（incontinuous spectrum）。任何原子被激发后都能产生原子光谱，光谱中每条谱线表征光的相应波长和频率。不同的原子有各自不同的特征光谱。氢原子光谱是最简单的原子光谱。例如氢原子光谱中从红外区到紫外区，呈现多条具有特征频率的谱线。1913 年，瑞典物理学家里德堡（J. R. Rydberg）仔细测定了氢原子光谱可见光区各谱线的频率，找出了能概括谱线之间普遍关系的公式，即里德堡公式：

---

① u 为原子质量单位，$u=1.6605655\times10^{27}\text{kg}$。

② e 为元电荷，一个质子所带的电荷。

$$\nu = R_\infty \left(\frac{1}{n_1^2} - \frac{1}{n_2^2} \right) \tag{4-1}$$

式中：n_1、n_2 为正整数，且 $n_2 > n_1$；$R_\infty = 3.289 \times 10^{15}\,\text{s}^{-1}$，称里德堡常量。在可见光区[①]（波长 $\lambda = 400 \sim 760\,\text{nm}$）有 4 条颜色不同的亮线，见图 4-1。

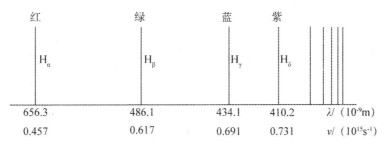

图 4-1 氢原子光谱

把 $n_1 = 2$，$n_2 = 3$、4、5、6，分别代入式(4-1)，可算出可见光区 4 条谱线的频率。如 $n_2 = 3$ 时，则：

$$\nu = 3.289 \times 10^{15} \left(\frac{1}{2^2} - \frac{1}{3^2} \right) \text{s}^{-1} = 0.457 \times 10^{15}\,\text{s}^{-1}$$

$$\lambda = \frac{c}{\nu} = \frac{2.998 \times 10^8\,\text{m} \cdot \text{s}^{-1}}{0.457 \times 10^{15}\,\text{s}^{-1}} = 656 \times 10^{-9}\,\text{m} = 656\,\text{nm}(\text{H}_\alpha\ 线)$$

当 $n_1 = 1$，$n_2 > 1$ 或 $n_1 = 3$，$n_2 > 3$ 时，可分别求得氢原子在紫外区和红外区的谱线的频率。

氢原子光谱为何是不连续的？氢原子光谱为何符合里德堡公式？这些问题直到 1913 年在丹麦青年物理学家玻尔提出原子结构新理论后才得以解决。

2. 玻尔理论

玻尔在普朗克(Planck)量子论的启发下，借鉴了爱因斯坦(Einstein)的光子学说，提出了原子模型(称玻尔模型)：

① 氢原子中，电子可处于多种稳定的能量状态(这些状态叫定态)，每一种可能存在的定态，其能量大小必须满足：

$$E_n = -2.179 \times 10^{-18} \frac{1}{n^2}\text{J}[②] \tag{4-2}$$

式中：负号表示氢原子核对电子的吸引；n 为任意正整数 1，2，3…，$n = 1$ 即表示氢原子处于能量最低的状态(称基态)，其余为激发态。

② n 值愈大，表示电子离核愈远，能量就愈高。$n = \infty$ 时，即电子不再受原子核产生的

---

① 氢原子光谱有紫外区的莱曼(Lyman)系、可见光区的巴尔末(Balmer)系、近红外的帕邢(Paschen)系、远红外的布拉开(Brackett)和普丰德(Pfund)系，按发现者的姓氏命名。

② 玻尔模型中把完全脱离原子核的电子的能量定为零，即 $E_\infty = 0\text{J}$。

势场的吸引,离核而去,这一过程叫电离。n 值的大小表示氢原子的能级高低。

③ 电子处于定态时的原子并不辐射能量,电子由一种定态(能级)跃迁到另一种定态(能级),在此过程中以电磁波的形式放出或吸收辐射能($h\nu$),辐射能的频率取决于两定态能级之间的能量之差:

$$\Delta E = h\nu \qquad\qquad (4-3)$$

由高能态跃迁到低能态($\Delta E>0$)则放出辐射能;反之,则吸收辐射能。氢原子能级与氢原子光谱之间关系见图 4-2。

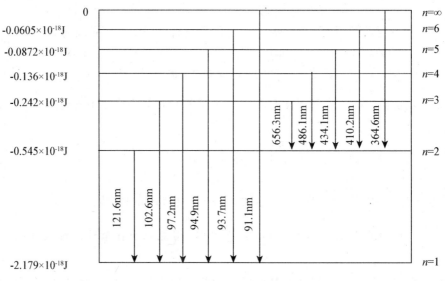

图 4-2   氢原子光谱与能级关系

玻尔还求得氢原子基态时电子离核距离 $r=52.9\text{pm}$,通常称为玻尔半径,以 a_0 表示。

原子中电子的能量状态不是任意的,而是有一定条件的,它具有微小而分立的能量单位——量子(quantum)($h\nu$)。也就是说,物质吸收或放出能量就像物质微粒一样,只能以单个的、一定分量的能量,一份一份地按照这一基本分量($h\nu$)的倍数吸收或放出能量,即能量是量子化的。由于原子的两种定态能级之间的能量差也不是任意的,即能量是量子化的、不连续的,由此产生的原子光谱必然是分立的、不连续的。

玻尔理论在原子中引入能级的概念,成功地解释了氢原子光谱,在原子结构理论发展中起了重要作用。但是,玻尔理论提出的原子模型是有局限性的,它不能说明多电子原子光谱,也不能说明氢原子光谱的精细结构。这是由于电子是微观粒子,不同于宏观物体,电子运动不遵守经典力学的规律,而有它特有的规律。

微观粒子的能量及其他物理量具有量子化的特征是一切微观粒子的共性,是区别于宏观物体的重要特性之一。

【例 4-1】 请计算氢原子的第一电离能是多少?

解:$\Delta E = E_\infty - E_1 = h\nu$

$$\nu = 3.289 \times 10^{15} \left(\frac{1}{1^2} - \frac{1}{\infty^2} \right) s^{-1}$$

$$\Delta E = h \times 3.289 \times 10^{15} s^{-1} = R_H = 2.179 \times 10^{-18} J = I_1 \text{(氢原子的第一电离能)}$$

4.2.2　微观粒子(电子)的运动特征

与宏观物体相比,分子、原子、电子等物质称为微观粒子,具有自身特有的运动特征和规律,即波粒二象性,体现在量子化及统计性。

1. 微观粒子的波粒二象性

(1) 光的波粒二象性

关于光的本质,是波还是微粒的问题,在 17～18 世纪一直争论不休。光的干涉,衍射现象表现出光的波动性,而光压、光电效应则表现出光的粒子性,说明光既具有波的性质,又具有微粒的性质,称为光的波粒二象性(wave-particle dualism)。根据爱因斯坦提出的质能联系定律:

$$E = mc^2 \tag{4-4}$$

式中:c 为光速,$c = 2.998 \times 10^8 m \cdot s^{-1}$。光子具有运动质量,光子的能量与光波的频率 ν 成正比:

$$E = h\nu \tag{4-5}$$

式中:比例常数 h 称普朗克(Planck)常量,$h = 6.626 \times 10^{34} J \cdot s$。

结合式(4-4)、(4-5),以及

$$c = \lambda \cdot \nu \tag{4-6}$$

光的波粒二象性可表示为:

$$mc = E/c = h\nu/c$$

$$p = h/\lambda \tag{4-7}$$

式中:p 为光子的动量。

(2) 德布罗依波

1924 年,法国物理学家德布罗依(L. de Broglia)在光的波粒二象性启发下,大胆假设微观离子的波粒二象性是一种具有普遍意义的现象。他认为不仅光具有波粒二象性,所有微观粒子,如电子、原子等实物粒子也具有波粒二象性,并预言高速运动的微观离子(如电子等)的波长为:

$$\lambda = h/p = h/(mv) \tag{4-8}$$

式中:m 是粒子的质量;v 是粒子的运动速度;p 是粒子的动量。式(4-8)即为有名的德布罗依关系式,虽然它形式上与式(4-7)的关系式相同,但必须指出,将波粒二象性的概念从光子应用于微观离子,当时还是一个全新的假设。这种实物微粒所具有的波称为德布罗依波(也叫物质波)。

三年后,即 1927 年,德布罗依的大胆假设即为戴维逊(C. J. Davisson)和盖革(H. Geiger)的电子衍射实验所证实。图 4-3 是电子衍射实验的示意图,他们发现,当经过电位差加速的电子束入射到镍单晶上,观察散射电子束的强度和散射角的关系,结果得到完全类似于单色光通过小圆孔那样的衍射图像。从实验所得的衍射图,可以计算电子波的波长,结果表明动量 p 与波长 λ 之间的关系完全符合德布罗依关系式,说明德布罗依的关系式是正确的。

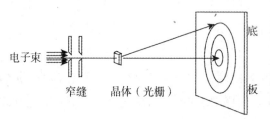

图 4-3　电子衍射实验示意图

电子衍射实验表明:一个动量为 p、能量为 E 的微观粒子,在运动时表现为一个波长为 $\lambda=h/(mv)$、频率为 $\nu=E/h$ 的沿微粒运动方向传播的波(物质波)。因此,电子等实物粒子也具有波粒二象性。

实验进一步证明,不仅电子,其他如质子、中子、原子等一切微观离子均具有波动性,都符合式(4-8)的关系。由此可见,波粒二象性是微观离子运动的特征。因而描述微观粒子的运动不能用经典的牛顿力学,而必须用描述微观世界的量子力学。

【**例 4-2**】　垒球的质量为 $2.0\times10^{-1}\text{kg}$,当它以 $30\text{m}\cdot\text{s}^{-1}$ 速度运动时,其波长为多少?

解:根据式(4-8)得:

$$\lambda=\frac{h}{m\cdot v}=\frac{6.626\times10^{-34}\text{kg}\cdot\text{m}^2\cdot\text{s}^{-1}}{2.0\times10^{-1}\text{kg}\times30\text{m}\cdot\text{s}^{-1}}=1.1\times10^{-34}\text{m}^①$$

垒球运动时波长如此之小,在讨论时完全可以忽略。宏观物体运动时的波性难以察觉,主要表现为粒性,所以服从经典经典力学的运动规律。

(3) 统计性

1) 不确定原理

在经典力学中,宏观物体在任一瞬间的位置和动量都可以用牛顿定律正确测定。如太空中的卫星,人们在任何时刻都能同时准确测知其运动速度(或动量)和空间位置(相对于参考坐标)。换言之,它的运动轨道是可测知的,即可以描绘出物体的运动轨迹(轨道)。

而对具有波粒二象性的微粒,它们的运动并不服从牛顿定律,不能同时准确测定它们的

①　$1\text{J}=1\text{kg}\cdot\text{m}^2\cdot\text{s}^{-2}$。

速度和位置。1927 年，德国人海森堡（W. Heisenberg）经严格推导提出了不确定原理（uncertainty principle）：电子在核外空间所处的位置（以原子核为坐标原点）与电子运动的动量两者不能同时准确地测定，用 Δx 表示位置的不确定度，用 Δp 表示动量的不确定度，则：

$$\Delta x \Delta p \geqslant h$$

$$\Delta x \geqslant \frac{h}{m \Delta v} \tag{4-9}$$

式中：h 为普朗克常量；m 表示微观粒子的质量。

【例 4 - 3】　核外运动的电子，质量为 $9.11 \times 10^{31} \, \text{kg}$，位置的不确定度 $\Delta x = 1 \times 10^{12} \, \text{m}$，求速度的不确定度 Δv。

解：根据式（4 - 9）得：

$$\Delta v \geqslant \frac{h}{m \Delta x}$$

所以：

$$\Delta v \geqslant \frac{6.63 \times 10^{-34} \, \text{J} \cdot \text{s}}{9.11 \times 10^{-31} \, \text{kg} \times 10^{-12} \, \text{m}} = 7.27 \times 10^8 \, \text{m} \cdot \text{s}^{-1}$$

原子直径的数量级为 $1 \times 10^{10} \, \text{m}$，因此，也就无法描绘出电子运动的轨迹来。必须指出，不确定原理并不意味着微观粒子的运动是不可认识的。实际上，不确定原理正是反映了微观粒子的波粒二象性，是对微观粒子运动规律的认识的进一步深化。

2）统计解释

在图 4 - 3 的电子衍射实验中，如果电子流的强度很弱，设想射出的电子是一个一个依次射到底板上，则每个电子在底板上只留下一个黑点，显示出其微粒性。但我们无法预测黑点的位置，每个电子在底板上留下的位置都是无法预测的。但在经历了无数个电子后，在底板上留下的衍射环与较强电子流在短时间内的衍射图是一致的。这表明无论是"单射"还是"连射"，电子在底板上的概率分布是一样的，也反映出电子的运动规律具有统计性。底板上衍射强度大的地方，就是电子出现概率大的地方，也是波的强度大的地方，反之亦然。电子虽然没有确定的运动轨道，但其在空间出现的概率可由衍射波的强度反映出来，所以电子波又称概率波。

微观粒子的运动规律可以用量子力学中的统计方法来描述。如以原子核为坐标原点，电子在核外定态轨道上运动，虽然我们无法确定电子在某一时刻会在哪一处出现，但是电子在核外某些区域出现的概率大小却不随时间改变而变化，电子云就是形象地用来描述这种规律的一种图示方法。图 4 - 4 为氢原子处于能量最低的状态时的电子云，图中黑点的疏密程度表示概率密度的相对大小。由图可知：离核愈近，概率密

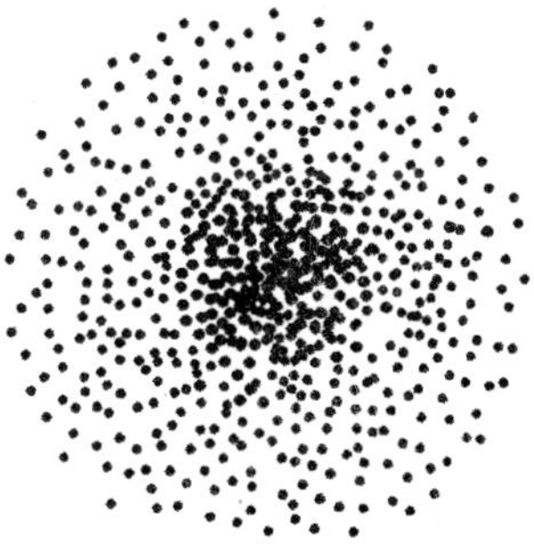

图 4 - 4　基态氢原子

度愈大;反之,离核愈远,概率密度愈小。在离核距离(r)相等的球面上,概率密度相等,与电子所处的方位无关,因此基态氢原子的电子云是球形对称的。

综上所述,微观粒子运动的主要特征是具有波粒二象性,具体体现在量子化和统计性上。

4.2.3　核外电子运动状态描述

上面我们已经明确了微观粒子的运动具有波粒二象性的特征,所以核外电子的运动状态不能用经典的牛顿力学来描述,而要用量子力学来描述。以电子在核外出现的概率密度、概率分布来描述电子运动的规律。

1. 薛定谔方程

既然微观粒子的运动具有波动性,那么可以用波函数 ψ 来描述它的运动状态。1926年,奥地利物理学家薛定谔(E. Schrodinger)根据电子具有波粒二象性的概念,结合德布罗依关系式和光的波动方程提出了微观粒子运动的波动方程,称为薛定谔方程:

$$\frac{\partial^2\psi}{\partial x^2}+\frac{\partial^2\psi}{\partial y^2}+\frac{\partial^2\psi}{\partial z^2}=-\frac{8\pi^2 m}{h^2}(E-V)\psi \tag{4-10}$$

式中:ψ 叫波函数;E 是微观粒子的总能量即势能和动能之和;V 是势能$\left(-\frac{ze^2}{r}\right)$;$m$ 是微粒的质量;h 是 Planck 常数;x、y、z 为空间坐标。求解薛定谔方程的过程是一个十分复杂而困难的数学过程,要求有较深的数理知识。这里我们只要求了解量子力学处理原子结构问题的大致思路和求解薛定谔方程得到的一些重要结论。

2. 波函数(ψ)与电子云(ψ^2)

为了有利于薛定谔方程的求解和原子轨道的表示,把直角坐标(x,y,z)变换成球极坐标(r,θ,ϕ),其变换关系见图 4-5。解薛定谔方程得到的波函数不是一个数值,而是用来描述波的数学函数式 $\psi(r,\theta,\phi)$,函数式中含有电子在核外空间位置的坐标 r,θ,ϕ 的变量。处于每一定态(即能量状态一定)的电子就有相应的波函数式。例如,氢原子处于基态($E_1 = -2.179\times10^{-18}$J)时的波函数为:

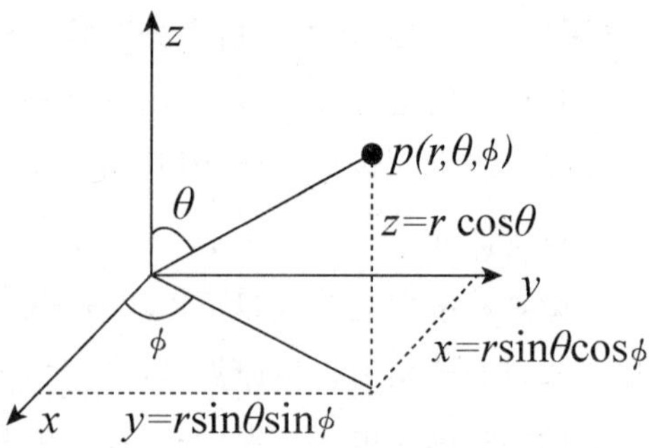

$$\psi=\sqrt{\frac{1}{\pi a_0^3}}e^{-r/a_0}$$

图 4-5　直角坐标与球极坐标的关系

那么波函数 $\psi(r,\theta,\phi)$ 代表核外空间 $p(r,\theta,\phi)$ 点的什么性质呢?其意义是不明确的,因此 ψ 本身没有明确的物理意义。只能说 ψ 是描述核外电子运动状态的数学表达式,电子运动的规律受它控制。

但是,波函数 ψ 绝对值的平方却有明确的物理意义。它代表核外空间某点电子出现的概率密度。量子力学原理指出:在核外空间某点 $p(r,\theta,\phi)$ 附近微体积 $d\tau$ 内电子出现的概率 dp 为:

$$dp = |\psi|^2 \cdot d\tau \tag{4-11}$$

所以: $|\psi|^2$ 表示电子在核外空间某点附近单位微体积内出现的概率,即概率密度。

电子云是 $|\psi|^2$ 的直观表达形式。

概率与概率密度的关系类似于质量与密度的关系。

例如,对于基态氢原子其概率密度为:

$$|\psi|^2 = \frac{1}{\pi a_0^3} e^{-2r/a_0}$$

如果用点子的疏密来表示 $|\psi|^2$ 值的大小,可得到图 4-4 所示的基态氢原子的电子云图。因此,电子云是 $|\psi|^2$(概率密度)的形象化描述。因而,人们也把 $|\psi|^2$ 称为电子云,而把描述电子运动状态的 ψ 称为原子轨道。

3. 量子数

在求解薛定锷方程时,为使求得波函数 $\psi(r,\theta,\phi)$ 和能量 E 具有一定的物理意义,因而在求解过程中必须引进 n、l、m 三个量子数。

(1) 主量子数(n)(principal quantum number)

n 可取的数为 $1,2,3,4,\cdots$。n 值愈大,电子离核愈远,能量愈高。由于 n 只能取正整数,所以电子的能量是分立的、不连续的,或者说能量是量子化的。对氢原子来说,其电子的能量可用式(4-12)表示:

$$E_n = -2.179 \times 10^{-18} \frac{1}{n^2} \tag{4-12}$$

在同一原子内,具有相同主量子数的电子几乎在离核距离相同的空间内运动,可看作构成一个核外电子"层"。在光谱学上,把 $n=1$、2、3、$4\cdots$ 的电子层,相应称为 K、L、M、N、O、P、Q 层。主量子数代表核外电子不同的主层。

对于氢原子和类氢离子来说,n 越大,则电子的能量越高。对于多电子原子来说,核外电子的能量不仅与主量子数有关,还与原子轨道的形状有关。

(2) 轨道角动量量子数[①](l)(orbital angular momentum quantum number)

l 的取值受 n 的限制,l 可取的数为 $0,1,2,\cdots,(n-1)$,共可取 n 个。在光谱学中分别用符号 s、p、d、f、$\cdots$ 表示,即 $l=0$ 用 s 表示,$l=1$ 用 p 表示等,相应为 s 亚层、p 亚层、d 亚层和 f 亚层,而处于这些亚层的电子即为 s 电子、p 电子、d 电子和 f 电子。例如,当 $n=1$ 时,l 只

---

① 以前叫角量子数或副量子数,按《力学的量和单位》(GB 3102.9—93)应称为轨道角动量量子数。

可取 0；当 $n=4$ 时，l 分别可取 0，1，2，3。l 反映电子在核外出现的概率密度（电子云）分布随角度(θ,ϕ)变化的情况，所以 l 的第一个物理意义是表示原子轨道的形状，即决定电子云的形状。当 $l=0$ 时，s 电子云与角度(θ,ϕ)无关，所以呈球状对称。l 的第二个物理意义是表示同一电子层中具有不同状态的分层，如 $n=2$，则 $l=0$，$l=1$，表示 L 电子层有两个亚层（一个是球形分布的 s 轨道，另一个是哑铃形分布的 p 轨道）。在多电子原子中，当 n 相同时，不同的角量子数 l（即不同的电子云形状）也影响电子的能量大小。因此，l 的第三个物理意义是它与多电子原子中电子的能量有关。

（3）磁量子数(m)（magnetic quantum number）

m 的量子化条件受 l 值的限制，m 可取的数值为 0，±1，±2，±3，…，$\pm l$，共可取 $2l+1$ 个值。m 值反映原子轨道在空间的伸展方向，即取向数目。例如，当 $l=0$ 时，按量子化条件 m 只能取 0，即 s 电子云在空间只有球状对称的一种取向，表明 s 亚层只有一个轨道；当 $l=1$ 时，m 依次可取 -1、0、$+1$ 三个值，表示 p 电子云在空间有互成直角的三个伸展方向，分别以 p_x、p_y、p_z 表示，即 p 亚层有三个轨道；类似的，d、f 电子云分别有 5、7 个取向，有 5、7 个轨道。同一亚层内的原子轨道其能量是相同的，称等价轨道或简并轨道。在磁场作用下，这些轨道能量会有微小的差异，因而其线状光谱在磁场中会发生分裂。

磁量子数与轨道能量无关。

当一组合理的量子数 n、l、m 确定后，电子运动的波函数 ψ 也随之确定，该电子的能量、核外分布的概率分布也确定了。通常将原子中单电子波函数称为“原子轨道”，注意这只不过是沿袭的术语，而非宏观物体运动所具有的那种轨道的概念。因此，在量子力学中，用“原子轨函”代替“原子轨道”更为确切。

（4）自旋角动量量子数[①](s_i)（spin angular momentum quantum number）

n、l、m 三个量子数是解薛定谔方程所要求的量子化条件，实验也证明了这些条件与实验的结果相符。但用高分辨率的光谱仪在无外磁场的情况下观察氢原子光谱时发现原先的一条谱线又分裂为两条靠得很近的谱线，反映出电子运动的两种不同的状态。为了解释这一现象，又提出了第四个量子数，叫自旋角动量量子数，用符号 s_i 表示。前面三个量子数决定电子绕核运动的状态，因此，也常称轨道量子数。电子除绕核运动外，其自身还做自旋运动。量子力学用自旋角动量量子数 $s_i=+\dfrac{1}{2}$ 或 $s_i=-\dfrac{1}{2}$ 分别表示电子的两种不同的自旋运动状态。通常图示用箭头↑、↓符号表示。两个电子的自旋状态为“↑↑”时，称自旋平行；而“↑↓”的自旋状态称为自旋相反（反平行）。

综上所述，主量子数 n 和轨道角动量量子数 l 决定核外电子的能量；轨道角动量量子数 l 决定电子云的形状；磁量子数 m 决定电子云的空间取向；自旋角动量量子数 s_i 决定电

---

① 以前叫自旋量子数，按《力学的量和单位》(GB 3102.9—93)应称为自旋角动量量子数。

子运动的自旋状态。也就是说,电子在核外运动的状态可以用四个量子数来描述。根据四个量子数可以确定核外电子的运动状态,可以确定各电子层中电子可能的状态数,见表 4 - 2。

表 4 - 2　核外电子可能的状态

主量子数 n	1	2		3			4			
电子层符号	K	L		M			N			
轨道角动量子数 l	0	0	1	0	1	2	0	1	2	3
电子亚层符号	1s	2s	2p	3s	3p	3d	4s	4p	4d	4f
磁量子数 m			0	0	0	0	0	0	0	0
			± 1		± 1	± 1		± 1	± 1	± 1
						± 2			± 2	± 2
										± 3
亚层轨道数 $(2l+1)$	1	1	3	1	3	5	1	3	5	7
电子层轨道数	1	4		9			16			
自旋角动量量子数 s_i	$\pm \dfrac{1}{2}$									
各层可容纳的电子数	2	8		18			32			

4.2.4　原子轨道和电子云的图像

波函数 $\psi_{n,l,m}(r,\theta,\phi)$ 通过变量分离可表示为:

$$\psi_{n,l,m} = R_{n,l}(r)Y_{l,m}(\theta,\phi) \tag{4-13}$$

式中:波函数 $\psi_{n,l,m}$ 即所谓的原子轨道;$R_{n,l}(r)$ 只与离核半径有关,称为原子轨道的径向部分;$Y_{l,m}(\theta,\phi)$ 只与角度有关,称为原子轨道的角度部分,氢原子若干原子轨道的径向分布与角度分布如表 4 - 3 所示。原子轨道除了用函数式表示外,还可以用相应的图形表示。这种表示方法具有形象化的特点,现介绍几种主要的图形表示法。

表 4 - 3　氢原子若干原子轨道的径向分布与角度分布(a_0 为玻尔半径)

	原子轨道 $\psi_{n,l,m}$	径向分布 $R_{n,l}(r)$	角度分布 $Y_{l,m}(\theta,\phi)$
1s	$\sqrt{\dfrac{1}{\pi a_0^3}}\,\mathrm{e}^{-r/a_0}$	$2\sqrt{\dfrac{1}{a_0^3}}\,\mathrm{e}^{-r/a_0}$	$\sqrt{\dfrac{1}{4\pi}}$
2s	$\dfrac{1}{4}\sqrt{\dfrac{1}{2\pi a_0^3}}\left(2-\dfrac{r}{a_0}\right)\mathrm{e}^{-r/(2a_0)}$	$\sqrt{\dfrac{1}{8a_0^3}}\left(2-\dfrac{r}{a_0}\right)\mathrm{e}^{-r/(2a_0)}$	$\sqrt{\dfrac{1}{4\pi}}$

续表

	原子轨道 $\psi_{n,l,m}$	径向分布 $R_{n,l}(r)$	角度分布 $Y_{l,m}(\theta,\phi)$
$2p_z$	$\dfrac{1}{4}\sqrt{\dfrac{1}{2\pi a_0^3}}\left(\dfrac{r}{a_0}\right)e^{-r/(2a_0)}\cos\theta$		$\sqrt{\dfrac{3}{4\pi}}\cos\theta$
$2p_x$	$\dfrac{1}{4}\sqrt{\dfrac{1}{2\pi a_0^3}}\left(\dfrac{r}{a_0}\right)e^{-r/(2a_0)}\sin\theta\cos\phi$	$\sqrt{\dfrac{1}{24a_0^3}}\left(\dfrac{r}{a_0}\right)e^{-r/(2a_0)}$	$\sqrt{\dfrac{3}{4\pi}}\sin\theta\cos\phi$
$2p_y$	$\dfrac{1}{4}\sqrt{\dfrac{1}{2\pi a_0^3}}\left(\dfrac{r}{a_0}\right)e^{-r/(2a_0)}\sin\theta\sin\phi$		$\sqrt{\dfrac{3}{4\pi}}\sin\theta\sin\phi$

1. 原子轨道的角度分布图

原子轨道角度分布图表示波函数的角度部分 $Y_{l,m}(\theta,\phi)$ 随 θ 和 ϕ 变化的图像。这种图的作法是：从坐标原点(原子核)出发，引出不同 θ、ϕ 角度的直线，按照有关波函数角度分布的函数式 $Y(\theta,\phi)$ 算出 θ 和 ϕ 变化时的 $Y(\theta,\phi)$ 值，使直线的长度为 $|Y|$，将所有直线的端点连接起来，在空间则形成一个封闭的曲面，并给曲面标上 Y 值的正、负号，这样的图形称为原子轨道的角度分布图。

由于波函数的角度部分 $Y_{l,m}(\theta,\phi)$ 只与角量子数 l 和磁量子数 m 有关，因此，只要量子数 l、m 相同，其 $Y_{l,m}(\theta,\phi)$ 函数式就相同，就有相同的原子轨道角度分布图。

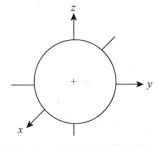

图 4-6　s 轨道的角度分布图

例如，所有 $l=0$、$m=0$ 的波函数的角度部分 $Y_{0,0}(\theta,\phi)$ 都和 1s 轨道的相同，为 $Y_s=\sqrt{\dfrac{1}{4\pi}}$，是一个与角度 θ、ϕ 无关的常数，所以它的角度分布图是一个以 $\sqrt{\dfrac{1}{4\pi}}$ 为半径的球面。球面上任意一点的 Y_s 值均为 $\sqrt{\dfrac{1}{4\pi}}$，如图 4-6 所示。

又如所有 p_z 轨道的波函数的角度部分为：

$$Y_{p_z}=\sqrt{\dfrac{3}{4\pi}}\cos\theta=C\cos\theta$$

Y_{p_z} 函数比较简单，它只与 θ 有关，而与 ϕ 无关。

表 4-4 列出不同 θ 角的 Y_{p_z} 值，由此作 $Y_{p_z}-\cos\theta$ 图，就可得到两个相切于原点的圆，如图 4-7 所示。将图 4-7 绕 z 轴旋转 $180°$，就可得到两

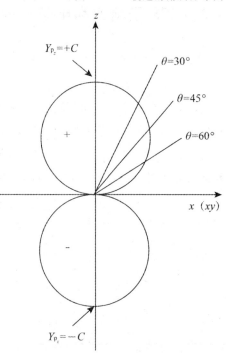

图 4-7　p_z 轨道的角度分布图

个外切于原点的球面所构成的 p_z 原子轨道角度分布的立体图。球面上任意一点至原点的距离代表在该角度(θ,ϕ)上 Y_{p_z} 数值的大小;xy 平面上下的正负号表示 Y_{p_z} 的值为正值或负值,并不代表电荷,这些正负号和 Y_{p_z} 的极大值空间取向将在原子形成分子的成键过程中起重要作用。整个球面表示 Y_{p_z} 随 θ 和 ϕ 角度变化的规律。采用同样方法,根据各原子轨道的 $Y(\theta,\phi)$ 函数式,可作出 p_x、p_y 及五种 d 轨道的角度分布图。

表 4 - 4　不同 θ 角的 Y_{p_z} 值

θ	0°	30°	60°	90°	120°	150°	180°
$\cos\theta$	1.00	0.87	0.50	0	−0.50	−0.87	−1.00
Y_{p_z}	1.00C	0.87C	0.50C	0	−0.50C	−0.87C	−1.00C

图 4 - 8 是 s、p、d 原子轨道的角度分布图。从图中看到,三个 p 轨道角度分布的形状相同,只是空间取向不同。它们的 Y_p 极大值分别沿 x、y、z 三个轴取向,所以三种 p 轨道分别称为 p_x、p_y、p_z 轨道。五种 d 轨道中的 d_{z^2} 和 $d_{x^2-y^2}$ 两种轨道,其 Y 的极大值分别在 z 轴、x 轴和 y 轴的方向上,称为轴向 d 轨道;d_{xy}、d_{xz}、d_{yz} 三种轨道 Y 的极大值都在两个轴间(x 和 y、x 和 z、y 和 z 轴)45°夹角的方向上,称为轴间轨道。除 d_{z^2} 轨道外,其余四种 d 轨道角度分布的形状相同,只是空间取向不同。

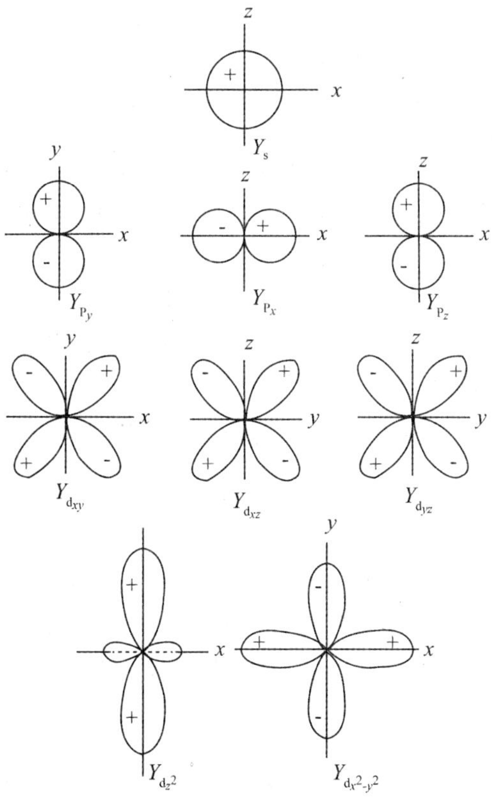

图 4 - 8　s、p、d 原子轨道的角度分布图

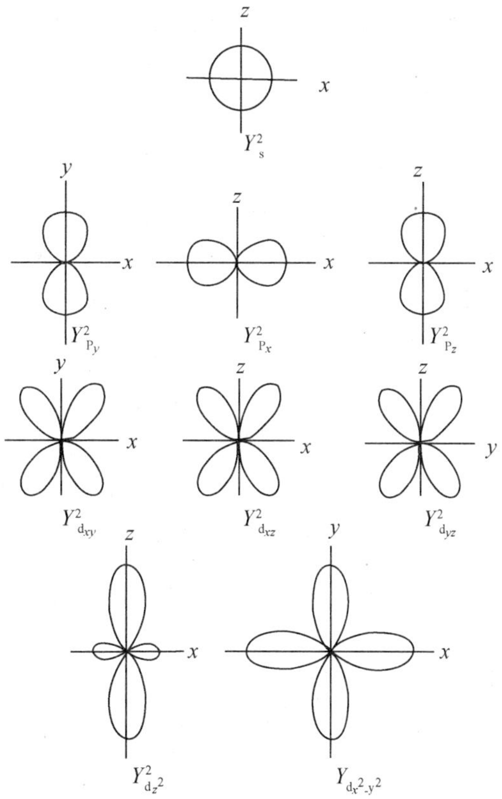

图 4 - 9　s、p、d 电子云的角度分布图

2. 电子云的角度分布图

电子云角度分布图是波函数角度部分函数 $Y(\theta,\phi)$ 的平方 $|Y|^2$ 随 θ、ϕ 角度变化的图形（图 4-9），反映出电子在核外空间不同角度的概率密度大小。电子云的角度分布图与相应的原子轨道的角度分布图是相似的，它们之间的主要区别在于：

① 原子轨道角度分布图中 Y 有正、负之分，而电子云角度分布图中 $|Y|^2$ 则无正、负号，这是由于 $|Y|$ 平方后总是正值；

② 由于 $Y<1$ 时，$|Y|^2$ 一定小于 Y，因而电子云角度分布图要比原子轨道角度分布图稍"瘦"些。

原子轨道、电子云的角度分布图在化学键的形成、分子的空间构型的讨论中有重要意义。

3. 电子云的径向分布图

电子云的角度分布图只能反映电子在核外空间不同角度的概率密度大小，并不反映电子出现的概率大小与离核远近的关系，通常用电子云的径向分布图来反映电子在核外空间出现的概率离核远近的变化。

考虑一个离核距离为 r、厚度为 dr 的薄球壳（图 4-10）。以 r 为半径的球面面积为 $4\pi r^2$，球壳的体积为 $4\pi r^2 \cdot dr$。据(4-11)式，电子在球壳内出现的概率为：

$$dp = \psi^2 \cdot d\tau = \psi^2 \cdot 4\pi r^2 \cdot dr = R^2(r) \cdot 4\pi r^2 \cdot dr$$

式中：R 为波函数的径向部分。令：

$$D(r) = R^2(r) \cdot 4\pi r^2$$

$D(r)$ 称径向分布函数。以 $D(r)$ 对 r 作图即可得电子云径向分布图。

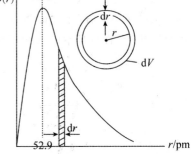

图 4-10　1s 电子云的径向分布图

图 4-10 为 1s 电子云的径向分布图。曲线在 $r=52.9$pm 处有一极大值，意指 1s 电子在离核半径 $r=52.9$pm 的球面处出现的概率最大，球面外或球面内电子都有可能出现，但概率较小。52.9pm 恰好是玻尔理论中基态氢原子的半径，与量子力学虽有相似之处，但有本质上的区别。玻尔理论中氢原子的电子只能在 $r=52.9$pm 处运动，而量子力学认为电子只是在 $r=52.9$pm 的薄球壳内出现的概率最大。

电子云是没有明确边界的，在离核很远的地方，电子仍有可能出现，但实际上在离核 $200\sim300$pm 以外的区域，电子出现的几率已是微不足道，完全可以忽略不计，因此，通常取一个等密度面（即将电子云密度相等的各点连成的曲线，如图 4-11 所示）来表示电子云的形状，数字表示曲面上的概率密度。使界面内电子出现的几率达到 90%，这样的图像叫电子云的界面图，如图 4-12 所示。

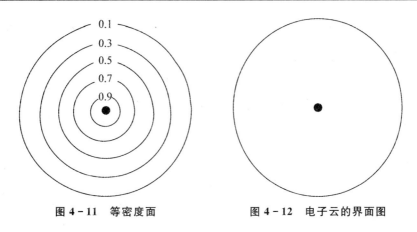

图 4-11 等密度面   图 4-12 电子云的界面图

氢原子电子云的径向分布见图 4-13。从图中可以看出,电子云径向分布曲线上有 $n-l$ 个峰值。例如,3d 电子,$n=3,l=2,n-l=1$,只出现一个峰值;3s 电子,$n=3,l=0,n-l=3$,有三个峰值。在角量子数 l 相同、主量子数 n 增大时,如 1s、2s、3s,电子云沿 r 扩展得越远,或者说电子离核的平均距离越远;当主量子数 n 相同而角量子数 l 不同时,如 3s、3p、3d,这三个轨道上的电子离核的平均距离则较为接近。这是因为 l 越小,峰的数目越多,l 小者离核最远的峰虽比 l 大者离核远,但 l 小者离核最近的小峰却比 l 大者最小的峰离核更近。

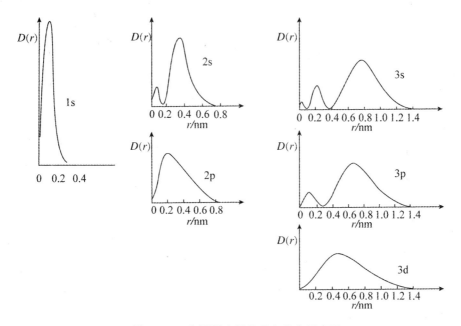

图 4-13 氢原子电子云径向分布示意图

主量子数 n 越大,电子离核平均距离越远;主量子数 n 相同,电子离核平均距离相近。

因此,从电子云的径向分布可看出核外电子是按 n 值分层的,n 值决定了电子层数。必须指出,上述电子云的角度分布图和径向分布图都只是反映电子云的两个侧面,把两者综合起来才能得到电子云的空间图像。

4.3　多电子原子结构

对于氢原子和类氢离子，它们核外只有一个电子，它只受到核的吸引作用，其波动方程可精确求解，其原子轨道的能量只取决于主量子数 n。在主量子数 n 相同的同一电子层内，各亚层的能量是相等的，如 $E_{2s}=E_{2p}$，$E_{3s}=E_{3p}=E_{3d}$，等等。而在多电子原子（除氢以外的其他元素原子的统称）中，电子不仅受核的吸引，电子与电子之间还存在相互排斥作用，相应的波动方程就不能精确求解。原子轨道的能量不仅取决于主量子数 n，还与轨道角动量量子数 l 以及原子序数有关。原子中各原子轨道的能级高低主要由光谱实验确定，但也可从理论上推算。

4.3.1　核外电子排布规则

1. 鲍林近似能级图

1939 年，鲍林[①](L. Pauling)根据光谱实验数据及理论计算结果，把原子轨道能级按从低到高分为 4 个能级组，如图 4-14 所示（第七组未画出），称为鲍林近似能级图。图中能级次序即为电子在核外的排布顺序。

在能级图中，把能量相近的能级合并成一组，称为能级组。能级图中每一小圈代表一个原子轨道，如 s 亚层只有一个原子轨道，p 亚层有三个能量相等的原子轨道，d 亚层则有 5 个。量子力学中把能量相同的状态叫简并状态，相应的轨道叫简并轨道。因此，p 亚层有 3 个简并轨道，d 亚层有 5 个简并轨道，而 f 亚层则有 7 个简并轨道。

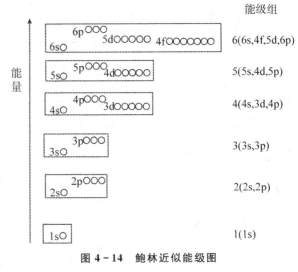

图 4-14　鲍林近似能级图

这种能级组的划分是元素周期表中不同元素划分在不同周期的本质依据。

相邻两个能级组之间的能量差较大，而同一能级组中各轨道能级间的能量差较小或很

---

① 1901—1994，美国化学家，1931 年创立杂化轨道理论并提出共振学说，1954 年因对化学键本质的研究以及生物高分子结构和性能关系的研究而获诺贝尔化学奖，1963 年因反对核试验而获诺贝尔和平奖。

接近。轨道的$(n+0.7l)$[①]值越大,其能量越高。从图 4 - 14 可以看出:

① 近似能级图是按原子轨道的能量高低而不是按电子层顺序排列的。

② 当轨道角动量量子数 l 相同时,随着主量子数 n 值的增大,原子轨道的能量依次升高。如:

$$E_{1s}<E_{2s}<E_{3s}<\cdots$$

余类推。

③ 当主量子数 n 相同时,随着轨道角动量量子数 l 值的增大,轨道能量升高。如:

$$E_{ns}<E_{np}<E_{nd}<E_{nf}$$

④ 当主量子数 n 和轨道角动量量子数 l 都不同时,产生能级交错现象。如:

$$E_{4s}<E_{3d}<E_{4p}$$

$$E_{5s}<E_{4d}<E_{5p}$$

$$E_{6s}<E_{4f}<E_{5d}<E_{6p}$$

有了鲍林近似能级图,各元素基态原子的核外电子可按这一能级图根据一定规则填入。能级交错现象可以从屏蔽效应和钻穿效应得到解释。

(1) 屏蔽效应

在多电子原子中,电子除受到原子核的吸引外,还受到其他电子的排斥,其余电子对指定电子的排斥作用可看成是抵消部分核电荷的作用,从而削弱了核电荷对某电子的吸引力,使得作用在某电子上的有效核电荷下降。原子的核电荷数随原子序数的增加而增加,但作用在最外层电子上的有效核电荷(Z^*)却呈现周期性的变化。这种抵消部分核电荷的作用叫屏蔽效应(shielding effect)。屏蔽效应的强弱可用斯莱脱(J. C. Slater)从实验归纳出来的屏蔽常数 σ_i 来衡量。σ_i 是除被屏蔽电子以外的其余每个电子(屏蔽电子)对指定电子(被屏蔽电子)的屏蔽常数 σ 的总和($\sigma_i= \sum \sigma$)。σ_i 为被屏蔽掉的核电荷数,是量纲为一的量。

在一般情况下屏蔽常数 σ 可粗略地按斯莱脱规则计算,其规则如下:

① 将原子中的电子按从左至右分成以下几组:

$(1s)$;$(2s,2p)$;$(3s,3p)$;$(3d)$;$(4s,4p)$;$(4d)$;$(4f)$;$(5s,5p)$;$(5d)$;$(5f)$;$(6s,6p)$等组;

位于指定电子右边各组对该电子的屏蔽常数 $\sigma=0$,可近似看作无屏蔽作用;

② 同组电子间的屏蔽常数 $\sigma=0.35$(1s 组例外,$\sigma=0.30$);

③ 对 $nsnp$ 组电子,$(n-1)$电子层中的电子对其的屏蔽常数 $\sigma=0.85$,$(n-2)$电子层及内层屏蔽常数 $\sigma=1.00$;

④ 对 nd 或 nf 组电子,位于它们左边各组电子对其的屏蔽常数 $\sigma=1.00$;

⑤ 后一组的电子对前一组的电子没有屏蔽作用。

---

① 由北京大学徐光宪教授提出,利用$(n+0.7l)$值的大小计算各原子轨道相对次序,并将所得值整数部分相同者作为一个能级组。

【例 4 - 4】　计算 Sc 原子一个 3d 电子和一个 3s 电子的屏蔽常数 σ_i。

解：Sc 原子的电子结构式为：$1s^2 2s^2 2p^6 3s^2 3p^6 3d^1 4s^2$

按斯莱脱规则分组为：$(1s)^2 (2s2p)^8 (3s3p)^8 (3d)^1 (4s)^2$

一个 3s 电子的屏蔽常数为 $\sigma_{3s} = 7 \times 0.35 + 8 \times 0.85 + 2 \times 1.00 = 11.25$

一个 3s 电子的屏蔽常数为 $\sigma_{3d} = 18 \times 1.00 = 18.00$

（电子结构式及电子排布原则等可参阅本教材后续内容）

（2）钻穿效应

钻穿效应可以用钠原子（Z=11）中电子云的径向分布函数图来形象地加以说明。

根据图 4 - 15，3s 径向分布图有三个小峰，说明 3s 离核有三处是概率出现比较大的地方，其中有一个峰钻入原子核附近。这将导致 3s 电子部分回避内层电子对它的屏蔽，使原子核对 3s 电子吸引力增强，故 3s 轨道的能量有所降低。因此，外层电子钻入原子核附近而使体系能量降低的现象叫作钻穿效应。显然，钻穿作用的大小对轨道的能量有明显的影响，不难理

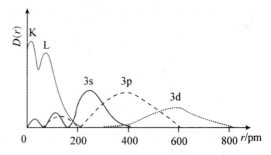

图 4 - 15　钠原子电子云的径向分布函数图

解，电子钻得"越深"，它受其他电子的屏蔽作用越小，受原子核的吸引越强，能量也就越低。这样，对能级交错现象就有了很好的解释。

有效核电荷

核电荷数（Z）减去屏蔽常数（σ_i）得到有效核电荷（Z^*）：

$$Z^* = Z - \sigma_i \tag{4-14}$$

Z^* 被认为是对指定电子产生有效作用的核电荷数，即有效核电荷。

多电子原子中，每个电子不但受其他电子的屏蔽，而且也对其他电子产生屏蔽作用。某个电子的轨道能量可按式（4-15）估算：

$$E_i(\text{J}) = -2.179 \times 10^{-18} \left(\frac{Z^*}{n^*}\right)^2 \quad \text{或} \quad E_i(\text{kJ} \cdot \text{mol}^{-1}) = -1312 \left(\frac{Z^*}{n^*}\right)^2 \tag{4-15}$$

式中：Z^* 为作用在某一电子上的有效核电荷数；n^* 为该电子的有效主量子数，n^* 与主量子数 n 的关系为：

n	1	2	3	4	5	6
n^*	1.0	2.0	3.0	3.7	4.0	4.2

【例 4 - 5】　试计算原子序数为 13 和 21 的元素在 3d 和 4s 的能级哪个更高？

解：对于 13 号元素，在 3d 和 4s 轨道上并无电子，可将其在后一个电子分别填入 3d 和 4s 轨道再进行比较。

13 号元素的电子排布式：$1s^2 2s^2 2p^6 3s^2 3p^1 3d^0 4s^0$

对于 3d：$Z_{3d}^{*}=13-(12\times1.00)=1.00$

对于 4s：$Z_{4s}^{*}=13-(10\times1.00+2\times0.85)=1.30$

很明显 $E_{4s}>E_{3d}$。

21 号元素的电子排布式：$1s^2 2s^2 2p^6 3s^2 3p^6 3d^1 4s^2$

$$Z_{3d}^{*}=21-(18\times1.00)=3.00$$

$$Z_{4s}^{*}=21-(10\times1.00+9\times0.85+1\times0.35)=3.00$$

$$E_{3d}=-2.179\times10^{-18}\times\left(\frac{3.00}{3.0}\right)^2=-2.179\times10^{-18}\,\text{J}$$

$$E_{4s}=-2.179\times10^{-18}\times\left(\frac{3.00}{3.7}\right)^2=-1.43\times10^{-18}\,\text{J}$$

由于此时 $E_{4s}>E_{3d}$，所以 $_{21}$Sc 原子在失电子时先失去 4s 电子，过渡金属原子在失电子时都是先失去 4s 电子再失 3d 电子的。

Z^{*} 确定后，就能计算多电子原子中各能级的近似能量。在同一原子中，当原子的轨道角动量量子数 l 相同时，主量子数 n 值愈大，相应的轨道能量愈高。因而有：

$$E_{1s}<E_{2s}<E_{3s}\cdots；E_{2p}<E_{3p}<E_{4p}\cdots；E_{3d}<E_{4d}<E_{5d}\cdots；E_{4f}<E_{5f}；\cdots$$

在同一原子中，当原子的主量子数 n 相同时，随着原子的轨道角动量量子数 l 的增大，相应轨道的能量也随之升高，这也可从图 4-10 所示的电子云径向分布示意图理解。因而有：

$$E_{ns}<E_{np}<E_{nd}<E_{nf}$$

当 n 和 l 均不相同时，则有可能存在能级交错现象。如 E_{4s} 和 E_{3d} 能级，对 $_{19}$K 原子，$E_{4s}<E_{3d}$；对 $_{21}$Sc 原子，$E_{4s}>E_{3d}$，这时需具体计算出轨道的能量才能确定能级的高低。

表 4-5 列出了作用在第三周期主族元素、第四周期过渡元素及第六周期镧系元素原子最外层电子上的有效核电荷数。从表中可看出，对主族元素，从左到右随着核电荷的递增有效核电荷 Z^{*} 明显增大，因为核电荷增加 1，屏蔽常数只增加 0.35；对过渡元素，由于电子填充在 $(n-1)$ 层，屏蔽常数明显增大，所以有效核电荷的递增不如主族元素明显；而镧系元素电子填充在 $(n-2)$ 层，核电荷的递增几乎与屏蔽常数抵消，所以其有效核电荷基本没什么变化。

表 4-5　元素的有效核电荷数 Z^{*}

第三周期	Na		Mg		Al		Si		P		S		Cl
Z^{*}	2.20		2.85		3.50		4.15		4.80		5.45		6.10
第一过渡系	Sc	Ti		V	Cr		Mn	Fe		Co	Ni		Cu	Zn
Z^{*}	3.00	3.15		3.30	2.95		3.60	3.75		3.90	4.05		3.70	4.35

镧系	La	Ce	Pr	Nd	Pm	Sm	Eu	Gd	Tb	Dy	Ho	Er	Tm	Yb	Lu
Z^{*}	3.00	3.00	2.85	2.85	2.85	2.85	2.85	3.00	2.85	2.85	2.85	2.85	2.85	2.85	3.00

元素有效核电荷呈现的周期性变化，体现了原子核外电子层的周期性变化，也使得元素

的许多基本性质，如原子半径、电离能、电子亲和能、电负性等呈现周期性的变化。

鲍林近似能级图反映了多电子原子中原子轨道能量的近似高低，但不能认为所有元素原子的能级高低都是一成不变的。光谱实验和量子力学理论证明，随着元素原子序数的递增（核电荷增加），原子核对核外电子的吸引作用增强，轨道的能量有所下降。由于不同的轨道下降的程度不同，所以能级的相对次序有所改变[①]。

2. 核外电子排布的一般原则

了解核外电子的排布，有助于从原子结构的观点来阐明元素性质变化的周期性，以及加深对元素周期表中周期、族和元素分类本质的认识。在已发现的 114 种元素中，除氢以外的原子都属于多电子原子。根据光谱实验数据和量子力学理论的总结，归纳出多电子原子核外电子的排布应遵循以下三条原则：

（1）能量最低原理

“系统的能量越低，系统越稳定”，这是大自然的规律。原子核外电子的排布也服从这一规律。多电子原子在基态时核外电子的排布规律为尽可能优先占据能量较低的轨道，以使原子能量处于最低，这就是能量最低原理。

（2）保里不相容原理

保里（W. Pauli）指出：在同一原子中不可能有四个量子数完全相同的两个电子存在，这就是保里不相容原理（Pauli exclusion principle）。或者说在轨道量子数 n、l、m 确定的一个原子轨道上最多可容纳两个电子，而这两个电子的自旋方向必须相反，即自旋角动量量子数分别为 $+\frac{1}{2}$ 和 $-\frac{1}{2}$。按照这个原理，s 轨道可容纳 2 个电子，p、d、f 轨道依次最多可容纳 6、10、14 个电子，并可推知每一电子层可容纳的电子数最多为 $2n^2$。

（3）洪特规则

洪特（F. Hund）根据大量光谱实验得出：电子在能量相同的轨道（即简并轨道）上排布时，总是尽可能以自旋相同的方式分占不同的轨道，因为这样的排布方式原子的能量最低。这就是洪特规则（Hund's rule）。如图 4－16 所示，N 原子的三个 2p 电子分别占据 p_x、p_y、p_z 三个简并轨道，且自旋角动量量子数相同（自旋平行）。此外，作为洪特规则的补充，当亚层的简并轨道被电子半充满、全充满或全空时最为稳定。

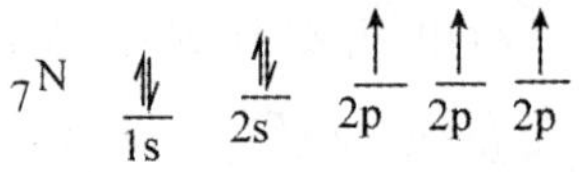

图 4－16 氮原子电子排布式

4.3.2 电子排布式与电子构型

核外电子的排布是客观存在的，本来就不存在人为向原子轨道中填充电子以及填充的

① 参见有关无机化学教材中的科顿（F. A. Cotton）原子轨道能级图。

顺序不同等问题。但这作为研究核外电子运动状态的一种科学假想，对人们特别是初学者了解原子的电子层结构是有帮助的。

如 $_7$N 的核外电子排布为：$1s^2 2s^2 2p^3$。

这种用量子数 n 和 l 表示的电子排布式称电子构型（或电子组态、电子结构式），右上角的数字是轨道中的电子数目。为了表明这些电子的磁量子数和自旋角动量量子数，也可用图 4-16 所示形式表示，常称为轨道排布式。一短横（也有用 □ 或 ○）表示 n、l、m 确定的一个轨道，箭头符号 ↓、↑ 表示电子的两种自旋状态$\left(s_i = +\dfrac{1}{2}, s_i = -\dfrac{1}{2}\right)$。

为了避免电子排布式书写过繁，常把电子排布已达到稀有气体结构的内层，以稀有气体元素符号外加方括号（称原子实）表示。如钠原子的电子构型 $1s^2 2s^2 2p^6 3s^1$ 也可表示为 $[Ne]3s^1$。原子实以外的电子排布称外层电子构型。

必须注意，虽然原子中电子是按近似能级图由低到高的顺序填充的，但在书写原子的电子构型时，外层电子构型应按 $(n-2)f$、$(n-1)d$、ns、np 的顺序书写。如：

$_{82}$Pb 电子构型为：$[Xe]4f^{14}5d^{10}6s^2 6p^2$；$_{29}$Cu 电子构型为：$[Ar]3d^{10}4s^1$；$_{64}$Gd 电子构型为：$[Xe]4f^7 5d^1 6s^2$。

对绝大多数元素的原子来说，按电子排布规则得出的电子排布式与光谱实验的结论一致。但有些副族元素，如 $_{74}$W（$[Xe]5d^4 6s^2$）等，不能用上述规则予以完满解释，这种情况在第六、七周期元素中较多。电子排布式需要特别记住的元素有 13 种，它们的原子序数是 24、29、41、42、44、45、46、47、57、58、64、78、79。这些原子的核外电子排布仍然服从能量最低原理，但电子排布规则还有待发展完善，使它更加符合实际。

元素基态原子的电子构型见表 4-6。当原子失去电子成为阳离子时，其是按 $np \to ns \to (n-1)d \to (n-2)f$ 的顺序失去电子的。如 Fe^{2+} 的电子构型为 $[Ar]3d^6 4s^0$，而不是 $[Ar]3d^4 4s^2$。

4.4　元素周期律与元素周期表

4.4.1　电子层结构与元素周期律

早在 18 世纪中叶至 19 世纪中叶，一系列元素被发现，关于元素性质的研究也不断出现新的成果。其中最重要的当数俄国化学家门捷列夫提出的元素周期律。随着人们对元素性质与原子结构关系的进一步认识，总结出关于元素周期表的更确切描述：元素以及由它们所形成的单质和化合物的性质，随着元素的原子序数，即原子核电荷数的递增而呈现周期性的变化规律。

1. 能级组与元素周期

从各元素的电子层结构可知,随主量子数 n 的增加,n 每增加 1 个数值就增加一个能级组,因而增加一个新的电子层,相当于周期表中的一个周期。原子核外电子分布的周期性是元素周期律的基础,而元素周期表是周期律的具体表现形式。周期表有多种形式,现在常用的是长式周期表(见书后插页)。它将元素分为 7 个周期,横向排列。基态原子填有电子的最高能级组序数与原子所处周期数相同,各能级组能容纳的电子数等于相应周期的元素数目。

第 1～3 周期为短周期,其中第 1 周期仅 2 个元素,称特短周期。第 4～7 周期为长周期,其中第 6 周期为特长周期,共有 32 个元素,而第 7 周期称未完成周期,因为至今发现的元素只有 114 种。每一周期最后一个元素是稀有气体元素,相应各轨道上的电子都已充满,是一种最稳定的原子结构。从第 2 周期起,每一周期元素的原子内层都具有上一周期稀有气体元素原子实的结构。

2. 价电子构型与周期表中的族

(1) 价电子构型

价电子是原子发生化学反应时易参与形成化学键的电子。价电子层的电子排布称价电子构型。由于原子参与化学反应的为外层电子构型中的电子,所以价电子构型与原子的外层电子构型有关。对主族元素,其价电子构型为最外层电子构型($nsnp$);对副族元素,其价电子构型不仅包括最外层的 s 电子,还包括($n-1$)d 亚层甚至($n-2$)f 亚层的电子。

(2) 主族

在长式元素周期表中元素纵向分为 18 列,其中 1～2 列和 13～18 列共 8 列为主族元素,以符号 ⅠA～ⅧA(ⅧA 也称零族)表示。主族元素的最后一个电子填入 ns 或 np 亚层上,价电子总数等于族数。如元素 $_7N$,电子结构式为 $1s^2 2s^2 2p^3$,最后一个电子填入 2p 亚层,价电子总数为 5,因而是 ⅤA 元素。其中,ⅧA 元素为稀有气体,最外电子层均已填满,达到 8 电子稳定结构。

(3) 副族

长式元素周期表中第 3～12 列共 10 列称副族元素,即 ⅢB～ⅡB,其中 ⅧB 族(也称Ⅷ族)元素有 3 列共 9 个元素。副族元素也称过渡元素。ⅠB、ⅡB 副族元素的族数等于最外层 s 电子的数目;ⅢB～ⅧB 副族元素的族数等于最外层 s 电子和次外层($n-1$)d 亚层的电子数之和,即价电子数。如元素 $_{22}Ti$,其价电子构型为 $3d^2 4s^2$,价电子数为 4,因而是 ⅣB 元素。ⅧB 的情况特殊,其价电子数分别为 8、9 或 10。第六周期元素从 $_{58}Ce$(铈)到 $_{71}Lu$(镥)共 14 个元素,称镧系元素,并用符号 Ln 表示。第七周期 $_{90}Th$(钍)～$_{103}Lr$(铹)也是 14 个元素,称锕系元素。镧系元素、锕系元素又称内过渡元素,前者称 4f 内过渡元素,后者称 5f 内过渡元素。

表4-6　元素基态原子的电子构型

原子序数	元素	电子构型	原子序数	元素	电子构型	原子序数	元素	电子构型	原子序数	元素	电子构型	原子序数	元素	电子构型
1	H	$1s^1$	24	Cr	$[Ar]3d^54s^1$	47	Ag	$[Kr]4d^{10}5s^1$	70	Yb	$[Xe]4f^{14}6s^2$	93	Np	$[Rn]5f^46d^17s^2$
2	He	$1s^2$	25	Mn	$[Ar]3d^54s^2$	48	Cd	$[Kr]4d^{10}5s^2$	71	Lu	$[Xe]4f^{14}5d^16s^2$	94	Pu	$[Rn]5f^67s^2$
3	Li	$[He]2s^1$	26	Fe	$[Ar]3d^64s^2$	49	In	$[Kr]4d^{10}5s^25p^1$	72	Hf	$[Xe]4f^{14}5d^26s^2$	95	Am	$[Rn]5f^77s^2$
4	Be	$[He]2s^2$	27	Co	$[Ar]3d^74s^2$	50	Sn	$[Kr]4d^{10}5s^25p^2$	73	Ta	$[Xe]4f^{14}5d^36s^2$	96	Cm	$[Rn]5f^76d^17s^2$
5	B	$[He]2s^22p^1$	28	Ni	$[Ar]3d^84s^2$	51	Sb	$[Kr]4d^{10}5s^25p^3$	74	W	$[Xe]4f^{14}5d^46s^2$	97	Bk	$[Rn]5f^97s^2$
6	C	$[He]2s^22p^2$	29	Cu	$[Ar]3d^{10}4s^1$	52	Te	$[Kr]4d^{10}5s^25p^4$	75	Re	$[Xe]4f^{14}5d^56s^2$	98	Cf	$[Rn]5f^{10}7s^2$
7	N	$[He]2s^22p^3$	30	Zn	$[Ar]3d^{10}4s^2$	53	I	$[Kr]4d^{10}5s^25p^5$	76	Os	$[Xe]4f^{14}5d^66s^2$	99	Es	$[Rn]5f^{11}7s^2$
8	O	$[He]2s^22p^4$	31	Ga	$[Ar]3d^{10}4s^24p^1$	54	Xe	$[Kr]4d^{10}5s^25p^6$	77	Ir	$[Xe]4f^{14}5d^76s^2$	100	Fm	$[Rn]5f^{12}7s^2$
9	F	$[He]2s^22p^5$	32	Ge	$[Ar]3d^{10}4s^24p^2$	55	Cs	$[Xe]6s^1$	78	Pt	$[Xe]4f^{14}5d^96s^1$	101	Md	$[Rn]5f^{13}7s^2$
10	Ne	$[He]2s^22p^6$	33	As	$[Ar]3d^{10}4s^24p^3$	56	Ba	$[Xe]6s^2$	79	Au	$[Xe]4f^{14}5d^{10}6s^1$	102	No	$[Rn]5f^{14}7s^2$
11	Na	$[Ne]3s^1$	34	Se	$[Ar]3d^{10}4s^24p^4$	57	La	$[Xe]5d^16s^2$	80	Hh	$[Xe]4f^{14}5d^{10}6s^2$	103	Lr	$[Rn]5f^{14}6d^17s^2$
12	Mg	$[Ne]3s^2$	35	Br	$[Ar]3d^{10}4s^24p^5$	58	Ce	$[Xe]4f^15d^16s^2$	81	Tl	$[Xe]4f^{14}5d^{10}6s^26p^1$	104	RF	$[Rn]5f^{14}6d^27s^2$
13	Al	$[Ne]3s^23p^1$	36	Kr	$[Ar]3d^{10}4s^24p^6$	59	Pr	$[Xe]4f^36s^2$	82	Pb	$[Xe]4f^{14}5d^{10}6s^26p^2$	105	Db	$[Rn]5f^{14}6d^37s^2$
14	Si	$[Ne]3s^23p^2$	37	Rb	$[Kr]5s^1$	60	Nd	$[Xe]4f^46s^2$	83	Bi	$[Xe]4f^{14}5d^{10}6s^26p^3$	106	Sg	$[Rn]5f^{14}6d^47s^2$
15	P	$[Ne]3s^23p^3$	38	Sr	$[Kr]5s^2$	61	Pm	$[Xe]4f^56s^2$	84	Po	$[Xe]4f^{14}5d^{10}6s^26p^4$	107	Bh	$[Rn]5f^{14}6d^57s^2$
16	S	$[Ne]3s^23p^4$	39	Y	$[Kr]4d^15s^2$	62	Sm	$[Xe]4f^66s^2$	85	At	$[Xe]4f^{14}5d^{10}6s^26p^5$	108	Hs	$[Rn]5f^{14}6d^67s^2$
17	Cl	$[Ne]3s^23p^5$	40	Zr	$[Kr]4d^25s^2$	63	Eu	$[Xe]4f^76s^2$	86	Rn	$[Xe]4f^{14}5d^{10}6s^26p^6$	109	Mt	$[Rn]5f^{14}6d^77s^2$
18	Ar	$[Ne]3s^23p^6$	41	Nb	$[Kr]4d^45s^1$	64	Gd	$[Xe]4f^75d^16s^2$	87	Fr	$[Rn]7s^1$	110	Uun	
19	K	$[Ar]4s^1$	42	Mo	$[Kr]4d^55s^1$	65	Tb	$[Xe]4f^96s^2$	88	Ra	$[Rn]7s^2$	111	Uuu	
20	Ca	$[Ar]4s^2$	43	Tc	$[Kr]4d^55s^2$	66	Dy	$[Xe]4f^{10}6s^2$	89	Ac	$[Rn]6d^17s^2$	112	UUB	
21	Sc	$[Ar]3d^14s^2$	44	Ru	$[Kr]4d^75s^1$	67	Ho	$[Xe]4f^{11}6s^2$	90	Th	$[Rn]6d^27s^2$			
22	Ti	$[Ar]3d^24s^2$	45	Rh	$[Kr]4d^85s^1$	68	Er	$[Xe]4f^{12}6s^2$	91	Pa	$[Rn]5f^26d^17s^2$			
23	V	$[Ar]3d^34s^2$	46	Pd	$[Kr]4d^{10}$	69	Tm	$[Xe]4f^{13}6s^2$	92	U	$[Rn]5f^36d^17s^2$			

注：　框内为过渡金属元素；　┌╌╌┐ 框内为内过渡金属元素，即镧系与锕系元素。

3. 价电子构型与元素分区

根据元素的价电子构型不同,可以把周期表中元素所在的位置分为 s、p、d、ds、f 五个区,如表 4-7 所示。

表 4-7　元素的价电子构型与元素的分区、族

周期	I A											ⅧA
1		Ⅱ A								ⅢA ⅣA ⅤA ⅥA ⅦA		
2			ⅢB ⅣB ⅤB ⅥB ⅦB				ⅧB		I B Ⅱ B			
3												
4	s 区								ds 区	p 区		
5	$ns^{1\sim2}$			$(n-1)d^{1\sim9}ns^{1\sim2}$ d 区					$(n-1)$ $d^{10}ns^{1\sim2}$	$ns^2np^{1\sim6}$		
6												
7												

镧系元素	f 区
锕系元素	$(n-2)f^{0\sim14}(n-1)d^{0\sim2}ns^2$

4.4.2　原子结构与元素性质的周期性

元素性质取决于原子的内部结构。元素原子的某些基本性质,如有效核电荷数、原子半径、电离能等,都与原子结构有关,并对元素的物理和化学性质产生重要影响。通常把表征原子基本性质的物理量称为原子参数。

1. 有效核电荷

元素原子序数增加时,原子的核电荷依次呈线性增加,但有效核电荷(Z^*)却呈周期性变化。在短周期从左到右的元素中,电子依次填充到最外层,即加在同一电子层中,由于同层电子间屏蔽作用较弱,因此,有效核电荷数显著增加。在长周期中,从第三个元素开始,电子加到次外层,增加的电子进入次外层产生的屏蔽作用比电子进入这个电子层要增大一些,所以有效核电荷数增加不多;当次外层填满 18 个电子后,由于 18 电子层屏蔽作用较大,因此有效核电荷数略有下降;但在长周期的后半部,电子又填充到最外层,因此有效核电荷数又显著增加。

在同一族由上而下的元素中,虽然核电荷数增加较多,但相邻两元素之间依次增加一个电子内层,因此屏蔽作用也较大,结果有效核电荷数增加不显著。

2. 原子半径

原子中的电子在核外运动并无固定轨迹,电子云也无明确的边界,因此原子大小的概念是比较模糊不清的。原子并不存在固定的半径。但是,现实物质中的原子总是与其他原子

为邻的,如果将原子视为球体,那么两原子的核间距离即为两原子球体的半径之和。常将此球体的半径称为原子半径(r)。根据原子与原子间作用力的不同,原子半径的数据一般有三种：共价半径、金属半径和范德华(Van der Waals)半径。

（1）共价半径

同种元素的两个原子以共价键结合时,它们核间距的一半称为该原子的共价半径(covalent radius)。例如 Cl_2 分子,测得两 Cl 原子核间距离为 198pm,则 Cl 原子的共价半径为 $r_{Cl}=99pm$。必须注意,同种元素的两个原子以共价单键、双键或三键结合时,其共价半径也不同,见图 4 - 17。

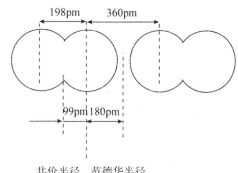

共价半径　范德华半径

图 4 - 17　Cl_2(S)晶体中的共价半径与范德华半径

（2）金属半径

金属晶体中相邻两个金属原子的核间距的一半称为金属半径(metallic radius)。例如在锌晶体中,测得两原子的核间距为 266pm,则锌原子的金属半径 $r_{Zn}=133pm$。

（3）范德华半径

当两个原子只靠范德华力互相吸引时,它们核间距的一半称为范德华半径(Van Der Waals radius)。稀有气体均为单原子分子,形成分子晶体时,分子间以范德华力相结合,同种稀有气体的原子核间距的一半即为其范德华半径,见图 4 - 17。

（4）原子半径的周期性

各元素的原子半径见表 4 - 8。原子半径的大小主要取决于原子的有效核电荷和核外电子层结构。

同一主族元素原子半径从上到下逐渐增大。因为从上到下,原子的电子层数增多起主要作用,所以半径增大。副族元素的原子半径从上到下递变不是很明显;第一过渡系到第二过渡系的递变较明显;而第二过渡系到第三过渡系基本没变,这是镧系收缩的结果。

同一周期中原子半径的递变按短周期和长周期各有所不同。在同一短周期中,由于有效核电荷逐渐递增,核对电子的吸引作用逐渐增大,原子半径逐渐减小。在长周期中,过渡元素由于有效核电荷的递增不明显,因而原子半径减小缓慢。

镧系收缩

镧系元素从 Ce 到 Lu 整个系列的原子半径逐渐收缩的现象称为镧系收缩(lanthanide contraction)。由于镧系收缩,镧系以后的各元素如 Hf、Ta、W 等原子半径也相应缩小,致使它们的半径与上一个周期的同族元素 Zr、Nb、Mo 非常接近,相应的性质也非常相似,在自然界中常共生在一起,很难分离。

表 4-8　元素的原子半径 r

单位：pm

H																	He
37.1	金属原子为金属半径 非金属原子为共价半径（单键） 稀有气体为范德华半径																122
Li	Be											B	C	N	O	F	Ne
152	111.3											88	77	70	66	64	160
Na	Mg											Al	Si	P	S	Cl	Ar
153.7	160											143.1	117	110	104	99	191
K	Ca	Sc	Ti	V	Cr	Mn	Fe	Co	Ni	Cu	Zn	Ga	Ge	As	Se	Br	Kr
227.2	197.3	160.6	144.8	132.1	124.9	124	124.1	125.3	124.6	127.8	133.2	122.1	122.5	121	117	114.2	198
Rb	Sr	Y	Zr	Nb	Mo	Tc	Ru	Rh	Pd	Ag	Cd	In	Sn	Sb	Te	I	Xe
247.5	215.1	181	160	142.9	136.2	135.8	132.5	134.5	137.6	144.4	148.9	162.6	140.5	141	137	133.3	217
Cs	Ba	La	Hf	Ta	W	Re	Os	Ir	Pt	Au	Hg	Tl	Pb	Bi	Po	At	Rn
265.4	217.3	187.7	156.4	143	137.0	137.0	134	135.7	138	144.2	160	170.4	175.0	154.7	167		
Fr	Ra	Ac															
270	220	187.8															

镧系	Ce	Pr	Nd	Pm	Sm	Eu	Gd	Tb	Dy	Ho	Er	Tm	Yb	Lu
	182.5	182.8	182.1	181.0	180.2	204.2	180.2	178.2	177.3	176.6	175.7	174.6	194.0	173.4
锕系	Th	Pa	U	Np	Pu	Am	Cm	Bk	Cf	Es	Fm	Md	No	Lr
	179.8	160.6	138.5	131	151	184								

3. 元素的电离能

使基态的气态原子失去一个电子形成 +1 氧化态气态离子所需要的能量，叫作第一电离能(ionization energy)，符号 I_1，表示式为：

$$M(g) \longrightarrow M^+(g) + e^- \qquad I_1 = \Delta E_1 = E[M^+(g)] - E[M(g)]$$

从 +1 氧化态气态离子再失去一个电子变为 +2 氧化态离子所需要的能量叫作第二电离能，符号 I_2，余类推。

由定义可知，电离能为正值。电离能有三种常用单位：$kJ \cdot mol^{-1}$ 和 J、eV[①]。以 J、eV 为单位时，是对一个气态原子而言；以 $kJ \cdot mol^{-1}$ 为单位时，是对反应进度为 1mol 的气态原子电离反应而言的。

---

① eV：名称为电子伏特，是我国选定的法定单位；1eV 等于 1 个电子经过真空中电势差为 1V 电场时所获得的能量。$1eV = 1.602 \times 10^{-19} J$。

例如铝的电离能数据为：

电离能	I_1	I_2	I_3	I_4	I_5	I_6
$I_n/(kJ \cdot mol^{-1})$	578	1817	2745	11578	14831	18378

可以看出：

① $I_1 < I_2 < I_3 < I_4 \cdots$，这是由于原子失电子后，其余电子受核的吸引力更大；

② $I_3 \ll I_4 < I_5 < I_6 \cdots$，这是因为 I_1、I_2、I_3 失去的是铝原子最外层的价电子，即 3s、3p 电子，而从 I_4 起失去的是铝原子的内层电子，要把这些电子电离需要更高的能量，这正是铝常形成 Al^{3+} 离子的原因，也是核外电子分层排布的有力证据。

电离能可由实验测得，表 4-9 为各元素原子的第一电离能。通常所说的电离能，如果没有特别说明，指的就是第一电离能。

表 4-9　各元素原子的第一电离能 I_1

单位：kJ·mol⁻¹

H 1310																	He 2372
Li 519	Be 900										B 799	C 1096	N 1401	O 1310	F 1680	Ne 2080
Na 494	Mg 736										Al 577	Si 786	P 1060	S 1000	Cl 1260	Ar 1520
K 418	Ca 590	Sc 632	Ti 661	V 648	Cr 653	Mn 716	Fe 762	Co 757	Ni 736	Cu 745	Zn 908	Ga 577	Ge 762	As 966	Se 941	Br 1140	Kr 1350
Rb 402	Sr 548	Y 636	Zr 669	Nb 653	Mo 694	Tc 699	Ru 724	Rh 745	Pd 803	Ag 732	Cd 866	In 556	Sn 707	Sb 833	Te 870	I 1010	Xe 1170
Cs 376	Ba 502	La 540	Hf 531	Ta 760	W 779	Re 762	Os 841	Ir 887	Pt 866	Au 891	Hg 1010	Tl 590	Pb 716	Bi 703	Po 812	At 920	Rn 1040

镧系	Ce 528	Pr 523	Nd 530	Pm 536	Sm 543	Eu 547	Gd 592	Tb 564	Dy 572	Ho 581	Er 589	Tm 597	Yb 603	Lu 524
锕系	Th 590	Pa 570	U 590	Np 600	Pu 585	Am 578	Cm 581	Bk 601	Cf 608	Es 619	Fm 627	Md 635	No 642	Lr

电离能的大小主要取决于原子的有效核电荷、原子半径和原子的核外电子层结构。元素的电离能在周期系中呈现有规律的变化。在同一周期，从左到右元素的有效核电荷逐渐增大，原子半径逐渐减小，电离能逐渐增大；稀有气体由于具有 8 电子稳定结构，在同一周期中电离能最大。在长周期中的过渡元素，由于电子加在次外层，有效核电荷增加不多，原子半径减小缓慢，电离能增加不明显。在同一主族，从上到下，有效核电荷增加不多，而原子半径则明显增大，电离能逐渐减小。

4. 元素的电子亲和能

处于基态的气态原子得到一个电子形成气态阴离子所放出的能量，为该元素原子的第一电子亲和能(electron affinity),常用符号 A_1 表示。A_1 为负值(表示放出能量)(稀有气体元素原子等少数例外),单位与电离能相同。

表示式为： $X(g) + e^- \longrightarrow X^-$ 第一电子亲和能 A_1

例如：

$$O(g) + e^- \longrightarrow O^-   A_1 = -142 kJ \cdot mol^{-1}$$

$$O^-(g) + e^- \longrightarrow O^{2-}   A_2 = 844 kJ \cdot mol^{-1}$$

第二电子亲和能是指 -1 氧化数的气态阴离子再得到一个电子,因为阴离子本身产生负电场,对外加电子有静电斥力,在结合过程中系统需吸收能量,所以 A_2 是正值。

常用 A_1 值(习惯上用 $-A_1$ 值)来比较不同元素原子获得电子的难易程度,$-A_1$ 值愈大,表示该原子愈容易获得电子,其非金属性愈强。由于电子亲和能的测定比较困难,所以目前测得的数据较少,准确性也较差。表 4-10 是一些元素的第一电子亲和能数据。表中括号内的数据只是计算值。

表 4-10   主族元素的电子亲和能 A_1

单位：$kJ \cdot mol^{-1}$

H							He
−73							+21
Li	Be	B	C	N	O	F	Ne
−60	+240	−23	−122	−38	−141	−322	+29
Na	Mg	Al	Si	P	S	Cl	Ar
−53	+230	−44	−120	−74	−200.4	−349	+35
K	Ca	Ga	Ge	As	Se	Br	Kr
−48	+156	−36	−116	−77	−195	−325	+39
Rb	Sr	In	Sn	Sb	Te	I	Xe
−47	−2	−34	−121	−101	−190	−295	+40
Cs	Ba	Tl	Pb	Bi	Po	At	Rn
−46	+52	−50	−100	−100	−180	−270	+40

同周期元素,从左到右,元素电子亲和能逐渐增大,以卤素的电子亲和能为最大。氮族元素由于其价电子构型为 ns^2np^3,p 亚层半满,根据洪特规则可知,结构较稳定,所以电子亲和能较小。又如稀有气体,其价电子构型为 ns^2np^6 的稳定结构,所以其电子亲和能为正值。

与电离能的变化规律类似,同族第二与第三周期元素的电子亲和能变化规律特殊,是因为如 N、O、F 的原子半径小,电荷密度大,进入电子受到原有电子较强的排斥所致。

注意：电子亲和能、电离能只能表征孤立气态原子(或离子)得、失电子的能力。常温下元素的单质在形成水合离子的过程中得、失电子能力的相对大小应该用电极电势的大小来判断。

5. 元素的电负性

所谓元素的电负性(electronegativity)是指元素的原子在分子中吸引电子能力的相对大小,即不同元素的原子在分子中对成键电子对吸引力的相对大小,用 x 表示。它较全面地反映了元素金属性和非金属性的强弱。电负性[①]的概念最早由鲍林(L. Pauling)提出,他根据热化学数据和分子的键能提出了以下的经验关系式:

$$E(A-B) = [E(A-A) \times E(B-B)]^{\frac{1}{2}} + 96.5(\chi_A - \chi_B)^2 \qquad (4-16)$$

式中:$E(A-B)$、$E(A-A)$ 和 $E(B-B)$ 分别为分子 A—B、A—A 和 B—B 的键能,单位为 $kJ \cdot mol^{-1}$;χ_A、χ_B 分别表示键合原子 A 和 B 的电负性;96.5 为换算因子,并指定氟的电负性 $\chi_F = 4.0$,而后可依次求出其他元素的电负性。如 H_2、Br_2 和 HBr 分子的键能分别为 $436 kJ \cdot mol^{-1}$、$193 kJ \cdot mol^{-1}$ 和 $366 kJ \cdot mol^{-1}$,H 的电负性 $\chi_H = 2.1$,则 Br 的电负性可由(4-16)式求得:$\chi_{Br} = 3.0$。表 4-11 是鲍林电负性标度的元素电负性(χ_p)。

表 4-11　鲍林的元素电负性

H																
2.18																
Li	Be											B	C	N	O	F
0.98	1.57											2.04	2.55	3.04	3.44	3.98
Na	Mg											Al	Si	P	S	Cl
0.93	1.31											1.61	1.90	2.19	2.58	3.16
K	Ca	Sc	Ti	V	Cr	Mn	Fe	Co	Ni	Cu	Zn	Ga	Ge	As	Se	Br
0.82	1.00	1.36	1.54	1.63	1.66	1.55	1.80	1.88	1.91	1.90	1.65	1.81	12.01	2.18	2.55	2.96
Rb	Sr	Y	Zr	Nb	Mo	Tc	Ru	Rh	Pd	Ag	Cd	In	Sn	Sb	Te	I
0.82	0.95	1.22	1.33	1.60	2.16	1.90	2.28	2.20	2.20	1.93	1.69	1.73	1.96	2.05	2.10	2.66
Cs	Ba	La	Hf	Ta	W	Re	Os	Ir	Pt	Au	Hg	Tl	Pb	Bi	Po	At
0.79	0.89	1.10	1.30	1.50	2.36	1.90	2.20	2.20	2.28	2.54	2.00	2.04	2.33	2.02	2.00	2.20

元素的电负性也呈现周期性的变化:同一周期中,从左到右电负性逐渐增大;同一主族中,从上到下电负性逐渐减小。过渡元素的电负性都比较接近,没有明显的变化规律。

电负性是一个相对值,单位是"1",自从鲍林1932年提出这一概念后,有不少人对之进行探讨,并提出了相应的电负性数据。因此,在使用电负性数据时要注意出处,并尽量使用同一套数据。

[①]　常用的电负性有鲍林电负性、密立根(Mulliken)电负性和阿莱-罗周(Allred-Rochow)电负性三套数据,本书采用鲍林电负性。

6. 元素的金属性和非金属性

元素的金属性指其原子失去电子变为正离子的性质;元素的非金属性指其原子得到电子变为负离子的性质。金属原子越易失电子,则金属性越强,反之亦然。电离能的大小反映了原子失去电子的难易程度,即元素的金属性的强弱。电离能愈小,原子愈易失去电子,元素的金属性愈强。电子亲和能的大小反映了原子得到电子的难易程度,即元素的非金属性的强弱。元素的金属性和非金属性也可用电负性来衡量,元素的电负性越大,非金属性越强。从表 4-11 中可以看出,金属元素的电负性一般在 2.0 以下,非金属元素的电负性一般在 2.0 以上。

7. 元素的氧化数

元素的氧化数与元素原子的价电子数密切相关。

元素参加化学反应时,原子常失去或获得电子以使其最外电子层结构达到 2、8 或 18 电子结构。在化学反应中,参与化学键形成的电子称为价电子(valence electron)。元素的氧化数取决于价电子的数目,而价电子的数目则取决于原子的外电子层结构。

显然,元素的最高正氧化数等于价电子总数。

对于主族元素,次外电子层已经饱和,所以最外层电子就是价电子。元素呈现的最高氧化数就是该元素所属的族数。

对于副族元素,除了最外层电子是价电子外,未饱和的次外层$(n-1)$的 d 电子,甚至$(n-2)$的 f 电子也是价电子。各副族元素的价电子构型和最高氧化数如表 4-12 所示。

表 4-12　副族元素的价电子构型和最高氧化数

副族	ⅢB	ⅣB	ⅤB	ⅥB
价电子构型	$(n-1)d^1 ns^2$	$(n-1)d^2 ns^2$	$(n-1)d^3 ns^2$	$(n-1)d^4 ns^2$
最高氧化数	+3	+4	+5	+6
副族	ⅦB	ⅧB	ⅠB	ⅡB
价电子构型	$(n-1)d^5 ns^2$	$(n-1)d^{6\sim8} ns^2$	$(n-1)d^{10} ns^1$	$(n-1)d^{10} ns^2$
最高氧化数	+7	+8	+1	+2

从表中可以看出,ⅢB 到 ⅦB 元素的价电子结构为$(n-1)d^1 ns^2$ 到$(n-1)d^5 ns^2$,因此最高正氧化数从 +3 到 +7,也等于元素所在的族数。ⅧB 元素中,只有 Ru 和 Os 达到最高氧化数 +8。至于ⅠB、ⅡB,d 亚层已填满 10 个电子,即次外层为 18 电子构型,也是稳定结构,所以一般只失去最外层的 s 电子,显 +1、+2 氧化数,也分别等于它们所在的族数。

ⅠB 元素有例外,最高正氧化数不是 +1。

4.5 离子键理论

1916 年,德国科学家 Kossel 提出离子键理论。他认为,原子在反应中失去或得到电子以达到稀有气体的稳定结构,由此形成的正离子(positive ion)和负离子(negative ion)以静电引力相互吸引在一起。因而离子键的本质就是正、负离子间的静电吸引作用。

4.5.1 离子键的形成

1. 离子键形成过程

当活泼金属原子与活泼非金属原子接近时,它们有得到或失去电子成为稀有气体稳定结构的趋势,由此形成相应的正、负离子。如 NaCl 的形成:

第一步 电子转移形成离子:Na 失去电子——→Na^+　　Cl 得到电子——→Cl^-

相应的电子构型变化:Na 的电子结构由 $2s^2 2p^6 3s^1$ 变为 $2s^2 2p^6$

Cl 的电子结构由 $3s^2 3p^5$ 变为 $3s^2 3p^6$

分别形成 Ne 和 Ar 的稀有气体原子的电子结构,形成稳定离子。

第二步 靠静电吸引,形成化学键。体系的势能与核间距之间的关系如图 4-18 所示。图中,横坐标为核间距 r;纵坐标为体系的势能 V。纵坐标的零点是 r 无穷大时,即两核之间无限远时的势能。下面来考察 Na^+ 和 Cl^- 彼此接近的过程中,势能 V 的变化。图中可见:$r > r_0$,当 r 减小时,正、负离子靠静电相互吸引,势能 V 减小,体系趋于稳定。$r = r_0$,V 有极小值,此

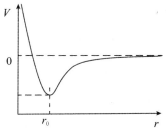

图 4-18 体系的势能与核间距之间的关系

时体系最稳定。因此,离子相互吸引,保持一定距离时,体系最稳定。这就意味着形成了离子键。r_0 和键长有关,而 V 和键能有关。有关键长和键能的问题,在下面的相关内容中进行讨论。

2. 离子键的形成条件

① 元素的电负性

差比较大是离子键形成的重要条件,用 X 表示电负性的差值。

当 $X > 1.7$,表示原子间发生电子转移,原子间形成离子键;

当 $X < 1.7$,表示原子间不发生电子转移,原子间形成共价键。

但离子键和共价键之间,并非可以截然区分的。可将离子键视为极性共价键的一个极

端,而另一极端则为非极性共价键。

$$\xrightarrow{\text{极性增大}}$$

非极性共价键　　极性共价键　　离子键

化合物中不存在百分之百的离子键,即使是 CsF 的化学键,其中也有共价键的成分。即除离子间靠静电相互吸引外,尚还有共用电子对的作用。$X>1.7$,实际上是指离子键的成分大于 50%。

② 原子得失电子后易形成稳定的电子结构。

如 Na^+ 是 $2s^2\,2p^6$,Cl^- 是 $3s^2\,3p^6$,达到稀有气体式稳定结构。

而 Ag^+ 为 $4d^{10}$,Zn^{2+} 为 $3d^{10}$,形成 d 轨道全充满的稳定结构。

它们只需要转移少数的电子,就达到稳定结构。而 C 和 Si 原子的电子结构为 ns^2np^2,要失去或得到价电子,才能形成稳定结构的离子,比较困难。因此,一般不形成离子键。如 CCl_4、SiF_4 等,均为共价化合物。

③ 形成离子键时释放能量多。

$$Na(s)+\frac{1}{2}Cl_2(g)\!=\!=\!=\!NaCl(s)\qquad\qquad H=-410.9kJ\cdot mol^{-1}$$

在形成离子键时,以放热的形式,释放较多的能量。

4.5.2　离子键的性质

① 离子化合物中,正、负离子间的作用力的实质是静电引力,符合库仑定律:

$$F\propto\frac{q_1q_2}{r^2}\qquad\qquad\qquad\qquad\qquad (4-17)$$

式中:q_1、q_2 分别为正、负离子所带电量;r 为正、负离子的核间距离。

② 离子键无方向性和饱和性。离子可以与任何方向的电性不同的离子相吸引,所以无方向性。且只要是正、负离子之间,则彼此吸引,即无饱和性。学习了共价键以后,会加深对这个问题的理解。

4.5.3　晶格能

晶格能(lattice energy)指从相互远离的气态的离子结合成 1mol 离子晶体时所释放出的能量,用符号 U 表示。例如:

$$Na^+(g)+Cl^-(g)\!=\!=\!=\!NaCl(s)\qquad\qquad U=-\Delta_rH_m^{\ominus}$$

晶格能 U 越大,离子键越强,晶体越稳定。晶格能一般无法通过实验直接测定,大多数的晶格能都是间接计算得到。1919 年,Born 和 Haber 设计了一个热力学循环过程,从已知的热力学数据出发,计算晶格能,称为玻恩-哈伯循环法(Born-Haber circulation)。

$$Na(s) \quad + \quad \frac{1}{2}Cl_2(g) \xrightarrow{\quad \Delta H_6 \quad} NaCl(s)$$

其中：$H_1 = S = 108.8 \text{kJ} \cdot \text{mol}^{-1}$，$S$ 为 $Na(s)$ 的升华热；$H_2 = \frac{1}{2}D = 119.7 \text{kJ} \cdot \text{mol}^{-1}$，$D$ 为 $Cl_2(g)$ 的离解能；$H_3 = I_1 = 496 \text{kJ} \cdot \text{mol}^{-1}$，$I_1$ 是 Na 的第一电离能；$H_4 = -E = -348.7 \text{kJ} \cdot \text{mol}^{-1}$，$E$ 为 Cl 的电子亲和能的相反数；$H_6 = \Delta_f H_m^\ominus = -410.9 \text{kJ} \cdot \text{mol}^{-1}$，$\Delta_f H_m^\ominus$ 为 NaCl 的标准生成焓。

由盖斯定律得：$H_6 = H_1 + H_2 + H_3 + H_4 + H_5$

所以：$\qquad H_5 = H_6 - (H_1 + H_2 + H_3 + H_4)$

即：$\qquad U = H_1 + H_2 + H_3 + H_4 - H_6 = S + \frac{1}{2}D + I_1 - E - \Delta_f H_m^\ominus$

$U = 108.8 + 119.7 + 496 - 348.7 + 410.9 = 786.7 (\text{kJ} \cdot \text{mol}^{-1})$

晶体类型相同时，晶格能大小与正、负离子电荷数成正比，与它们之间的距离 $r_0(r_+ + r_-)$ 成反比。晶格能越大，正、负离子间结合力越强，晶体熔点越高，硬度越大。表 4-13 给出了几种离子化合物的晶格能和熔点。

表 4-13　晶格能与离子晶体的物理性质(298.15K)

晶体	Z_+, Z_-	$(r_+ + r_-)/\text{pm}$	$U/(\text{kJ} \cdot \text{mol}^{-1})$	熔点/℃	硬度*
NaF	$+1, -1$	231	923	993	
NaCl	$+1, -1$	282	786	801	
NaBr	$+1, -1$	298	747	747	
NaI	$+1, -1$	323	704	661	
MgO	$+2, -2$	205	3791	2852	6.5
CaO	$+2, -2$	240	3401	2614	4.5
SrO	$+2, -2$	257	3223	2430	3.5
BaO	$+2, -2$	275	3054	1928	3.3

* 金刚石的硬度定义为 10

4.6　共价键理论

4.6.1　路易斯理论

1916 年,美国科学家 Lewis 提出共价键理论,认为分子中的原子都有形成稀有气体电子结构的趋势,求得本身的稳定。要达到这种结构,可以不通过电子转移形成离子和离子键来完成,而是通过共用电子对来实现。

例如,两个氢原子通过共用一对电子 H·＋H·══H∶H,每个 H 均成为 He 的电子构型,形成一个共价键。又如,水分子共用电子的情况如下:

$$H \overset{\times\times}{\underset{\times\times}{\times}} O \overset{\times\times}{\underset{\times\times}{\times}} H$$

上述的分子中的原子都是通过共用电子对实现了稀有气体的电子结构。

Lewis 的贡献,在于提出了一种不同于离子键的新的键型,解释了的 X 比较小的元素之间原子的成键事实。但 Lewis 没有说明这种键的实质,所以适应性不强。在解释 BCl_3、PCl_5 等其中的原子未全部达到稀有气体结构的分子时,遇到困难。

4.6.2　共价键理论

1927 年,Heitler 和 London 用量子力学处理氢气分子 H_2,解决了两个氢原子之间的化学键的本质问题,使共价键理论从经典的 Lewis 理论发展到的现代共价键理论。

1. 氢分子中的化学键

量子力学计算表明,两个具有 1s 电子构型的 H 彼此靠近时,两个 1s 电子以自旋相反的方式形成电子对,使体系的能量降低。如图 4-19 所示,横坐标表示 H 原子间的距离,纵坐标表示体系的势能 V,且以 $r \rightarrow \infty$ 时的势能值为纵坐标的势能零点。D 为键的解离能。从图中可以看出,$r = r_0$ 时,V 值最小,为 $V = -D(D > 0, -D < 0)$,表明此时两个 H 原子之间形成了化学键。

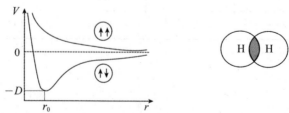

图 4-19　体系的势能与核间距之间的关系

　　计算还表明,若两个 1s 电子以自旋相同的方式靠近,则 r 越小,V 越大。此时,不形成化学键。如图 4-19 中上方曲线所示,能量不降低。H_2 中的化学键,可以认为是电子自旋相反成对,结果使体系的能量降低。从电子云的观点考虑,有两种情况：第一种情况是 H 的 1s 轨道在两核间发生同号重叠,使电子在两核间电子云密集,形成较大负电区,这一方面降低了两核之间的正电排斥,同时增大了两核对电子云密集区的吸引,故称为"吸引态"；第二种情况是 H 的 1s 轨道在两核间发生异号重叠,使两核间电子云密度减少,增大了两核间的排斥力,系统能量升高,故称"排斥态"(图 4-20)。

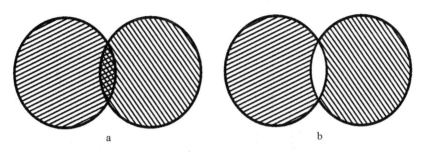

图 4-20　氢分子的两种状态

2. 价键理论

　　将对 H_2 的处理结果推广到其他分子中,形成了以量子力学为基础的价键理论(valence bond theory),亦称 VB 法。

　　(1) 共价键的形成

　　A、B 两原子各有一个成单电子,当 A、B 相互接近时,若两个电子所在的原子轨道能量相近,对称性相同,则可以相互重叠,两电子以自旋相反的方式结成电子对。于是体系能量降低,形成化学键。一对电子形成一个共价键。形成的共价键越多,则体系能量越低,形成的分子越稳定。因此,各原子中的未成对电子尽可能多地形成共价键。

　　H_2 中,可形成一个共价键；HCl 分子中,也形成一个共价键。那么 N_2 分子怎样形成共价键呢?

　　已知 N 原子的电子结构 $2s^2 2p_x^1 2p_y^1 2p_z^1$,每个 N 原子有三个单电子,所以形成 N_2 分子时,N 原子与 N 原子之间可形成三个共价键,N_2 写成：$:N{\equiv}N:$ 。

　　形成 CO 分子时,与 N_2 相仿,同样用了三对电子,形成三个共价键。与 N_2 的不同之处是,其中有一个共价键具有特殊性——C 原子和 O 原子各提供一个 2p 轨道,互相重叠,但是其中的电子是由 O 原子独自提供的。这样的共价键称为共价配位键,经常简称为配位键。于是,CO 可表示成：$C{\equiv}O$。

　　配位键也是共价键的一种,配位键形成条件是：一个原子提供成对电子；而另一原子提供空轨道与之重叠。在配位化合物中,中心原子和配体之间主要采用配位键的形式键合。

（2）共价键的特点

与离子键不同，共价键具有饱和性和方向性特征。

① 饱和性

由于电子自旋方向只有两种，当自旋方向相反的电子配对之后，就不能再与另一个原子中的未成对电子配对了，这就是共价键的饱和性。例如氧只有 2 个单电子，H 有 1 个单电子，所以结合成水分子时，只能形成 2 个共价键。另外，原子中单电子数决定了共价键的数目。例如，C 原子原有 2 个单电子，它在形成分子过程中可以激发出 1 个电子，最终它有 4 个单电子，所以 C 最多能与 4 个 H 形成共价键。

② 方向性

形成共价键时，原子轨道总是尽可能沿着电子出现概率最大的方向重叠，以降低体系能量。正是原子轨道在核外空间的取向和最大重叠方式的要求决定了共价键具有方向性。例如 HCl 分子形成过程中，Cl 的 $3p_z$ 和 H 的 1s 轨道重叠，只有沿着 z 轴重叠，才能保证最大程度的重叠，而且不改变原有的对称性，如图 4 - 21 所示。

图 4 - 21　HCl 分子形成的示意图

再如 Cl_2 分子中成键的原子轨道，也要保持对称性和最大程度的重叠，如图 4 - 22 所示。

图 4 - 22　Cl_2 分子形成的示意图

两个 Cl 原子如果发生类似于图 4 - 23 所示的重叠，将破坏原子轨道的对称性，将不能形成 Cl_2 分子。H 原子和 Cl 原子采用如图 4 - 23 所示的重叠也不会形成 HCl 分子。

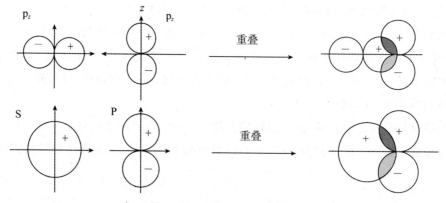

图 4 - 23　对称性不同的重叠

（3）共价键的键型

成键的两个原子核间的连线称为键轴。按成键轨道与键轴之间的关系，共价键的键型主要分为两种：一种是 σ 键，另一种是 π 键。

① σ 键

原子轨道的重叠部分沿着键轴（两原子的核间连线）旋转任意角度，原子轨道图形及符号均保持不变时，所成的键就称为 σ 键。另一种形象化描述为：σ 键是原子轨道沿键轴方向的"头碰头"形式的重叠，如 HCl 分子中的 3p 和 1s 的成键，和 Cl_2 中的 3p 和 3p 的成键形式（图 4-24）。

图 4-24　HCl 分子、Cl_2 分子中的 σ 键

② π 键

原子轨道的重叠部分绕键轴旋转 180° 时，图形不变，而符号相反。例如两个 p_x 沿 z 轴方向重叠的情况（图 4-25）。形象化的描述为：π 键是原子轨道的"肩并肩"形式的重叠。

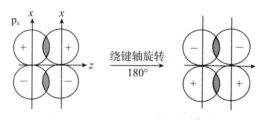

图 4-25　两个 p_x 沿 z 轴方向重叠

N_2 分子中两个原子各有三个单电子，沿 z 轴成键时，p_z 与 p_z "头碰头"形成一个 σ 键。同时，p_x 和 p_x、p_y 和 p_y 以"肩并肩"形式重叠，形成两个 π 键。因此，N_2 分子的三键中，有一个 σ 键、两个 π 键（图 4-26）。

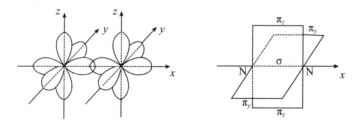

图 4-26　N_2 分子中化学键示意图

表 4-14 列出了 σ 键和 π 键的特征比较，可对照理解。

表 4 - 14　σ 键和 π 键的特征比较

原子轨道重叠方式	σ 键(沿键轴方向"头碰头"重叠)	π 键(沿键轴方向"肩并肩"重叠)
原子轨道重叠程度	大	小
键的强度	较强	较弱
化学反应活性	不活泼	活泼

4.6.3　共价键参数

共价键具有一些表征其性质的物理量,如键长、键角、键能等,这些物理量统称为键参数 (parameter of bond)。

1. 键长

当两原子间形成稳定的共价键时,两个原子间保持着一定的平衡距离,这距离叫作键长 (bond length),符号 l,单位 m 或 pm。理论上用量子力学近似方法可以算得键长,实际上对复杂分子,往往是通过电子衍射、分子光谱等实验测定的。由实验结果得知,在不同分子中,两原子间形成相同类型的化学键时,键长相近,即共价键的键长有一定的守恒性。通过实验测定各种共价化合物中同类型共价键键长,求出它们的平均值,即为共价键键长数据。表 4 - 15 提供了常见键长数据。

表 4 - 15　部分共价键的键长数据

共价键	键能/(kJ · mol^{-1})	键长/pm	共价键	键能/(kJ · mol^{-1})	键长/pm
H—H	436.00	74.1	F—F	156.9±9.6	141.2
H—F	568.6±1.3	91.7	Cl—Cl	242.95	198.8
H—Cl	431.4	127.5	Br—Br	193.87	228.1
H—Br	366±2	141.4	I—I	152.55	266.6
H—I	299±1	160.9	C—C	346	154
O—H	462.8	96	C=C	610.0	134
S—H	347	134	C≡C	835.1	120
N—H	391	101.2	O=O	497.31±0.17	120.7
C—H	413	109	S=S	424.6±6	188.9
Si—H	318	148	N≡N	948.9±6.3	109.8
Na—H	201±21	188.7	C≡N	889.5	116

由表可见,H—F、H—Cl、H—Br、H—I 键长依次递增,而键能依次递减;单键、双键及三

键的键长依次缩短,键能依次增大,但与单键并非两倍、三倍的关系。

2. 键角

键角(bond angle)是反映分子空间结构的重要参数。分子中相邻的共价键之间的夹角称为键角,通常用符号 θ 表示,单位为"度"、"分",符号为"°"、"′"。其数据可以用分子光谱和 X 射线衍射法测得。

如果知道了某分子内全部化学键的键长和键角的数据,那么这些分子的几何构型便可确定。范例如表 4 - 16 所示。

表 4 - 16　部分分子的化学键的键长、键角和几何构型

分子	键长 l/pm	键角 θ	分子构型
H_2S	134	92°	V 形
NO_2	120	134°	V 形
CO_2	116.2	180°	直线形
NH_3	100.8	107.3°	三角锥形
CCl_4	177	109.5°	正四面体形

3. 键能

键能(bond energy)是从能量因素衡量化学键强弱的物理量。其定义为:在标准状态下,将气态分子 AB(g)解离为气态原子 A(g)、B(g)所需要的能量,用符号 E 表示,单位为 $kJ \cdot mol^{-1}$。键能的数值通常用一定温度下该反应的标准摩尔反应焓变表示,如不指明温度,应为 298.15K。即:

$$AB(g) \longrightarrow A(g) + B(g) \qquad \Delta_f H_m^{\ominus} = E(A-B)$$

A 与 B 之间的化学键可以是单键、双键或三键。例如:

$$HCl(g) \longrightarrow H(g) + Cl(g) \qquad \Delta_f H_m^{\ominus}(HCl) = E(HCl)$$

$$N \equiv N(g) \longrightarrow 2N(g) \qquad \Delta_f H_m^{\ominus}(N_2) = E(N_2)$$

对于多原子分子,键能主要取决于成键原子的本性,但分子中的其他原子对其也有影响。把一个气态多原子分子分解为组成它的全部气态原子时所需要的能量叫原子化能,应该恰好等于这个分子中全部化学键键能的总和。如果分子中只含有一种键,且都是单键,键能可用键解离能的平均值表示。如 NH_3 含有三个 N—H 键,键能可表示为:

$$E(N-H) = \frac{D_1 + D_2 + D_3}{3}$$

键解离能(D)

在双原子分子中,于 100kPa 下将气态分子断裂成气态原子所需要的能量。

$$D(H-Cl) = 432kJ \cdot mol^{-1} \qquad D(Cl-Cl) = 243kJ \cdot mol^{-1}$$

在多原子分子中,断裂气态分子中的某一个键,形成两个"碎片"时所需要的能量叫作此

键的解离能。

$$H_2O(g) \longrightarrow H(g) + OH(g) \qquad D(H-OH) = 499kJ \cdot mol^{-1}$$

$$HO(g) \longrightarrow H(g) + O(g) \qquad D(O-H) = 429kJ \cdot mol^{-1}$$

原子化能(E_{atm})

气态的多原子分子的键全部断裂形成各组成元素的气态原子时所需要的能量。例如：

$$H_2O(g) \Longrightarrow 2H(g) + O(g)$$

$$E_{atm}(H_2O) = D(H-OH) + D(O-H) = 928kJ \cdot mol^{-1}$$

键能、键解离能与原子化能的关系如下：

双原子分子：键能＝键解离能

$$E(H-H) = D(H-H)$$

多原子分子：原子化能＝全部键能之和

$$E_{atm}(H_2O) = 2E(O-H)$$

键焓与键能近似相等，实验测定中，常常得到的是键焓数据。

键能与标准摩尔反应焓变的关系可通过下列循环看出：

$$2H_2(g) + O_2(g) \xrightarrow{\Delta_r H_m^\ominus} \Delta 2H_2O(g)$$

$$\Big\downarrow 2E(H-H) \quad \Big\downarrow 2E(H \vdots H) \qquad\qquad \Big\downarrow 4E(O-H)$$

$$4H_2(g) + 2O_2(g) \longleftarrow$$

$$\Delta_r H_m^\ominus = 2E(H-H) + E(O \vdots O) - 4E(O-H)$$

$$\Delta_r H_m^\ominus = \sum E(反应物) - \sum E(生成物)$$

4. 键的极性与键矩

当两个电负性不同的原子之间形成化学键时，由于它们吸引电子的能力不同，使共用电子对部分地或完全偏向于其中一个原子，该种共价键分子中心正负电荷中心不重合，键具有了极性(polarity)，称为极性键(polar bond)。若分子中心正负电荷重合，称为非极性键(nonpolar bond)。两个成键原子间的电负性差越大，键的极性越大。离子键是最强的极性键，电子由一个原子上完全转移到了另一个原子上。不同元素的原子之间形成的共价键都不同程度地具有极性。键的极性的大小可以用键矩(bonding moment)来衡量，键矩的定义为：

$$\mu = q \cdot l \qquad\qquad\qquad\qquad (4-18)$$

式中：q 为电量；l 通常取两个原子的核间距，例如，$H^{\delta+}-Cl^{\delta-}$，$l_{HCl} = 127pm$。键矩是矢量，其方向是从正电荷中心指向负电荷中心，其值可由实验测得。μ 的单位为库仑·米(C·m)。如经测定，$\mu_{HCl} = 3.57 \times 10^{-30} C \cdot m$。由此我们可以计算得出电量：

$$q = \mu/l = 3.57 \times 10^{-30} C \cdot m/(127 \times 10^{-12} m) = 2.81 \times 10^{-20} C$$

已知基元电荷(一个质子所带电量)$= 1.602 \times 10^{-19}$，则：

$$\delta = 2.81 \times 10^{-20} C/(1.602 \times 10^{-19}C) = 0.18(单位电荷)$$

　　这表明在 H—Cl 键中含有 18% 的离子键成分。也就是说极性共价键可以看成是含有小部分离子键成分和大部分共价键成分的中间类型的化学键。当极性键向离子键过渡时，共价键成分（又称共价性）逐渐减小，而离子键成分（又称离子性）逐渐增大。同样，即使是比较典型的离子型化合物中，也会有部分共价性。例如 CsF 中共价性约为 8%。

　　成键原子间电负性差值的大小一定程度上反映了键的离子性的大小。电负性差值大的元素之间化合生成离子键的倾向较强，电负性差值小的或电负性差值为零的非金属元素间以共价键结合，电负性差值小的或电负性差值为零的金属元素间则以金属键形成金属单质或合金。

4.7　价层电子互斥理论

　　分子的键参数，如键长、键角一般通过实验测定，从而确定分子的构型。简单分子的构型也可以通过价层电子互斥理论进行预测。价层电子对互斥理论（valence-shell electron-pair repulsion，简称 VSEPR 理论）最初是在 1940 年由西奇维克（Sidgwick）和鲍威尔（Powell）提出的，后经吉利斯皮（Gillespie）和尼霍姆（Nyholm）的完善，是一种较为简单又能比较正确地判断分子几何构型的理论。现将这一理论的基本要点介绍如下：

4.7.1　VSEPR 理论基本要点

　　价层电子对互斥理论认为：

　　① 共价分子（或离子）可以用通式 AX_mE_n 表示，其中 A 为中心原子，X 为配位原子或含有一个配位原子的基团（同一分子中可有不同的 X），m 为配位原子的个数（即中心原子的成键电子对数），E 表示中心原子 A 的价电子层中的孤电子对，n 为孤电子对的数目。中心原子 A 的价电子对的数目用 VP 表示：

　　　　$VP = m + n$

其中 m 可由分子式直接得到，n 可由下式得出：

$$n = \frac{\text{中心原子 A 的价电子总数} - m|\text{配位原子化合价}| - \text{离子电荷数}}{2} \qquad (4-19)$$

若计算结果不为整数，则应进为整数。例如 NO_2，$n = \frac{(5 - 2 \times 2)}{2} = \frac{1}{2}$，应取 $n = 1$。

　　② 分子或离子的空间构型取决于中心原子的价层电子对数 VP。共价分子或离子中心的价层电子对由于静电排斥作用而趋向彼此远离，尽可能采取对称结构，使分子之间彼此排斥作用为最小。VSEPR 理论把分子中中心原子的价电子层视为一个球面，价电子对按能量最低原理排布在球面，从而决定分子的空间构型。价电子对的排布方式见表 4-17。

表 4 – 17　中心原子价电子对排布方式

价电子对数 VP	2	3	4	5	6
价电子对 VP 排布方式	直线形 AX_2	平面三角形 AX_3	正四面体形 AX_4	三角双锥形 AX_5	正八面体形 AX_6

③ 在考虑价电子对排布时,还应考虑成键电子对与孤电子对的区别。成键电子对受两个原子核吸引,电子云比较紧缩;而孤电子对只受中心原子的吸引,电子云比较"肥大",对邻近的电子对的斥力就较大。因此,不同的电子对之间的斥力(在夹角相同情况下,一般考虑90°夹角)大小顺序为:

孤电子对与孤电子对＞孤电子对与键电子对＞键电子对与键电子对

为使分子处于最稳定的状态,分子构型总是保持价电子对间的斥力为最小。

此外,分子若含有双键、三键,由于重键电子较多,斥力也较大,对分子构型也有影响。

4.7.2　分子构型与电子对空间构型的关系

当孤电子对数 $n=0$ 时,说明中心原子 A 周围只有成键电子对,且成键电子对数目 m 和价电子对数 VP 相等,此时分子构型和价电子对空间构型一致。当孤电子对数 $n \neq 0$ 时,说明中心原子 A 周围成键电子对和孤电子对共存,则需考虑孤电子对的位置,孤电子对可能会有几种可能的排布方式,对比这些排布方式中电子对排斥作用的大小,选择斥力最小的排布方式,满足能量最低状态,即为分子具有的稳定构型(表 4 – 18)。

表 4 – 18　根据 VSEPR 推测的 $AX_m E_n$ 型分子的空间构型

VP	价电子对构型	m	n	分子类型	分子几何构型	实例
2	直线形	2	0	AX_2	直线形	$HgCl_2$, CO_2
3	平面三角形	3	0	AX_3	平面三角形	BF_3, SO_3
		2	1	AX_2E	V 形	$PbCl_2$, SO_2
4	正四面体形	4	0	AX_4	正四面体形	CH_4, SO_4^{2-}
		3	1	AX_3E	三角锥形	NH_3, SO_3^{2-}
		2	2	AX_2E_2	V 形	H_2O, ClO_2^-
5	三角双锥形	5	0	AX_5	三角双锥形	PCl_5, AsF_5
		4	1	AX_4E	四面体形	SF_4, $TeCl_4$
		3	2	AX_3E_2	T 形	ClF_3, BrF_3
		2	3	AX_2E_3	直线形	XeF_2, I_3^-

续表

VP	价电子对构型	m	n	分子类型	分子几何构型	实例
6	正八面体形	6	0	AX_6	正八面体	SF_6,$[FeF_6]^{3-}$
		5	1	AX_5E	四方锥形	IF_5,$[SbF_5]^{2-}$
		4	2	AX_4E_2	四方形	XeF_4,ICl_4^{-}

4.7.3　VSPER 理论预测分子构型步骤

① 确定中心原子 A 价电子对数 VP。必须注意,在考虑分子空间构型时,孤电子对不考虑在内。

② 根据电子对特点确定 m 和 n 值后,找出对应的价电子对空间排布。

③ 最后确定分子的空间构型。

【例 4 - 6】　求 $P^{33}O_4$ 和 OF_2 的孤电子对数 n 和价电子对数 VP,并推测其分子空间构型。

解:$P^{33}O_4$ 的孤电子对数　　　　$n=(5+3-4\times2)/2=0$

价电子对数　　　　$VP=m+n=4+0=4$

$P^{33}O_4$ 的价电子对的排布为正四面体形,无孤电子对,所以分子空间构型也是正四面体形。

OF_2 的孤电子对数　　　　$n=(8-2\times1)/2=2$

价电子对数　　　　$VP=m+n=2+2=4$

OF_2 的价电子对的排布为正四面体形,其中两对为孤电子对,所以分子空间构型为 V 形。

【例 4 - 7】　根据 VSEPR 理论推测 ICl_4^- 的几何构型,并用杂化轨道理论解释。

解:ICl_4^- 的孤电子对数　　　　$n=(7-4\times1+1)/2=2$

价电子对数　　　　$VP=m+n=4+2=6$

ICl_4^- 的价电子对排布为正八面体构型,其中有 2 对孤电子对,这 2 对孤电子对有如图 4 - 27 所示的两种排布方式(a 与 b)。键角愈小,电子对间斥力愈大,两种排布方式中最小夹角为 90°,所以考虑 90°夹角。

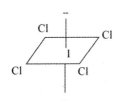

　　　a. 孤电子对与孤电子成90°有0对　　　　b. 孤电子对与键电子对成90°有1对

图 4 - 27　ICl_4^- 孤电子对排布方式

因为孤电子对斥力大于键电子对,所以结构 a 能量更低更稳定,ICl_4^- 应为结构 a,为正方形。

【例 4 - 8】 利用价层电子对互斥理论判断下列稀有气体化合物的空间构型。要求写出价层电子总数、对数、电子对构型和分子构型。

解:

	XeF_2	XeF_4	XeF_6	XeO_3	XeO_4	$XeOF_4$
VP	5	6	7	4	4	6
n	3	2	1	1	0	1
m	2	4	6	3	4	5
电子对构型	三角双锥形	八面体形	五角双锥形	四面体形	四面体形	八面体形
空间构型	直线形	正方形	八面体形	三角锥形	四面体形	四角锥形

4.8　杂化轨道理论

价键理论简单明了地阐述了共价键的形成过程和本质,成功解释了共价键的方向性和饱和性,但在解释一些分子的空间构型时却遇到了困难。以甲烷(CH_4)分子为例,经实验测知 CH_4 为正四面体结构,四个 C—H 键完全相同(键长和键能都相等),其键角均为 $109.5°$。C 原子的外层电子构型为 $2s^2 2p_x^1 2p_y^1$,按照这个结构,C 原子只能提供 2 个未成对电子,与 H 原子形成两个 C—H 键,而且键角应该都是 $90°$,显然与实验结果不符。为解决以上矛盾,1931 年鲍林在价键理论基础上提出杂化轨道理论。

4.8.1　杂化轨道理论的基本要点

杂化轨道理论认为,一个原子和其他原子形成分子时,中心原子所用的原子轨道(波函数)不是原来的纯粹的 s 轨道或 p 轨道,而是若干个不同类型的、能量相近的原子轨道经叠加混杂、重新分配轨道的能量和调整空间伸展方向,组成了同等数目的能量完全相同的新的原子轨道——杂化轨道,以满足成键需要。

下面以 CH_4 分子的形成过程加以说明:

　　C 原子的外层电子构型为 $2s^2 2p_x^1 2p_y^1$。在与 H 原子结合时，$2s$ 上一个电子被激发到 $2p_z$ 轨道上，激发需要的能量则由分子形成过程中放出的能量予以补偿。激发态 C 原子的四个能量相近的单电子轨道 $2s$、$2p_x$、$2p_y$ 及 $2p_z$ 轨道经叠加混杂、重新组合成四个能量完全相等新的轨道。这种重新组合的过程称为"杂化"（hybridization），组成的新的轨道称"杂化轨道"（hybrid orbital）。C 原子的一个 s 轨道和 3 个 p 轨道杂化而成，故称为 sp^3 杂化轨道。

　　这些 sp^3 杂化轨道不同于 s 轨道，也不同于 p 轨道。但四个 sp^3 轨道完全等同（形状一样，能量相等），由于相互之间的斥力要达到最小，所以四个轨道方向指向正四面体的四个顶角（图 4 - 28）。由于杂化轨道的电子云分布更为集中，因此杂化轨道的成键能力比未杂化的原子轨道的成键能力强，故形成 CH_4 分子后体系能量降低，分子稳定性增强。四个 H 原子的 1s 轨道沿着四个 sp^3 杂化轨道方向分别与之重叠，形成四个 $s-sp^3$ σ 键，从而形成 CH_4 分子。杂化轨道成键时，同样要满足原子轨道最大重叠原理。这就决定了 CH_4 的空间为正四面体形，四个 C—H 键间的夹角为 $109.5°$（图 4 - 29）。

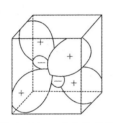

图 4 - 28　sp^3 杂化轨道

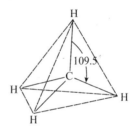

图 4 - 29　CH_4 分子构型

　　杂化轨道理论要点归纳如下：

　　① 孤立的原子的原子轨道本身不会杂化形成杂化轨道，只有当原子相互结合形成分子，需要满足原子轨道的最大重叠时，才发生杂化；

　　② 只有中心原子中能量相近的轨道才有可能发生杂化；能量相近的轨道常见的有 $nsnp$、$nsnpnd$、$(n-1)dnsnp$；

　　③ 杂化前后轨道数目相等，即 n 个原子轨道经杂化后得到 n 个新的杂化轨道；

　　④ 杂化后的轨道形状发生了改变，一头大一头小，使杂化轨道比杂化前的原子轨道具有更强的成键能力；

　　⑤ 不同类型的杂化，杂化轨道的空间取向不同。

4.8.2　杂化轨道的类型

　　根据参与杂化的原子轨道的种类和数目的不同，可将杂化轨道分为以下几类：

　　1. sp 杂化

　　能量相近的 1 个 ns 轨道和一个 np 轨道杂化，可形成两个等价的 sp 杂化轨道。每个 sp

杂化轨道都含 $\dfrac{1}{2}$ 的 s 成分和 $\dfrac{1}{2}$ 的 p 成分,轨道夹角为 $180°$,分子呈直线形。

　　例如,实验测得 $BeCl_2$ 是直线型共价分子,Be 原子位于分子的中心位置,可见 Be 原子应以两个能量相等、成键方向相反的轨道与 Cl 原子成键,这两个轨道就是 sp 杂化轨道。从基态 Be 原子的电子层结构看($1s^2 2s^2$),Be 原子没有未成对电子,所以,Be 原子首先必须将一个 2s 电子激发到空的 2p 轨道上去,再以一个 2s 原子轨道和一个 2p 原子轨道形成 sp 杂化轨道,与 Cl 成键:

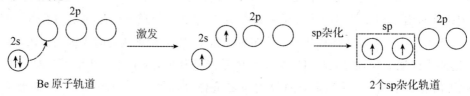

2. sp^2 杂化

　　能量相近的一个 ns 原子轨道与两个 np 原子轨道的杂化称为 sp^2 杂化。每个 sp^2 杂化轨道都含 $\dfrac{1}{3}$ 的 s 成分和 $\dfrac{2}{3}$ 的 p 成分,轨道夹角为 $120°$,轨道的伸展方向指向平面三角形的三个顶点。BF_3 分子结构就是这种杂化类型的例子。硼原子的电子层结构为 $1s^2 2s^2 2p^1$,为了形成 3 个 σ 键,硼的 1 个 2s 电子要先激发到 2p 的空轨道上去,然后经 sp^2 杂化形成三个 sp^2 杂化轨道。

　　B的原子轨道　　　　　　　　　　　　　　　　　　　3个sp^3杂化轨道

　　硼以三个 sp^2 杂化轨道与氟的 2p 轨道重叠,形成 3 个等价的 σ 键,所以 BF_3 分子的空间构型是平面三角形。

3. sp^3 杂化

　　能量相近的一个 ns 原子轨道和三个 np 原子轨道参与的杂化过程,称为 sp^3 杂化。每个 sp^3 杂化轨道都含有 $\dfrac{1}{4}$ 的 s 成分和 $\dfrac{3}{4}$ 的 p 成分,这 4 个杂化轨道在空间的分布如图 4-29 所示,轨道之间的夹角为 $109.5°$。除 CH_4 分子外,CCl_4、SiH_4、ClO_4^- 等分子和离子也是采用 sp^3 杂化方式成键的。

　　在一些高配位的分子中,还常有部分 d 轨道参加杂化。例如,PCl_5 中 P 的价电子构型是 $3s^2 3p^3$,要形成 5 个 σ 键,就必须将 1 个 3s 电子激发到 3d 空轨道上去,组成 sp^3d 杂化轨道参与成键,有 d 轨道参与的杂化形式在配合物中很普遍。

4.8.3　等性杂化和不等性杂化

前面讲过的杂化方式中,参与杂化的轨道均是含有未成对电子的原子轨道,杂化后所得的每个新的原子轨道的能量、成分都相同,其成键能力也相同,这样的杂化方式称为等性杂化。

如果中心原子有未成对电子的原子轨道参与了杂化,杂化后的每个新的原子轨道的能量不等,成分也不完全相同,这类杂化称为不等性杂化。NH_3 和 H_2O 分子就属于这一类。

氮原子的价电子构型为 $2s^2 2p_x^1 2p_y^1 2p_z^1$,在形成 NH_3 分子时,氮的一个 2s 和三个 2p 轨道发生 sp^3 杂化,得到了四个 sp^3 杂化轨道,其中有三个 sp^3 杂化轨道分别被未成对电子占有,和三个 H 原子的 1s 电子形成三个 σ 键,另外一个 sp^3 杂化轨道则被孤电子对所占据,由于孤电子电子云较肥大,含孤电子对的杂化轨道对成键轨道的斥力较大,使成键轨道受到挤压,成键后键角小于 $109.5°$,所以 NH_3 分子呈三角锥形(图 4 - 30a)。另外,氮族的氢化物和卤化物也多形成三角锥形的空间结构。

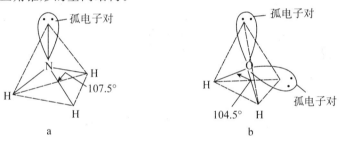

图 4 - 30　$NH_3(a)$ 和 $H_2O(b)$ 水分子的空间结构

同样,H_2O 分子中的 O 原子也是采取 sp^3 不等性杂化,但由于两个 sp^3 杂化轨道分别被孤电子对占据,因此,对其他两个成键轨道的斥力更大,使 H_2O 分子的键角减小到 $104.5°$,形成 V 形结构(图 4 - 30b)。H_2S、OF_2、SCl_2 等分子也都具有类似的结构。

以上介绍了 s 轨道和 p 轨道的三种杂化形式,现简要归纳于表 4 - 19 中。

表 4 - 19　s - p 杂化轨道和分子构型

杂化类型	sp	sp^2	sp^3
	直线形	平面三角形	正四面体形
杂化轨道构型	180° 2个sp杂化轨道	3个sp²杂化轨道	109.5° 4个sp³杂化轨道

续表

孤对电子对数	0	0	0	1	2
分子构型	Cl—Be—Cl 180°	F B F F 120°	H C H H H 109.5	H N H H H	O H H
杂化类型	sp	sp^2	sp^3		
实例	$BeCl_2$,CO_2	BF_3,SO_3	CH_4,CCl_4,$SiCl_4$	NH_3,PH_3	H_2O
键角	180°	120°	109.5°	107.5°	104.5°
分子极性	非极性	非极性	非极性	极性	极性

【例 4 - 9】　用 VSEPR 理论判断 CO_2、SO_2、NF_3 和 I_3^- 的空间构型,并指出其中心原子的杂化轨道类型。

解:

分子	孤电子对 n	VP＝$m+n$	价电子对空间排布	杂化轨道类型	分子空间构型
CO_2	0	2	直线形	sp	直线形
SO_2	1	3	平面三角形	sp^2	V 形
NF_3	1	4	正四面体形	sp^3	三角锥形
I_3^-	2	5	三角双锥形	sp^3d	直线形

　　杂化轨道理论很好地说明了共价分子中形成的化学键以及共价分子的空间构型。但是,对于一个新的或人们不熟悉的简单分子,其中心原子的原子轨道的杂化形式往往是未知的,因而就无法判断其分子空间构型。这时,人们往往先用 VSEPR 理论预测其分子空间构型,而后通过价电子对的空间排布确定中心原子杂化类型,再确定其成键状况。

4.9　分子轨道理论

　　价键理论较好地说明了共价键的形成,并能预测分子的空间构型,但也有局限性。例如对 O_2,按价键理论应为双键结构:$\ddot{O}::\ddot{O}:$,分子内无未成对电子。但这与事实不符,实验测定 O_2 分子具有顺磁性,表明 O_2 分子有未成对电子。又如 H_2^+ 只有一个单电子也能稳定存在。这些价键理论均无法解释。1932 年前后,莫立根(Mulliken)、洪特(Hund)和伦纳德·琼斯(Jones)等人先后提出了分子轨道理论(molecular orbital theory),简称 MO 法。该方法以量子力学为基础,把原子电子层结构的主要概念推广到分子体系中去,很好地说明了上述事实,从另一方面揭示了共价分子形成的本质。本教材对该理论的介绍仅限于第一、二周期的同核双原子分子。

4.9.1　分子轨道理论要点

1. 分子轨道的概念

分子轨道(molecular obiter,MO)和原子轨道(atomic obiter,AO)一样,是一个描述核外电子运动状态的波函数 Ψ。两者的区别在于原子轨道是以一个原子的原子核为中心,描述电子在其周围的运动状态;而分子轨道是以两个或更多个原子核作为中心,分子中的电子不再属于某个原子,而属于整个分子,在整个分子范围内运动。

2. 分子轨道的组成

分子轨道由原子轨道线性组合而成。分子轨道的数目与参与组合的原子轨道数目相等。例如 H_2 中的两个 H,有两个 1s 可组合成两个分子轨道:

$$\Psi_{MO}=c_1\Psi_1+c_2\Psi_2 \qquad \Psi^*_{MO}=c_1\Psi_1-c_2\Psi_2$$

3. 成键轨道与反键轨道

原子轨道组合成分子轨道后,分子轨道能量低于原先原子轨道的称为成键轨道(bonding orbital);分子轨道能量高于原子轨道的称为反键轨道(antibonding orbital)。如图 4-31 所示,其中 E_a、E_b 为原子轨道的能量,E_I、E_{II} 分别为成键和反键轨道的能量。

图 4-31　分子轨道的形成

两个 s 轨道只能"头对头"组合成 σ 成键分子轨道 Ψ_{MO} 和反键分子轨道 Ψ^*_{MO}。组合成的 Ψ_{MO} 和 Ψ^*_{MO} 的能量总和与原来 2 个原子轨道 Ψ^*_{MO}(2 个 s 轨道)的能量总和相等。分子轨道的名称(σ、π)与分子轨道的对称性有关。图 4-32 中分子轨道的符号上带"＊"号的是反键轨道,不带"＊"号的是成键轨道。成键轨道 σ^* 的能量比 AO 低,反键轨道 σ 上比 AO 高。

当原子沿 x 轴接近时,p_x 与 p_x 头对头组合成成键轨道 σ 和反键轨道 σ^*(图 4-32)。

原子轨道组合成分子轨道须遵循对称性匹配、能量相近和轨道最大重叠三原则,称成键三原则。

① 对称性匹配:是指两个原子轨道具有相同的对称性,且重叠部分的正、负号相同时,才能有效地组成分子轨道,如图 4-32 所示。当参与组成分子轨道的原子轨道能量相近时,

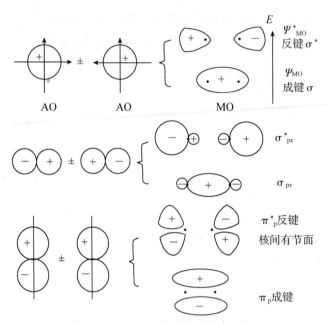

图 4 - 32　s、p 原子轨道组合的分子轨道

可以有效地组成分子轨道。

　　② 能量相近：只有能量相近的原子轨道才能组合成有效的分子轨道。当两个原子轨道能量相差悬殊时，组成的分子轨道则近似于原来的原子轨道，即不能有效地组成分子轨道，这就是能量相近原则。

　　③ 最大重叠：由两个原子轨道组成分子轨道时，成键分子轨道的能量下降的多少近似地正比于两原子轨道的重叠程度，为了有效地组成分子轨道，参与成键的原子轨道重叠程度愈大愈好，这就是轨道最大重叠原则。

　　在成键三原则中，对称性匹配是首要的，它决定原子轨道能否组成分子轨道，而能量相近和最大重叠则决定组合的效率问题。

　　4. 分子轨道中的电子排布

　　分子中的所有电子属于整个分子。电子在分子轨道中依能量由低到高的次序排布。与在原子轨道中排布一样，仍遵循能量最低原理、保里不相容原理和洪特规则。

4.9.2　分子轨道能级图

　　1. 同核双原子分子的分子轨道能级图

　　每种分子的分子轨道都有确定的能量，不同种分子的分子轨道能量是不同的。分子轨道的能级顺序目前主要是由光谱实验数据确定的。将分子轨道按能级的高低排列起来，就可获得分子轨道的能级图。第二周期元素形成的同核双原子分子的分子轨道能级示意图见

图 4-33。同核双原子分子的分子轨道能级图分为 a 图和 b 图两种。a 图适用于 O_2、F_2 分子；b 图适用于 B_2、C_2、N_2 等分子。必须注意 a 图和 b 图之间的差别。

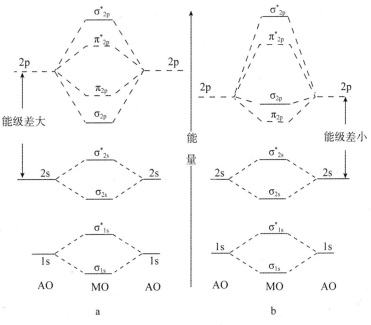

图 4-33 同核双原子分子的分子轨道能级图

比较图 4-33 中的分子轨道能级示意图，可看到两图的 σ_{2p} 和 π_{2p} 能级次序不同。a 图中 2s 和 2p 轨道能量差较大，当两个相同原子靠近时，不会发生能级交错现象，所以 a 图中 σ_{2p} 的能级比 π_{2p} 低；b 图中，2s 和 2p 轨道能量差较小，当两个相同原子靠近时，发生能级交错现象，所以 σ_{2p} 能级比 π_{2p} 能级高。注意分子轨道的数目和组成分子的原子轨道的数目相同，即两个 2s 原子轨道组成 σ_{2s} 和 σ_{2s}^* 两个分子轨道，6 个 2p 原子轨道组成的 6 个分子轨道中，2 个是 σ 轨道（即 σ_{2p} 和 σ_{2p}^*），4 个是 π 分子轨道（即 π_{2py}、π_{2pz} 和 π_{2py}^*、π_{2pz}^*），π_{2py} 和 π_{2pz} 轨道的形状相同，能量相等，称为简并分子轨道，同样，π_{2py}^* 和 π_{2pz}^* 也是简并分子轨道。

2. 键级

键级（bond order）是一个描述键的稳定性的物理量。在价键理论中，用成键原子间共价单键的数目表示键级。在分子轨道理论中键级的定义为：

$$键级 = \frac{成键轨道上的电子数 - 反键轨道上的电子数}{2} \qquad (4-20)$$

对于同核双原子分子，由于内层分子轨道上都已充填了电子，成键分子轨道上的电子使分子系统的能量降低，与反键分子轨道上的电子使分子系统的能量升高基本相同，互相抵消，可以认为它们对键的形成没有贡献，所以，键级也可用下式计算：

$$键级 = \frac{外层成键轨道上的电子数 - 外层反键轨道上的电子数}{2} \qquad (4-21)$$

键级越大,表示形成分子的原子间键强度越大,分子越稳定。

3. 应用示例

下面通过几个具体的双原子分子的讨论,了解分子轨道理论的应用。

【例 4 - 10】 写出 H_2 分子的分子轨道电子排布式。

解:H_2 分子轨道能级示意图见图 4 - 34,电子填充在成键轨道中,能量比在原子轨道中低。H_2 的电子排布式又可以写成:$(1s)^2$。可用键级表示分子中键的个数:H_2 分子中,键级 $=(2-0)/2=1$(单键)。

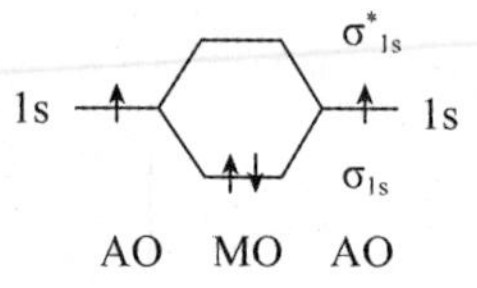

图 4 - 34　H_2 分子轨道图

【例 4 - 11】 写出 He_2 分子与 He_2^+ 离子的分子轨道电子排布式。

解:He_2 分子轨道能级示意图见图 4 - 35,所以 He_2 分子电子排布式为:$(\sigma_{1s})^2(\sigma_{1s}^*)^2$,键级 $=(2-2)/2=0$。

由于填充满了一对成键轨道和反键轨道,故分子的能量与原子单独存在时能量相等,键级为零。He 之间无化学键,即 He_2 分子不存在。

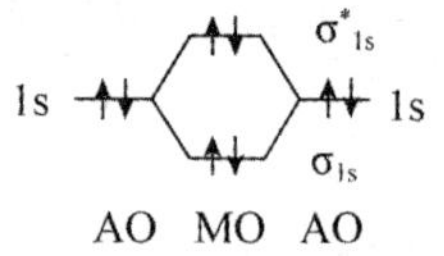

图 4 - 35　He_2 分子轨道图

He_2^+ 离子比 He_2 分子少一个电子,所以电子排布式为:$(\sigma_{1s})^2(\sigma_{1s}^*)^1$。由于只有一个电子进入反键轨道,故体系能量下降,因此 He_2^+ 可以存在。键级 $=(2-1)/2=\dfrac{1}{2}$。He_2^+ 离子中的键称为单电子键。

He_2^+ 的存在用价键理论不好解释,没有两个单电子的成对问题。但用分子轨道理论则认为有半键。这是分子轨道理论较现代价键理论的成功之处。

【例 4 - 12】 写出 N_2 分子的分子轨道电子排布式。

解:N_2 分子的 14 个电子的分子轨道能级图为图 4 - 33b,所以电子排布式为:

$$N_2:\left[(\sigma_{1s})^2(\sigma_{1s}^*)^2(\sigma_{2s})^2(\sigma_{2s}^*)^2(\pi_{2py})^2(\pi_{2pz})^2(\sigma_{2px})^2\right]。$$

由于内层电子离核近,受到原子核的束缚大,在形成分子时实际上不起作用,所以在分子轨道电子排布式中常用电子层符号代替(当 $n=1$ 时用 KK 表示,$n=2$ 时用 LL 表示)。故分子的电子排布式可简化成:

$$N_2:\left[KK(\sigma_{2s})^2(\sigma_{2s}^*)^2(\pi_{2py})^2(\pi_{2pz})^2(\sigma_{2px})^2\right]。$$ 键级 $=(8-2)/2=3$。因此,N_2 分子是三键结构。

【例 4 - 13】 写出 O_2、O_2^-、O_2^{2-} 电子排布式,计算键级,并判断是否有顺磁性。

解:O_2 分子或离子的电子按图 4 - 33 所示的分子轨道能级图填充,所以电子排布式分别为:

$$O_2:\left[KK(\sigma_{2s})^2(\sigma_{2s}^*)^2(\sigma_{2px})^2(\pi_{2py})^2(\pi_{2pz})^2(\pi_{2py}^*)^1(\pi_{2pz}^*)^1\right];$$

$$O_2^-:\left[KK(\sigma_{2s})^2(\sigma_{2s}^*)^2(\sigma_{2px})^2(\pi_{2py})^2(\pi_{2pz})^2(\pi_{2py}^*)^2(\pi_{2pz}^*)^1\right];$$

$$O_2^{2-}:\left[KK(\sigma_{2s})^2(\sigma_{2s}^*)^2(\sigma_{2px})^2(\pi_{2py})^2(\pi_{2pz})^2(\pi_{2py}^*)^2(\pi_{2pz}^*)^2\right]。$$

由电子排布式可判断键级和磁性：

O_2：键级＝(8－4)/2＝2；有单电子存在，顺磁性；

O_2^-：键级＝(8－5)/2＝1.5；有单电子存在，顺磁性；

O_2^{2-}：键级＝(8－6)/2＝1；无单电子存在，抗磁性；

键级由大到小的顺序是 O_2、O_2^-、O_2^{2-}；键级越大，键越强，所以键由强到弱的顺序为 O_2、O_2^-、O_2^{2-}。

4.10　晶体结构

物质通常呈气、液、固三态。通常人们说的"固体"可分为晶体和非晶体两大类。自然界中大多数固体物质是晶体，这里讨论晶体物质的结构与物理性质的关系。

4.10.1　晶体的特征

与非晶体相比，晶体具有固定的几何外形、有确定的熔点、有各向异性等特征。

从外观看，晶体一般都具有一定的几何外形，如食盐为立方体，石英为六角柱体等。非晶体如玻璃、松香、沥青、琥珀等，没有一定的几何外形，所以又称无定形体。还有一些物质如炭黑，虽然无固定形状，但人们发现它是由极微小的晶粒组成的，这些晶粒比一般晶体小千百倍，所以这种物质叫微晶体。

晶体内部质点呈有规律的排布，并贯穿于整个晶体，为长程有序性。晶体内部的这种长程有序性，使得晶体具有区别于无定形体的一些共同的特征。晶体的另一重要特征是它具有一定的熔点；而无定形体则没有固定的熔点，只有软化温度范围（如玻璃、石蜡等）。晶体还有一些其他的共性，如晶体具有均匀性，即一块晶体内各部分的宏观性质（如密度、化学性质等）相同。晶体的另一特征是各向异性（anisotropy），即在晶体的不同方向上具有不同的物理性质，如光学性质、电学性质、力学性质和导热性质等在晶体的不同方向上往往是各不相同的；而无定形体则是各向同性（isotropy）的。如石墨特别容易沿层状结构方向断裂成薄片，石墨在与层平行方向上的电导率要比与层垂直方向上的电导率高一万倍以上。再如，从不同方向观察红宝石或蓝宝石，会发现宝石的颜色不同，这是由于方向不同，晶体对光的吸收性质不同。

单一的晶体多面体叫作单晶。有时两个体积大致相等的单晶按一定规则生长在一起，叫作双晶；许多单晶以不同取向连在一起，叫作晶簇。有的晶态物质（例如用于雕塑的大块"汉白玉"），看不到规则外形，是多晶，是许多肉眼看不到的小晶体的集合体。有的多晶压成粉末，放到光学显微镜或电子显微镜下观察，仍可看到整齐规则的晶体外形。

晶体与无定形体之间并无绝对严格的界限,在一定的条件下它们可以相互转化。例如,自然界中的二氧化硅,可形成石英晶体,也可形成无定形体石英玻璃等,若适当改变固化条件,非晶态可转化为结晶态。

4.10.2　晶体的内部特征

从 X 射线研究的结果得知,晶体是由在空间上排列得很有规则的结构单元(可以是离子、原子或分子等)组成的。人们把晶体中具体的结构单元抽象为几何学上的点称为结点,把它们连接起来,构成不同形状的空间网格,称晶格,见图 4-36。晶格中的格子都是六面体。设想将晶体结构裁成一个个彼此互相并置而且等同的平行六面体的最基本单元,这些基本单元就是晶胞(unit cell)。换言之,整个晶体就是由这些基本单元(晶胞)在三维空间无间隙地堆砌构成的。因此,晶胞是晶格的最小基本单位。晶胞是一个平行六面体。同一晶体中其相互平行的面上结构单元的种类、数目、位置和方向相同。但晶胞的三条边的长度不一定相等,也不一定互相垂直。晶胞的形状和大小用晶胞参数表示,即用晶胞三条边的长度 a、b、c 和三条边之间的夹角 α、β、γ 表示,如图 4-37 所示。

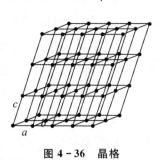

图 4-36　晶格

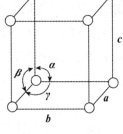

图 4-37　晶胞

常见的晶体中,除离子晶体外,原子晶体、分子晶体和金属晶体中原子之间的相互作用都表现为以共价性为主,但晶体内部质点间的作用力却不相同。原子晶体中质点间的作用力全是共价键,而金属晶体和分子晶体中质点间的作用力分别是金属键和分子间力。前面的内容已对共价键作了较详细的介绍。这里先介绍几种常见的晶体类型,重点介绍离子晶体、分子晶体及分子间作用力和氢键。

4.10.3　晶体的分类

1. 按晶体的对称性分类

尽管晶体在自然界有成千上万种,但根据晶胞形状,即晶胞的边长和夹角(晶胞参数)的不同,只能归结为七大类,即七个晶系。表 4-20 列出了七大晶系的名称、晶胞参数的特征和实例。

表 4 - 20　七大晶系

晶　系	晶　胞　类　型	实　例
立方晶系	$a=b=c$　$\alpha=\beta=\gamma=90°$	$NaCl$、$CsCl$、CaF_2、金属 Cu
四方晶系	$a=b\neq c$　$\alpha=\beta=\gamma=90°$	SnO_2、TiO_2、$NiSO_4$、金属 Sn
六方晶系	$a=b\neq c$　$\alpha=\beta=90°,\gamma=120°$	AgI、石英(SiO_2)、ZnO、石墨
菱形晶系	$a=b=c$　$\alpha=\beta=\gamma\neq90°<120°$	方解石($CaCO_3$)、Al_2O_3、As、Bi
斜方晶系	$a\neq b\neq c$　$\alpha=\beta=\gamma=90°$	HIO_3、$NaNO_2$、$MgSiO_4$、斜方硫
单斜晶系	$a\neq b\neq c$　$\alpha=\beta=90°,\gamma>90°$	$KClO_3$、KNO_2、单斜 S
三斜晶系	$a\neq b\neq c$　$\alpha\neq\beta\neq\gamma$	$CuSO_4\cdot5H_2O$、$K_2Cr_2O_7$、高岭土

2. 按结构单元间作用力分类

晶体的性质不仅和结构单元的排列规律有关,更主要的,还和结构单元间结合力的性质有密切关系。根据晶胞结构单元间作用力性质的不同,又可把晶体分成四个基本类型:离子晶体、原子晶体、金属晶体和分子晶体。

（1）离子晶体

离子晶体(ionic crystal)中晶胞的结构单元上交替排列着正、负离子,例如 $NaCl$ 晶体是由正离子 Na^+ 和负离子 Cl^- 组成的。破坏离子晶体时,要克服离子间的静电引力。由于离子间的静电引力比较大,所以离子晶体具有较高的熔点和较大的硬度,而多电荷离子组成的晶体则更为突出。离子晶体是电的不良导体,因为离子都处于固定位置上(仅有振动),离子不能自由运动。不过当离子晶体熔化时(或溶解在极性溶剂中),能变成良好导体,因为此时离子能自由运动了。一般离子晶体比较脆,机械加工性能差。

（2）原子晶体

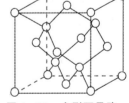

图 4 - 38　金刚石晶胞

原子晶体中组成晶胞的结构单元是中性原子,结构单元间以强大的共价键相联系。由于共价键有高度的方向性,往往阻止这些物质取得紧密堆积结构。例如金刚石中,C 原子以 sp^3 杂化轨道成键,每个 C 原子周围形成 4 个 C—C 共价键(图 4 - 38)。

破坏原子晶体时必须破坏原子间的共价键,因此原子晶体具有很高的熔点和硬度。原子晶体是不良导体,即使在熔融时导电性也很差,在大多数溶剂中都不溶解。石英(SiO_2)也是原子晶体,它有多种晶型。其中 α-石英俗称水晶,具有旋光性,是旋光仪的主要光学部件材料。常见的原子晶体还有碳化硅(SiC)、碳化硼(B_4C)和氮化铝(AlN)等。

（3）分子晶体

分子晶体中晶胞的结构单元是分子,这些分子通过分子间的作用力相结合,此作用力要比分子内的化学键力小得多,因此分子晶体的熔点和硬度都很低,分子晶体多数是电的不良导体,因为电子不能通过这类晶体而自由运动。非金属单质、非金属化合物分子和有机化合物大多数形成分子晶体,例如硫、磷、碘、萘、非金属硫化物、氢化物、卤化物、尿素、苯甲酸等。

（4）金属晶体

金属晶体中晶胞的结构单元上排列着的是中性原子或金属正离子,结构单元间靠金属键相结合。

4.10.4　离子晶体

由离子键形成的化合物叫离子型化合物。离子型化合物虽然在气态可以形成离子型分子,但主要还是以晶体状态出现。例如,氯化钠、氯化铯晶体,它们晶格结点上排列的是正离子和负离子,晶格结点间的作用力是离子键。一般负离子半径较大,可看成是负离子的等径圆球做密堆积,而正离子有序地填在四面体孔隙或八面体孔隙中。离子晶体晶格结点上排列的是离子,我们从离子的特点入手来认识离子晶体的相关知识。

简单离子可以看成带电的球体,它的特征主要从离子电荷、离子的电子构型和离子半径3个方面入手。对于复杂离子,还要讨论其空间构型等问题。

1. 离子电荷

离子电荷是简单离子的核电荷(正电荷)与它的核外电子的负电荷的代数和。如：Na^+ 和 Ag^+ 的离子电荷都是 $+1$,在它们周围呈现的正电场的强弱不相等,否则难以理解 NaCl 与 AgCl 在性质上为何有如此巨大的差别。由此可见,离子电荷在本质上只是离子的形式电荷。

Na^+ 和 Ag^+ 的形式电荷都等于 $+1$,有效核电荷(Z^*)却并不相等。不难理解 Ag^+ 离子的有效电荷大大高于 Na^+ 离子的。这是由于它们的电子层构型不同。

2. 离子构型

通常把处于基态的离子电子层构型简称为离子构型。负离子的构型大多数呈稀有气体构型,即最外层电子数等于 8。正离子则较复杂,可分如下 5 种情况：

① 2e 构型。第二周期的正离子的电子层构型为 2e 构型,如 Li^+、Be^{2+} 等。

② 8e 构型。从第三周期开始的 I A、II A 族元素正离子的最外层电子层为 8e,简称 8e 构型,如 Na^+ 等;Al^{3+} 也是 8e 构型;III B～VII B 族元素的最高价也具有 8e 构型[不过电荷高于 $+4$ 的带电原子(如 Mn^{7+})并不以正离子的方式存在于晶体之中]。

③ 18e 构型。I B、II B 族元素表现族价时,如 Cu^+、Zn^{2+} 等,具有 18e 构型;p 区过渡后元素表现族价时,如 Ga^{3+}、Pb^{4+} 等也具有 18e 构型。

④ 9～17e 构型。d 区元素表现非族价时最外层有 9～17 个电子,如 Mn^{2+}、Fe^{2+}、Fe^{3+} 等。

⑤ 18＋2e 构型。p 区的金属元素低于族价的正价,如 Tl^+、Sn^{2+}、Pb^{2+} 等,它们的最外层为 2e,次外层为 18e,称为 18＋2e 构型。

在离子电荷和离子半径相同的条件下,离子构型不同,正离子的有效正电荷的强弱不同,顺序为:8e<9~17e<18e 或 18＋2e。这是由于,d 电子在核外空间的概率分布比较松散,对核内正电荷的屏蔽作用较小,所以 d 电子越多,离子的有效正电荷越大。

3. 离子半径

离子半径是根据实验测定的离子晶体中正、负离子的平衡核间距估算得出的。离子晶体的核间距可用 X 射线衍射的实验方法十分精确地测定出来,但单有核间距还不行,必须先给定其中一种离子的半径,才能算出另一种离子的半径。

1927 年,泡林将氧离子的半径定为 140pm,氟离子的半径定为 136pm,以此为基础,得出一套离子半径数据,即泡林(离子)半径。

泡林半径的思想大致有如下三个要点:

① 具有相同电子层构型的离子半径随核电荷增大而成比例地缩小。例如,泡林认为,Na^+ 离子和 F^- 离子的电子层构型都是 $1s^2 2s^2 2p^6$,核电荷数分别为 ＋11 和 ＋9,前者比后者大 30％,因而前者的半径也应该相应比后者小 30％。经测定,NaF 晶体中阴、阳离子的平衡核间距为 231pm,按这种假设:

$$r(Na^+) = (1-30\%)r(F^-) = 0.7r(F^-)$$
$$r(Na^+) + r(F^-) = 231pm$$
$$1.7r(F^-) = 231pm$$

即:$r(F^-) = 136pm$;$r(Na^+) = 95pm$

② 测得 KCl 晶体中阴、阳离子核间距为 314pm,但与 K^+ 和 Cl^- 同构型的 Ar 的主量子数为 3,大于与 Na、F 同构型的 Ne 的主量子数,K^+ 与 Cl^- 的半径比应跟 Na^+ 与 F^- 的半径比有所不同,要作适当修正(约 26.5％),泡林修正的结果为 133pm 和 181pm。以此为基准,泡林根据实验测得的晶胞参数推出大量 8e 构型离子的半径。

③ 泡林又对非 8e 构型离子的半径做适当修正,得出非 8e 构型离子的半径。这是因为非 8e 构型的离子比起 8e 构型的离子有较大的有效核电荷,将使核间距相应缩小些。

4. 离子晶体结构模型

离子晶体结构模型常见有下面五种类型:

① CsCl(氯化铯)配位数 $\frac{8}{8}$;② NaCl(岩盐)配位数 $\frac{6}{6}$;③ ZnS(闪锌矿)配位数 $\frac{4}{4}$;④ CaF_2(萤石)配位数 $\frac{8}{4}$;⑤ TiO_2(金红石)配位数 $\frac{6}{3}$。最具有代表性的离子晶体结构类型如图 4 - 39 示。许多离子晶体或与它们结构相同,或是它们的变形。各模型的实例如表 4 - 21 所示。

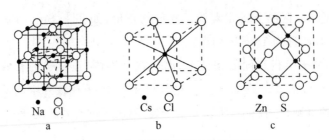

图 4 - 39　几种常见离子晶体结构模型

表 4 - 21　各种模型的实例

晶体结构型	实　　例
氯化铯型	$CsCl, CsBr, CsI, TlCl, NH_4Cl$
氯化钠型	锂、钠、钾、铷的卤化物,氟化银,镁、钙、锶、钡的氧化物、硫化物、硒化物
闪锌矿型	铍的氧化物、硫化物、硒化物
萤石型	钙、铅、汞(Ⅱ)的氟化物,锶和钡的氯化物,硫化钾
金红石型	钛、锡、铅、锰的二氧化物,铁、镁、锌的二氟化物

5. 离子极化

离子和分子一样,在阳、阴离子自身电场作用下,产生诱导偶极,导致离子的极化,即离子的正、负电荷中心不再重合,致使物质在结构和性质上发生相应的变化。

(1) 离子的极化作用和变形性

离子本身带有电荷,所以电荷相反的离子相互接近时就有可能发生极化,也就是说,它们在相反电场的影响下,电子云发生变形。一种离子使异号离子极化而变形的作用,称为该离子的"极化作用"。被异号离子极化而发生离子电子云变形的性能,称为该离子的"变形性"或"可极化性"。

虽然无论阳离子或阴离子都有极化作用和变形性的两个方面,但是阳离子半径一般比阴离子小,电场强,所以阳离子的极化作用大,而阴离子则变形性大。

1) 离子的极化作用

离子的极化作用符合下列规律:

① 离子正电荷数越大,半径越小,极化作用越强。

② 不同电子构型的离子,离子极化作用依次为:8 电子构型＜9～17 电子构型＜18 电子和 18＋2 电子构型。

③ 电子构型相似,所带正电荷相同的离子,半径越小,极化作用越大。如:Mg^{2+}＞Ba^{2+}。

2) 离子的变形性

离子的变形性符合下列规律:

① 简单阴离子的负电荷数越高,半径越大,变形性越大。如:$S^{2-}>O^{2-}>F^-<Cl^-<Br^-$。

② 18 电子构型和 9～17 不规则电子构型的阳离子其变形性大于半径相近、电荷相同的 8 电子构型的阳离子的变形性。如:$Ag^+>Na^+,K^+;Hg^{2+}>Mg^{2+},Ca^{2+}$。

③ 对于一些复杂的无机阴离子,因为形成结构紧密、对称性强的原子基团,变形性通常是不大的。而且复杂阴离子中心离子的氧化数越高,变形性越小。

常见一价和二价阴离子(引入水分子对比),按照变形性增加的顺序对比如下:$ClO_4^-<F^-<NO_3^-<H_2O<OH^-<CN^-<Cl^-<Br^-<I^-\ SO_4^{2-}<H_2O<CO_3^{2-}<O^{2-}<S^{2-}$。

(2) 附加极化

正、负离子一方面作为带电体,使邻近异号离子发生变形,同时本身在异号离子作用下也会发生变形,阴、阳离子相互极化的结果,彼此的变形性增大,进一步加强了异号离子的相互极化作用,这种加强的极化作用称为附加极化作用。

每个离子的总极化作用应是它原来的极化作用和附加极化作用之和。

离子的外层电子结构对附加极化的大小有很重要的影响。18 电子构型和 9～17 电子构型极化作用和变形性均较大,可直接影响化合物的一些性质。

(3) 离子极化对化学键型的影响

由于阳、阴离子相互极化,电子云发生强烈变形,而使阳、阴离子外层电子云重叠。相互极化越强,电子云重叠的程度也越大,键的极性也越弱,键长缩短,从而由离子键过渡到共价键(图 4 - 40)。

离子极化作用增强

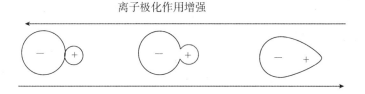

极化作用增强、键的共价性增强

图 4 - 40　离子极化对键型的影响示意图

(4) 离子极化对化合物性质的影响

离子极化对化合物性质的影响有以下几个方面:

1) 化合物的溶解度降低

离子的相互极化改变了彼此的电荷分布,导致离子间距离缩短和轨道重叠,离子键逐渐向共价键过渡,使化合物在水中的溶解度变小。

由于极性分子的吸引,以离子键结合的无机化合物一般是可溶于水的,而共价型的无机晶体,却难溶于水,如氟化银易溶于水,而 AgCl、AgBr、AgI 的溶解度依次递减。这主要是因为 F^- 离子半径很小,不易发生变形,Ag^+ 和 F^- 的相互极化作用小,AgF 属于离子晶型物质,可溶于水。银的其他卤化物,随着 $Cl\rightarrow Br\rightarrow I$ 的顺序,共价程度增强,它们的溶解性就依次递减了。

　　为什么 Cu^+ 和 Ag^+ 的离子半径和 Na^+、K^+ 近似，它们的卤化物溶解性的差别很大呢？

　　这是由于 Cu^+ 和 Ag^+ 离子的最外电子层构型与 Na^+、K^+ 不同，造成了它们对原子核电荷的屏蔽效应有很大的差异。Cu^+、Ag^+ 对阴离子的电子云作用的有效核电荷要比 Na^+、K^+ 大得多。因而它们的卤化物、氢氧化物等都很难溶。

　　影响无机化合物溶解度的因素是很多的，但离子的极化往往起很重要的作用。

　　2）晶格类型的转变

　　由于相互极化作用，AgF（离子型）→AgCl→AgBr→AgI（共价型），键型的过渡缩短了离子间的距离，晶体的配位数要发生变化。

　　如硫化镉的离子半径比 $r_+/r_- = 0.53$，它应属于 NaCl 型晶体。实际上，CdS 晶体却属于 ZnS 型，原因就在于 Cd^{2+} 离子部分地钻入 S^{2-} 的电子云中，犹如减小了离子半径比，使之不再等于正、负离子半径比的理论比值 0.53，而减小到 <0.414，因而晶型改变。

　　3）化合物颜色的加深

　　同一类型的化合物离子相互极化越强，颜色越深，如：AgF（乳白）、AgCl（白）、AgBr（浅黄）、AgI（黄）；$PbCl_2$（白）、$PbBr_2$（白）、PbI_2（黄）；Hg_2Cl_2（白）、HgI_2（红）。

　　在某些金属的硫化物、硒化物、硫化物以及氧化物与氢氧化之间，均有此种现象。

4.10.5　分子晶体

　　分子晶体中晶胞的结构单元是分子，通过分子间的作用力相结合。在分子晶体中，分子之间的作用力是分子间力（范德华力和氢键）。分子间力相对于金属键、离子键和共价键等化学键是一种很弱的作用力，当分子相互接近到一定程度时，就存在分子间力。气体分子能凝聚成液体、固体主要是靠这种作用力，其作用力虽小，但对物质的物理性质（如熔点、溶解度等）的影响却很大。分子晶体的熔点很低，例如干冰晶体和碘晶体。

　　分子晶体的熔点和硬度都很低。分子晶体多数是电的不良导体，因为电子不能通过这类晶体而自由运动。非金属单质、非金属化合物分子和有机化合物大多数形成分子晶体，例如硫、磷、碘、萘、非金属硫化物、氢化物、卤化物、尿素、苯甲酸等。

　　在任何一个分子中都可以找到一个正电荷中心和一个负电荷中心，根据两个电荷中心是否重合，可以把分子分为极性分子和非极性分子。正、负电荷中心不重合的分子叫极性分子（polar molecule），正、负电荷中心重合的分子叫非极性分子（nonpolar molecule）。

　　对同核双原子分子，由于两个原子的电负性相同，两个原子之间的化学键是非极性键，分子是非极性分子；如果是异核双原子分子，由于电负性不同，两个原子之间的化学键为极性键，即分子的正电荷中心和负电荷中心不会重合，分子是极性分子，如 HCl、CO 等。

　　对于复杂的多原子分子来说，如果是相同原子组成的分子，分子中只有非极性键，那么分子通常是非极性分子,单质分子大都属此类,如 P_4、S_8 等。如果组成原子不相同,那么分子的极性不仅与元素的电负性有关,还与分子的空间结构有关。例如,SO_2 和 CO_2 都是三原子分子,都是由极性键组成,但 CO_2 的空间结构是直线型,键的极性相互抵消,分子的正、负电荷中心重合,分子为非极性分子。而 SO_2 的空间构型是角型,正、负电荷中心不重合,分子为极性分子。

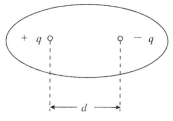

图 4-41　分子的偶极矩

　　分子极性的大小常用偶极矩(dipole moment)μ 来量度。偶极矩的概念是德拜(Debye)在 1912 年提出的。在极性分子中,正、负电荷中心的距离称偶极长,用符号 d 表示,单位为米(m);正、负电荷所带电量为 $+q$ 和 $-q$,单位为库仑(C);系统偶极矩 μ 的大小等于 q 和 d 的乘积(图 4-41):

$$\mu = q \cdot d \tag{4-22}$$

偶极矩是个矢量,规定它的方向为从正电荷中心指向负电荷中心。偶极矩的 SI 单位是库仑·米(C·m),实验中常用德拜(D)来表示:

$$1D = 3.336 \times 10^{-30} C \cdot m$$

例如,H_2O 的偶极矩 $\mu(H_2O) = 6.17 \times 10^{-30}$ C·m = 1.85D。

　　实际上,偶极矩是通过实验测得的。根据偶极矩大小可以判断分子有无极性,比较分子极性的大小。$\mu = 0$,为非极性分子;μ 值愈大,分子的极性愈大。表 4-22 列出了一些物质分子的偶极矩实验数据。

表 4-22　一些物质分子的偶极矩和分子的几何构型

分子	$\mu/(10^{-30}C \cdot m)$	几何构型	分子	$\mu/(10^{-30}C \cdot m)$	几何构型
H_2	0.0	直线形	HF	6.4	直线形
N_2	0.0	直线形	HCl	3.4	直线形
CO_2	0.0	直线形	HBr	2.6	直线形
CS_2	0.0	直线形	HI	1.3	直线形
CH_4	0.0	正四面体形	H_2O	6.1	V 形
CCl_4	0.0	正四面体形	H_2S	3.1	V 形
CO	0.37	直线形	SO_2	5.4	V 形
NO	0.50	直线形	NH_3	4.9	三角锥形

　　偶极矩还可帮助判断分子可能的空间构型。例如,NH_3 和 BCl_3 都是由四个原子组成的分子,可能的空间构型有两种:一种是平面三角形,一种是三角锥形。实验测得它们的偶极矩 μ 分别是 $\mu(NH_3) = 5.00 \times 10^{-30}$ C·m,$\mu(BCl_3) = 0.00$ C·m。由此可知,BCl_3 分子是平面三角形构型,而 NH_3 分子是三角锥形构型。

　　双原子分子的偶极矩就是极性键的键矩。多原子分子的偶极矩是各键矩的矢量和,如

H_2O 分子等。

非极性分子偶极矩为零,但各键矩不一定为零,如 BCl_3。极性分子的偶极矩称为永久偶极。非极性分子在外电场的作用下,可以变成具有一定偶极矩的极性分子,如图 4-42 所示。

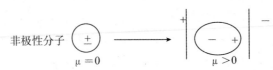

非极性分子　$\mu=0$　　　　　　$\mu>0$

图 4-42　非极性分子在外电场的作用

而极性分子在外电场作用下,其偶极也可以增大。在电场的影响下产生的偶极称为诱导偶极,如图 4-43 所示。

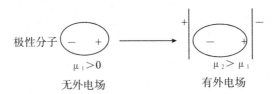

极性分子　$\mu_1>0$　　　　　　$\mu_2>\mu_1$

无外电场　　　　　　　有外电场

图 4-43　极性分子在外电场作用

诱导偶极用 $\mu_{诱}$ 表示,其强度大小和电场强度成正比,也和分子的变形性成正比。所谓分子的变形性,即分子的正、负电荷中心的可分程度,分子体积越大,电子越多,变形性越大。

非极性分子在无外电场作用时,由于运动、碰撞,原子核和电子的相对位置变化。其正、负电荷中心可有瞬间的不重合;极性分子也会由于上述原因改变正、负电荷中心。

这种由于分子在一瞬间正、负电荷中心不重合而造成的偶极叫瞬间偶极。瞬间偶极和分子的变形性大小有关。

1. 分子间作用力——范德华力

分子内原子间的结合靠化学键,物质中分子间存在着分子间作用力。

化学键的结合能一般在 $10^2 kJ \cdot mol^{-1}$ 数量级,而分子间作用力的能量只有几个 $kJ \cdot mol^{-1}$。分子间作用力又分为以下几种作用力:

(1) 取向力

极性分子之间的永久偶极与永久偶极间的作用力称为取向力,它仅存在于极性分子之间,作用力正比于 μ^2。

(2) 诱导力

极性分子与非极性分子间的永久偶极与诱导偶极之间的作用力称为诱导力。极性分子作为电场,使非极性分子产生诱导偶极,或使极性分子的偶极增大(也产生诱导偶极),这时诱导偶极与永久偶极之间产生诱导力。因此,诱导力存在于极性分子与非极性分子之间,也存在于极性分子与极性分子之间。

（3）色散力

非极性分子与非极性分子间的瞬间偶极与瞬间偶极之间有色散力的产生。由于各种分子均有瞬间偶极,故色散力存在于极性分子和极性分子之间,极性分子和非极性分子之间及非极性分子和非极性分子之间。

色散力不仅存在广泛,而且在分子间力中,色散力是主要的(见下面的数据)。

表 4 - 23　一些分子的分子间作用能(分子间距离 500pm,温度 298.15K)

结合能/$(kJ \cdot mol^{-1})$	取向力	诱导力	色散力
Ar	0	0	8.49
HCl	3.305	1.104	16.82

取向力、诱导力和色散力统称为范德华力,它们具有以下共性:①永远存在于分子之间;②作用力很小;③无方向性和饱和性;④是近程力,$F \propto \dfrac{1}{r^7}$;⑤经常是以色散力为主。如He、Ne、Ar、Kr、Xe 从左到右原子半径(分子半径)依次增大,变形性增大,色散力增强,分子间结合力增大,故沸点依次增高。可见,物质的熔点、沸点等物理性质与范德华力的大小有关。

2. 氢键

根据前面有关分子间力的讨论,分子间力一般随相对分子质量的增大而增大。p 区同族元素氢化物的熔点、沸点从上到下升高,而 NH_3、H_2O 和 HF 却例外。如 H_2O 的熔点、沸点比 H_2S、H_2Se 和 H_2Te 都要高。H_2O 还有许多反常的性质,如特别大的介电常数、比热容以及密度等。又如实验证明,有些物质的分子不仅在液相,甚至在气相都处于紧密的缔合状态。例如 HF 分子气相为二聚体$(HF)_2$,HCOOH 分子气相也为二聚体$(HCOOH)_2$。根据甲酸二聚体在不同温度的解离度,可求得它的解离能为 $59.0 kJ \cdot mol^{-1}$,这个数据显然远远大于一般的分子间力。对$(HF)_2$和甲酸二聚体的结构测定表明,它们具有如图 4 - 44 所示的结构。这些反常的现象除与分子间力有关外,还存在另外一种力——这些反常分子间还存在氢键(hydrogen bond)。

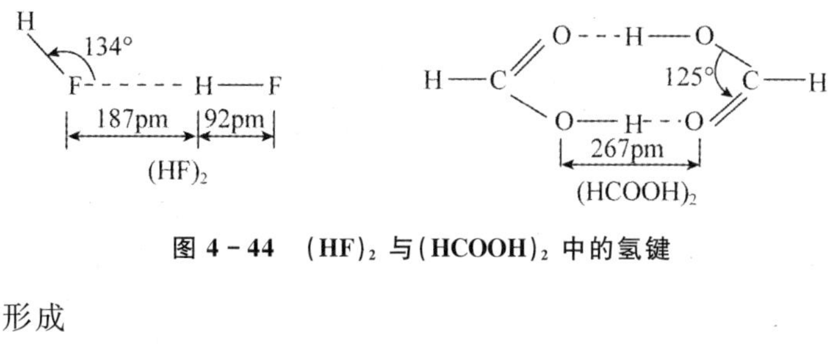

图 4 - 44　$(HF)_2$ 与 $(HCOOH)_2$ 中的氢键

（1）氢键的形成

当氢与电负性很大、半径很小的原子 X(X 可以是 F、O、N 等高电负性元素)形成共价键时,共用电子对强烈偏向于 X 原子,因而氢原子几乎成为半径很小、只带正电荷的裸露的质子。这个几乎裸露的质子能与电负性很大的其他原子(Y)相互吸引,也可以和另一个 X 原子相互吸引,形成氢键。以 HF 为例,F 的电负性相当大,r 相当小,电子对偏向 F,而 H 几乎成了质子。这种 H 与其他分子中电负性相当大、r 小的原子相互接近时,产生一种特殊的分子间力——氢键。如 F—H ⋯F—H;又如水分子之间的氢键:

氢键的形成有两个条件:即要有与电负性大且 r 小的原子(F,O,N)相连的 H;而且在附近要有电负性大、r 小的原子(F,O,N)。一般在 X—H⋯X(Y)中,把"⋯"称作氢键。在化合物中,容易形成氢键的元素有 F、O、N,有时还有 Cl、S。氢键的强弱与这些元素的电负性大小、原子半径大小有关,这些元素的电负性愈大,氢键愈强;这些元素的原子半径愈小,氢键也愈强。氢键的强弱顺序为:

$$F—H\cdots F > O—H\cdots O > N—H\cdots N > O—H\cdots O > O—H\cdots Cl > O—H\cdots S$$

(2) 氢键的特点

① 饱和性和方向性

氢键有两个与范德华力不同的特点,那就是它的饱和性和方向性。氢键的饱和性表示一个 X—H 只能和一个 Y 形成氢键,这是因为氢原子半径比 X、Y 小得多,如果另有一个 Y 原子接近它们,则受到 X 和 Y 原子的排斥力比受氢原子的吸引力大得多,所以 X—H⋯Y 中的 H 原子不可能再形成第二个氢键。氢键的方向性是指 Y 原子与 X—H 形成氢键时,其方向尽可能与 X—H 键轴在同一方向,即 X—H⋯Y 尽可能保持 180°。因为这样成键可使 X 与 Y 距离最远,两原子的电子云斥力最小,形成稳定的氢键。

② 氢键的强度

氢键的键能一般在 40kJ·mol⁻¹以下,比化学键的键能小得多,而和范德华力处于同一数量级。表 4-24 列出了一些无机物中常见氢键的键长和键能。

表 4-24　一些无机物中常见氢键的键长和键能

氢键类型	键长 l/pm	键能 E_b/(kJ·mol⁻¹)	化合物
F—H⋯F	270	28.0	固体 HF
	255	28.0	$(HF)_n, n \leqslant 5$ 蒸气
O—H⋯O	276	18.8	$H_2O(s)$
	285	18.8	$H_2O(l)$
N—H⋯F	268	20.9	NH_4F
N—H⋯N	338	5.4	NH_3
N≡C—H⋯N	320	13.7	$(HCN)_2$

③ 分子内氢键

氢键可以分为分子间氢键和分子内氢键两大类。前面的例子都是分子间氢键。HNO_3 分子，以及在苯酚的邻位上有 $-NO_2$、$-COOH$、$-CHO$、$-CONH_3$ 等基团时都可以形成分子内氢键，如图 4-45 所示。分子内氢键由于分子结构原因通常不能保持直线形状。

图4-45　硝酸与邻硝基苯酚中的分子内氢键

3. 氢键对于化合物性质的影响

氢键的形成对物质的物理性质有很大影响。分子间形成氢键时，使分子间结合力增强，使化合物的熔点、沸点、熔化热、气化热、黏度等增大，蒸气压则减小。例如 HF 的熔、沸点比 HCl 高，H_2O 的熔、沸点比 H_2S 高，分子间氢键还是分子缔合的主要原因。氢键的形成还会影响化合物的溶解度。当溶质和溶剂分子间形成氢键时，使溶质的溶解度增大；当溶质分子间形成氢键时，在极性溶剂中的溶解度下降，而在非极性溶剂中的溶解度增大。当溶质形成分子内氢键时，在极性溶剂中的溶解度也下降，而在非极性溶剂中的溶解度则增大。例如邻硝基苯酚易形成分子内氢键，比其间、对硝基苯酚在水中的溶解度更小，更易溶于苯中。

冰是分子间氢键的一个典型，由于分子必须按氢键的方向性排列，所以它的排列不是最紧密的，因此冰的密度小于液态水。同时，因为冰有氢键，必须吸收大量的热才能使其断裂，所以其熔点大于同族的 H_2S。

可以形成分子内氢键时，势必削弱分子间氢键的形成。分子内氢键的形成一般使化合物的熔点、沸点、熔化热、气化热、升华热减小。典型的例子是对硝基苯酚和邻硝基苯酚，如图 4-46 所示。

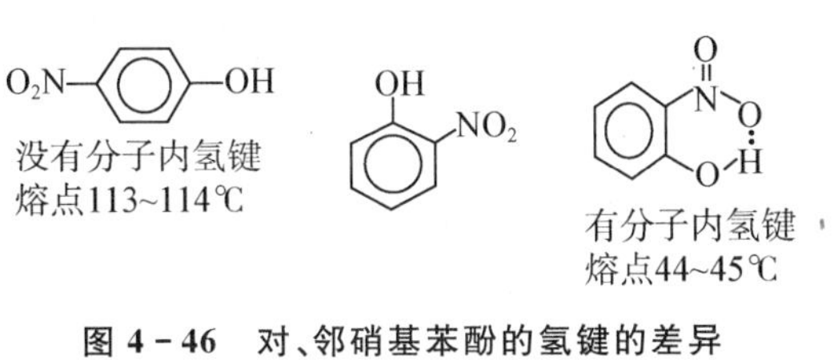

图 4-46　对、邻硝基苯酚的氢键的差异

4.10.6　金属晶体

金属晶体中原子之间的作用力叫作金属键。金属键是一种遍布整个晶体的离域化学键。由于金属原子只有少数价电子能用于成键，这样少的价电子不足以使金属原子间形成正常的共价键。因此，金属在形成晶体时倾向于组成极为紧密的结构，使每个原子拥有尽可能多的相邻原子,这样原子轨道可以尽可能多的发生重叠,使少量的电子自由地在较多原子、离子之间运动,将这些金属原子或金属离子结合起来。金属键理论有以下几种:

1. 电子气理论

经典的金属键理论叫作"电子气理论"。它把金属键形象地描绘成从金属原子上"脱落"下来的大量自由电子形成可与气体相比拟的带负电的"电子气",金属原子则"浸泡"在"电子气"的"海洋"之中。

电子气理论定性地解释金属的性质:例如金属具有延展性和可塑性;金属有良好的导电性;金属有良好的导热性等等。电子气理论的缺点是定量关系差。

2. 金属键的改性共价键理论

金属离子通过吸引自由电子联系在一起,形成金属晶体。这就是改性共价键理论中的金属键。金属键无方向性,无固定的键能,金属键的强弱和自由电子的多少有关,也和离子半径、电子层结构等其他许多因素有关,相对比较复杂。

金属可以吸收波长范围极广的光,并重新反射出,故金属晶体不透明,且有金属光泽。在外电压的作用下,自由电子可以定向移动,故有导电性。受热时通过自由电子的碰撞及其与金属离子之间的碰撞,传递能量,故金属是热的良导体。金属受外力发生变形时,金属键不被破坏,故金属有很好的延展性,与离子晶体的情况相反,如图 4-47 所示。

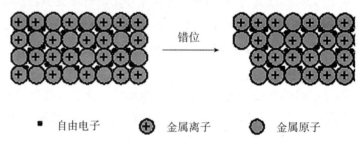

错位

■ 自由电子　　⊕ 金属离子　　⬤ 金属原子

图 4-47　金属键不受外力形变的影响

3. 金属键的能带理论

金属键是一种非定域键,可用分子轨道理论来描述。我们已经知道,分子轨道可由原子轨道线性组合而成,得到的分子轨道数与参与组合的原子轨道数相等。若一个金属晶粒中有 N 个原子,这些原子的每一种能级相同的原子轨道,通过线性组合可得到 N 个分子轨道,它是一组扩展到整块金属的离域轨道。由于 N 数值很大(例如 6mg 的锂晶粒内 $N=6.02\times10^{20}$),所形成的分子轨道之间的能级差就非常微小,实际上这 N 个能级构成一个具有一定上限和一定下限的连续能量带,称能带(energy band)。每个能带具有一定的能量范围,由于原子内层轨道间的有效重叠少,形成的能带较窄,价层原子轨道重叠大,形成的能带(叫价带)也较宽。各能带按照能量的高低排列起来成为能带结构。图 4-48 是金属钠和镁的能带结构示意图。由已充满电子的原子轨道组成的低能量能带,叫作满带;由未充满电子的能级所形成的能带叫作导带;没有填入电子的空能级组成的能带叫空带。在具有不同能量的能带之间通常有较大的能量差,以致电子不能从一个较低能量的能带进入相邻的较高能量的能带,这个能量间隔区称为禁区,又叫禁带,在此区间内不能充填电子。例如,金属钠的 2p 能带上的电子不能跃迁到 3s 能带上去,因为这两个能带之间有一个禁带。但 3s 能带上的电子却可以在接受外来能量后从能带中较低能级跃迁到较高能级上。

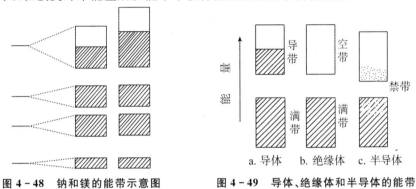

图 4-48　钠和镁的能带示意图　　　　图 4-49　导体、绝缘体和半导体的能带

　　金属中相邻近的能带也可以相互重叠。例如,镁原子的价电子是 $3s^2$,形成的 3s 能带是一个满带,如果 3s 电子不能越过禁带进入 3p 能带,镁就不会表现出导电性。但由于 3s 能带和 3p 能带发生了重叠,3s 能带上的电子得以进入 3p 能带。一个满带和一个空带相互重叠的结果如同形成了一个范围较大的导带,镁的价电子有了自由活动的空间(图 4-48 右方)。因此,镁和其他碱土金属都是良导体。根据能带结构中禁带宽度和能带中电子填充状况,可把物质分为导体、绝缘体和半导体(图 4-49)。

　　导体的特征是价带是导带,在外电场作用下,导体中的电子便会在能带内向高能级跃迁,因而导体能导电。绝缘体的能带特征是价带是满带,与能量最低的空带之间有较宽的禁带,能隙 $E_q \geqslant 0.80 \times 10^{18} \mathrm{J}$,在一般外电场作用下,不能将价带的电子激发到空带上去,从而不能使电子定向运动,即不能导电。半导体的能带特征是价带也是满带,但与最低空带之间的禁带则较窄,能隙 $E_q < 0.48 \times 10^{18} \mathrm{J}$。当温度升高时,通过热激发电子可以较容易地从价带跃迁到空带上,使空带中有了部分电子,成了导带,而价带中电子少了,出现了空穴。在外加电场作用下,导带中的电子从电场负端向正端移动,价带中的电子向空穴运动,留下新空穴,使材料有了导电性。

　　金属的导电性和半导体的导电性不同,在温度升高时,由于系统内质点的热运动加快,增大了电子运动的阻力,所以温度升高时金属的导电性是减弱的。

　　能带理论能很好地说明金属的共同物理性质。能带中的电子可以吸收光能,并能将吸收的能量发射出来,使金属具有光泽。金属的价层能带是导带,所以在外加电场的作用下可以导电,电子也可以传输热能,表现了金属的导热性。由于金属晶体中的电子是非定域的,当给金属晶体施加机械应力时,一些地方的金属键被破坏,而另一些地方又可生成新的金属键,因此金属具有良好的延展性和机械加工性能。

4.10.7　原子晶体

　　原子晶体中组成晶胞的结构单元是中性原子,结构单元间以强大的共价键相联系。共价键由于有高度的方向性,往往阻止这些物质取得紧密堆积结构。图4-50所示为金刚石的结构模型。原子晶体具有很高的熔点和硬度。原子晶体是不良导体,即使在熔融时导电性也很差,在大多数溶剂中都不溶解。原子晶体是以具有方向性、饱和性的共价键为骨架形成的晶体)。

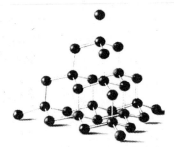

　　金刚石和石英(SiO_2)是最典型的原子晶体,其中的共价键形成三维骨架网络结构(后者可以看成是前者的 C—C 键改为 Si—Si 键而又在其间插入一个氧原子,构成以氧桥连接的硅氧四面体共价键骨架。

图4-50　金刚石的晶体结构

4.10.8　多键型晶体

　　有一些晶体在结构单元之间存在着几种不同的作用力,晶体的结构不再属于前面介绍的某一种基本晶体类型,这类晶体称为多键型晶体(也称混合键型晶体),典型的例子是石墨,如图4-51所示。

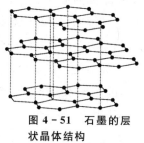

　　石墨为层状结构,同层的每个碳原子以 sp^2 杂化轨道与相邻的三个碳原子形成 σ 共价键,键角为120°,连接成无限的六角形的蜂巢状片层结构,键长为142pm。此外,每个碳原子 sp^2 杂化后都还有一个垂直于层平面(sp^2 杂化平面)的 p 轨道,每个 p 轨道上都有一个自旋方向相同的单电子。这些 p 轨道相互平行,肩并肩重叠,形

图4-51　石墨的层状晶体结构

成了有多个原子轨道参加的 π 键,称为大 π 键。由于大 π 键的形成,这些电子可以在整个石墨晶体的层平面上运动,相当于金属晶体中的自由电子,这是石墨具有金属光泽和导电、导热性的原因。石墨层与层之间的距离远大于 C—C 键长,达340pm,它们以分子间力互相结合,这种结合要比同层碳原子间的结合弱得多,所以当石墨晶体受到平行于层结构的外力时,层与层间会发生滑动,这是石墨作为固体润滑剂的原因。在同一层中的碳原子之间是共价键,所以石墨的熔点很高,化学性质很稳定。由此可见,石墨晶体是兼有原子晶体、金属晶体和分子晶体的特征,是一种多键型晶体。具有多键型结构的晶体还有云母、黑磷、BN(石墨型)等。

▶▶▶ 练习题 ◀◀◀

一、选择题

1. 描述 ψ_{3pz} 的一组 n, l, m 是　　　　　　　　　　　　　　　（　　）

A. $n=2, l=1, m=0$ 　　　　　　B. $n=3, l=2, m=0$

C. $n=3, l=2, m=0$ 　　　　　　D. $n=3, l=1, m=1$

2. 用来表示核外某一电子运动状态的下列各组量子数 (n, l, m, s_i) 中哪一组是合理的

　　　　　　　　　　　　　　　　　　　　　　　　　　　　　　　　（　　）

A. $(2、1、-1、-\dfrac{1}{2})$ 　　　　　　B. $(0、0、0、\dfrac{1}{2})$

C. $(3、1、2、+\dfrac{1}{2})$ 　　　　　　D. $(1、2、0、+\dfrac{1}{2})$

E. $(2、1、0、0)$

3. 下列哪一个代表 3d 电子量子数的合理状态　　　　　　　　　　（　　）

A. $3、2、+1、+\dfrac{1}{2}$ 　　　　　　B. $3、2、0、-\dfrac{1}{2}$

C. A、B 都不是　　　　　　　　D. A、B 都是

4. 所谓的原子轨道是指　　　　　　　　　　　　　　　　　　　　（　　）

A. 一定的电子云　　　　　　　B. 核外电子的几率

C. 一定的波函数　　　　　　　D. 某个径向的分布

5. 下列电子构型中,属于原子基态的是(　　),属于原子激发态的是(　　)

A. $1s^2 2s^1 2p^1$ 　　　　　　B. $1s^2 2s^2$

C. $1s^2 2s^2 2p^6 3s^1 3p^1$ 　　　　D. $1s^2 2s^2 2p^6 3s^2 3p^6 4s^1$

6. 能够充满 1～2 电子亚层的电子数是　　　　　　　　　　　　（　　）

A. 2　　　　　　B. 6　　　　　　C. 8　　　　　　D. 14

7. 下列原子半径大小顺序中,正确的是　　　　　　　　　　　　（　　）

A. Be＜Na＜Mg 　　　　　　B. Be＜Mg＜Na

C. Be＞Na＞Mg 　　　　　　D. Na＜Be＜Mg

8. 下列元素中,各基态原子的第一电离能最大的是　　　　　　　（　　）

A. Be　　　　B. B　　　　C. C　　　　D. N　　　　E. O

9. 下列哪种化合物不含有双键和三键　　　　　　　　　　　　　（　　）

A. HCN　　　B. H_2O　　　C. CO　　　D. N_2　　　E. C_2H_4

10. 下列物质中哪一个进行的杂化不是 sp^3 杂化　　　　　　　　（　　）

A. NH_3　　　B. 金刚石　　　C. CCl_4　　　D. BF_3

11. 下列分子中键级最大的是 　　　　　　　　　　　　　　　　　（　　）

A. O_2　　　　　B. H_2　　　　　C. N_2　　　　　D. F_2

12. 下列说法正确的是 　　　　　　　　　　　　　　　　　　　　（　　）

A. 同原子间双键键能是单键键能的两倍

B. 原子形成共价键的数目，等于基态原子的未成对电子数

C. 分子轨道是同一个原子中的能量相近似、对称匹配的原子轨道线性组合而成的

D. p_y 和 p_y 的线性组合形成 π 成键分子轨道和 π^* 反键分子轨道

13. 下列关于 O_2^{2-} 和 O_2^- 性质的说法中，不正确的是 　　　　　（　　）

A. 两种离子都比 O_2 分子稳定性小

B. O_2^{2-} 的键长比 O_2^- 的键长短

C. O_2^{2-} 是反磁性的，而 O_2^- 是顺磁性的

D. O_2^- 的键能比 O_2^{2-} 的键能大

14. 下列分子属于非极性分子的是 　　　　　　　　　　　　　　　（　　）

A. HCl　　　　　B. NH_3　　　　C. SO_2　　　　D. CO_2

15. 下列分子中偶极矩最大的是 　　　　　　　　　　　　　　　　（　　）

A. HCl　　　　　B. H_2　　　　　C. CH_4　　　　D. CO_2

16. 下列各分子中，偶极矩不为零的是 　　　　　　　　　　　　　（　　）

A. $BeCl_2$　　　B. BF_3　　　　C. NF_3　　　　D. C_6H_6

17. 下列说法正确的是 　　　　　　　　　　　　　　　　　　　　（　　）

A. BCl_3 分子中 B—Cl 键是非极性的

B. BCl_3 分子中 B—Cl 键矩为 0

C. BCl_3 分子是极性分子，而 B—Cl 键是非极性的

D. BCl_3 分子是非极性分子，而 B—Cl 键是极性的

18. H_2O 的沸点为 100℃，而 H_2Se 的沸点是 −42℃，这可用下列哪一种理论来解释 　（　　）

A. 范德华力　　　B. 共价键　　　　C. 离子键　　　　D. 氢键

19. 下列哪种物质只需克服色散力 　　　　　　　　　　　　　　　（　　）

A. O_2　　　　　B. HF　　　　　C. Fe　　　　　D. NH_3

20. 下列化合物中，哪一个氢键表现得最强 　　　　　　　　　　　（　　）

A. NH_3　　　　B. H_2O　　　　C. H_2S　　　　D. HCl

21. 下列晶体中，熔化时只需克服色散力的是 　　　　　　　　　　（　　）

A. K　　　　　　B. H_2O　　　　C. SiC　　　　　D. SiF_4

22. 下列物质熔沸点高低顺序是 　　　　　　　　　　　　　　　　（　　）

A. He＞Ne＞Ar　　　　　　　　B. HF＞HCl＞HBr

C. CH_4＜SiH_4＜GeH_4

23. 下列物质熔点由高到低顺序是　　　　　　　　　　　　　　　（　　）

a. $CuCl_2$　　　　b. SiO_2　　　　c. NH_3　　　　d. PH_3

A. a＞b＞c＞d　　B. b＞a＞c＞d　　C. b＞a＞d＞c　　D. a＞b＞d＞c

二、填空题

1. 氧气分子有一个＿＿＿＿＿＿键和两个＿＿＿＿＿＿键。

2. 根据分子轨道理论，N_2 分子的电子构型是＿＿＿＿＿＿。

3. 极性分子之间存在着＿＿＿＿＿＿作用。

非极性分子之间存在着＿＿＿＿＿＿作用。

极性分子和非极性分子之间存在着＿＿＿＿＿＿作用。

4. 离子极化的发生使键型由＿＿＿＿＿＿向＿＿＿＿＿＿转化。

化合物的晶型也相应地由＿＿＿＿＿＿向＿＿＿＿＿＿转化。

通常表现出化合物的熔点、沸点＿＿＿＿＿＿，溶解度＿＿＿＿＿＿，颜色＿＿＿＿＿＿。

5. HCl 的沸点比 HF 要低得多，这是因为 HF 分子之间除了有＿＿＿＿＿＿外，还有存在＿＿＿＿＿＿。

F_2 分子的电子构型为＿＿＿＿＿＿。

6. 形成配位键的两个条件是：(1)＿＿＿＿＿＿＿＿＿＿＿＿＿＿＿＿＿＿＿＿＿＿＿＿＿＿＿＿。

(2)＿＿＿＿＿＿＿＿＿＿＿＿＿＿＿＿＿＿＿＿＿＿＿＿＿＿＿＿＿＿＿＿＿＿＿＿＿＿。

举两例说明其分子中存在配位键，如＿＿＿＿＿＿、＿＿＿＿＿＿。

三、简答题

1. A、B 两元素，A 原子的 M 层和 N 层的电子数分别比 B 原子的 M 层和 N 层的电子数少 7 个和 4 个。写出 A、B 两原子的名称和电子排布式，以及推理过程。

2. 第四周期某元素原子中的未成对电子数为 1，但通常可形成 ＋1 和 ＋2 价态的化合物。试确定该元素在周期表中的位置，并写出 ＋1 价离子的电子排布式和 ＋2 价离子的外层电子排布式。

3. 从原子结构解释为什么铬和硫都属于第Ⅵ族元素，但它们的金属性和非金属性不相同，而最高化合价却又相同？

4. CO_2，SO_2，NO_2，SiO_2，BaO_2 各是什么类型的化合物？指出它们的几何构型。若为分子型化合物，表明有无极性，并说明是怎样由原子形成分子的，分子的各原子间化学键是 σ 键还是 π 键、Ⅱ 键或配位键。

5. 写出 O_2^-、O_2^+、O_2、O_2^{2-} 的分子轨道能级式，计算它们的键级，比较稳定性和磁性。

6. 用杂化轨道理论分别说明 H_2O、$HgCl_2$ 分子的形成过程（杂化类型）以及分子在空间的几何构型。

下篇

化学应用知识

第 5 章

化学与材料科学
(Chemistry and Material Science)

5.1 概　述

5.1.1 材料科学发展史

材料是指经过某种加工后具有一定的组成、结构和性能,适用于某种或某些用途的物质。从石器时代、青铜器时代、铁器时代到新材料时代,人类的发展历史证明,材料与人类社会的发展密切相关,是人类社会发展程度的重要标志,是推动人类社会赖以生存和发展的物质基础。每一种重要材料的发现和利用都会给生产力和人类生活带来巨大变化,可推动人类社会获得更大的发展。

按材料的发展情况来看,大致可分为五代:

第一代为天然材料。在原始社会,人类只能从自然界中取得所需材料,如石器、骨器和兽皮等。到新石器时代,人类掌握了开采石料的技术,对石器的要求提高,可制得较为锐利的磨制石器。

第二代为烧炼材料,是烧结材料和冶炼材料的总称。前者有黏土烧制、砖瓦、陶瓷和玻璃等。最初的冶炼材料为青铜,是铜、锡和铅等金属的合金,和纯铜相比,熔点较低而硬度较大。商、周时代是青铜器的极盛时代。铁器时代约始于春秋战国,我国掌握的炼铁技术,比西方欧洲早 1800 年左右。从青铜时代到铁器时代,标志着人类社会文明水平又跃上了一个新的台阶。随着金属冶炼技术的发展,钢铁和各种合金材料相继登上材料世界的舞台,金属材料成为主导材料。

第三代为合成材料。20 世纪初期发展起来的高分子材料(合成塑料、合成橡胶和合成纤维),扩大了材料的品种和范围,推动了许多新技术的发展,使人类进入了合成材料的新时代。高分子材料在工农业生产和国防建设中的地位日益重要,有逐步取代钢铁材料的霸主地位之势。近几十年来,新型无机非金属材料异军突起,发展极快,品种繁多,在材料世界和金属材料、高分子材料一起,三足鼎立。

第四代为可设计材料。随着高新技术的飞速发展,对材料的使用性能提出了更高的要求,为适应这一需要,科技工作者研究使用新的物理、化学方法,根据实际要求去设计特殊性能的材料。例如,航天飞船的返回舱,经过空气时必须克服因急速降落而产生的几千度高温,这就必须精心设计将烧蚀、隔热、保温等性能综合在一起的新型涂层。这类先进的复合材料,一般是指具有比强度(强度/密度)大、比模量(模量/密度)高的结构复合材料,被公认是当代科学技术中的关键技术。

第五代为智能材料。这是指近三四十年来研制出的若干种新型功能材料。这类材料本身具有感知、自我调节和反馈的能力,具有敏感和驱动的双重功能,如同模仿生命系统的作用一样。现已研制成功的形状记忆合金就属于这类材料。它们能像人类的五官感知客观世界;又能能动地对外做功,发射声波,辐射热能和电磁波,甚至促进化学反应和改变颜色等类似于生命体的智慧反应。当然,这类材料智慧功能的获得是材料与电子、光电子等技术结合的结果。智能材料是21世纪的尖端技术,已成为材料科学的前沿领域。

5.1.2　材料的定义、分类与要素

1. 材料的定义

材料是由一种化学物质为主要成分,并添加一定的助剂作为次要成分所组成的,可以在一定条件下成型,并可在一定条件下使用的制品。其生产过程必须实现最高的生产率、最低的原材料成本和消耗,最少地产生废物和环境污染物,并且其废弃物可以回收、再利用。

2. 材料的分类

材料的分类方法很多,通常按组成、结构特点进行分类有金属材料、无机非金属材料、高分子材料和复合材料四大类,每一类又可分为若干类(图5-1)。

3. 材料的要素

(1) 材料的主要物性

据统计,人类已经发现的材料达800万余种,每年还以25万种的速度增长,具有实际工业应用价值的也有8万余种。材料的物性通常包括:密度、耐热性、拉伸强度、比拉伸强度、韧性、导热性、线膨胀率、导电性(表5-1)。粗看起来,各种材料各具特性,相互之间差异很大,并无多少共同之处。然而,随着研究的不断深入,人们首先认识到材料的结构与性能之间的关系,而随着科学技术的发展和对材料科学关键问题认识的日益深化,材料研究已深入

金属材料
- 黑色金属
  - 生铁(含碳量＞2％)
  - 钢(含碳量 0.4％～2％)
    - 碳素钢
    - 含金钢(含特殊金钢)
  - 工业纯铁(含碳量＜0.04％)
- 有色金属
  - 重金属：铜、铅、锌、镍等
  - 轻金属：铅、镁、铁等
  - 贵金属：金、银、铂等
  - 稀有金属：钨、铝、钽、铌、铀、钛、钍、镓、铟、锗及稀士金属等
- 特死金属材料：非品态金属、高强高模铝锂合金、形状记忆合金、减震合金、超塑金属、储氢合金、超导合金等

无机非金属材料
- 硅酸盐材料
  - 玻璃：石英玻璃、硅酸盐玻璃、非硅酸盐氧化物玻璃、非氧化物玻璃
  - 陶瓷：土器、陶器、炻器、瓷器
  - 耐火材料：普通耐火材料、特殊耐火材料
  - 搪瓷材料：耐酸搪瓷、低熔搪瓷、微晶搪瓷等
- 新型无机非金属材料(特种陶瓷或称先进陶瓷)：高温结构陶瓷、高频绝缘陶瓷、导体陶瓷、半导体陶瓷、铁电陶瓷、压电陶瓷、磁性陶瓷、生物陶瓷等

高分子材料
- 合成性塑料
  - 热塑性塑料
  - 热固性塑料
- 橡胶
  - 天然橡胶
  - 合成橡胶
- 纤维
  - 天然纤维
  - 化学纤维
    - 人造纤维
    - 化学纤维
- 涂料
  - 合成树脂涂料
  - 油脂、天然树脂涂料
- 胶黏剂

复合材料
- 树脂基复合材料
- 金属基复合材料
- 陶瓷基复合材料
- 碳-碳复合材料

图 5-1　材料分类总图

到从分子、原子、电子的微观尺度研究化学结构与分子结构,认识到每一种材料的性质都取决于成分和各种层次上的结构,而材料的结构又是合成和加工的结果,这些特性又决定了材料的使用性能。

表 5-1　常见材料的主要物性

性能	金属		塑料		无机材料	
	钢铁	铝	聚丙烯	玻璃纤维增强尼龙-6	陶瓷	玻璃
熔点/℃	1535	660	175	215	2050	
密度/(kg·m⁻³)	7.8	2.7	0.9	1.4	4.0	2.6
拉伸强度/MPa	460	80～280	35	150	120	90
比拉伸强度(拉伸强度/密度)	59	30～104	39	107	30	35
拉伸模量/GPa	210	70	1.3	10	390	70

续表

性能	金属		塑料		无机材料	
	钢铁	铝	聚丙烯	玻璃纤维增强尼龙-6	陶瓷	玻璃
热变形温度/℃	—	—	60	120	—	—
膨胀系数/($\times 10^{-5} \cdot K^{-1}$)	1.3	2.4	8~10	2~3	0.85	0.9
导热系数/($W \cdot m \cdot K^{-1}$)	0.40	2.0	0.0011	0.0024	0.017	0.0083
韧性	优	优	良	优	差	差
体积电阻率/($\Omega \cdot cm$)	10^{-5}	3×10^{-6}	$>10^{16}$	5×10^{11}	7×10^4	10^{12}
燃烧性	不燃	不燃	燃烧	难燃	不燃	不燃

（2）材料的四要素

无论哪种材料，都包括了四个基本要素：性质和现象、使用性能、结构和成分、合成和加工，其相互之间的关系为(图 5-2)：

① 性质和现象赋予了材料的价值和应用性；

② 使用性能是材料在使用条件下应用性能的度量；

③ 结构和成分包括了决定材料性质和使用性能的原子类型和排列方式；

④ 合成和加工实现了特定原子排列。

四个要素反映了材料科学与工程研究中的共性问题，其中合成和加工、使用性能是两个普遍的关键要素。不同材料，其特征所在，反映了该材料与众不同的个性。

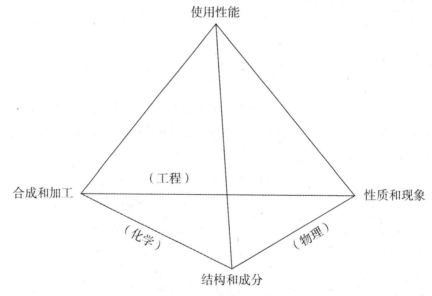

图 5-2　材料科学与工程四要素间的关系图

1) 性质和现象

是材料功能特性和效用(如热、电、磁、光、力学性质等)的定量度量和描述。任何一种材料都有其特征的性能和应用。如金属材料具有硬度和刚性,可以用作各种构件。任何状态(固态、液态)、任何尺度(宏观或微观)的材料,其性能都是经合成或加工后材料结构和成分所产生的结果。弄清性质和结构的关系,可以合成性质更好(至少是具有某种预定性质的)材料,并按所需综合性质设计材料。

2) 使用性能

通常指材料在最终使用状态时的行为,是材料固有性质与产品设计、工程能力和人类需要相融合在一起的一个要素,必须以使用性能为基础进行设计才能得到最佳方案。因此,往往将材料的合成和加工、材料的性质看作是元器件或设备设计过程中必不可少的一个组成部分。

3) 结构和成分

每个特定材料都含有一个以原子和电子尺度到宏观尺度的结构体系,对于大多数材料来说,所有这些结构尺度上化学成分和分布是立体变化的,这是制造该种特定材料所采用的合成和加工的结果。而结构上几乎无限的变化同样会引起与此相应的一系列复杂的材料性质。因此,在各个尺度上对结构与成分的深入了解是材料科学与工程的一个主要方面。

4) 合成和加工

是指建立原子、分子和分子聚集体的新排列,再从原子尺度到宏观尺度的所有尺度上对结构进行控制,以及高效而有竞争力地制造材料和零件的演变过程。合成常常是指原子和分子组合在一起制造新材料所采用的物理和化学方法。合成的作用包括合成新材料,用新技术合成已知的材料或将已知材料合成出新的形式,将已知材料按特殊用途的要求来合成三个方面。而加工(成型加工),除了指上述所述的为生产有用材料对原子和分子进行控制外,还包括在较大尺度上的改变,有时也包括材料制造等工程方面的问题。

仪器设备和分析与建模对于材料四个要素的研究起着关键的作用。合成与加工是在各种设备和机械中实现的,结构和成分研究更取决于探测工具——仪器设备的发展。这些设备包括光学显微镜、X 衍射仪、红外光谱仪和紫外光谱仪、光学显微镜、扫描电子显微镜(SEM)、透射电子显微镜(TEM)等(表 5-2)。

表 5-2　显微技术的比较

参数	光学显微镜(OM)	扫描电子显微镜(SEM)	透射电子显微镜(TEM)
放大倍数	$1 \sim 500$	$10 \sim 10^5$	$10^2 \sim 5 \times 10^6$
分辨率/nm	$500 \sim 1000$	$5 \sim 10$	$0.1 \sim 0.2$
维数	$2 \sim 3$	3	2
景深/μm	~ 1	$10 \sim 100$	~ 1
适用的试样	固体,液体	固体	固体

5.2　金属元素与金属材料

5.2.1　金属元素

　　金属是指具有良好的导电性和导热性,有一定的强度和塑性,并具有光泽的物质,如铁、铝、铜等。金属材料是指由金属元素或以金属元素为主组成的并具有金属特性的工程材料,包括纯金属和合金两类。其特点是具有其他材料无法取代的强度、塑性、韧性、导热性、导电性以及良好的可加工性等。为获得所需的性能,须控制材料的成分与组织结构。

　　金属可分为黑色金属和有色金属。黑色金属是指铁、铬、锰及以其为基本成分的合金(钢、铸铁和铁合金等)。因其性能优良,价格便宜,是目前人类应用最多、最广泛的金属材料。除黑色金属以外的所有金属及其合金都是有色金属。也可按照其密度、化学稳定性及其在地壳中的分布情况等,将有色金属分为轻金属(密度小于 $5kg \cdot m^{-3}$,如铝、钠、钾、钙、锶、钡、钛)、重金属(密度大于 $5kg \cdot m^{-3}$,如铜、镍、铅、锌、锡、锑、钴、汞、铬、铋等)、贵金属(指金、银和铂族元素,如铂、锇、铱、钌、铑、钯)、稀有金属、放射性元素等。

　　我国钨、锌、锑、锂、稀土元素储量居世界首位,铜、锡、铅、汞、镍、钛、钼等储量也居世界前列。

　　常温下除汞为液体外,所有金属都是固体。

　　大部分金属的化学性质都比较活泼,容易与氧、水、酸、碱反应失去电子形成正离子或金属氧化物,表现为还原性。

5.2.2　合金材料

　　一般说来,纯金属都具有良好的塑性、较高的导电性和导热性,但其机械性能如强度、硬度等不能满足工程上对材料的要求,而且价格较高。因此,工程上使用最多的金属材料是合金。

　　合金是指由两种或两种以上的金属元素或金属元素与非金属元素构成的具有金属性质的物质。铁基合金是工业中应用最广的合金,如非合金钢即是铁和碳组成的合金,黄铜是铜和锌的合金,硬铝是铝、铜、镁等组成的合金。

　　合金从结构上可分为三种基本类型。

　　① 混合物合金:是两种或两种以上的金属的机械混合物,此种混合物中组分金属在熔融状态下可完全或部分互溶,而在凝固时各组分金属又独自结晶出来。显微镜下可观察到

各组分的晶体或其混合晶体。混合物合金的导电、导热等性质与组分金属的性质有很大的不同。如纯锡熔点是 232℃,纯铅熔点是 327.5℃,含锡 63% 的锡铅合金(通常用的焊锡)熔点只有 181℃。

　　② 固溶体合金:两种或多种金属不仅在熔融时能够互相溶解,而且在凝固时也能保持互溶状态的固态溶液称为固溶体合金。它是一种均匀的组织,其中含量多的金属称为溶剂金属,含量少的称为溶质金属。固溶体保持着溶剂金属的晶格类型,溶质金属可以有限地或无限地分布在溶剂金属的晶格中,其结构如图 5-3 所示。

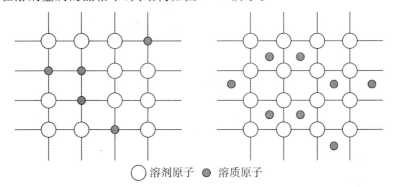

○ 溶剂原子　● 溶质原子

a. 取代固溶体　　　　　　　　　b. 间隙固溶体

图 5-3　固溶体结构示意图

　　③ 金属化合物合金:当两种金属元素原子的外层电子结构、电负性和原子半径差别较大时,所形成的化合物(金属互化物)称为金属化合物合金。其晶格不同于原来的金属晶格,通常分为两类:正常价化合物和电子化合物。前者指的是金属原子间通过化学键形成的,成分固定,符合氧化数规则,例如 Mg_2Pb、Na_3Sb 等,这类合金的化学键介于离子键和金属键之间,导热性和导电性比纯金属低,而熔点和硬度却比纯金属高。后者以金属键结合,成分在一定范围内变化,不符合氧化数规则,大多数金属化合物属于电子化合物。主要金属合金的化学组成见下表。

表 5-3　主要金属合金的化学组成

种类	母相金属	名称(加入的主要元素)/%
钢	Fe	结构钢(C 0.1~0.6);高速钢(W 13~20,Cr 3~6,C 0.6~0.7);高强钢(C<0.2,Mn<1.25,S<0.05)
铝合金	Al	Al-Cu 合金(Cu 4~8);Al-Si 合金(Si 4.5~13);硬铝(Cu 4,Mn 0.5,Mg 0.5,Si 0.3);超硬铝(Al-Zn-Mg-Cu 系合金);耐热铝(Al-Cu-Li 系合金);防锈铝(Al-Mg 系合金);铸铝(Zn 0.5,Cu 3)
铜合金	Cu	黄铜[顿巴黄铜(Zn 8~20),7-3 黄铜(Zn 25~35),6-4 黄铜(Zn 35~45),黄铜(Zn 45~55)];白铜(Ni 25);青铜(Sn 4~12,Zn+Pb 0~10);铝金(Al 9)

续表

种类	母相金属	名称(加入的主要元素)/%
不锈钢、耐腐蚀钢	Fe	不锈钢[铬系(Cr≥12);铬镍系(Cr 17~19,Ni 8~16,Mo<2.0,Cu<2.0),18-8 不锈钢(Cr 18,Ni 8)];耐腐蚀钢(Cr<12,C<0.30)
耐热钢	Fe	Fe-Cr 系合金(Cr 4~10);Fe-Cr-Ni 系合金(Cr 18~20,Ni 8~70,Mn 0.5~2,S 0.5~3,C<0.2);Fe-Cr-Al 系合金(Cr 5~30,Al 0.6~5,Mn 0.5,Si 0.5~1.0,C 0.1~0.12,Co 1.5~3.0)
低熔点合金		铅-锡合金(Sn 39~40);黄铜焊料(Zn 40);铅锡合金(Sn 60~70,Pb 30~40);银-铜-磷合金(Ag 15,Cu 80,P 5)
钛合金	Ti	高强度 β-钛合金(Ti-8Mo-8V-2Fe-3Al);高塑性钛合金(Ti-6Al-4V)
非晶态合金		$Fe_{78}Si_{10}B_{12}$;$Pd_{40}Ni_{40}P_{20}$;$Fe_{80}P_{13}C_7$;$Ti_{50}Be_{40}Zr_{10}$;$Co_{70}Fe_5Si_{15}B_{10}$

常见的合金材料包括铁合金、轻质合金、硬质合金等。

1. 铁合金——碳素钢、合金钢

钢是铁碳合金的总称,其性质与钢中的含碳量有密切关系。不含碳或含碳极少(0.03%以下)的铁,称熟铁。其质很软,不能做结构材料使用。含碳量在 2.0%以上者,称铸铁或生铁。铸铁硬而脆,但耐压耐磨。根据其中碳存在形态的不同,铸铁又可分为白口铁、灰口铁和球墨铸铁。白口铁中碳以 Fe_3C 形态分布,断口呈银白色,质硬而脆,不能进行机械加工,是炼钢的原料。碳以片状石墨形态分布者,称灰口铁,断口呈银灰色,易切削,易铸耐磨,是应用较广的一类铸铁。碳以球形石墨形态分布者,称球墨铸铁,其机械性能、加工性能均接近于钢,在不少场合中可替代钢使用,使生产成本降低不少。

钢是含碳量在 0.03%~2.0%的铁碳合金。碳素钢是最常使用的普通钢,冶炼方便、加工容易、价格低廉,而且在多数情况下都能满足使用要求,故其应用普遍而广泛。按含碳量的不同,碳素钢又分为低碳钢、中碳钢和高碳钢。随着含碳量的升高,碳素钢的硬度增加而韧性下降。碳素钢兼有较高的强度和韧性,因此,用作主要机器零部件和工程结构材料。

合金钢是在碳素钢的基础上加入一种或多种合金元素,使钢的组织结构和性能发生变化,从而具有一些特殊性能,如高硬度、高韧性、高耐蚀性、高耐热性和高耐磨性等。这一过程,称为合金化。例如,在钢中加铬,可提高钢的耐蚀性;但只有当钢中铬含量(原子百分数)在 12.5%,才能成为耐蚀性强的不锈钢。同时,耐蚀性要求越高,含碳量则应越低。经常在钢中加入的合金元素有 Si、W、Cr、Ni、Mo、Ti、V 和 Co 等。我国合金钢的资源相当丰富,除 Cr、Co 不足,Mn 含量较低外,W、Mo、V、Ti 等储量都很高。我国稀土金属储量占世界首位,比世界各国的总储量的 6 倍还多。在钢铁冶炼中,由于稀土元素对非金属元素有较强的亲和力,钢中加入极少量的稀土,就能净化钢液,细化晶粒,去除有害杂质,从而极大地改善钢的机械性能,提高抗氧化、耐腐蚀和耐磨性能。预计合金钢在钢的总产量中的比例将有大幅度的增长。

2. 轻质合金——铝合金、钛合金

轻质合金是以轻金属为主要成分的合金材料。常用的轻金属是镁、铝、钛及锂、铍等。

（1）铝合金

纯铝的机械性能差，导电性好，大量用于电气工业。在铝中加入少量其他合金元素，其机械性能可以大大改善。铝合金密度小，强度高，是轻型结构材料。

经过热处理使强度大为提高的铝合金称为硬铝合金。根据合金元素的含量不同，硬铝合金也有不同类型。增加铜和镁的含量可提高合金的强度，但铜含量的增加会降低合金的抗蚀性。加入少量锰能提高合金的耐热性，还可降低合金在焊接时形成裂纹的倾向。

硬铝制品的强度和钢相近，而质量仅为钢的 $\frac{1}{4}$ 左右，因此在飞机、汽车等制造方面获得了广泛的应用。但硬铝的耐蚀性较差，在海水中易发生晶间腐蚀，不宜用于造船工业。

（2）钛合金

钛是周期表中第ⅣB族元素，外观似钢，熔点达 $1672℃$，属难熔金属。钛在地壳中含量较丰，远高于 $Cu、Zn、Sn、Pb$ 等常见金属。我国钛的资源较为丰富，仅四川攀枝花地区发现的特大型钒钛磁铁矿中，伴生钛金属储量即达 $4.2 \times 10^8 t$，接近国外探明钛储量的总和。

被称作"第三金属"的钛及其合金由于其质轻、高强、抗蚀、耐候等性质而被认为是十分有发展前途的新型轻金属材料。

1970 年美国制造的一架超音速飞机，时速高达 3200km，成为轰动一时的新闻。这架飞机大量使用了钛合金作为结构材料。目前钛合金在飞机结构材料中已占有较大的比例，故有"航空金属"之称。这一新型材料的开发，改变了铝合金在航空工业中的"霸主"地位。

液态的钛几乎能溶解所有的金属，形成固溶体或金属化合物等各种合金。合金元素如 $Al、V、Zr、Sn、Si、Mo$ 和 Mn 等的加入，可改善钛的性能，以适应不同的需要。例如，$Ti-Al-Sn$ 合金有很高的热稳定性，可在相当高的温度下长时间工作；以 $Ti-Al-V$ 合金为代表的超塑性合金，可以 $50\% \sim 150\%$ 地伸长加工成型，其最大伸长长度可达到 2000%，而一般合金的塑性加工的伸长率最大不超过 30%。

钛合金比铝合金密度大，但强度高，几乎是铝合金的 5 倍。经热处理，它的强度可与高强度钢媲美，但密度仅为钢的 57%。如用钛合金制造的汽车车身，其重量仅为钢制车身的一半，$Ti-13V-11Cr-4Al$(含 $13\%V$，$11\%Cr$，$4\%Al$ 的钛合金)的强度是一般结构钢的 4 倍，因此钛合金也是优良的飞机结构材料。

钛和钛合金的抗蚀性很好。高级合金钢在 $HCl-HNO_3$ 中一年剥蚀 10mm，而钛仅被剥蚀 0.5mm。钢在 $310℃$ 便失其特性，而钛合金的工作温度范围可宽达 $200 \sim 500℃$，在 $250℃$ 仍保持着较高的冲击韧性。如赛车的时速超过音速时，车身后部温度可超过 $300℃$，铝合金材料的强度会下降，而钛合金材料能在 $450℃$ 下长期使用。首辆超音速赛车的后部车身就是

用钛板加工的,时速可达 1206km。在耐低温方面,即使温度降低到－250℃,钛合金仍有高的冲击韧性,可耐高压,抗震动。用钛和钛合金制作火箭,导弹的发动机外壳、喷嘴,宇宙飞船和登月舱等部件是十分理想的材料;以钛制作的贮气罐或高压瓶,是宇宙飞船贮存液态燃料(液氧和液氢)的最佳容器。

钛已广泛应用于国民经济各部门,航空航天工业中,钛及钛合金是必不可缺的材料;化工、电力、通讯、冶金和若干轻工业等民用工业中也大量应用钛及钛合金。由于钛合金的亲生物性,常用以制作人体的关节、骨骼等的替代材料。此外,钛对海水有优异的耐蚀性,钛及钛合金将在海洋工程中大显身手。只是钛冶炼困难,价格较昂贵,限制了它的普遍使用。因此,降低钛的生产成本,是当前生产和开发的重要课题。

3. 硬质合金——工具材料

硬质合金是一种以难熔金属的硬质化合物为硬质相,金属或合金作为黏结相,通过粉末冶金工艺制成的一种合金材料,是 20 世纪 60 年代初出现的一种新型工程材料。它兼有硬质化合物的硬度、耐磨性,钢的强度及韧性、耐热性、耐腐蚀性等一系列优良性能,特别是它的高硬度和耐磨性,即使在 500℃的温度下也基本保持不变,在 1000℃时仍有很高的硬度。

硬质合金被誉为“工业的牙齿”,足以看出其在材料加工领域的重要性。就材料而言,硬质合金是介于陶瓷与高速钢之间的高性能材料。就工业而言,硬质合金主要用于制作切削工具、模具(成型工具)、地质矿山工具及耐磨零件等。硬质合金广泛用作刀具材料,如车刀、铣刀、刨刀、钻头、镗刀等,用于切削铸铁、有色金属、塑料、化纤、石墨、玻璃、石材和普通钢材,也可以用来切削耐热钢、不锈钢、高锰钢、工具钢等难加工材料。现在新型硬质合金刀具的切削速度等于碳素钢的数百倍。

硬质合金按照成分可以分为:① WC-Co 硬质合金,硬质相是 WC,黏结相是 Co,代号为 YG;② WC-TiC-Co 硬质合金,硬质相是 WC 与 TiC,黏结相是 Co,代号为 YT;③ WC-TiC-TaC(NbC)-Co 硬质合金,是在 YT 硬质合金中添加 TaC(NbC)。

硬质合金的性能主要包括:

(1) 密度与硬度

WC 硬质合金的密度首先取决于钴含量,钴含量越高,密度越低。石墨夹杂、孔隙度和外来杂质都会对密度产生影响,而合金中出现 η 相时会引起密度的增加。硬质合金中由于含有大量的硬质碳化物,所以其硬度比高速钢高得多。切削类 YG 硬质合金的硬度一般为 HRA88～91.5,YT 类硬质合金的硬度一般为 HRA89～92.5,YG 硬质合金中加入 TiC、TaC 等都能够提高硬度。

(2) 力学性能

① 抗弯强度:硬质合金的抗弯强度比高速钢低得多,即使是抗弯强度较高的 YG8 合金,其抗弯强度也只有高速钢的一半左右。硬质合金中 Co 含量越高,其强度也越高。Co 含

量相同时,WC‐TiC‐Co 合金的抗弯强度随 TiC 含量的增加而降低。除了碳化物种类外,WC 晶粒的大小也对硬质合金的强度有影响,粗晶粒硬质合金的抗弯强度高于中晶粒的硬质合金。

　　② 抗压强度:硬质合金的抗压强度都很高,能够比高速钢高 30%～50%,约 3500～5600MPa。硬质合金的抗压强度与 Co 含量有关,Co 含量为 5% 时,抗压强度最大。细晶粒硬质合金抗压强度高于粗晶粒。YT 类硬质合金的抗压强度低于 YG 类硬质合金,且随着 TiC 含量的增加而降低,添加少量的 TaC、NbC、VC 等能够细化 WC 晶粒,从而提高抗压强度。由于硬质合金的抗压强度大大高于抗弯强度,所以,在设计刀具结构与选择刀具时,应该尽量使刀头处于压应力状态,而少受弯曲力矩。

　　③ 抗拉强度:硬质合金的抗拉强度为 750～1500MPa,大约为抗压强度的 $\frac{1}{4}$。由于影响硬质合金材料塑性的因素很多,因此,单一硬质合金的抗拉强度通常都是在一定范围内。

　　④ 冲击韧性:硬质合金的冲击韧性比高速钢低得多,性能较好的 YG8 合金的冲击韧性为 30～40kJ·m^{-2},而 W‐18Cr‐4V 高速钢的韧性为 180～320kJ·m^{-2}。含 TiC 的硬质合金的冲击韧性有所下降,当 TiC 由 6% 增加到 10% 时,冲击韧性显著降低。温度对 WC‐Co 硬质合金的冲击韧性有一定的影响,在较高温度下,冲击韧性有所提高。由于硬质合金的冲击韧性低于高速钢,所以其不适宜用于有强烈冲击和振动的情况下,否则可能会引起崩刃。

　　⑤ 疲劳强度:由于刀具通常是在动态条件下工作,所以其疲劳强度十分重要。硬质合金中,钴含量越高,疲劳强度也越高。硬质合金的疲劳强度与试样的表面质量有很大关系。表面光洁度越好,疲劳强度也越高。

　　(3) 热学与磁学性能

　　由于高的热导率能够避免或减轻刀具在切削时产生剧烈摩擦和热量所引起的热应力集中,所以热学性能也是决定刀具寿命的关键性能之一。硬质合金的热传导性高于高速钢。常用的 YG 类硬质合金的热导率为 75.4～87.9W·m^{-1}·K^{-1}。由于 TiC 的热导率低于 WC,所以加入 TiC 会使合金的热导率下降。硬质合金中的钴、镍、铁具有铁磁性。WC‐Co 硬质合金中的缺碳的 η 相是非磁性的,所以一旦生成该相,材料的磁性就会发生变化,有时可由该指标衡量是否有 η 相的形成。

　　硬质合金的多样化是近年来硬质合金发展的一个突出特点。世界上有 50 多个国家生产硬质合金,总产量可达 27000～28000t,主要生产国有美国、俄罗斯、瑞典、中国、德国、日本、英国、法国等。世界硬质合金市场基本处于饱和状态,市场竞争非常激烈。中国硬质合金工业是 20 世纪 50 年代末期开始形成;60—70 年代中国硬质合金工业得到迅速发展;90 年代中国硬质合金总生产能力达 6000t,总产量 5000t,仅次于俄罗斯和美国,居世界第 3 位。

　　4. 形状记忆合金

　　形状记忆合金(shape memory alloy,SMA)是指具有一定初始形状的材料经形变并固定成另一种形状后,通过热、光、电等物理刺激或化学刺激的处理又可恢复初始形状的材料,包括合金、复合材料及有机高分子材料。

1932 年,瑞典人奥兰德在金镉合金中首次观察到"记忆"效应,即合金的形状被改变后一旦加热到跃变温度后又可以魔术般地回到原来的形状,人们把这种特殊功能的合金称为形状记忆合金。记忆合金的开发时间不长,但由于其在各领域的特效应用,正广受世人所瞩目,被誉为"神奇的功能材料"。

其特征可以概括为:材料在某一温度下受外力变形,当外力去除后,仍保持其变形后的形状,但当温度上升到某数值,材料会自动恢复到变形前原来的形状,似乎对以前的形状保持记忆。合金材料恢复形状所需的刺激源通常为热源,故其又称热致形状记忆合金。一个比较典型的例子是 1969 年阿波罗 11 号登月舱所使用的无线通信天线即用形状记忆合金制造。首先将 Ni - Ti 合金丝加热到 $65℃$,使其转变为奥氏体物相,然后将合金丝冷却到 $65℃$ 以下,合金丝转变为马氏体物相。在室温下将马氏体合金丝切成许多小段,再把这些合金丝弯成天线形状,并将各小段合金丝焊接固定成工作状态,将天线压成小团状,体积减小到原来的十分之一,便于升空携带。太空舱登月后,利用太阳能加热到 $77℃$,合金转变成奥氏体,团状压缩天线便自动打开,恢复到压缩前的工作状态。

根据材料的记忆特点不同,记忆材料可分为三类:

① 一次记忆。材料加热恢复原形状后,再改变温度,物体不再改变形状,此为一次记忆能力。

② 可逆记忆。物体不但能记忆高温的形状,而且能记忆低温的形状,当温度在高低温之间反复变化时,物体的形状也自动在两种形状之间变化。

③ 全方位记忆。除具有可逆记忆特点外,当温度比较低时,物体的形状向与高温形状相反的方向变化。一般加热时的回复力比冷却时的回复力大很多。

形状记忆效应机理:SMA 的形状记忆效应源于某些特殊结构合金在特定温度下发生的马氏体相-奥氏体相组织结构的相互转换。热金属降温过程中,面心立方结构的奥氏体相逐渐转变成体心立方或体心四方结构的马氏体相,这种马氏体一旦形成,就会随着温度下降而继续生长,如果温度上升,它又会减少,以完全相反的过程消失。马氏体相变是一种无扩散相变或体位移型相变。严格地说,体位移型相变只有在原子位移以切变方式进行,两相间以宏观弹性形变维持界面的连续和共格,其畸变能足以改变相变动力学和相变产物形貌时才是马氏体相变。

在形状记忆合金中,马氏体相远比母相软得多(这与钢刚好相反),在受到外力作用时,能够很容易地通过马氏体相内部的双晶面的移动或马氏体相之间的移动而改变形状,经过加热而回复到原来的母相时,这种形状的改变会全部消失。

微观机理方面,由图 5 - 4a 可见,当形状记忆合金从高温母相奥氏体冷却至马氏体相变温度 T_{Ms} 之后,转变成含有孪晶的低温马氏体相晶体——孪晶马氏体。这种马氏体与钢中淬火的马氏体不一样,通常它比母相还要软,称为热弹性马氏体。在这种状态下,受到外力作用时,适合于变形的孪晶部分将不适合变形的孪晶部分侵蚀掉,成为一种变形马氏体。将变形马氏体加热至逆转温度 T_{As} 以上 T_{Af} 以下,晶体恢复到原来单一取向的奥氏体母相。

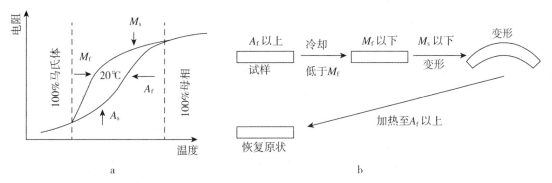

图 5 - 4　形状记忆效应示意图

显示形状记忆效应的合金都仅限于热弹性型相变的范围之内,而且其中绝大部分温度下的奥氏体相是有序晶体结构。马氏体相则呈现对称性的单斜和三斜晶体结构。也就是说,由于马氏体相对称性差且相界面容易移动,所以也容易使移动路径调转方向回走,因而也只有这种在高温下发生向有序晶格逆转变的合金才能显示形状记忆效应。

根据其转变机理,SMA 应具备以下三个条件:① 马氏体相变是热弹性类型;② 马氏体相变通过孪生(切变)完成,而不是通过滑移产生;③ 母相和马氏体相均属有序结构。

至今为止,已发现几十种记忆合金体系,包括 Ti - Ni 系、铜系和铁系合金三大类,但目前性能最佳的仍是钛镍合金,而已经进入实用阶段的主要有 Ti - Ni 合金和 Cu - Zn - Al 合金。前者价格较贵,但性能优良,且与人体有生物相容性;后者价廉物美,普遍受到人们的青睐。其应用领域包括军事和航天工业、工程、医疗等方面,特别是由于 Ti - Ni 形状记忆合金对生物体有较好的相容性,可以埋入人体作为移植材料,在医学上应用较多。它在生物体内可以用作固定骨折的销、接骨板或假肢的连接、矫正脊柱弯曲的矫正板、人工心脏、血栓过滤器等。另外,它还可广泛地应用于各种自动调节和控制装置,形状记忆薄膜和细丝可能成为未来超微型机械手和机器人的理想材料。作为一种新兴的功能材料,记忆合金的很多新用途正不断被开发。

5. 储氢合金

除核燃料外,氢的发热值是所有燃料中最高的,为 $1.21 \times 10^5 \sim 1.43 \times 10^5 \, kJ \cdot kg^{-1}$,是汽油的 3 倍,焦炭的 4.5 倍。氢氧结合的燃烧产物是最干净的物质——水,没有任何污染。氢的来源非常丰富,若能从水中制取氢,则可谓取之不尽、用之不竭。

但氢的储存和运输却是个难题。储氢技术是氢能利用走向实用化、规模化的关键。总体来说,氢气的储存和运输有物理和化学两大类。物理储氢主要有液氢储存、高压氢气储存、活性炭吸附储存、碳纤维和碳纳米管储存、玻璃微球储存等,化学储存方法有金属氢化物储存、有机液态氢化物储存、无机物储存、铁磁性材料储存等。这些储氢方式存在能耗高、储运不便、效率低、不安全等方面的问题，只适合于特定场合，难以作为广谱储氢方法。

最早发现的是金属钯，单位体积钯能溶解几百体积的氢气，但钯很贵，缺少实用价值。1968 年，美国布鲁海文顾家实验室发现镁-镍合金具有吸氢性能。1969 年，荷兰菲利普实验室发现钐-钴(Sm-Co)合金能大量吸收氢。随后又发现镧-镍合金(LaNi$_5$)在常温下具有良好的可逆吸放氢性能，1g 镧-镍合金能储存 0.157L 氢气。在一定的温度和压力下，这些金属能够大量"吸收"氢气，反应生成金属氢化物，同时放出热量。需要时将这些金属氢化物加热，它们又会分解，将储存在其中的氢释放出来，这些会"吸收-释放"氢气的金属，称为储氢合金。

储氢合金的储氢能力很强。单位体积储氢合金的密度，是相同温度、压力条件下气态氢的 1000 倍，也即相当于储存了 1000 个大气压的高压氢气。由于储氢合金都是固体，既不需要储存高压氢气所需的大而笨重的钢瓶，又不需要存放液态氢那样极低的温度条件，需要储氢时使合金与氢反应生成金属氢化物并放出热量，需要用氢时通过加热或减压使其中的氢释放出来，如同蓄电池的充、放电，因此储氢合金是一种极其简便易行的理想储氢方法。

并非所有的合金都具有储氢能力，供实用的储氢合金应具有以下特点：容易活化，储氢容量高，吸收与释放速度快，反复吸收氢循环时不易粉化，长期使用性能不退化，有合适的吸放氢平台压力，吸-放氢过程的平衡氢压差小(滞后现象弱)，有恰当的化学稳定性，对杂质敏感程度低，原料资源丰富，价格低廉，用作电极材料时具有良好的耐腐蚀性等。

目前研发的储氢合金主要有钛系、锆系、铁系储氢合金及稀土系储氢合金。相对来说，稀土合金是最好的。混合稀土合金是在 LaNi$_5$ 基础上发展起来的一类储氢合金。MINi$_5$ 用富镧混合稀土价格为纯镧的 $\frac{1}{5}$ 左右，性能与 LaNi$_5$ 相当，都易活化，平台氢压低(20℃时为 0.38MPa)，吸氢后的体积膨胀与 LaNi$_5$ 相近(25％左右)。Mm 为富铈混合稀土，MmNi$_5$ 与 MINi$_5$ 相比，活化滞后效应差，如果用 Co、Mn、Al 等元素取代 MmNi$_5$ 中的镍，制成 MmNi$_{3.55}$Mn$_{0.6}$Al$_{0.3}$Co$_{0.75}$ 即可改善性能。

根据技术发展趋势，今后储氢研究的重点是在新型高性能规模储氢材料的研究上。国内的储氢合金材料已有小批量生产，但较低的储氢质量比和高价格仍阻碍其大规模的应用。镁系合金虽有很高的储氢密度，但放氢温度高，吸放氢速度慢，因此研究镁系合金在储氢过程中的关键问题，可能是解决氢能规模储运的重要途径。

6. 非晶态合金

非晶态是指原子呈长程无序排列的状态，具有非晶态结构的合金称为非晶态合金，又称为金属玻璃。通常认为，非晶态仅存在于玻璃、聚合物等非金属领域，而传统的金属材料都是以晶态形式出现的。20 世纪 50 年代，人们从电镀膜上了解到非晶态合金的存在。60 年代发现用激光法从液态获得非晶态的 Au-Si 合金。70 年代后开始采用熔体旋辊急冷法制备非晶薄带。作为金属材料的非常规结构形态,非晶态合金表现出许多特有的材料性能,如特别高的强度和韧性、优异的软磁性能、高的电阻率及良好的抗蚀性能。非晶态合金引起人们极大的兴趣,成为金属材料的一个新领域。目前非晶态合金的应用范围正逐步扩大,其中非晶态软磁材料发展较快,已能成批生产。

区别于传统的晶态合金材料,非晶态合金材料的基本特征包括以下几个方面:

① 非晶态形成能力对合金的依赖能力。最早得到的非晶态合金是由熔体骤冷法得到的。通常,非晶态合金由金属组成或金属与类金属组合,后一种组合更有利于非晶态的形成,合适的组合类金属为 B、P、Si、Ge。可见非晶态合金的形成对合金组元有较大的依赖性。

② 结构的长程无序和短程有序性。X 射线、电子束衍射结构表明,非晶态合金材料不存在原子排列的长程有序性,通过电子显微镜等手段也观察不到晶粒的存在。进一步的研究表明,非晶态金属的原子排列也不是完全杂乱无章的。例如,X 射线衍射的结构表明,非晶态金属原子的最近邻、第二近邻这样近程的范围内,原子排列与晶态合金极其相似,即存在近程有序性。由于原子结构是典型的玻璃态,又称为金属玻璃。

③ 热力学的亚稳性。从热力学来看,它有继续释放能量、向平衡态转变的倾向;从动力学来看,要实现这种转变首先必须克服一定的位垒,否则这种转变实际上是无法实现的,因而非晶态金属又是相对稳定的。非晶态金属的亚稳态区别于晶态的稳定性,一般,在 400℃以上的高温下,它就能够获得克服位垒的足够能量,实现结晶化。因此,这种位垒的高低十分重要,位垒越高,非晶态金属越稳定,越不容易结晶化。可见,位垒高低直接关系到非晶态金属材料的实用价值和使用寿命。

非晶态金属材料的性能与用途有:

① 高强度、高硬度和高韧性的力学性能。一般的金属强度和韧性是矛盾的。强度高则韧性低,或与此相反。非晶态合金中,尤其是金属与某些非金属的组合,由于两种原子间有很强的化学键存在,使合金的强度更大;合金中原子间不规则的排列使之具有较好的韧性。若干非晶态合金的强度和硬度,是晶态合金的 5～10 倍;许多非晶态合金的压缩率可达 40%而不致产生裂纹,弯曲时可弯到很小的曲率半径而不折断。

② 优良的耐腐蚀性能。非晶态合金具有均匀的纤维组织,不存在位错、晶界等缺陷,使腐蚀液不能渗入,且不易产生引起电化学腐蚀的阴、阳两极;同时,非晶态合金自身具有高的活性,可在其表面上迅速生成均匀的、牢固的钝化膜,钝化膜一旦破裂还可自动愈合。因此,非晶态合金的耐蚀性要远优于不锈钢;铁铬非晶态合金中添加的铬(<10%)要比不锈钢中(>18%)少得多,且不含镍,这对节约铬、镍这类战略物资有重大的意义。

③ 良好的磁学性能。非晶态合金中没有晶粒,不存在磁晶的各向异性,因而磁特性极软,磁导高,损耗低,成为十分引人注目的新型材料。非晶态的铁-硼芯和硅钢芯的空载损耗可降低 60%～80%,被誉为节能的"绿色材料"。此外,非晶态合金在磁头材料、磁泡材料和磁致伸缩材料等方面也都获得广泛应用。

④ 独特的催化特性。非晶态合金表面原子混乱的排列有利于反应物的吸附和进行反应。例如，用 $Fe_{20}Ni_{60}P_{20}$ 和 $Fe_{20}Ni_{60}B_{20}$ 这两种催化剂催化 CO 的氢化反应，其活性要比对应的晶态合金高出 1～2 个数量级。非晶态合金由于其高的耐蚀性，特别适合电解催化。

由于非晶态合金在热力学上是亚稳态，它们在 500℃ 以上就会转化为稳定的晶态，故其工作温度要受到限制，这是非晶态合金的研究和应用上需要解决的课题。

7. 智能材料

又称为敏感材料，是一种能感知外部刺激，能够判断并适当处理且本身可执行的新型功能材料。智能材料是继天然材料、合成高分子材料、人工设计材料之后的第四代材料，是现代高技术新材料发展的重要方向之一，将支撑未来高技术的发展，使传统意义下的功能材料和结构材料之间的界线逐渐消失，实现结构功能化、功能多样化。科学家预言，智能材料的研制和大规模应用将导致材料科学发展的重大革命。一般说来，智能材料有七大功能，即传感功能、反馈功能、信息识别与积累功能、响应功能、自诊断功能、自修复功能和自适应功能。

对于智能材料目前还没有统一的定义。不过，现有的智能材料的多种定义仍然是大同小异。大体来说，智能材料就是指具有感知环境（包括内环境和外环境）刺激，对之进行分析、处理、判断，并采取一定的措施进行适度响应的智能特征的材料。具体来说，智能材料需具备以下内涵：

① 具有感知功能，能够检测并且可以识别外界（或者内部）的刺激强度，如电、光、热、应力、应变、化学、核辐射等；

② 具有驱动功能，能够响应外界变化；

③ 能够按照设定的方式选择和控制响应；

④ 反应比较灵敏、及时和恰当；

⑤ 当外部刺激消除后，能够迅速恢复到原始状态。

作为一种新型材料，一般认为，智能材料由传感器或敏感元件等与传统材料结合而成。这种材料可以自我发现故障，自我修复，并根据实际情况做出优化反应，发挥控制功能。智能材料可分为两大类：

① 嵌入式智能材料，又称智能材料结构或智能材料系统。在基体材料中，嵌入具有传感、动作和处理功能的三种原始材料。传感元件采集和检测外界环境给予的信息，控制处理器指挥和激励驱动元件，执行相应的动作。

② 有些材料的微观结构本身就具有智能功能，能够随着环境和时间的变化改变自己的性能，如自滤玻璃、受辐射时性能自衰减的 Inp 半导体等。

以上只是一种比较笼统的分类方法，由于智能材料还在不断的研究和开发之中，因此相继又出现了许多具有智能结构的新型的智能材料。如英国宇航公司在导线传感器，用于测试飞机蒙皮上的应变与温度情况；英国开发出一种快速反应形状记忆合金，寿命期具有百万次循环，且输出功率高，以它作制动器时，反应时间仅为 10s；在压电材料、磁致伸缩材料、导电高分子材料、电流变体和磁流变体等智能材料、驱动组件材料在航空上的应用取得大量创新成果。

一般来说,智能材料由基体材料、敏感材料、驱动材料和信息处理器四部分构成。

（1）基体材料

基体材料担负着承载的作用,一般宜选用轻质材料。一般基体材料首选高分子材料,因为其重量轻、耐腐蚀,尤其具有黏弹性的非线性特征。其次也可选用金属材料,以轻质有色合金为主。

（2）敏感材料

敏感材料担负着传感的任务,其主要作用是感知环境变化(包括压力、应力、温度、电磁场、pH 值等)。常用的敏感材料如形状记忆材料、压电材料、光纤材料、磁致伸缩材料、电致变色材料、电流变体、磁流变体和液晶材料等。

（3）驱动材料

因为在一定条件下驱动材料可产生较大的应变和应力,所以它担负着响应和控制的任务。常用的有效驱动材料如形状记忆材料、压电材料、电流变体和磁致伸缩材料等。可以看出,这些材料既是驱动材料,又是敏感材料,显然起到了身兼二职的作用,这也是智能材料设计时可采用的一种思路。

（4）其他功能材料

包括导电材料、磁性材料、光纤和半导体材料等。

为增加感性认识,现举一些简单的应用智能材料的例子。某些太阳镜的镜片当中含有智能材料,这种智能材料能感知周围的光,并能够对光的强弱进行判断。当光强时,它就变暗;当光弱时,它就会变得透明。

在建筑方面,科学家正集中力量研制使桥梁、高大的建筑设施以及地下管道等能自诊其"健康"状况,并能自行"医治疾病"的材料。英国科学家已开发出了两种"自愈合"纤维。这两种纤维能分别感知混凝土中的裂纹和钢筋的腐蚀,并能自动黏合混凝土的裂纹或阻止钢筋的腐蚀。黏合裂纹的纤维是用玻璃丝和聚丙烯制成的多孔状中空纤维,将其掺入混凝土中后,在混凝土过度挠曲时,它会被撕裂,从而释放出一些化学物质,来充填和黏合混凝土中的裂缝。防腐蚀纤维则被包在钢筋周围。当钢筋周围的酸度达到一定值时,纤维的涂层就会溶解,从纤维中释放出能阻止混凝土中的钢筋被腐蚀的物质。

在飞机制造方面,科学家正在研制具有如下功能的智能材料:当飞机在飞行中遇到涡流或猛烈的逆风时,机翼中的智能材料能迅速变形,并带动机翼改变形状,从而消除涡流或逆风的影响,使飞机仍能平稳地飞行,可进行损伤评估和寿命预测的飞机自诊断监测系统。该系统可自行判断突然的结构损伤和累积损伤,根据飞行经历和损伤数据预计飞机结构的寿命,从而在保证安全的情况下,大大减少停飞检修次数和常规维护费用,使商业飞机能获得可观的经济效益。此外,还有人设想用智能材料制成涂料,涂在机身和机翼上,当机身或机翼内出现应力时,涂料会改变颜色,以此警告。

在医疗方面,智能材料和结构可用来制造无需马达控制并有触觉响应的假肢。这些假肢可模仿人体肌肉的平滑运动,利用其可控的形状回复作用力,灵巧地抓起易碎物体,如盛满水的纸杯等。医学上还可以利用智能材料结构制造出人工胰脏、肝、胃等器官,为患有此类器官病症的患者带来福音。药物自动投放系统也是智能材料一显身手的领地。日本推出了一种能根据血液中的葡萄糖浓度而扩张和收缩的聚合物。葡萄糖浓度低时,聚合物条带会缩成小球,葡萄糖浓度高时,小球会伸展成带。借助于这一特性,这种聚合物可制成人造胰细胞。将用这种聚合物包封的胰岛素小球,注入糖尿病患者的血液中,小球就可以模拟胰细胞工作。血液中的血糖浓度高时,小球释放出胰岛素,血糖浓度低时,胰岛素被密封。这样,病人血糖浓度就会始终保持在正常的水平上。

军事方面,在航空航天器蒙皮中植入能探测激光、核辐射等多种传感器的智能蒙皮,可用于对敌方威胁进行监视和预警。美国正在为未来的弹道导弹监视和预警卫星研究在复合材料蒙皮中植入核爆光纤传感器、X 射线光纤探测器等多种智能蒙皮。这种智能蒙皮将安装在天基防御系统平台表面,对敌方威胁进行实时监视和预警,提高武器平台抵御破坏的能力。智能材料还能降低军用系统噪声。美国军方发明出一种可涂在潜艇上的智能材料,它可使潜艇噪声降低 60 分贝,并使潜艇探测目标的时间缩短为 $\frac{1}{100}$。

5.2.3　金属材料的化学与电化学加工

1. 化学镀

是指使用合适的还原剂,使镀液中的金属离子还原成金属而沉积在镀件表面上的一种镀覆工艺。最早的银镜镀就是用葡萄糖或甲醛还原 Ag^+ 而获得的。选用不同的还原剂可获得 Ni、Cu、Au、Ag、Pd 等各种镀层。

化学镀的优点是不需要通电,仅利用化学反应即可在不规则表面上沉积厚度、质量均一的镀层,也可进行局部施镀。因此,这种方法现已广泛用于钢、铜、铝、塑料、陶瓷等许多材料的电镀打底、装饰和防护等。

化学镀形成的镀层一般较薄,厚度为 $0.05\sim0.2\mu m$,尚不能满足防腐要求,因此必须再采用电镀方法加厚。

2. 电铸

电铸是指镀液中金属离子在电场作用下,在阴极模具表面还原析出,并直接成型的一种电化学加工方法。其基本原理和工艺过程实际上与电镀相似。两者的根本区别是镀层的厚度不同。电铸镀层厚度为 $0.05\sim5mm$,比一般电镀层($0.01\sim0.05mm$)厚得多。镀层一厚,镀层与基体间的黏着力就明显降低,易于剥落。电镀要求镀层薄而致密,以达到保护、防腐和装饰的作用。电铸则要求在阴极模具表面有较厚的沉积,这样镀层本身强度高,而与模具的黏着力较小,能把镀层完整地剥离。

电铸加工原理如下:用电铸材料(如紫铜、镍或铁)为阳极,用导电的原模(石膏、石蜡、环氧树脂、低熔合金、铝、不锈钢等)做阴极,用电铸金属的盐溶液(如铸铜时用 $CuSO_4$)做电铸液。在直流电源作用下,金属在原模上析出直至达到预定厚度。镀层与原模分离即可得到与原模凸凹相反的电铸件。分离方法常有化学溶解、加热溶化、机械剥离等。

3. 化学蚀刻

腐蚀给人类带来损失,但也可被人类利用。工程技术中常用腐蚀原理进行材料加工。化学蚀刻又称化学落料或化学铣切,就是利用腐蚀原理进行金属定域"切削"的加工方法。零件经去油除锈后常用氯丁橡胶或聚乙烯醇等溶液涂在不需要腐蚀部分的表面,固化后形成耐蚀胶膜的高分子包覆层。再用特殊的刻划刀将准备腐蚀加工处的耐蚀层去掉,浸入刻蚀液中,将未包覆部分腐蚀掉,以达到挖槽、开孔等定域加工之目的。按照零件要求(腐蚀深度)和金属在蚀刻液中的腐蚀速率确定腐蚀时间。蚀刻液要定期检查,及时调整。腐蚀加工完毕,就可去掉防蚀层。

化学蚀刻不仅适于难切削的不锈钢、钛合金、铜合金等,而且更广泛地应用于印刷电路的铜布线腐蚀和半导体器件与集成电路制造中的精细加工,如刻铝引线、照相制版工艺的铬版腐蚀,Si、Ge 等的腐蚀。蚀刻液随加工材料而定,可查有关手册。

4. 化学抛光与电解抛光

化学抛光与电解抛光都是依靠优先溶解材料表面微小凹凸中的凸出部位的作用,使材料表面平滑和光泽化的加工方法。不同的只是化学抛光是依靠纯化学作用与微电池的腐蚀作用;电解抛光则是借助外电源的电解作用。电解抛光通过对电压、电流等易控制的量,对抛光实行质量控制,所以产品质量一般较化学抛光优异,其缺点是需要用电,设备较复杂,且对复杂零件因电流分布不易均匀而难以抛匀。

与利用研磨作用的机械抛光相比,化学抛光与电解抛光最大的优越性是抛光面不产生变质、变形,且因生成耐腐蚀的钝化膜而使光泽持久;适合形状复杂与细微的零件抛光。

5. 电解加工

是利用金属在电解液中可以发生阳极溶解的原理,将工件加工成型的一种技术。

电解加工时,将工件电极作为阳极,模件(工具)作为阴极。两极间保持很小的间隙(0.1～1mm),使高速流动的电解液从中通过,以输送电解液和及时带走电解产物。加工开始时,由于工件与模具具有不同形状,工件的不同部位有不同的电流密度,阴极和阳极之间距离最近的地方电阻最小,电流密度最大,此处溶解最快。随着溶解的进行,阴极不断向阳极自动推进,阴极和阳极各部位之间的距离差别逐渐缩小,直到间隙相等,电流密度均匀,此时工件表面形状与模件的工作表面完全吻合。

电解加工中所用的电解液，要求不使阳极产生钝化，有利于其溶解。此外，由于电解加工使用的电流密度一般为 $25\sim100A\cdot cm^{-2}$，比电镀和电解抛光要大 $10\sim100$ 倍，所以要求电解液有良好的导电性。常用的电解液是质量分数为 $14\%\sim18\%$ 的 NaCl 溶液，适用于大多数黑色金属或合金的电解加工。

电解加工的范围很广，能加工特硬、特脆、特韧的金属或合金以及复杂形面的工件，加工表面的光洁度较好，工具阴极几乎没有消耗。但这种方法精度只能满足一般要求，加工后的零件有磁性，需经退磁处理。模件阴极必须根据工件需要设计成专门形状。

5.3 非金属元素与无机非金属材料

5.3.1 非金属元素概述

目前已知的 22 种非金属元素除氢外都集中在周期表的右上方，以硼、硅、砷、碲、砹为界。非金属元素虽然仅占元素总数的 $\frac{1}{5}$，但在自然界的总量却超过了 $\frac{3}{4}$。空气和水完全由非金属组成，地壳中氧的质量分数为 49.13%，硅的质量分数为 29.50%。

无机非金属材料包括陶器、瓷器、耐火材料、黏土制品、玻璃、水泥和搪瓷等材料。陶瓷是无机非金属材料的主体，现在不少西方国家，陶瓷实际上已是各种无机非金属材料的通称，同金属材料和高分子材料一起称为现代工程材料的三大支柱。

非金属元素一般具有较大的电负性，除稀有气体外以单原子分子存在外，其他非金属单质都至少由两个原子以共价键结合而成。

非金属单质的熔点、沸点及硬度等物理性质与其晶体结构密切相关。

属于原子晶体的硼、氮、硅等单质的熔、沸点都很高。分子晶体的物质熔、沸点都很低，其中一些单质常温下呈气态（如稀有气体及 F_2、Cl_2、O_2、N_2）或液态（如 Br_2）。氦是所有物质中熔点（$-272.2℃$）和沸点（$-246.4℃$）最低的。液态的 He、Ne、Ar 以及 O_2、N_2 等常用作低温介质，如利用 He 可获得 $0.001K$ 的超低温。一些呈固态的非金属单质，其熔、沸点也不高。

金刚石的熔点（$3350℃$）和硬度是所有单质中最高的。根据这种性质，金刚石被用作钻探、切割和刻痕的硬质材料。石墨虽然是层状晶体，它的熔点（$3527℃$）也很高。由于石墨具有良好的化学稳定性、传热导电性，在工业上用作电极、坩埚和热交换器的材料。

非金属单质一般是非导体，也有一些单质具有半导体的性质，如硼、碳、硅、磷、砷、硒、碲、碘等。在单质半导体材料中以硅和锗为最好，其他如碘易升华，硼熔点（$2300℃$）高。磷的同素异形体中,白磷剧毒(致死量 0.1g),因而不能作为半导体材料。

非金属元素的化学性质主要表现为氧化性、还原性和氧化还原性。

氧化性:非金属单质在形成化合物时易得到电子,表现出氧化性。氧化性较强的卤素、氧族的 O_2 和 O_3。

还原性:非金属单质 H_2、C 和 Si 等具有较明显的还原性。

氧化还原性:大多数非金属单质既有氧化性又有还原性。

5.3.2　非金属元素的重要化合物

无机非金属材料的组成及分类见下表。

表 5 - 4　无机非金属材料的组成及分类

种　类	材　料	用　途
绝缘材料	Al_2O_3,MgO,AlN,$MgO - Al_2O_3 - SiO_2$ 玻璃	集成电路基片,封装陶瓷,高频绝缘瓷
介电材料	TiO_2,$La_2Ti_2O_7$,$Ba_2Ti_9O_{20}$	陶瓷电容器,微波陶瓷
铁电材料	$BaTiO_3$,$SrTiO_3$	陶瓷电容器
压电材料	$PbTiO_3$,$PbTiO_3 - PbZrO_3$,$(PbBa)NaNb_5O_{15}$	超声换能器,滤波器,压电点火器,谐振器
半导体瓷	$LaCrO_3$,$ZrO_2 - Y_2O_3$,SiC	温度传感器,温度补偿器等
	PTC($BaTiO_3 - SrTiO_3 - PbTiO_3$)	温度补偿器,自控加热元件
	CTR(V_2O_5)	热传感元件,防火灾传感器等
	ZnO 压敏电阻	避雷器,浪涌电流吸收器,噪声消除
	SiC 发热体	电炉,小型电热器等
	快离子导体 $\beta - Al_2O_3$,ZrO_2,$AgI - AgO - MoO_3$ 玻璃	钠硫电池固体电解质,氧传感器陶瓷
铁氧体	$CoFe_2O_4$,$BaO \cdot xFe_2O_3$,Ni - Zn,Mn - Zn,Cu - Zn - Mg,Li、Mn、Ni、Mg、Zn 与 Fe 形成的尖晶石型铁氧体	铁氧体磁石,记录磁头,计算机磁芯,电波吸收体
透光材料	$Na_2O - CaO - SiO_2$ 玻璃	窗玻璃
	$Na_2O - Al_2O_3 - B_2O_3 - SiO_2$ 玻璃	透紫外光元件
	透明 MgO,As - Ge - Te 玻璃	透红外光元件
	SiO_2,$ZrF_4 - BaF_2 - LaF_3$ 玻璃纤维	光学纤维
	透明 BeO,Y_2O_3,$K_2O - BaO - Sb_2O_3 - SiO_2 - Nd_2O_3$ 玻璃	激光元件
	透明 PLZT(Pb - La - Zr - Ti - O)	光存储元件,视频显示,光开关等
	$CdO - B_2O_3 - SiO_2$ 玻璃	光致色器件

续表

种 类	材 料	用 途
湿敏材料	$MgCr_2O_4 - TiO_2$，$TiO_2 - V_2O_5$，$ZnO - Cr_2O_3$，Fe_2O_3，$NiFe_2O_4$	工业湿度检测，烹饪控制元件等
气敏材料	SnO_2，$\alpha - Fe_2O_3$，ZrO_2，TiO_2，$CoO - MgO$，ZnO，WO_3 等	汽车传感器，气体泄漏报警，气体探测
载体	$2MgO \cdot 2Al_2O_3 \cdot 5SiO_2$，$Al_2O_3$，$SiO_2 - Al_2O_3$，$Na_2O - B_2O_3 - SiO_2$ 多孔玻璃	汽车尾气催化载体，化学工业用催化载体，酵素固定载体，水处理等
生物材料	Al_2O_3，$Ca_{10}(PO_4)_6(OH)_2$，$Na_2O - CaO - P_2O_5 - SiO_2$ 系玻璃，$Ca_3(PO_4)_2$	人造牙齿，人造骨，人造关节
结构材料	Al_2O_3，MgO，ZrO_2，SiC，TiC，WC，AlN，Si_3N_4，BN，TiN，TiB_2，$MoSi_2$，C，$Y - Al - Si - O - N$ 玻璃	耐高温结构材料，研磨材料，切削材料，超硬材料，飞机、火箭零件，网球拍，钓鱼竿等
搪瓷、釉料	$Na_2O - CaO - Al_2O_3 - B_2O_3 - SiO_2 - MO_x$（$MO_x$ 为过渡金属氧化物）	陶瓷、金属等装置，保护用涂层
硅酸盐水泥	$CaO - Al_2O_3 - Fe_2O_3 - SiO_2$	建筑用

5.3.3 耐火、保温与搪瓷材料

1. 耐火材料

耐火材料与保温材料都是耐热设备的主要材料。耐火材料是指能耐 1580℃ 以上高温，并在高温下能耐气体、熔融炉渣等物质侵蚀，且具有一定机械强度的材料。

耐火度是材料受热软化时的温度，是耐火材料的重要性能之一。根据耐火度的高低，耐火材料分为普通耐火材料（1580～1770℃）、高级耐火材料（1770～2000℃）和特级耐火材料（>2000℃）。按材料的化学性质分，可分为酸性、中性、碱性耐火材料。此外还有碳质耐火材料。常见耐火材料的主要成分、性能和用途见表 5-5，根据所接触物料的酸碱性、氧化还原性，结合表中各种耐火材料性能，可选用合适的耐火材料。

表 5-5 常见耐火材料的主要成分、性能和用途

	主要成分	酸碱性	耐火度/℃	主要性能及用途
硅砖	$SiO_2 > 93\%$	酸性	1690～1710	抗酸性氧化物性能好。用于酸性平炉、炼焦炉、盐熔炉等
半硅砖	$SiO_2 > 93\%$ $20\% \sim 30\% Al_2O_3$	酸性	1650～1710	由含砂耐火黏土烧结而成。抗酸性氧化物性能好。用作炉子衬里、烟道及盛钢桶衬里等

	主要成分	酸碱性	耐火度/℃	主要性能及用途
黏土砖	50%～60%SiO_2 40%～48%Al_2O_3	弱酸性	1610～1730	由耐火黏土加熟料烧结而成。热稳定性好。在氧化气氛中不易损坏。广泛用于高炉、平炉及各种热处理加热炉
刚玉砖	$Al_2O_3 > 72\%$	中性	1840～1850	以刚玉砂受热制成。抗酸、碱性比高铝砖好，但价格较贵
镁砖	$MgO > 87\%$	碱性	2000	由镁砂(MgO)加工制成。抗碱性能良好，但抗温度急变性差。用于碱性电炉
铬镁砖	30%～70%MgO 10%～30%Cr_2O_3	碱性	1850	用铬铁矿和镁砂矿加工制成。抗碱性能良好。但抗温度急变性差。用于碱性电炉

2. 保温材料

保温材料的种类很多。主要成分也都是 SiO_2、Al_2O_3、MgO 等氧化物。保温材料密度小、小气孔多，在相互交错的气孔内，容易储存空气，形成很好的绝热体。

物质绝热性能常用导热系数来衡量。导热系数越小，绝热性能越好。几种保温材料的主要成分和性能见表 5-6。

表 5-6　几种保温材料的主要成分和性能

材料	主要成分	导热系数/(kJ·m^{-1}·h^{-1}·$℃^{-1}$)	使用温度/℃
石棉粉	$CaO \cdot 3MgO \cdot 4SiO_2$	0.38～0.75	500
石棉板	$CaO \cdot 3MgO \cdot 4SiO_2$	0.59	500
硅藻土粉	SiO_2(非晶形)	0.38	900
硅藻土	SiO_2(非晶形)	0.71	900
蛭石	SiO_2(38%～42%)	0.26	1100

保温材料以石棉制品为最多。石棉是一种矿物纤维材料，质软如棉，耐酸碱，不腐、不燃，有良好的抗热和绝缘性能。可单独与其他材料配合制成耐火、耐热、耐酸、耐碱、保温、绝热、隔音、绝缘及防腐材料。

石棉的主要成分是 SiO_2、MgO、Fe_2O_3、CaO 和结晶水。石棉制品有石棉线、石棉绳、石棉布、石棉纸、石棉板等。这些制品多用作绝热、保温和密封材料。橡胶石棉盘根、石棉橡胶板可用于蒸汽机、往复泵，密封水、汽及其他液体。

3. 陶瓷材料

是人类最早经化学反应而制成的材料。传统陶瓷是以氧化物为主，主要是天然硅酸盐矿物的烧结体，而新型陶瓷还有氮、碳、硼和砷的氧化物。陶瓷是将层状结构的硅酸盐（黏土）与适量水做成一定形状的坯体，经低温干燥、高温烧结、低温处理和冷却，最终生成以

$3Al_2O_3 \cdot 2SiO_2$ 为主要成分的坚硬固体。因此,陶瓷是指经高温烧结而成的一种各向同性的多晶态无机材料的总称。

现代陶瓷又称精细陶瓷,可分为结构陶瓷和功能陶瓷两类。结构陶瓷具有高硬度、高强度、耐磨、耐蚀、耐高温和润滑性好等特点,用作机械结构零部件;功能陶瓷具有声、光、电磁、热特性及化学、生物功能等特点。

有代表性的结构陶瓷包括:

(1) 氧化铝陶瓷

俗称刚玉,最稳定的晶型是 $\alpha - Al_2O_3$。经烧结,致密的氧化铝陶瓷具有硬度大、耐高温、耐骤冷急热、耐氧化、使用温度高(达 1980℃)、机械强度高、高绝缘性等优点。它是使用最早的结构陶瓷,用作机械零部件、工具、刃具、喷砂用的喷嘴、火箭用导流罩及化工泵用密封环等。其缺点是脆性大。现代电光源对材料的耐高温、耐腐蚀和透光性有很高的要求,新型透明氧化铝陶瓷的出现,是电光源发展过程中的一次重大飞跃,带来了巨大的社会效益和经济效益。氧化铝透明陶瓷是高压钠灯极为理想的灯管材料,在高温下与钠蒸气不发生作用,又能把 95% 以上的可见光传送出来,这种灯是目前世界上发光效率最高的灯。用氧化铝、氧化镁混合在 1800℃ 高温下制成的全透明镁铝尖晶石陶瓷,外观极似玻璃,硬度大,强度高,化学稳定性好,可作为飞机的挡风材料,也可作为高级轿车的防弹窗,坦克的观察窗以及飞机、导弹、雷达天线罩等。

(2) 氮化硅陶瓷

氮化硅(Si_3N_4)硬度为 9,是最坚硬的材料之一。其导热性好且膨胀系数小,可经低温、高温、急冷、急热反复多次而不开裂,被称为"像钢一样强,像金刚石一样硬,像铝一样轻"。其可用作高温轴承、炼钢用铁水流量计、输送铝液的电磁泵管道。用它制作的燃气轮机,提高效率 30%,并可减轻自重,已用于发电站、无人驾驶飞机等。

(3) 氧化锆陶瓷

以 ZrO_2 为主体的增韧陶瓷具有很高的强度和韧度,能抗铁锤的敲击,可达到高强度高合金钢的水平,称为陶瓷钢。许多陶瓷材料通过氧化锆增韧后,拓宽了应用领域,可以替代金属制造磨具、拉丝模、泵机的叶轮。用增韧氧化锆陶瓷做成剪刀,不生锈,不导电,可以放心地剪切带电的电线。

(4) 碳化硅陶瓷

SiC(俗名金刚砂)熔点高(2450℃),硬度大(9.2),是重要的工业磨料。其具有优良的热稳定性和化学稳定性,热膨胀系数小,高温强度是陶瓷中最好的,最适用于高温、耐磨和耐蚀环境。现已用作火箭喷嘴、燃气轮机叶片、轴承、热电偶保护套、各种泵的密封圈、高温热交换器和耐蚀耐磨的零件等。

(5) 功能陶瓷材料

是以特定的性能或通过各种物理因素(如声光电磁)作用而显示出独特功能的材

料。每当外界条件变化时都会引起这类陶瓷本身某些性质的改变,测量这些性质的变化,就可"感知"外界变化,这类材料被称为敏感材料。目前已制成了温度传感材料(如 $BaTiO_3$ 类陶瓷)、湿度传感材料(如 Fe_3O_4、Al_2O_3、Cr_2O_3 与其他氧化物的二元或多元材料)、气体传感材料(如 SnO_2、ZnO 和 Fe_2O_3 系 n 型半导体,吸附 H_2 等还原性气氛时导电率增加,吸附 O_2 等氧化性气氛时导电率下降)、压力和振动传感材料(主要有 $BaTiO_3$、$PbTiO_3 - PbZrO_4$ 复合陶瓷等)。ZrO_2、ThO_2、$LaCrO_3$ 的高温电子陶瓷,用来制造电容器和电子工业中的高频高温器件;用尖晶石型铁氧体(组成为 $MOFe_2O_3$,M 为 Mn、Zn、Cu、Ni、Mg、Co 等)制成的磁性陶瓷,用作制造能量转换、传输和信息储存器件,广泛应用在电子、电力工业中。

目前,结构陶瓷和功能陶瓷正向着更高阶段的智能陶瓷的方向发展。所谓智能陶瓷,指的是其具有很多特殊功能,能像生命物质(如人的五官)那样感知客观世界,也能能动地对外做功,发射声波,辐射电磁波和热能,以及促进化学反应和改变颜色等对外做出类似有"智慧"的反应的陶瓷。生物陶瓷是用于人体器官替换、修补及外科矫形的陶瓷材料,如羟基磷灰石陶瓷(HA),其成分为 $Ca_{10}(PO_4)_6(OH)_2$,单位晶胞与人体骨质是相同的,是骨、牙组织的无机组成部分,因此被用作人工骨种植材料。新生长的骨组织可以与 HA 陶瓷紧密结合,一般种植四五年后 HA 逐渐被吸收。

最近由于纳米结晶复合材料的迅速发展,出现了纳米陶瓷材料,如 TiO_2 纳米陶瓷的断裂韧性比普通多晶陶瓷增强了 1 倍。

5.3.4　新型无机非金属材料

1. 半导体材料

元素周期表中,在金属与非金属的分界线附近有 12 种具有半导体性质的元素,即它们的导电性介于金属导体和非金属绝缘体之间,其导电能力随温度升高或光的照射而增大。其中大多数不稳定;硼的熔点太高,难以实用;磷有毒,不能单独应用。因此,首先用作半导体材料的是ⅣA 族元素锗(Ge)。

半导体是指室温电阻率为 $10^{-5} \sim 10^7 \Omega \cdot m$,处于导体(电阻率$<10^{-5} \Omega \cdot m$)和绝缘体(电阻率$>10^7 \Omega \cdot m$)之间的材料,已成为当前电子技术、计算机技术和新能源利用技术等高新技术中必不可少的重要材料。

从晶体结构上看,半导体元素大多属于原子晶体和层状、链状的过渡型晶体,少数为金属晶体。在晶体中,一般没有自由电子。当外界供给能量(如加热、光照等),其价电子就会被激发,形成自由电子,则具有一定的导电性。温度升高,自由电子增多,半导体的导电性即随之增强。在足够的高温下,半导体导电性与金属相近;而在相当低的温度下,则将与绝缘体相同。

在半导体中,某原子的一个价电子跃迁成为自由电子,相当于在该原子上留出一个电子的空位置,形成空穴。同时,周围其他原子也会因产生自由电子而出现空穴;电子可向空穴跃迁,又会出现新的空穴。这样,随着电子向空穴的跃迁,空穴就从一个原子转移到另一个原子上。在外加电场中,负的电子和正的"空穴"逆向运动而形成电流。这就是半导体导电机理,电子或空穴都被称为"载流子"。半导体也就由此区分为两种类型:以电子为主的半导体叫 n 型半导体;以空穴为主的半导体则叫 p 型半导体。

(1) 元素半导体

如前所述,具有半导体性质的元素很多,但实际应用的纯元素半导体只有锗(Ge)和硅(Si)两种。硅的半导体性质比锗优良,可使用温度广,可靠性更高,且资源丰富,因此逐步取代锗而成为半导体材料世界中的"霸主"。利用硅和锗制备的半导体,又称为本征半导体,均属于 n 型半导体。

单质硅有晶体和非晶体两种。晶体硅为原子晶体,熔点高(1693K),硬而脆,在化学性质上,非晶硅、多晶硅的活性又高于单晶硅。在常温下,硅与空气、水和酸等都不起作用,但可与强碱和氟等强氧化剂作用,也可与氢氟酸缓慢作用。因此,工业上常用强碱溶液和 HF - HNO$_3$ 混合溶液作为硅器件的腐蚀液。高温下,硅的反应活性增强,与氧、水汽和非金属均可作用,生成二元化合物,其中 SiO$_2$ 和 Si$_3$N$_4$ 结构致密,在硅表面附着牢固,是性能很好的钝化膜。

锗单质也是原子晶体,熔点比硅低得多(1110.6K),呈银灰色的金属光泽,质硬而脆。锗不与强碱溶液作用,可溶于热浓硫酸、浓硝酸、"王水"和 HF - HNO$_3$ 或 NaOH - H$_2$O$_2$ 的混合溶液中。因此,它们都可作为锗器件的腐蚀液。其中最常用的是 NaOH - H$_2$O$_2$ 混合液,与锗在加热时可有下列反应发生:

$$Ge + 2H_2O_2 + 2NaOH \longrightarrow Na_2GeO_3 + 3H_2O$$

高温下,锗相当活泼,可与氧直接化合生成粉末状的 GeO$_2$。

(2) 掺杂半导体

高纯半导体的导电性很差,常用"掺杂"来提高其导电性,如在锗(Ge)中掺入 1% 的杂质,其导电能力可提高百万倍。掺入的杂质有如下两种类型:

施主杂质:进入半导体中能给出电子的杂质,故称施主杂质。如在硅中掺入 VA 族的 P 或 As,因 P 或 As 原子各有 5 个价电子,当它们和周围的 Si 原子以共价键相结合时,还多出 1 个电子。这个电子在硅半导体中是相当自由的,能够参与导电,因此这类半导体称为 n 型半导体。

受主杂质:能俘获半导体中的自由电子的杂质,因其接受电子,故称为受主杂质。如在硅中掺入 ⅢA 族的 B,由于 B 原子比 Si 原子少一个电子,因此在和周围的 Si 结合成共价键时,其中一个键将缺少 1 个电子。原被束缚的电子容易跃迁进入而出现一个空穴。这类半导体为 p 型半导体。

掺杂半导体中,n 型的主要有 Si(P,As) 和 Ge(As)(括号外是元素半导体,括号内是掺杂元素),p 型的主要有 Si(B,Al)和 Ge(Ga)等。杂质元素在 Si、Ge 中都有一定的溶解度,这在很大程度上取决于杂质原子与硅(或锗)原子半径的差值。一般是半径相差越大,则其溶解度就越小。另外,杂质原子的外层电子数与硅(或锗)的越不同,其溶解度就越小。

（3）化合物半导体

在研究元素半导体的化学键类型和晶体结构的基础上,根据"等电子原理"(在电负性相近元素的化合物中,如每个原子的平均价电子数相同,则应具有相同或相近的结构类型,具有相近的性质),发现了化合物半导体。化合物半导体的特点如下:

化学式一般符合通式 A_xB_{8-x}($x=1,2,3$),即ⅠA-ⅦA、ⅡA-ⅥA、ⅢA-ⅤA 族元素的组合。化合物中每个原子的平均价电子数均为 4,与硅、锗等ⅣA 族元素半导体的价电子数相同。

晶体结构大多属于金刚石型或 ZnS 型。

化学键以共价键为主,但由于组成元素间的电负性有差异,故增加了离子键成分。作为经验规律,键的离子性增强,其可工作温度相应提高。例如,硅的工作温度约为 150℃,而 GaAs 可在 250℃ 以上工作。

化合物半导体的最大特点在于,可以按任意比例混合两种以上的化合物,从而得到混合晶体化合物半导体,其性质将介于原来两种化合物半导体之间。理论上说,化合物半导体的数量将是很多的。但由于制备提纯技术上的困难,目前实用的化合物半导体,最多还是ⅢA-ⅤA 族化合物,其中性能最好的材料是砷化镓(GaAs)。其外观呈亮灰色,有金属光泽,性硬而脆。一般掺入杂质碲(Te)后,可制备 n 型 GaAs 半导体;掺入杂质 Zn 或 Cd 时,得到 p 型 GaAs 半导体。

（4）缺陷半导体

许多离子化合物都可能形成正离子或负离子短缺的缺陷化合物。这些化合物中正、负离子数之比,不再是简单的整数比,故又称非整比化合物。例如,负离子短缺的非整比化合物,其组成分别对应于 MY_{1-x}(M、Y 的正、负离子氧化值相同;x 表示负离子空位)或 $M_{1+x}Y$(间隙金属离子),均属于 n 型半导体。对 MY_{1-x} 的化合物,晶格中存在负离子空位,为保持晶体的电中性,每一空位通常为一个电子占据。对组成为 $M_{1+x}Y$ 的化合物,过剩的 M 的价电子将成为自由电子而自身留作间隙金属离子。在这两种情况下,都是过量的电子对导电性做贡献。氧化物中,氧化锌、氧化镉、氧化铬和氧化铁等,都属于这类半导体。

同理,通式为 $M_{1-x}Y$ 的金属短缺的非整比化合物,具有正离子空穴,则属于 p 型半导体。它们的导电性是由价电子从低氧化态金属离子向高氧化态离子跃迁来实现的,比如电子从一个 M^+ 跳到一个 M^{2+} 上,因而表面上可看作是 M^{2+} 在运动,即正"空穴"运动导电的。其情形与 n 型半导体刚好相反。在 Cu_2O、FeO、NiO 和 FeS 等低氧化态金属氧化物或硫化物中都可见到这类半导体。

由氧化物、硫化物等缺陷半导体出发,还可获得三元或多元的化合物半导体。如将 NiO 和少量 Li_2O 的混合物在空气中加热,可得到组成为 $Li_xNi_{1-x}O$ 的化合物半导体。这是因为

Li^+ 与 Ni^{2+} 半径相近,故可以取代晶格中 Ni^{2+};为保持电中性,每引进 1 个 Li^+,就必须形成一个 Ni^{3+},以补足正电荷。因此,该化合物的精确组成可表示为 $Li_x Ni_x^{III} Ni_{1-2x}^{II}$,形成 p 型半导体,原来暗绿色的 NiO 绝缘体,则转变为黑色的半导体。如有控制地掺入原子百分数为 10% 的 Li^+,可使其导电性增加 10^{10} 倍。因而,这类化合物半导体,被称为控价半导体,是缺陷半导体中重要的一类。

由此可见,就半导体材料的发展来说,都是在元素周期表指导下所获得的丰硕成果！它不仅扩大了选择半导体材料的范围,而且为实现半导体材料的设计提供了理论基础,对半导体材料的研究、开发直至生产的重要意义是难以估量的。

2. 超导材料

1911 年荷兰物理学家在观察低温下汞电导的变化现象时,于 4.2K 附近发现汞的电阻突然消失,其电阻值实际变为零。随着温度的降低,金属的导电性逐渐增加,当温度降到接近热力学温度 0K 的极低温度时,某些金属及合金的电阻急剧下降变为零,这种现象称为超导电现象。具有超导电现象的物质称为超导电材料,简称为超导材料。通常,形成超导体的临界条件除了超导临界温度外,磁场和电流都会对超导体的导电产生影响。

超导材料的突破性进展,促进超导技术的飞速发展,预示着一个崭新的电气化时代的到来。自从人们在 1961 年首次制得超导磁体后,超导技术的应用遍及能源、运输、资源、信息、医疗和基础科学等科学技术的广泛领域。

发电、输电、储电超导化:以铜线绕制成的电磁体产生磁场发电,会因铜线损耗无谓地产生能量,而使用超导线圈,可大幅度地提高发电机效率,减少其能量损失的 80%。通常使用的铜线,其传输损耗为 3%~15%,而用超导材料作为远距离输电导线,则无电阻损耗。如以液氮为制冷剂,敷设从美国西海岸到东海岸的电力网,则可能关闭 50 个原为避免远距离输电而建立的发电厂。

大型超导磁体可作为未来能源的核聚变装置中的强磁场,用以约束氘、氚等离子体,这两类氢原子的原子核可在反应堆中被加热至 $1 \times 10^8 ℃$ 发生核聚变,释放出巨大的热能,再使之转化为相应的电能。

储电方面,在超导线圈中通过电流进行励磁,则电能可被线圈作为磁能而储存起来,到用电高峰时再转化为电流。

超导磁悬浮列车:由于列车的车体被强大的磁场托起悬浮在轨道上方(悬浮度大,100mm 左右),无轮轴和车轮与轨道间因摩擦而产生的阻力,从而实现低噪声、高速度(可达 $550km \cdot h^{-1}$)的运行。我国上海引进德国的技术,建成国内第一条磁悬浮列车,从浦东机场通往市中心。我国地域辽阔,随着磁悬浮列车技术的发展,造价会不断降低,其应用前景将是十分光明的。

电子器件的超导化:要使电子设备工作更快、体积更小、功能更多的关键之一,是设法把许多电路集中制作在一块微型芯片上。困难在于,电路安排得越紧密,其工作时产生的热量就越难以散失。而超导电路则不存在这一难题,因为它产热极少或根本不产生热。

超导体可在很弱的磁场信号下得到很强的电流变化,利用这一特性可制得"超导结"——一种高速、高精密度、高灵敏度的元件,其和逻辑值"0"和"1"间的转换极快,电耗也很小(仅为几个微瓦),因此,和其他技术的电路相比,超导结是制造超高性能的电子计算机和测量仪器的基础。

在医学诊断方面的应用:超导磁体是磁共振成像仪的关键部件,后者用于医疗诊断,可得出人体内部器官的图像,患者则不必受 X 射线或其他辐射之苦。利用超导磁体能实现液氮温区工作,则磁共振成像仪便可得到推广应用;超导量子干涉仪的探头可更靠近人体,分辨率会更好。

高温超导材料技术在科学领域中开拓了一条新路,是电学范围中的一次革命性的贡献。

3. 激光材料

激光就是工作物质受光或电刺激,经过反复反射传播放大而形成强度很大、方向集中的光束。激光有许多宝贵的特性。首先,它有极高的光源亮度,比太阳表面的发光亮度还高 1010 倍;有极高的方向性,其光束发散度为探照灯的几千分之一;具有极高的单色性,普通光源中单色性最好的是氪灯,其谱线宽度室温下为 0.95pm,而由 He－Ne 激光器发射的光只有 10^{-5} pm。

根据激光工作物质的性质,激光器可分为固体、气体及半导体等类型。

(1) 固体激光器

工作物质包括受激发射作用的金属离子(激活离子,即产生激光的离子)和基质(传播光束的介质)。应用最多的激活离子是 Cr^{3+} 和 Nd^{3+}。基质材料为晶体的称为晶体激光器,为玻璃的叫玻璃激光器。每一种激活离子有一对应的基质,如氧化铝掺入 Cr^{3+} 能发光,但 Cr^{3+} 掺入其他基质就难以发光。

(2) 气体激光器

分为三类:

① 原子激光器。工作物质是原子气体(稀有气体)及金属蒸气(如 Cu、Pb、Mn 等)。输出波长 1～3μm 的近红外,少数在可见光范围。最常用的是 He－Ne 激光器,有多种输出波长,最重要的是 632.8nm,相当于 Ne 的 3s 电子跃迁到 2p 所辐射的能量。

② 分子气体激光器。工作物质有 CO_2、N_2、O_2、HF 等。其中 CO_2 激光器发射波长 10.6μm,输出功率目前已达几万瓦,是输出功率最大的激光器,应用在通讯、雷达及加工领域;

③ 离子气体激光器。工作物质是稀有气体离子或某些金属(如 Hg、Zn、Cd 等)蒸气通过强电流放电产生的离子。最典型的是 Ar^+ 激光器,最强发射波长为 488～514.5nm(蓝-绿区)。输出功率从几十瓦到几百瓦,在可见光区输出而有实用意义。

(3) 半导体激光器

能产生激光的半导体材料有ⅢA～ⅤA 族化合物 GaAs、InSb、GaAlAs,ⅡB～ⅥA 族化合物 ZnSn、CdTe 和ⅣA～ⅥA 族化合物 SnTe、PbSnTe 等,激光波长 330nm～34μm 的近紫外、可见光和红外区。它比固体和气体激光器效率高,体积小,广泛用于短距离激光测距、通信、警戒、测污、计算机技术与自动控制,以及在飞机、军舰和飞船上。

激光加工是激光的主要应用之一。激光是最亮的光源,只要将中等强度的激光束汇聚,在焦点处可产生上百万度的高温,使难熔物质瞬间熔化或气化。激光打孔就是将聚焦的激光束射向工件,"烧穿"指定区域。难于机械打孔的材料(如宝石、轴承)用激光打孔却很容易。由于不和工件接触,时间短,避免了钻头磨损、材料的氧化变形等。激光切割切缝窄,速度快,成本低,目前已广泛用于切割钢板、不锈钢、石英、陶瓷、布匹、木材、纸张、塑料凳。激光焊接可使任何材料,特别是难熔及物理性质不同的金属焊接。例如将熔点 2000℃ 以上的矾土陶瓷和蓝宝石等焊接,能把 Cu 和 Ta 两种性能不同的金属焊接,还可对大批量微型电子元器件进行高精度的微晶焊接。由于不需焊剂,避免了加工变形。也可以焊接玻璃壳内的零件。

4. 光导材料

由光缆构成的高速通道和用电缆、无线电传输系统中的低速通道组成了大型信息网络。这个网络四通八达、畅通无阻。文字、声音、图像都是以数字流的形式在"公路"上迅速传输人们需要的一切信息,这就是信息高速公路。

光通信是当代新技术革命的重要内容之一,也是信息社会的重要标志。光通信的关键在于有性能优异的光导纤维,它是随 20 世纪 60 年代末兴起的光通信技术而迅速发展起来的。

光纤由三个部分组成:内芯玻璃(简称芯料)、涂层玻璃(简称皮料)和插入芯料与皮料之间的吸收料。光纤是根据光从一种折射率大的介质射向另一种折射率小的介质时光会发生全反射的原理制成的。因此,要求芯料玻璃具有高折射率和透光度,皮料玻璃具有低折射率,这两种玻璃的性能如热膨胀系数、黏度尽量接近,而且芯料玻璃的析晶倾向要小。

由于光在芯料和皮料的界面上发生全反射,入射光几乎全部封闭在芯料内部。经过无数次的全反射,光波呈锯齿状向前传播,使光由纤维的一端曲折地传到另一端。光通信就是把声音或图像由发光元件(如 GaAs 等ⅢA～ⅤA 族半导体激光器)转换成光信号,经光导纤维传向另一端,再由接收元件(如 CdS、ZnSe 等)恢复为电信号,使受话机发出声音或经接收机恢复到原来的图像。

从材料的组成来看,有多组分玻璃、复合材料和石英。应用较普遍的有高纯石英(掺杂)光纤、多组分玻璃光纤和塑料光纤。目前实用光缆都是由石英纤维制成的。

光导纤维根据使用性能的不同,可制成紫外光导纤维、激光光导纤维、荧光光导纤维、塑料光导纤维等。

近年来出现了各种光纤传感器,用了检测温度、压力、磁场、电流等。新近研制的化学光纤传感器用来连接、自动遥测痕迹量的物质,速度快,成本低,是一项有效的分析测试新技术。

5.4　有机高分子化合物及高分子材料

5.4.1　高分子化合物的基本概念

　　高分子合成材料是以相对分子质量大的高分子化合物(也称聚合物、高聚物、树脂)为主要组分的材料。通常,有机化合物为低相对分子质量(100~200),而高分子化合物相对分子质量在 10000 以上,且该值事实上是一个平均值。另外,高分子化合物的主链中不含离子键和金属键。

　　单体是用于合成高分子的低分子原料,通过聚合反应,可生成相对分子质量高达几千到几百万的化合物,即聚合物,主要包括塑料、合成纤维和合成橡胶。

　　聚合反应是把低相对分子质量的单体连起来形成高分子的过程,包括自由基聚合、离子型聚合、缩合聚合。如自由基聚合包括自由基的产生、链的增长、链的终止等反应过程,如图 5-5 所示。聚合物的工业生产过程通常包括原料准备、单体聚合反应、聚合物分离及洗涤、干燥等工序。

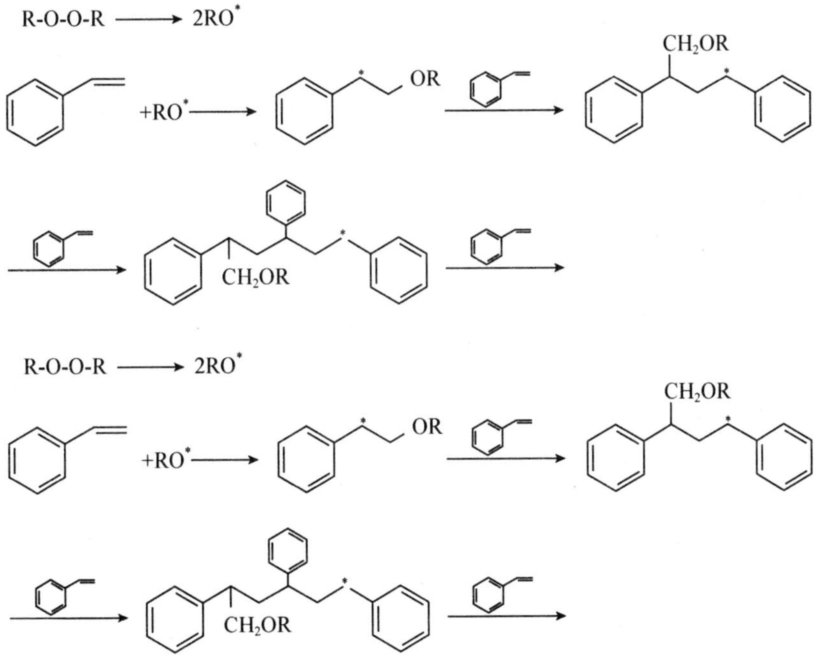

图 5-5　自由基聚合反应示例

5.4.2　有机高分子材料

1. 塑料

塑料和树脂是不同的两个概念,树脂分为天然树脂和合成树脂。合成树脂是人工合成的某些性能与天然树脂相似的高分子聚合物,是塑料的主要原料。人们常说的塑料制品是由树脂粒子添加诸如填料、增塑剂、稳定剂和颜料等辅助材料,经均匀混合和压模所得的成品。当然,纯粹用树脂做塑料制品也是有的,如我们日常使用的食品袋、有机玻璃灯具和用具,由聚四氟乙烯(俗称塑料王)做成的密封材料和化工设备等,但品种极其有限。

现在,用作塑料的聚合物品种已多达 300 余种,其中产量最大的是聚乙烯、聚氯乙烯、聚丙烯和聚苯乙烯四种,它们占塑料总产量的 70％以上。近十多年来,新的塑料品种增加很多,产量增长很快,例如 ABS(苯乙烯类)工程塑料、聚氨酯塑料、氟塑料、聚碳酸酯等已成为人们普遍使用的材料。现在塑料的应用领域以建筑、包装、运输为主,电子工业、农业和家庭生活的需要量也占较大比重,化工、纺织、机械等行业的需求量也在迅速增加。几种常用塑料的性质和主要用途见下表。

表 5-7　几种常用塑料的性质和主要用途

名称	单体	聚合体的结构单位	性质	主要用途
聚乙烯(PE)	乙烯 (CH_2＝CH_2)	—CH_2—CH_2—	热塑性、绝缘性好,化学稳定性好	高频率电缆薄膜制品、日用品等
聚氯乙烯(PVC)	氯乙烯 ($ClCH$—CH_2)	—CH—CH_2— | Cl	热塑性、耐化学腐蚀性好	硬聚氯乙烯塑料、制化工设备材料、软聚氯乙烯塑料、制电线绝缘材料、薄膜制品、雨衣、软管、人造革等
聚丙烯(PP)	丙烯 (CH_2＝$CHCH_3$)	—CH_2—CH— | CH_3	耐热性高,耐化学药品性好,刚性、延伸性特别好,抗应力开裂性比聚乙烯好,电绝缘性能优越	合成纤维,制造容器、薄膜、电缆、阀门等
聚苯乙烯(PS)	苯乙烯 CH＝CH_2	—CH—CH_2—	热塑性、绝缘性、耐水性都高,但较脆	绝缘体、日用品等

续表

名称	单体	聚合体的结构单位	性质	主要用途
聚四氟乙烯（塑料王）（PTFE）	四氟乙烯（$F_2C=CF_2$）	$-\overset{\overset{F}{\mid}}{\underset{\underset{F}{\mid}}{C}}-\overset{\overset{F}{\mid}}{\underset{\underset{F}{\mid}}{C}}-$	耐高温,耐腐蚀	化工设备材料、耐腐蚀轴承、电绝缘材料等
酚醛树脂（电木）	甲醛（HCHO）苯酚 $\left[\begin{array}{c}\bigcirc\\ OH\end{array}\right]$		热固性、耐伸性、电绝缘性好	电气工业材料、日用品、机器零件及各种压制品等
脲醛树脂	尿素 $[CO(NH_2)_2]$ 甲醛（HCHO）	$-N-CH_2-$ $\overset{\mid}{C}=O$ $-N-CH_2-$	热固性好,无色透明,耐水性差	胶黏剂、微孔塑料、绝缘材料、日用品等

2. 合成橡胶

橡胶是具有高弹性的高分子化合物,由比较少量的交联键连成网状的柔性分子所组成。交联键之间的聚合物具有长的碳链,若将一束聚合物由两端拉伸,交联键之间的聚合物链的链段就会伸开,甚至接近完全伸直状态,当外力消除后,由于聚合物链的热运动,将回复到原先的卷曲状态,这就是橡胶产生弹性的原因。

除高弹性外,橡胶还具有高电绝缘性、耐水性、不透气性以及低传热性。某些橡胶还具有耐化学腐蚀、耐高温、耐低温、耐油、耐磨损等特殊性能。因此,橡胶在工业上有广泛的用途,是一种重要的战略物资,我们日常看到的轮胎、电线电缆、传送带及雨具等多是橡胶制品。

橡胶可分为天然橡胶和合成橡胶两大类。1997 年全世界天然橡胶产量约 6.35Mt/a,合成橡胶产量约 $10.31\times10^6\text{t/a}$,两者合计 $16.66\times10^6\text{t/a}$,天然橡胶生产成本较高,每吨需 1300 美元以上,而合成橡胶每吨仅为 $500\sim860$ 美元。

合成橡胶的单体大多为烯烃,例如苯乙烯、丁二烯、异戊二烯、氯乙烯等。经聚合后,多为直链或含支链的聚合物。这些聚合物常称生胶,也需添加各种辅助原料,并和硫化剂混炼、成型后通过硫化工序得到制品(称硫化橡胶或熟胶)。合成橡胶中用量最大的是丁苯橡胶,占合成橡胶总量的 60% 以上,其次是顺丁橡胶、氯丁橡胶、丁基橡胶、丁腈橡胶、异戊橡胶和乙丙橡胶。它们的单元结构、性能和用途见下表。

表 5 - 8　　几种常用合成橡胶的性质和用途

名称	单体	聚合物的结构单位	性能及用途
顺丁橡胶	1,3-丁二烯	$\text{+CH}_2\text{—CH═CH—CH}_2\text{+}_n$	弹性好,耐磨、耐低温、耐老化性能好。用作轮胎、三角带、耐热胶管、帘布胶、胶鞋等
丁苯橡胶	1,3-丁二烯 苯乙烯	$\text{+CH}_2\text{—CH═CH—CH}_2\text{—CH}_2\text{—CH+}_n$ （带苯环）	耐磨性好,抗老化性好,弹性较差。用于制轮胎及其他通用的工业制品
丁腈橡胶	1,3-丁二烯 丙烯腈	$\text{+CH}_2\text{—CH═CH—CH}_2\text{—CH}_2\text{—CH+}_n$ CN	耐油和耐石油的性能好,耐磨性、耐热性好,有良好的物理机械性能,弹性差,电绝缘性差。主要用作耐油橡胶制品
氯丁橡胶	2-氯-1, 3-丁二烯	$\text{+CH}_2\text{—CH═C—CH}_2\text{+}_n$ Cl	耐油、耐老化、耐热、耐酸碱、耐溶剂等性能好,耐寒性差。用于制造电缆、电线包皮和耐油制品
丁基橡胶	异丁烯, 异戊二烯	$\text{CH}_3 \quad\quad \text{CH}_3$ $\text{+CH}_2\text{—C—CH}_2\text{—C+}_n$ $\text{CH}_3 \quad\quad \text{CH}_3$	耐热、耐臭氧、耐强酸和有机溶剂,有优异的不透气性。用于制造汽车内胎、化工设备衬里等
异戊橡胶	异戊二烯	$\begin{bmatrix} \text{H}_3\text{C} \quad\quad\quad \text{H} \\ \text{C═C} \\ \text{H}_2\text{C} \quad\quad\quad \text{CH}_2 \end{bmatrix}_n$	抗张强度、伸长率与天然橡胶相似,耐磨性、耐热性也好。用于制造轮胎、胶管、电缆、胶鞋等
乙丙橡胶	乙烯,丙烯, 双环戊二烯	$\text{+(CH}_2\text{—CH}_2)_x\text{—(CH}_2\text{—CH)}_y\text{+}_n$ CH_3	耐臭氧性比其他橡胶高 100 倍,耐老化、耐化学药品性能优良。用于制造电缆、胶管等

3. 合成纤维

合成纤维是 20 世纪才发展起来的,但其发展迅速。所谓合成纤维是指长度比直径大很多倍,并具有一定柔韧性的纤维物质。合成纤维由单体小分子聚合而成,用作纤维的聚合物必须具有很高的拉伸强度,这就要求聚合物分子排成直线而不是网状结构。例如,若用低密度聚乙烯(LDPE)作纤维原料,因它是一种高度分叉的聚合物,只能得到强度很低的纤维。与之相反,几乎不分叉的高密度聚乙烯(HDPE)才可制得高强度纤维。因此,从拉伸强度考虑,低密度聚乙烯不适宜用作生产纤维的原料。聚合物分子链的柔性也很重要,分子链的柔性越好,分子越容易恢复到无规的卷曲形状,为此,在聚合过程中可将旋转能力很低的醚链引入聚合物。对成纤性不好的聚合物,将刚性结构(如环)引入聚合物中,可改善聚合物的成纤性。多数成纤性聚合物是结晶型的,但也有少数聚合物是非晶型的,其中最重要的是聚丙烯腈。它的良好的成纤性是靠分子间的强极性力维持的。除了拉伸强度和柔性外,用作纺织品的纤维还必须具有足够高的熔点和软化点,能耐洗、耐烫和耐水解,能足以抵抗光、热、氧化降解,能染色,吸湿性好,而且还要有很好的手感和外观。所有这些也同样与聚合物的性质和纤维的制造工艺有关。

合成纤维品种很多,其中最重要的是聚酯、聚酰胺和聚丙烯腈三大类,其产量约占合成纤维总量的 90%。

（1）聚酯纤维

聚酯纤维是由二元酸和二元醇经缩聚枢纽工程聚酯树脂,再经树脂熔融纺丝而制得。因为这类分子中含有酯基,故命名为聚酯。其中用量最大、应用最广的是聚对苯二甲酸乙二醇酯,由它纺丝制得的纤维俗称涤纶。聚酯纤维有以下优异性能:

① 弹性好。聚酯纤维的弹性接近于羊毛,耐皱性超过其他一切纤维,弹性模量比聚酰胺纤维高。

② 强度大。湿态下强度不变,其耐冲击强度比聚酰胺纤维高 4 倍,比黏胶纤维高 20 倍。

③ 吸水性小。聚酯纤维的返潮率仅为 0.4%~0.5%,因而电绝缘性能好,织物易洗易干。

④ 耐热性好。聚酯纤维熔点在 255~260℃,比聚酰胺纤维耐热性好。

另外,其耐磨性仅次于聚酰胺纤维,耐光性仅次于聚丙烯腈纤维,也具有较好的耐腐蚀性。

聚酯纤维由于弹性好、织物易于清洗、易干、保形性好、免烫等特点,所以是理想的纺织材料。它可纯纺或与其他纤维混纺,制成服装及针织品。在工业上,其可作为电绝缘材料、运输带、渔网、绳索及人造血管等。

（2）聚酰胺纤维

尼龙是聚酰胺纤维的总成,是指分子主链含有酰胺基的一类合成纤维,尼龙是它的商品名,大规模生产的有尼龙 - 66、尼龙 - 6、尼龙 - 610、尼龙 - 1010 等。

聚酰胺 66 经己二酸和己二胺缩聚而成,由它制成的纤维强度和韧性高,柔软且富有弹性,广泛应用于尼龙织物,如轮胎帘子线、渔网、滤布及绳索等。

聚酰胺纤维具有如下特点:

① 耐磨性优于其他所有纤维,比棉纤维高 10 倍,比羊毛纤维高 20 倍。

② 强度高,耐冲击性好。

③ 弹性高,耐疲劳性好,可经受数万次双曲挠,比棉纤维高 7~8 倍。

④ 密度低,相对密度 1.04~1.4,除聚丙烯和聚乙烯外,是最轻的纤维。

聚酰胺纤维的缺点是弹性模量小,使用时容易变形,耐热性和耐光性较差。

聚酰胺纤维可以纯纺和混纺,做成各种衣料和针织品,特别适合于制造单丝、复丝、弹力丝袜,耐磨又耐穿。工业上主要用来制作轮胎、渔网、运输绳、降落伞及亚洲飞行服等军用物品。

（3）聚丙烯腈纤维

聚丙烯腈纤维以丙烯腈为原料聚合成聚丙烯腈，而后纺制成合成纤维，其商品名是腈纶。因为丙烯腈的染色性和纺丝性不良，所以工业上生产的都是丙烯腈共聚物。丙烯腈的工业聚合是通过加成反应，在水介质中连续进行，同时使用过硫酸铵类物质作氧化还原催化剂，丙烯腈含量一般在 85％以上，再加入 5％～10％的丙烯酸甲酯、醋酸乙烯等第二单体共聚。然后将聚合物经过滤、洗涤和干燥得到成品。

聚丙烯腈纤维是指丙烯腈占 85％以上的共聚物纤维。聚丙烯腈纤维具有很高的化学稳定性，对酸、氧化剂及有机溶剂极为稳定，其耐热性也较好。它的性能最接近于羊毛，故人称"人造羊毛"，柔软性和保暖性均好，能染成各种颜色，织成毛衣、毛毯或与其他纤维混纺。聚丙烯腈纤维应用广，产量大，占合成纤维的第三位，强度、耐磨性、韧性、耐化学腐蚀性仅次于尼龙。

4. 功能高分子

功能高分子材料也称为功能高聚物（function polymers）。这类新材料既具有一般高分子的特性，又具有特殊功能，如光学功能、生物化学功能、医药功能、耐热功能、光敏功能、导电功能等。随着能源、信息、电子和生命科学的发展，对高分子材料的功能提出了各种新的要求。例如，新能源要求太阳能和氢能成为今后的主要能源，而高分子光电转换材料就是太阳能利用的关键。微电子技术的发展趋势是高度集成化，解决高功能的感光高分子已成为微电子工业的关键材料。人类生命科学的发展，又提出了一系列高功能的生化材料等。下表列出了 功能高分子材料分类。从中可以看出，迅速发展的高分子材料令人瞩目，在新世纪对功能高分子材料的开发和研究已成为热点。下面就部分功能高分子材料进行介绍。

（1）离子交换树脂

随着离子交换树脂的品种不同，生产工艺配方及条件也不一样。以聚苯乙烯类离子交换树脂合成为例，通常是用自由基悬浮聚合法制成。它的大分子结构为网状结构，其主要原料为苯乙烯和二乙烯苯，反应介质是水，引发剂是有机过氧化物或偶氮化合物，再加适量的分散剂，生成具有活性的大分子，即离子交换树脂。

由离子化基团通过共价键键合到高分子骨架上而形成的具有离子选择能力的一种高聚物。依据键合到高分子骨架上的离子基团的不同性质，离子交换树脂具有不同的离子交换能力。

离子交换树脂用途广泛，具有交换、吸附、催化及脱水功能等。应用于水处理时，包括水软化、水的脱盐和高纯水的制备。工厂用其除去 Ca^{2+}、Mg^{2+} 等离子制取软水。在冶金工业，用于从金属矿中分离出铀、钍、稀土金属、重金属、贵重金属等。在原子能工业中，用于核燃料的分离、提纯、精制。在海洋工业方面，用于从海洋生物中提取碘、溴、镁等化工原料。离子交换树脂在化工、日用及食品工业中均已有广泛的应用。化工生产的很多无机、有机化合物的分离提纯、反应催化剂，制糖工业中的脱色、精制，都需要离子交换树脂。在医药卫生和环保方面,如药物分离、纯化、脱色、工厂废水处理、生活污水处理等都离不开离子交换树脂。

离子交换树脂的合成路线见下图。

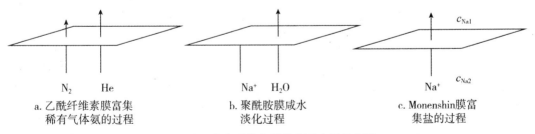

（图略）

图 5 - 6 离子交换树脂的合成路线

（2）高分子分离膜

高分子分离膜材料包括天然高分子和合成高分子。前者主要是纤维素酯类、天然胶;后者品种较多,包括加成聚合高分子和缩聚高分子,常用的合成高分子有聚酰胺类、芳烃杂环类、聚砜类、烯烃聚合物类、离子型聚合物类等。

高分子分离膜材料的合成,无论是乙烯类聚合物,还是尼龙、聚苯醚等缩聚物都与通常的合成方法一样。膜的制备包括三部分:一是聚合物合成;二是聚合溶液;三是膜的成型。

膜材料的品种很多,已有上百种的膜开发出来。高分子分离膜早已被用于微孔过滤,可以分离细菌、蛋白质、胶体等细微粒子。其应用示意图见图 5 - 7。美国的 Amicon 公司利用高分子膜可以从海水中提取淡水,并生产使其商品化。目前,应用于工业上的高分子分离膜约有 40 多种,主要的有纤维素酯类、聚酰胺类、聚砜类以及聚丙烯酸酯类。它们在石油化工、冶金、医药、环保、轻工、农业等部门均已用于分离液体、气体。气体分离膜是当前各国极为重视的开发热点。如美国 Du Pont 公司用聚酯类中空纤维制成的氢气分离膜,可将含 70% 的 H_2 混合气经分离后,使 H_2 含量达到 90%。分离 N_2、CO_2、SO_2、H_2S 等气体膜都已先后工业化。膜分离技术具有选择性高、功能多、高效、节能等优点,所以,膜分离技术发展很快,具有潜在的应用前景。

a. 乙酰纤维素膜富集
稀有气体氦的过程

b. 聚酰胺膜咸水
淡化过程

c. Monenshin膜富
集盐的过程

图 5 - 7 高分子分离膜的主要应用示意图

（3）导电性功能高分子材料

导电材料过去主要有金属材料,如铜、铝、银等,随着高分子科学和技术的发展,根据某些高分子材料分子结构具有导电功能的特点,在一些高分子中加入某些助剂,可以制得导电塑料、导电橡胶、导电涂料。具有共轭键的聚乙烯、聚乙炔、聚苯乙炔、聚丙烯腈、聚苯胺等都有好的导电性质。此外,还有离子导电型高分子材料、氧化还原型导电材料等。目前,能生产的导电性能好的高分子材料很少,高分子超导电体的研究还处于起始阶段,超导高分子材料还在开发过程中。几种导电性功能高分子材料的分子构型见下图。

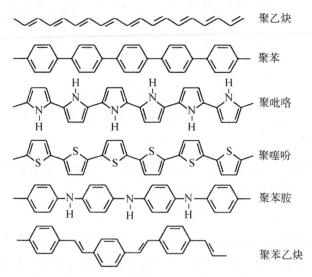

图 5-8　几种导电性功能高分子材料的分子构型

（4）高分子液晶材料

物质通常是以固态、液态和气态三种相态形式存在,当外界条件发生变化时,三种相态可以互相变化。大多数化合物由一种状态变为另一种状态时,不存在过渡态,如被加热后从固态直接变为液体。但是有些物质的晶体受热熔融或被溶解后,虽然失去了固态物质的一些特性,但具有液体的流动性,又不同于液体性质,还保留了晶体的有序排列,形成了既有晶体又有液体性质的过渡中间态,即液晶态。这种物质称为液晶(liquid crystal)。这种液晶分子连接成大分子,或将它们连接到聚合物主链上,并具有液晶特性,称为高分子液晶。液晶高分子是由刚性和柔性两部分组成,其中,刚性部分由芳烃和脂肪型环状结构构成,通常呈现近似棒状或片状,是液晶分子在液态下维持有序排列所必要的结构因素,柔性部分由可以自由旋转的 σ 键连接的饱和链组成,如亚胺基、偶氮基、氧化偶氮基、酯基、反式乙烯等。

高分子液晶是极好的工程材料,有高强度、低延伸率,容易加工成型,在某些应用中可代替钢材。它具有低吸水性和极低的膨胀性,是制作精密仪器和设备配件的优良材料,如应用于温度监测仪、测试痕量化学物质的指示器及环境检测仪器等方面的制作。利用液晶制作色谱分离材料,把高分子液晶作为固定相,正广泛应用于毛细管气相色谱、超临界色谱和高效液相色谱的分析中。液晶纤维制成的直升飞机上的升降绳或降落伞绳,其质量只有尼龙纤维的一半。还可以用这种纤维制成防弹衣,以及加工成各种服装,作为在恶劣条件下的劳动保护用品。液晶材料还可以制成数码显示器、电光学快门和电视屏幕显示器件。当今是信息时代,利用高分子液晶技术做信息储存材料,也正在引起人们的重视。

（5）医用高分子材料

主要包括以下四类:

1）与生物组织不接触的材料

如医疗器械及用具,用高分子材料制成的药剂容器、注射器、血袋、输血输液用具、某些手术器械等,这类一般是用高分子材料加工而成。

2）与人体组织接触的材料

如手术中暂时使用的人工脏器、人造血管、人工肺、人工肾脏透析膜,以及人造皮肤、丰乳材料等。

3）长期植入人体内的材料

即人工脏器高分子材料,包括植入体内的人工脏器、人造血管、人工气管、人工尿道、人工骨骼、人工关节、手术用的缝合线等。

4）与皮肤和黏膜接触的高分子材料

如手套、麻醉用品、绷带、诊疗用品、导尿管、橡皮膏、假眼、假乳等。

功能高分子用于医学领域,解决了不少医学难题,如用功能高分子制作的人造血管、人造骨骼、人造关节植入体内,使病人恢复正常生活。中空纤维渗透膜制成的人工肾,硅胶和聚氨酯加工成的人工心脏瓣膜,使病人重获新生,也促进了现代医学的发展。

（6）药物用高分子材料

可分为以下两类:

1）药物的辅助材料

将高分子用作稀释剂、润滑剂、胶黏剂、糖包衣、胶囊壳等,但本身并不是药物。

2）高分子药物

本身是药物,将药物连接在高分子化合物上,使高分子链上有药物活性,从而有药的疗效。

药物高分子必须无毒,使用时具有不会引发新病症,不会引起组织变异反应,不会致癌,易分解等性能。

由于高分子药物有低毒、副作用小、缓释、药物活性持久、可降低使用浓度、疗效高等优点,它的出现丰富了药物的品种,为治疗人类疾病提供了新的路径。因此,合成高分子药物已成为药物发展的重要方向之一,我国和世界多个国家的科技工作者正在积极地从事这一领域的开发研究工作。

（7）超高吸水高分子材料

具有极高的吸水能力和保水能力,而不溶于水,其吸水量为自身质量的几十倍至上千倍,可分为淀粉类、纤维素类、合成聚合物类等超高吸水高分子。最初它是由淀粉接枝丙烯腈,然后发展到合成丙烯酸系列、乙酸乙烯系列、聚环氧乙烷、聚丙烯酰胺等类型。其吸水原理包括初期较慢的毛细管吸附和分散作用吸水、中期水分子通过氢键与树脂的亲水基团作用,亲水基团离解,离子之间的静电排斥力使树脂网络扩张,网络内外产生渗透压,使水分进一步渗入,最后达到吸水平衡。其在农业上用于土壤保水,禾苗培育,育种,制作速凝剂、增黏剂等;在医疗、卫生方面是不可缺少的材料,如制成尿不湿、卫生巾等;在日常生活中经常使用的是吸水抹布、保鲜袋;在橡胶行业可制成具有吸水膨胀特性的密封垫、止水胶条等用于密封堵漏等;此外,化工、建筑、林业、交通运输等领域都已使用了超高分子吸水材料。

超高分子吸水材料在日本、美国的产量最大,中国近年也有了大量的研究工作,取得了较大的进展。

(8) 反应性功能高分子材料

主要指高分子化学反应试剂与高分子化学催化剂,其高分子不溶性、稳定性、立体选择性及稀释效应优于以往合成反应用的低分子材料或无机物材料制成的化学试剂和催化剂。几种反应性功能高分子材料结构示意图见下图。

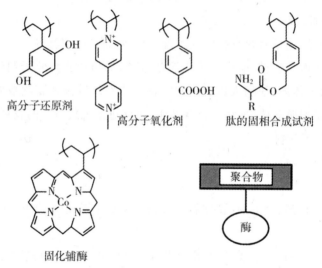

图 5 - 9　几种反应性功能高分子材料结构示意图

高分子化学反应试剂是反应能力很强的物质,在特定的化学反应中,直接参与合成反应,把具有反应功能的低分子连接在高分子链上,形成有反应能力的化学试剂。高分子化学反应试剂包括高分子氧化还原试剂、高分子氧化试剂、高分子还原试剂、高分子卤化试剂、高分子酰基化试剂、高分子烷基化试剂等。其由于在化学反应中的不溶性、稳定性、选择性,可在多种化学反应中应用。

高分子催化剂与低分子和无机催化剂一样,在参与化学反应时,本身没有变化,但它可以使反应速率增加几十倍甚至几百倍。高分子催化剂是将常用的低分子催化剂通过聚合反应接在高分子化合物上得到具有催化活性的高分子,用于催化反应。

高分子催化剂的种类很多,有酸碱催化剂、离子交换树脂、聚合物氢化和脱羧基催化剂、聚合物相转移催化剂、聚合物过渡金属络合物催化剂等。

（9）电活性高分子材料

电活性高分子材料也叫电活性聚合物，是指那些在电参数作用下，由于材料本身组成、构型、构象或超分子结构发生变化，因而表现出特殊物理和化学性质的高分子材料。其包括导电高分子材料、高分子驻极体材料、高分子电致发光材料、高分子介电材料、高分子电致变色材料等。

导电高分子材料也称为导电聚合物，是指施加电场作用后，材料内部有明显的电流通过，或者电导能力发生明显变化的高分子材料。美国科学家 A. F. Heeger 和 A. G. Macdiarmid、日本科学家 H. Shirakawa 发现聚乙炔（polyacetylene）有明显的导电性质以后，有机聚合物不能作为导电介质的这一观念被彻底改变，也为有机高分子材料的应用开辟了一个全新的领域，三位科学家也因此获得了 2000 年诺贝尔化学奖。

高分子驻极体材料是指在电场作用下材料荷电状态或分子取向发生变化，引起材料永久或半永久性极化，因而表现出某些压电或热电性质的高分子材料。高分子驻极体的核心性质是带有显性电荷，这种电荷可以是极化产生的极化电荷，也可以是通过注入载流子形成的实电荷，带有强极性键的高分子材料，如聚对苯二甲酸乙二醇酯（PET）、聚偏氟乙烯（PVDF）等，通过极化形成极化电荷，在一定条件下，在极化的同时也可因注入载流子而同时具有实电荷。物质的压电性质是指当物体受到一个应力时，材料发生形变，在材料上诱导产生电荷。热电性质是指材料自身温度发生变化时，在材料表面的电荷会发生变化。上述现象都包含着能量形式的转换，所以属于换能材料。利用这些性质，此类材料可用于制作红外传感器、火宅报警器、非接触式高精度温度计和热光导摄像管等设备中的敏感材料。此类材料还可用作人体病理器官代用品的套管、血管、肺气管、心脏瓣膜、人工骨、皮肤、牙齿填料以致整个心脏系统。调节驻极体人工器官材料的带电极性和极化强度，可明显改善植入人体人工器官的生命力，尤其是病理器官的恢复，同时具有抑菌能力，增加手术的可靠性。如多孔聚四氟乙烯（PTFE）与人体组织具有良好的相容性，可在多孔处生长成微血管，称为人体不可分割的一部分；聚乙烯（PE）与聚四氟乙烯复合材料可制作人工髋关节；牛软骨提取的胶原加凝固剂成膜在聚四氟乙烯驻极体上可作为人工皮肤，用于烧伤创面的处理等。

高分子电致变色材料是指那些在电场作用下，材料内部化学结构发生变化，因而引起可见光吸收波谱发生变化的高分子材料，其实质是一种电化学氧化还原反应，反应后材料在外观表现出颜色的可逆变化。此种材料主要有三种类型：主链共轭型导电高分子材料〔如聚吡咯在还原态呈现黄绿色，最大吸收波长在 420nm，经电化学掺杂氧化后最大吸收波长在 660nm，呈现蓝紫色；聚噻吩在还原态的最大吸收波长 470nmn，呈红色，被电极氧化后最大吸收波长 730nm，变蓝色；聚苯胺在改变电极电位在 $-0.2 \sim 1.0$V 过程中，依次呈现淡黄-绿-蓝-深紫（黑）的颜色变化〕、高分子化的金属络合物（如高分子酞菁，）和小分子电致变色材料与聚合物的共混（如聚吡咯和三氧化钨的新型电致变色材料的膜颜色变化为蓝-苍黄-黑，三氧化钨与聚苯胺复合物颜色变化为蓝-苍黄-绿等）。主要应用于机械指示仪表、记分牌、广告牌、车站等公共场所大屏幕显示器、建筑物和交通工具的窗户（智能窗、灵巧窗）、可擦除和改写的电子信息存储器、汽车后视镜(无眩反光镜)等。

电极修饰材料是指用于对各种电极表面进行修饰,改变电极性质,赋予新的性质和功能,达到控制电子转移过程和方向的目的,从而扩大使用范围、提高使用效果的高分子材料。

当施加电压参量时,受电物质能够将电能直接转换成以可见光或紫外光的形式发出,实现电-光能量转换,具有这种功能的材料被称为电致发光材料。

电热发光与电致发光的区别为:电热发光是利用电阻的电阻热效应,产生热激发发光,属于热光源,如白炽灯等;而电致发光是利用电激发发光过程,材料本身发热并不明显,属于冷光源,如发光二极管等。电致发光材料具有低能耗、小体积、表面显示的特点,是仪器仪表、照明、平面显示器件制造的重要原料。

高分子电致发光材料种类:① 主链共轭的高分子材料:电导率高,电荷沿着聚合物主链传播,如聚对苯乙炔及其衍生物(红、蓝、绿光等)、聚烷基噻吩及其衍生物(红、蓝、绿、橙光等)、聚芳烃类化合物(蓝光)等。② 共轭基团作为侧基连接到柔性高分子主链上的侧链共轭型高分子材料:电荷主要是通过侧基的重叠跳转作用完成,如聚 N-乙烯基咔唑(蓝紫光)、聚烷基硅烷(紫外光)等。③ 光敏感小分子与高分子材料共混得到的复合型电致发光材料,如以聚甲基丙烯酸甲酯(PMMA)、聚苯乙烯(PS)、聚 N-乙烯基咔唑(PVK)等为连续相与荧光剂共混。高分子电致发光材料主要用于平面照明、广告灯大面积显示照明等,矩阵型星系显示器件,如计算机、电视机、广告牌、仪器仪表的数据显示窗口等。相关应用如日本的 Pioneer Electronics 公司在 1997 年向市场推出的有机电致发光汽车通信系统,1998 年美国国际平板显示会上展出的无源矩阵驱动的有机电致发光显示屏,美国的 Eastman Kodak 公司与其合作伙伴日本的 Sanyo 公司采用半导体硅薄膜晶体管驱动的有机显示器件,2000 年实现了全彩有机电致发光显示。

(10) 光敏高分子材料

光敏高分子材料又称为感光性高分子,是指在吸收了光能后,能在分子内或分子间产生化学、物理变化的一类功能高分子材料。而且这种变化发生后,材料将输出其特有的功能。从广义上讲,按其输出功能不同,感光性高分子包括光导电材料、光电转换材料、光能储存材料、光记录材料、光致变色材料和光致抗蚀材料等。感光性高分子作为功能高分子材料的一个重要分支,自从 1954 年由美国 Minsk 等人开发的聚乙烯肉桂酸酯成功应用于印刷制版以后,在理论研究和推广应用方面都取得了很大的进展,应用领域已从电子、印刷、精细化工等领域扩大到塑料、纤维、医疗、生化和农业等方面。

1) 光能转换材料

光能转换材料合成过程如下图所示。

2) 用于集成电路的光敏树脂、光致变色聚合材料

在半导体器件和集成电路制造中,要在硅片等材料上获得一定几何图形的抗蚀保护涂层,是运用感光性树脂在控制光照(主要是 UV 光)下,短时间内发生化学反应,使得这类材

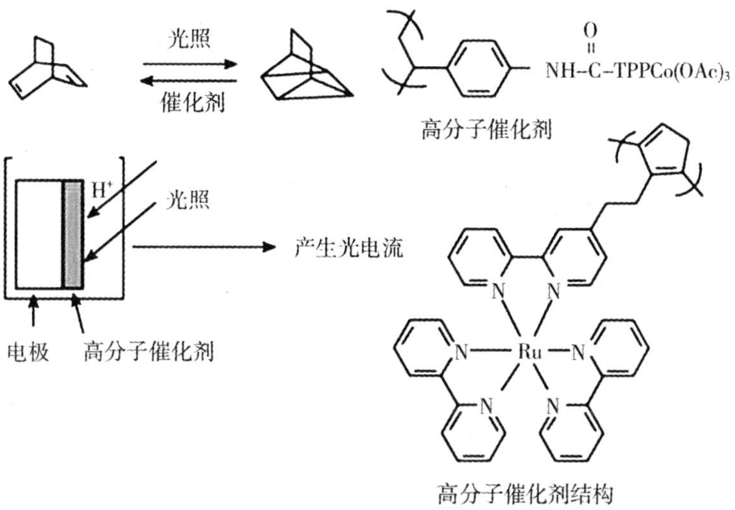

图 5 - 10 光能转换材料合成示意图

料的溶解性、熔融性、附着力在曝光后发生明显的变化,再经各种不同的方法显影后获得的。这种方法称为光化学腐蚀法,也称为光刻法。这种作为抗蚀涂层用的感光性树脂组成物称为光致抗蚀剂。

光致抗蚀是指高分子材料经过光照后,分子结构从线型可溶性转变为网状不溶性,从而产生了对溶剂的抗蚀能力。而光致诱蚀正相反,当高分子材料受光照辐射后,感光部分发生光分解反应,从而变为可溶性。目前广泛使用的预涂感光版,就是将感光材料树脂预先涂敷在亲水性的基材上制成的。晒印时,树脂若发生光交联反应,则溶剂显像时未曝光的树脂被溶解,感光部分树脂保留了下来;反之,晒印时若发生光分解反应,则曝光部分的树脂分解成可溶解性物质而溶解。光刻胶的反应示意和高分子光致变色原理见图 5 - 11。光刻胶是微电子技术中细微图形加工的关键材料之一。特别是近年来大规模和超大规模集成电路的发展,更是大大促进了光刻胶的研究和应用。感光性黏合剂、油墨、涂料是近年来发展较快的精细化工产品,与普通黏合剂、油墨和涂料等相比,前者具有固化速度快、涂膜强度高、不易

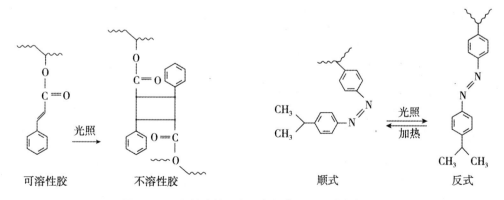

图 5 - 11 光刻胶的反应示意和高分子光致变色原理

剥落、印迹清晰等特点,适合于大规模快速生产。尤其在用其他方法难以操作的场合,感光性黏合剂、油墨和涂料更有其独特的优点。例如,牙齿修补黏合剂,用光固化方法操作,既安全又卫生,而且快速、便捷,深受患者和医务工作者欢迎。

5. 复合材料

是由两种或两种以上材料组合成的一种新型材料,在性能上,具有强度高、质量轻、耐高温、耐腐蚀等优点,在综合性能上超过单一材料。

在结构上复合材料包括基体材料和增强材料。

基体材料一般有合成高分子、金属、陶瓷等,主要作用是把增强材料黏结成整体,传递载荷并使载荷均匀。常用的高分子包括酚醛树脂、环氧树脂、不饱和聚酯及多种热塑性聚合物等。这类树脂工艺性好,如室温下黏度低并可在室温下固化,固化后综合性能好,价格低廉,但固化体积收缩较大,有毒且耐热强度较低,易变形。其目前主要用于与玻璃纤维复合。

增强材料按形态分,可分为纤维增强材料和粒子增强材料。前者是复合材料的支柱,决定了复合材料的各种力学性能。常用的有玻璃熔融拉丝而成的玻璃纤维、有机纤维在隔绝空气条件下经高温碳化而成的碳纤维(或石墨纤维)、陶瓷纤维、晶须纤维等。后者除一般作为填料以降低成本外,同时也可改变材料的某些性能,起到功能增强的作用。如炭黑、陶土、粒状二氧化硅、碳酸钙、硫酸钙等可作为橡胶的增强剂,可使橡胶的强度显著提高。

玻璃纤维增强塑料是以树脂为基体,玻璃纤维为增强材料制成的一类复合材料。其中玻璃钢是用玻璃纤维增强热固性树脂得到的复合材料。常用的热固性树脂有环氧树脂、酚醛树脂、有机硅树脂、不饱和聚酯树脂等。其特点是质轻、耐热、耐老化、耐腐蚀性好,电绝缘性优良和成型工艺简单。但其刚度尚不及金属,长时间受力时有蠕变现象。热塑性树脂主要有尼龙、聚碳酸酯、聚乙烯、聚丙烯等。其由于质轻、强度高、电绝缘性优良,常用于制造航空、车辆、农业机械等的结构零件以及电机电器的绝缘零件。

玻璃钢作为结构材料得到广泛应用,在国防工业中用于制造一般常规武器、火箭、导弹,也用于制造潜水艇、扫雷艇的外壳;在机械工业中用于制造各种零部件,如轴承、齿轮、螺丝等,既节约了金属,也延长了寿命;在石油化工方面,用以替代不锈钢、铜等金属材料,收到了良好效果,如做储罐、槽、管道、泵和塔等。

6. 高分子材料的老化与防老化

高分子材料使用过程中面临的问题是老化,即性状发生变化(如黄变),力学性能下降等。很多高分子材料在太阳光照射下容易老化,这主要是因为聚合物分子链吸收太阳光中的紫外线能量而发生光化学降解反应。例如含有不饱和结构的聚合物,如聚异戊二烯等能直接吸收紫外光,在消除氢原子后生成共轭的烯丙基自由基:

空气中的氧可参与光降解过程,在紫外线(太阳光)照射下氧气与高分子材料进行如下自由基反应:

(1) $RH + \cdot O{-}O \cdot \longrightarrow R \cdot + \cdot O{-}OH$

(2) $R \cdot + \cdot O{-}O \cdot \longrightarrow R{-}O{-}O \cdot \xrightarrow{RH} RO{-}OH + R \cdot$

(3) $RO{-}OH + RH \longrightarrow RO \cdot + \cdot OH$

(4) $RO \cdot + \cdot OH \longrightarrow ROH + R \cdot$

(5) $HO \cdot + RH \longrightarrow R \cdot + H_2O$

R·自由基形成后容易导致链的断裂,例如聚甲基丙烯酸甲酯(PMMA)形成自由基后具有如下反应:

其结果是高分子材料被氧化而降解。羰基容易吸收紫外光,因此含羰基的聚合物在太阳光照射下容易被氧化降解。如果高分子链中存在$-RO{-}OH$基,则反应更易按上述(3)、(4)、(5)步骤加速进行,使材料变脆。例如,聚氯乙烯氧化腐蚀时,首先氧化生成羰基,接着进行氧化降解,生成物能进一步进行反应,生成羰基。由于氧化降低了相对分子质量,并引入了其他官能团,导致聚氯乙烯的渗透和溶解能力大大增加,造成腐蚀破坏。

高分子的化学结构和物理状态对其老化变质有着极其重要的影响。例如聚四氟乙烯有极好的耐老化性能。这是因为电负性最大的氟原子与碳原子形成牢固的化学键。同时因为氟原子的尺寸大小适中,一个紧挨一个,能把碳链紧紧包围住,如同形成了一道坚固的"围墙"保护碳链免受外界攻击。聚乙烯相当于把聚四氟乙烯的所有氟换成氢,而$C{-}H$键不如$C{-}F$键结合牢固,此外,氢原子的尺寸很小,在聚乙烯分子中不像氟原子那样能把碳链包围住,因此,聚乙烯的耐老化性能比聚四氟乙烯差。聚丙烯分子的每一个链节中都有一个甲基支链,或者说都含有一个叔碳原子,其上的氢原子容易脱掉而成为活性中心,引起迅速老化。因此,聚丙烯的耐老化性能还不如聚乙烯。此外,分子链含有不饱和键、聚酰胺的酰胺键、聚碳酸酯的酯键、聚砜的碳硫键、聚苯醚的苯环上的甲基等,都会降低高分子材料的耐老化性能。

为了防止或减轻高分子材料的老化,在制造成品时通常都要加入适当的抗氧化剂和光稳定剂以提高其抗氧化能力。其中光稳定剂主要有光屏蔽剂、紫外线吸收剂、猝灭剂等。光屏蔽剂是指能在聚合物与光辐射源之间起一屏障作用的物质,聚乙烯的铝粉涂层以及分散于橡胶中的炭黑都是光屏蔽剂的实例。紫外线吸收剂的功能在于吸收并消散能引发聚合物降解的紫外线辐射。这类稳定剂一般都能透过可见光,并吸收紫外线,因此可将其看作是紫外光区的屏蔽剂。它与光屏蔽剂之间的区别只是光线波长范围不同,在作用机理上是相同的。猝灭剂的功能是消散聚合物分子上的激发态能量,所以猝灭剂是很有效的光稳定剂。

随着国防、航空航天、电子电气工程、信息工程、生物工程、现代农业、医药、纺织、日用化工等对材料的要求更高,高分子合成材料的开发研制已成为人们关注的热点,它的发展将带动相关工业,如化工机械、有机化工、日用化工、电子电气工业、交通运输、化工建材等行业的发展。

5.5　新材料及材料科学的发展趋势

5.5.1　新材料

1. 电子化学品

为电子工业配套而采用化学工业的生产技术得到有特定功能的产品。

其按功能不同,分为绝缘材料、电阻材料、半导体材料、导电材料、发热材料、磁性材料、传感材料等;按应用领域不同,分为集成电路和分立器件、彩电配套器件、印刷电路板生产器件、液晶显示器件等;按材料种类不同,分为金属材料、陶瓷材料和有机高分子材料等。

电子化学品的应用有:

(1) 电子纸

具有纸的柔软性,对比度好,可视角度大,不需背景光源,显示内容根据需要不断更新。

(2) 电泳显示器——电子墨水

采用一种含蓝色液体染料和白色二氧化钛微粒(带正电)的透明聚合物胶囊,利用不同电场下二氧化钛的不同运动产生打印效果。

2. 纳米材料

纳米(nm)是一个长度单位,其长度为 10^{-9} m。纳米材料是指材料的显微结构尺寸均小于 100nm(包括微粒尺寸、晶粒尺寸、晶界宽度、缺陷尺寸等均达到纳米级水平)并且具有某些特殊功能的材料。几十年来,随着微电子器件的发展,材料的尺寸已由日常的三维块状(block)向二维薄膜(thinfilm)、一维纤维(fibre)、准零维的纳米材料(nanomaterial)尺度的方向发展。目前,许多纳米材料的应用已进入工业化生产、应用阶段。随着人们对纳米材料的光、电、磁、热等性能方面研究的不断深入,它的应用前景十分宽广。因此,纳米材料被誉为

21 世纪的新材料。

由于纳米材料和纳米尺度的优异性能（1nm＝10^{-9}m），纳米材料具有高强度、高韧性、高比热和高热膨胀率、高导电率和磁化率，对电磁波具有强吸收性能。

（1）纳米材料的特性

1）表面与界面效应

是指纳米晶体粒表面原子数与总原子数之比随粒径变小而急剧增大后所引起的性质上的变化。例如粒子直径为 10nm 时，微粒包含 4000 个原子，表面原子占 40%；粒子直径为 1nm 时，微粒包含 30 个原子，表面原子占 99%。主要原因就在于直径减少，表面原子数量增多。再例如粒子直径为 10nm 和 5nm 时，比表面积分别为 $90m^2 \cdot g^{-1}$ 和 $180m^2 \cdot g^{-1}$。如此高的比表面积会出现一些极为奇特的现象，如金属纳米粒子在空气中会燃烧，无机纳米粒子会吸附气体并与气体反应等等。

2）小尺寸效应

当微粒尺寸与光波波长、德布罗依波长及超导态的相干长度或透射深度等物理特征尺寸相当或更小时，晶体的周期性边界被破坏，非晶态纳米粒子的颗粒表面层附近的原子密度减少，从而使其声、光、电、磁，热力学等性能呈现出"新奇"的现象。例如，铜颗粒达到纳米尺寸时就变得不能导电；绝缘的二氧化硅颗粒在 20nm 时却开始导电。银的常规熔点是 670℃，但纳米银粉的熔点可低于 100℃。再譬如，高分子材料加纳米材料制成的刀具比金刚石制品还要坚硬。利用这些特性，可以高效率地将太阳能转变为热能、电能，此外又有可能应用于红外敏感元件、红外隐身技术等等。

3）量子尺寸效应

当粒子的尺寸达到纳米量级时，费米能级附近的电子能级由连续态分裂成分立能级。当能级间距大于热能、磁能、静电能、静磁能、光子能或超导态的凝聚能时，会出现纳米材料的量子效应，从而使其磁、光、声、热、电、超导电性能变化。例如，有种金属纳米粒子吸收光线能力非常强，在 1.1365kg 水里只要放入千分之一这种粒子，水就会变得完全不透明。

4）宏观量子隧道效应

微观粒子具有贯穿势垒的能力，称为隧道效应。纳米粒子的磁化强度等也有隧道效应，它们可以穿过宏观系统的势垒而产生变化，这被称为纳米粒子的宏观量子隧道效应。

（2）纳米材料的应用

1）纳米磁性材料

具有单磁畴结构及矫顽力很高的特征，用来做磁记录材料可以提高信噪比，改善图像质量。磁性液体是由纳米粉体包覆一层长链的有机表面活性剂，高度弥散于一定基液中而构成稳定的具有磁性的液体，可以在外磁场作用下整体运动，因此，具有其他液体所没有的磁控特性，用途十分广泛。如旋转轴转动部分的动态密封，是用环状的静磁场将磁性液体约束于被密封的转动部分，可以进行真空、加压、封水、封油等动态密封。1965 年磁性液体首先在宇宙飞船和宇航服的可动部分和失重下的密封装置中得到应用。由于纳米材料具有奇特的理化性能,目前已广泛应用于机械、电子、仪器、宇航、化工、船舶等领域。

2）纳米催化剂

纳米粒子比表面积大,表面活性中心多,为高效催化剂提供了必要的条件。被人们称为第四代催化剂的纳米粉体催化剂受到重视。利用纳米粉体巨大的表面积可以显著提高催化效率。例如,以粒径小于 300nm 的镍和铜-锌合金的纳米粉体为主要成分制成的催化剂,可使有机物氢化的效率达到传统镍催化剂的 10 倍;纳米铁、镍与 $\gamma - Fe_2O_3$ 混合烧结体可以代替贵金属作为汽车尾气净化的催化剂。又如纳米 TiO_2 具有光催化功能,将纳米 TiO_2 粉体加入涂料中,在光催化的作用下,将室内的有害有机物如甲醛、甲苯以及吸烟放出的有害气体有效降解为 CO_2、水和有机酸,改善周围的空气质量。将纳米 TiO_2 光催化剂应用于工业污水处理已成为现实。

3）纳米生物材料

人体器官的移植（再造）不仅需要材料能够发挥其功能性,而且还需要材料具有很好的人体亲和力。使用纳米磷酸钙骨水泥（CPC）制成的人造器官植入人体后,与肌体亲和性好,在体内不引起异物反应,并且具有可降解性,最终将会实现融为一体性的移植,因而具有良好的市场前景。

4）纳米光学材料

利用纳米微粒特殊的光学特性制备各种光学材料在日常生活和高技术领域中得到广泛应用。例如经热处理后的纳米 SiO_2 光纤对波长大于 600nm 的光的传输损耗小于 $10dB \cdot km^{-1}$,在现代通讯和光传输上具有重要的应用价值。纳米 Al_2O_3、Fe_2O_3、SiO_2、TiO_2 的复合粉与高分子纤维结合对红外波段有很强的吸收性能,因此,对这个波段的红外探测器有很好的屏蔽作用。此外,纳米的硼化物、碳化物也是很好的隐身材料。

随着对纳米材料特性的研究的深入,必将出现一系列宏观物体所没有的新效应。如金属铝中含少量的陶瓷纳米粉体,可以制成质量轻、强度高、韧性好、耐热性强的金属陶瓷,是火箭喷气管中的耐高温材料;利用纳米粉体复合体中的渐变（梯度）过程,可以制成性能各异的两面复合材料,耐高温的一面为陶瓷,而与冷却系统相接触的另一面为导热性好的金属,这种材料作为温差高达 1000℃ 的航天飞机隔热材料、核变反应的结构材料。因此,纳米材料潜在的应用前景十分诱人。

5.5.2　材料科学的发展趋势

1. 以应用为导向的新材料分子设计与定向合成

“材料设计”的设想始于 20 世纪 50 年代,是指通过理论与计算预报新材料的组分、结构与性能,或者说,通过设计来“订做”具有特定性能的新材料。为达这一目的,“材料设计”需要完成下述四个方面的要求：

① 必须全面而系统地掌握各种材料的组成、结构与性能间的关系。材料的固有性能是材料使用的基本依据。比如，只有从元素周期表中得到启示，有半导体概念，才有半导体材料的蓬勃发展；只有在发现了物质的超导性后，才有超导材料的出现；有高熔点的金属，才有可能制造各种耐热合金等。物质的固有性能取决于组成元素的原子结构、价电子层结构、化学键的类型以及晶体结构等因素。应了解与掌握这些因素与物质性能间的关系，应用固体物理、量子化学和分子动力学以及计算机模拟等方法，根据人们对材料的性能要求，找到合适材料的结构。可见，"分子设计"只是"材料设计"的第一步。

② 材料的组成和结构是"材料设计"的中心环节。一方面，只有弄清材料的组成、结构和性能间的关系，才能按指定性能"设计"材料的组成和结构；另一方面，只有查明材料的制备、加工工艺和（材料）产品组成、结构的关系，才能为指定性能的材料"设计"出其制备、加工的方法和条件，以对应相关的材料组成和结构。这两方面的问题，是"材料设计"的核心和关键。

③ 对材料的使用性能有一定的要求。使用性能虽然非材料所固有，但一旦实际使用，其使用过程中的变化（如疲劳断裂、抗腐蚀、耐热和抗辐射等性能），往往是材料应用成败的关键。这就要利用计算机模拟和人工智能等方法，预报材料的使用性能及改进措施。这也是"材料设计"的重要内容。

④ 运用传感技术对加工中的材料做现场的实地检测，采集信息，并利用专家系统对制备、加工过程进行智能控制，以提高材料质量、重现性和成品率。换言之，通过智能加工制造出预定性能的材料（或器件），这就是"材料设计"的最终目标。

可见，"材料设计"除需要化学家进行"分子设计"外，还需要材料科学、计算机科学、人工智能、传感技术等方面的学者一起协同作战，才有望逐步实现这一宏伟目标。当然，人们离这一目标还有不小的距离，但"材料设计"的全新思维必将吸引各方面的科学家为此而不懈努力。

2. 化学产品工程

化学产品工程是以产品为导向的化学工程科学理论。它以化工产品结构和性质的关系为中心研究内容，要求进行微观层次上的模型、模拟和定量分析；要求设计和控制产品质量，实现从分子尺度到过程尺度的跨越。近年来，化学工业逐渐由初级加工向深度加工发展。此前的大批量、连续化基础化学品生产模式正在向小批量、多品种、个性化的专用化学品生产转变。而发展专用化学品又面临着投入市场的时间、产品的特定功能和灵巧设计、通用设备的选择和适应、模块化工厂等一系列挑战。传统的精馏、吸收、萃取等单元操作逐渐扩展到与配方产品生产相关的操作，如乳化、挤出、涂层、结晶和颗粒加工。这些新产品、新技术、新工艺的出现必然要求拓展化学工程理论的研究领域，寻求有效的方法为产品设计、生产和创新提供理论和技术支撑。

　　按产品的分子结构、产品性能和加工行为之间的内在规律设计市场急需的专用化学品，是现代开发设计的趋势。要正确合理地解释和阐明其中的机理，实验是一个重要的方面，然而产品工程人员必须具备关于分子结构对产品性质影响的预测能力，从而寻找和设计满足期望性质的目标分子或混合物，或为已有的物质找到新的性质或用途。分子产品工程主要研究具有复杂分子结构的活性、特效化学物质，如药物、高分子、生物分子等。其核心是分子结构、分子间的相互作用与性质的关系。现有的研究可归结为几类，首先是计算化学领域的理论和方法，这些基础理论和方法在药物和材料设计中正崭露头角，为从分子原子水平进行研究提供了强有力的手段；其次是半经验的分析方法，例如基团贡献法，是在原子加合性和键的加合性基础上发展起来的；再次是利用历史数据库或实验数据的统计分析来挖掘有用的信息，建立产品的线性或非线性模型。对于复杂配方产品来说，过去一般是应用物理学原理和化学工程规则，在宏观上把握产品的性能和指导加工过程。这种方法回避了产品的复杂性、小尺度的分析。为进一步理解产品的性质，需要细化分析和研究的尺度。配方产品工程就是在微观层次上对产品质量和相应结构进行研究。最终的模型有助于研究不同参数对产品性质的影响，获知如何从生产和配方的角度去控制产品行为，减少了产品在不同条件下的行为状态预测所需的实验工作。复杂配方产品的模型仍需结合状态平衡、传递过程和动力学等理论方法。市场上，对于具备特定功能的复合组分配方产品的需求正不断增长，如各种新型表面活性剂、化妆品、洗涤剂、包覆材料药物、农用化学品等。这些产品被设计成结构化固体、溶胶、乳状液、泡沫制品、超临界流体等体系，其性能不仅取决于分离操作所达到的浓度或纯度，更取决于产品的结构和物理性质，如颗粒形状、内部结构尺寸分布、孔率等。这些正是配方产品工程的研究范畴。

▶▶▶ 练习题 ◀◀◀

1. 材料如何分类？

2. 白口铁分为几类？各有什么特点？

3. 简述灰口铁的基本特点。

4. 写出钢中常用的合金元素。

5. 写出奥氏体形成元素、铁素体形成元素、非碳化物形成元素、碳化物形成元素。

6. 何为化学腐蚀及电化学腐蚀？

7. 无机非金属材料的组成及分类如何？

8. 什么是耐火材料的耐火度？

9. 陶瓷材料可应用在哪些领域？有哪些特点？

10. 发现陶瓷的脆性的途径有哪些？试说明机理。

11. 传统的无机非金属材料是哪些材料？具有何优点？新型无机非金属材料的特性

如何？

12. 结构材料、高温结构陶瓷有何优点？

13. 光导纤维主要用于什么方面？另外还可用于什么方面？

14. 解释下列名词：

高分子材料,单体,聚合度,链节,链段,分子链,加聚,缩聚,均聚,共聚,构型,柔顺性,玻璃态,玻璃化温度。

15. 何为高聚物老化？怎样防止老化？

16. 新材料有哪些？

17. 形状记忆合金和形状记忆高聚物在形状记机理上有何不同？

18. 什么叫作超导体、超导体的临界温度 T_c？并说明超导体的主要用途。

19. 纳米材料与块状体材料各具有哪些优越性？

20. 未来材料科学研究具有什么样的特点？材料科学的发展方向是什么？

第 6 章

化学与能源科学
(Chemical and Energy Science)

6.1 能源概述

能源是指能提供能量的自然资源，它可以直接或间接提供人们所需要的电能、热能、机械能、光能、声能等。能源资源是指已探明或可估计的自然赋存的富集能源。已探明或估计可经济开采的能源资源称为能源储量。各种可利用的能源资源包括煤炭、石油、天然气、水能、风能、核能、太阳能、地热能、海洋能、生物质能等。

如表 6-1 所示，能源按其来源不同，可分为四类：第一类是来自地球以外与太阳能有关的能源；第二类是与地球内部的热能有关的能源；第三类是与核反应有关的能源；第四类是与地球-月球-太阳相互作用有关的能源。能源按生成方式不同，一般可分为一次能源和二次能源。一次能源是直接利用的自然界的能源；二次能源是将自然界提供的直接能源加工以后所得到的能源。一次能源又分为可再生能源和非再生能源。可再生能源是指不需要经过人工方法再生就能够重复取得的能源。非再生能源有两重含义：一重含义是指消耗后短期内不能再生的能源，如煤炭、石油和天然气等；另一重含义是除非用人工方法再生，否则消耗后就不能再生的能源，如原子能。

表 6-1 能源分类表

能源类别		第一类	第二类	第三类	第四类
一次能源	可再生能源	太阳能、风能、水能、生物质能、海洋能	地热能	—	海洋能中的潮汐能
	非再生能源	煤炭、石油、天然气、油页岩	—	核能	—
二次能源		焦炭、煤气、电力、蒸汽、沼气、酒精、汽油、柴油、重油、液化气及其他	—	—	—

6.1.1 太阳能

世界上最丰富的永久能源是太阳能。地球截取的太阳辐射能通量为 1.7×10^{14} kW,比核能、地热和引力能储量总和还要大 5000 多倍。其中约 30% 被反射回宇宙空间;47% 转变为热,以长波辐射的形式再次返回空间;约 23% 是水蒸发、凝结的动力,风和波浪的动能,植物通过光合作用吸收的能量不到 0.5%。地球每年接受的太阳能总量为 1×10^{18} kW·h,相当于 1.7×10^{14} 桶原油,是探明原油储量的近千倍,是世界年耗总能量的一万余倍。太阳能也是地球上可再生能源的主要来源。风能、水能、生物质能和海洋能是太阳能的一种间接形式,是最重要的可再生能源。充分利用太阳能,对解决目前的能源危机,缓解化石能源使用过程中带来的环境污染以及人类的可持续发展具有重要意义。

然而到目前,太阳能在人类消耗的总能源中的构成低到可以忽略不计。目前主要的太阳能利用方式有如下两种:

1. 光-热转换

如图 6-1 所示,整根集热管其实就是拉长的保温瓶,由于内、外两层由硼玻璃构成,两层之间抽 3~10Pa 的真空,在内管的表面镀选择性吸收膜,能强烈吸收太阳光谱中 0.35~3.0μm 的主要辐射波段,因此从外观上看起来是黑的。透过外层硼玻璃的太阳辐射、从背光板反射回来的辐射及在内外层玻璃之间来回反射的太阳辐射被选择性吸收膜转变为热量加热集热管中的水,水温度升高致使水密度变小,往上流动进入水箱,温度低的水重新进入集热管。如此不断地循环往复,水箱中的水温越来越高,由于内外层玻璃之间有很高的真空度,热量不容易从集热管散发,阳光充足条件下水温可达到 90℃ 以上。如图 6-2 所示为在住宅小区或智能大厦集中安装的太阳能供热系统实例。

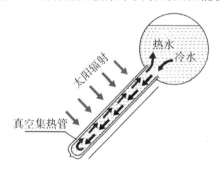

图 6-1 太阳能集热管原理图

图 6-2 太阳能光-热转换系统安装实例

2. 光-电转换

太阳能的光-电转换主要利用半导体物质的光电效应。半导体是一种导电性能介于绝缘体和导体之间的物体。从能级结构上看,其导带和满带是不重叠的,两者之间的能量间隙叫作禁带。当吸收一个光子的能量 $h\nu$ 大于其禁带宽度时,就会从满带激发一个电子到导带,而在满带中留下一个带正电荷的空位——空穴。半导体的种类很多,如氧化物半导体 TiO_2、ZnO 等,单质半导体硅、镓、锗等,硫化物半导体 ZnS、$CdTe$、$CeSe$ 等。原则上讲,这些半导体都可以作为光电转化的材料。然而,到目前为止,以单晶硅、多晶硅或非晶硅等硅材料为基础的太阳能电池是唯一商品化的太阳能电池。这类电池工艺比较成熟,适宜大规模商业化,光电转换效率高,如单晶硅太阳能电池转换效率可以达到 $16\%\sim18\%$,多晶硅太阳能转换效率略低,但也可以达到 10% 以上。其缺点在于成本高,如果以燃煤发电成本为 1,则水电发电成本约为煤电的 1.2 倍,生物质能发电约为煤电的 1.5 倍,风力发电约为 1.7 倍,硅材料太阳能发电则为 $11\sim18$ 倍,因此其大规模商用还未成为现实,需要政府进行推广和主导。目前世界各国相继制定了太阳能发展计划,如 1997 年美国"太阳能百万屋顶计划"、荷兰能源与环境部"NOVEM"等。然而据统计,2006 年太阳光伏只占世界能源总量的不到 0.5%,按照目前的发展速度,到 2020 年预计也只能占 3% 左右。还需要在如何降低硅材料的制备成本及提高其他类型的太阳能电池(如 DSSC,即染料敏化太阳能电池)的光电转换效率上进行技术攻关。

如图 6 - 3 所示为晶体硅材料太阳能电池的原理图。将 N 型半导体和 P 型半导体叠放在一起,在两者的界面上 N 型半导体一边会出现多余空穴,P 型半导体一边出现多余电子,形成所谓的 PN 结。当 PN 结受到适当能量的光照射时,$h\nu \geqslant E_p$,空穴将会从 N 型半导体向 P 型半导体迁移,而电子从 P 型半导体流到 N 型半导体中,形成了电势差,如果接上负载,就有电流从 P 型半导体引出的正极流向 N 型半导体引出的负极。这就成了一个太阳能电池。

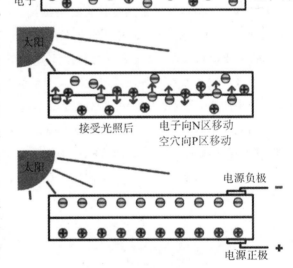

图 6 - 3　晶体硅太阳能电池原理图

6.1.2　核能

核能根据爱因斯坦质能方程:

$$\Delta E = \Delta m c^2$$

在原子核发生裂变聚变的过程中时,会有巨大的能量释放出来。其中包括核裂变和核聚变。

1. 核裂变

指裂变重核原子,主要是指铀或钚原子,裂变成两个、三个或更多个中等质量较轻核的核反应。在裂变过程中有大量能量释放出来，1kg 铀－235 的全部核的裂变将产生 20000MW·h 的能量（足以让 20MW 的发电站运转 1000h），相当于燃烧 $300×10^4$ t 煤释放的能量。在裂变过程中，还相伴放出 2～3 个次级中子。这些中子能够轰击其他的可裂变重核，产生更多的中子，引起链式反应，如图 6－4 所示。这时候裂变反应能够自发进行，瞬间释放出大量能量，引起失控爆炸，这就是原子弹的能量释放过程。而用于发电的核反应堆则必须控制核反应的速率，使得平均每个核的裂变正好引发另一个核的裂变，从而有序缓慢地释放能量。商业上通常采用普通水、石墨或较为昂贵的重水作为中子慢化剂降低高能量的中子的速度，以降低其撞击其他重核原子引发裂变的几率。

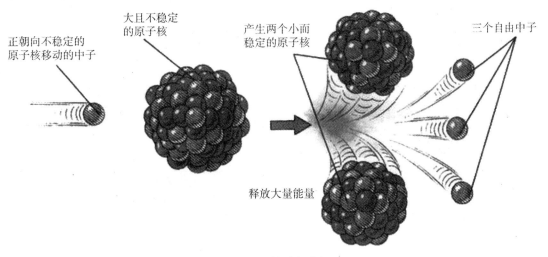

图 6－4　核裂变过程

　　我国目前能源结构中火电占有举足轻重的比例，这一方面消耗了大量煤炭等化石资源（目前世界化石能源逐渐枯竭，已探明的储量只能供持续开采数十年），另一方面排放了大量温室气体及严重环境污染物。2008 年我国电煤消耗达 $16×10^8$ t 标准煤，排放约 $36×10^8$ t 二氧化碳，占总排放量 40% 以上。持续的温室气体二氧化碳的排放将带来全球灾难性气候。近来全世界都在关注哥本哈根气候变化峰会（COP15），世界各国纷纷就碳减排制定了时间表，中国也承诺到 2020 年单位 GDP 碳减排 40%～45%。核电具有高效、安全、清洁、成本相对稳定、燃料充足、发电过程不排放碳的特点。到 2020 年，我国核电将占我国发电量的 4% 以上。当前法国的核电已经占据 80%，日本核电占 60%，美国占 40%。我国的核电发展大有前途，随着化石能源资源的减少，核电的地位势必越来越高。

　　浙江省一直以来是核电大省，20 年前便拥有全国第一台核电机组秦山核电站，到现在秦山二期、三期工程已建成投产，达到 $310×10^4$ kW 装机容量；浙江三门 6 台世界先进的三代核电设备 AP1000 百万千瓦总装机容量 $750×10^4$ kW 核电机组正在开工建设中；另外秦山方家山扩建项目、扩塘山项目、浙西核电项目等正在紧张筹备中。在浙江省的大能源战略中，更是提出把浙江建设成为全国最大的核电基地、华东地区能源基地。到 2020 年，核电装

机容量将达到 $1500 \times 10^4 \mathrm{kW}$，占总电力装机容量的 20% 以上。届时每年能减少 $3000 \times 10^4 \mathrm{t}$ 优质煤消耗，减少 $7500 \times 10^4 \mathrm{t}$ 二氧化碳、$7 \times 10^4 \mathrm{t}$ 二氧化硫、$11 \times 10^4 \mathrm{t}$ 氮氧化物和 $8 \times 10^3 \mathrm{t}$ 烟尘排放量，从而促进浙江省经济又好又快发展。

目前的核电站基本上采用压水堆技术，比如浙江三门核电站采用的是美国西屋第三代先进压水堆核电 AP1000。所谓压水堆技术，是指采用高温高压水做慢化剂和冷却剂的反应堆。如图 6-5 所示，$15\mathrm{MPa}$ 左右高压的一回路水在反应堆内被核能加热，温度升高到 $325℃$ 左右。在蒸汽发生器内将二回路水加热，生成 $6 \sim 7\mathrm{MPa}$、$275 \sim 290℃$ 的蒸汽，推动汽轮发电机组发电。

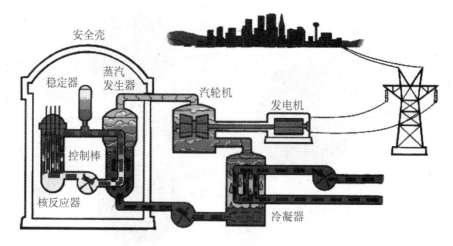

图 6-5　压水堆技术核电站简要流程图

2. 核聚变

两个轻的原子核相碰形成一个原子核并释放出能量，损失一些质量，这就是聚变反应。核聚变能源的优点有：

① 核聚变释放的能量比核裂变更大。

② 核聚变能是一种清洁能源，没有高放射性核废料，不对环境构成污染。

③ 核聚变的原材料取之不尽、用之不竭，地球上重氢有 $10 \times 10^{12} \mathrm{t}$（$1\mathrm{L}$ 海水中含 $30\mathrm{mg}$ 氘，而 $30\mathrm{mg}$ 氘聚变产生的能量相当于 $300\mathrm{L}$ 汽油产生的），而氚虽然在自然界中不存在，但也可以依靠中子与锂作用而产生。

一个典型的核聚变反应如下：

$$5{}_1^2\mathrm{H} \longrightarrow {}_2^4\mathrm{He} + {}_2^3\mathrm{He} + {}_1^1\mathrm{H} + 2{}_1^0\mathrm{n} + 3.6 \times 10^7 \mathrm{eV}$$

即每"烧"掉 5 个氘核共放出 $36\mathrm{MeV}$ 能量，相当于每个核子平均放出 $3.6\mathrm{MeV}$。它比 n^+ 裂变反应中每个核子平均放出的 $0.85\left(=\dfrac{200}{236}\right)\mathrm{MeV}$ 高 4 倍。因此，聚变能是比裂变能更为巨大的一种核能。

但是要使原子核之间发生聚变，必须使它们接近到飞米级。要达到这个距离，就要使核具有很大的动能,以克服电荷间极大的斥力。要使核具有足够的动能,必须把它们加热到很高的温度(几百万摄氏度以上)。如此高的运行温度没有哪种材料能够承受。另外,如果核聚变产生的能量在没有控制的情况下瞬时释放出来,就会形成剧烈爆炸,氢弹其实就是不受控核聚变。如果我们要将核能转变为电能,就需要控制核聚变进行的速度,约束核聚变的区域。目前比较可行的方法就是用强磁场来约束反应的进行。图 6-6 所示为位于中国合肥的受控核聚变托卡马克装置。尽管实现受控热核聚变仍有漫长艰难的路程,但其美好前景正吸引着各国科学家奋力攀登。

图 6-6　中国的 EAST 全超导非圆截面托卡马克实验装置

6.1.3　生物质能

生物质能指任何直接用作燃料或者在燃烧以前转化为其他形式的种植物。其中包括木材、蔬菜废弃物、动物料/废弃物、被称为黑色液体的亚硫酸碱液以及其他固态生物质能。对于生物能生产来说,可将原材料转化为最终能源的工艺,不仅种类繁杂,而且途径各异。图 6-7 描绘了各种途径的生物质能的转化。在过去的 10 年里,生物能技术在若干重要领域显著地降低了成本,其中包括:专用的大型和小型燃烧;与煤的混合燃烧;城市固体废弃物燃烧;通过厌氧蒸煮生成生物气以及单个区域住宅供热。在某些地区,生物乙醇和生物甲醇等的液态生物燃料也降低了生产成本。

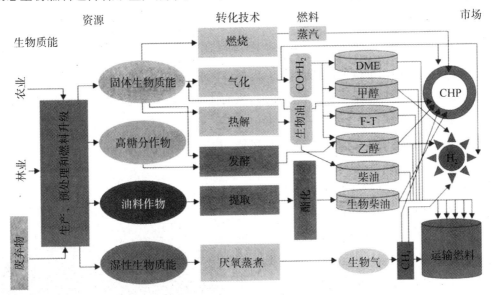

图 6-7　生物能原材料经过各种工艺转化为最终能源

注:燃烧过程没有在图中列出;合成气体需要催化才能升级

6.1.4　风能

　　风能间接地来源于太阳能,太阳照射到地球表面,地球表面各处受热不同,产生温差,从而引起大气的对流运动形成风。据估计,到达地球的太阳能中虽然只有大约 2% 转化为风能,但其总量仍是十分可观的。全球的风能约为 $2.74 \times 10^9 MW$,其中可利用的风能为 $2 \times 10^7 MW$,比地球上可开发利用的水能总量还要大 10 倍。

　　我们看到风力发电机通常都矗立在高空,这是因为接近地面的空气受到建筑物、地面的影响而处于滞留状态,流速较低,而在高空中风的流速很大。不同地形下风速随高度的变化如图 6-8 所示。

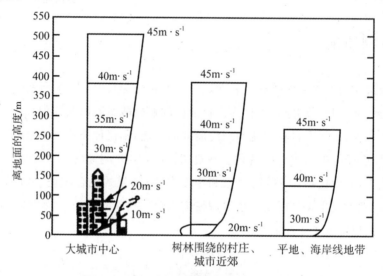

图 6-8　不同地形地貌的风速随高度的关系

　　风能为人们所利用可以追溯到公元前,世界各国的人民均有采用风力灌溉、磨面、舂米,用风帆推动船舶前进等应用。然而数千年来,风能技术发展缓慢,也没有引起人们的足够重视。自从 1973 年世界石油危机以来,在常规能源告急和全球生态环境恶化的双重压力下,风能作为新能源的一部分才重新得到了长足的发展。风能作为一种无污染和可再生的新能源有着巨大的发展潜力,特别是对沿海岛屿,交通不便的边远山区,地广人稀的草原牧场,以及远离电网和近期内电网还难以到达的农村、边疆,作为解决生产和生活能源的一种可靠途径,有着十分重要的意义。即使在发达国家,风能作为一种高效清洁的新能源也日益受到重视。目前美国已成

图 6-9　我国新疆达坂城的风力发电厂

为世界上风力机装机容量最大的国家,超过 $2 \times 10^4 \, MW$,每年还以 10% 的速度增长。丹麦早在 2005 年电力需求量的 10% 就来源于风力发电。我国的风力发电业蓬勃发展,在新疆、内蒙古的风口及山东、浙江、福建、广东的等地建立了大型风力发电站。图 6-9 所示为新疆达坂城的风力发电设施。

6.2　燃料能源

6.2.1　燃料的分类与组成

燃料的分类方法很多。锅炉使用的燃料通常按照存在的物理形态不同,分为固体燃料、液体燃料和气体燃料三种。固体燃料常用的有煤、矸石、页岩和甘蔗渣等;液体燃料常用的有重油、渣油和轻柴油等;气体燃料常用的有天然气、气化煤气、焦炉煤气和液化石油气等。

固体燃料和液体燃料由碳、氢、氧、氮、硫、灰分和水分组成。气体燃料中天然气和液化石油气主要是碳氢化合物,而气化煤气和焦炉煤气则是几种气体的混合物。

煤炭是一种可以用作燃料或工业原料的矿物。它是古代植物经过生物化学作用和地质作用而改变其物理、化学性质,由碳、氢、氧、氮等元素组成的黑色或褐色固体矿物。煤也是获得有机化合物的源泉。通过煤焦油的分馏,可以获得各种芳香烃;通过煤的直接或间接液化,可以获得燃料油及多种化工原料。煤的主要组成如下:

表 6-2　煤的主要元素组成表

元素	含量		存在方式	其他
碳	泥炭 55%～62%	有机碳	由带脂肪侧链的大芳环和稠环所组成	成煤过程就是增碳过程
	褐煤 60%～76.5%	无机碳	主要来自碳酸盐类矿物,如石灰岩和方解石等	
	烟煤 77%～92.7%			
	高品质无烟煤 90%以上			
氢	C 65%～80%：～6%	有机氢	与碳骨架相连	含碳量增加,含氢量减小
	烟煤 80%～86%：6%～6.5%	无机氢	高岭土($Al_2O_3 \cdot 2SiO_2 \cdot 2H_2O$)、石膏($CaSO_4 \cdot 2H_2O$)等都含有结晶水	
	无烟煤＞90%：＜2%			
氧	C＜70%：＞20%	无机氧	高岭土($Al_2O_3 \cdot 2SiO_2 \cdot 2H_2O$)、石膏($CaSO_4 \cdot 2H_2O$)等都含有结晶水	随碳含量增加而减少
	烟煤 85%：＜10%	有机氧	氧官能团,如羧基(—COOH)、羟基(—OH)和甲氧基(—OCH_3)	
	无烟煤 92%：＜5%			

续表

元素	含量	存在方式		其他
氮	0.5%～3.0%	有机氮	比较稳定的杂环和复杂的非环结构的化合物，来源于动、植物脂肪。植物中的植物碱、叶绿素和其他组织的环状结构	
硫	有害成分，危害设备，污染大气，危害身心健康	有机硫	植物中的蛋白质和微生物的蛋白质	与煤化程度没有关系，与成煤时的地理环境关系密切
		无机硫	硫化物硫、硫酸盐硫、单质硫。硫化物有黄铁矿、白铁矿、磁铁矿[(Fe_7S_8)、闪锌矿(ZnS)、方铅矿(PbS)等]。硫酸盐硫有石膏($CaSO_4 \cdot 2H_2O$)、绿矾($FeSO_4 \cdot 7H_2O$)等]	

石油是一种黏稠的、深褐色有时有绿色的液体燃料。密度为 $0.8\sim1.0g \cdot cm^{-3}$，黏度范围很宽，凝固点差别很大（$-60\sim30℃$），沸点范围为常温到 500℃ 以上，可溶于多种有机溶剂，不溶于水，但可与水形成乳状液。它由不同的碳氢化合物混合组成，组成石油的化学元素主要是碳（83%～87%）、氢（11%～14%），两者之和占了 65% 以上，一般原油的碳氢比更能反映原油的属性，轻质原油或石蜡原油氢碳原子比比较高，约为 1.9；重质原油或环烷基原油氢碳原子比比较低，约为 1.5；其余为硫（0.06%～0.8%）、氮（0.02%～1.7%）、氧（0.08%～1.82%）及微量金属元素（镍、钒、铁等）。由碳和氢化合形成的烃类为构成石油的主要组成部分，约占 95%～99%，含硫、氧、氮的化合物对石油产品有害，在石油加工中应尽量除去。不同的油田的石油的成分和外貌区别很大。石油的化学组成主要有烷烃、环烷烃、芳香烃三类。通常以烷烃为主的石油称为石蜡基石油；以环烷烃、芳香烃为主的称环烃基石油。

天然气是一种主要由甲烷组成的气态化石燃料，主要存在于油田和天然气田，也有少量出于煤层。天然气是一种多组分的混合气体，主要成分是烷烃，其中甲烷占绝大多数，另有少量的乙烷、丙烷和丁烷，此外一般还含有硫化氢、二氧化碳、氮和水气，以及微量的惰性气体，如氦和氩等。在标准状况下，甲烷至丁烷以气体状态存在，戊烷以上为液体。

从上所述可知，目前主要的燃料能源或传统能源都是化石能源，占了目前世界上能源消费的 85% 以上。下图所示为国际能源机构 2005 年发布的世界能源消费结构。

其中天然气、石油、煤炭三大常规燃料能源占总能源消耗量的 83% 左右。这种严重依赖化石能源的世界能源消费结构已经产生了严重的问题：

1. 能源枯竭

按照目前探明的传统化石能源储量及目前的开采速度，根据统计，石油只够开采 50 年，煤炭开采 150 年，天然气开采 50 年，核电站的主要燃料 U-235 还够使用 100 年左右。因此，大力发展可再生能源及能源的可持续发展问题已经迫在眉睫。

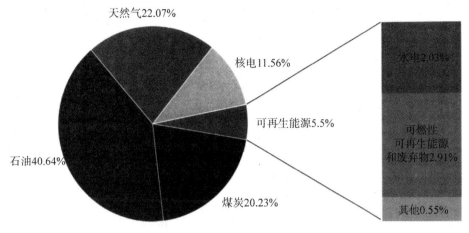

图 6 - 10　2005 年世界能源消费结构

2. 碳排放超标

下图是通过对禁锢在冰川中空气成分的分析得到的过去 1000 年地球大气中二氧化碳的浓度。从 1000 年前到 18 世纪末地球大气中的二氧化碳浓度基本没有大的变动。然后从 1769 年开始,特别是 21 世纪以来空气中二氧化碳的浓度急剧上升。1769 年恰恰是瓦特发明高效率的蒸汽机,标志着工业革命的开始,从此人类开始大量地开采化石矿物资源,产生了大量的二氧化碳排放,打破了地球大气几千年没有保持稳定的化学组成的记录。致命的是二氧化碳是一种温室气体,即它能够让可见光波段的太阳辐射通过,却将地面吸收太阳辐射产生的红外辐射吸收,就相当于给地球盖上了一层棉被,导致全球的气候变暖。虽然有不少专家学者对二氧化碳大量排放是否会导致地球变暖或者地球是不是真的变暖存有质疑,但是近年来全球范围灾害性气候的增加及南北极冰川的溶化却是不争的事实,也为人类未来的生存环境敲响了警钟。

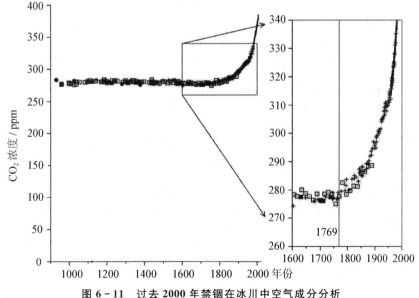

图 6 - 11　过去 2000 年禁锢在冰川中空气成分分析

3. 环境的恶化

传统化石能源在燃烧后不仅排出大量二氧化碳,而且还会产生大量的固体废弃物及大气污染物,如二氧化硫、硫化氢、氮氧化合物等。这些排放物导致了人类生存环境的恶化,如果再不加干预,任其发展,那后果将是灾难性的。

因此,大力发展可再生能源及现有化石能源的清洁、可持续利用已经是世界能源问题的发展方向。

6.2.2　石油及炼油产物的综合利用

石油按其加工与用途来划分有两大分支:一是经过炼制生产各种燃料油、润滑油、石蜡、沥青、焦炭等石油产品;二是把经蒸馏得到的馏分油进行热裂解,分离出基本原料,再合成生产各种石油化学制品。前一分支是石油炼制工业体系;后一分支是石油化工体系。炼油和化工二者是相互依存、相互联系的,是一个庞大而复杂的工业部门,其产品有数千种之多。它们的相互结合和渗透,构成了世界能源的支柱体系,也跟国民经济息息相关。目前全世界总能源需求的40%依赖于石油产品,汽车、飞机、轮船等交通运输器械使用的燃料几乎全部是石油产品。石油总产量的10%用于生产有机化工原料。

1. 石油的炼制

原油经过脱水和脱盐以后,就进入精馏塔,把不同的组分按照沸点的不同分离出来。因为原油从350℃开始有明显的分解现象,所以对于沸点高于350℃的馏分需要在减压的条件下进行精馏。精馏过程在精馏塔中进行。其结构如图6-12所示。

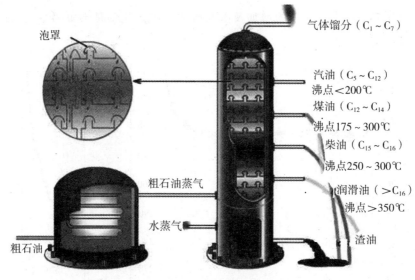

图6-12　精馏塔结构原理图

　　精馏塔有一个外壳和中间的若干层塔板构成,塔板的数量越多,分离能力越强,精馏塔越高。塔板通常密布一些外形如钟罩、顶端有开孔的泡罩及引流管。泡罩是气体的通道,而引流管是液体的通道。原油从精馏塔中部的加料塔加入后便在精馏塔中部分气化,低沸点组分在气相中的组成高于液相,气体通过泡罩以鼓泡的方式上升,与流过塔板的液相充分接触,两者发生传质,低沸点组分从液相传递到气相,气相中的低沸点组分进一步富集,气相中的高沸点组分传递到液相,液相中的高沸点组分进一步富集。由于原油是复杂的混合物,不同的组分有不同的沸点,因此会在精馏塔上不同的高度上被从混合物中分离开来。但是因为原油的组成非常复杂,所以实际上,不同高度上引出的馏分仍然是复杂的混合物。通常从塔顶出来的主要成分为 $C_1 \sim C_7$ 的烃类;接着是 200℃ 以下的轻馏分,也叫汽油馏分或石脑油馏分;接着是沸点在 350℃ 以下的煤柴油馏分或称为常压瓦斯油(简称 AGO);而在常压 350～500℃ 的馏分(需在减压精馏塔进行)通常称为润滑油馏分或减压瓦斯油(简称 AGO);最后在塔底出来的是渣油。图 6-13 是一个典型的石油炼制企业的常减压炼油车间装置图。

图 6-13　石油炼制企业的常减压车间

　　2. 石油化工

　　是对石油进行充分综合利用的工业。它的产品广泛用于工农业生产、人民生活和国防建设等各个方面,在国民经济中有着重要作用。合成气是制造氨和甲醇的原料。氨可以加工成尿素。尿素含氮 46%,是一种高效氮肥,也是一种有机化工原料。氨还可制成硝酸铵,它既可用作肥料,又是生产硝铵炸药的主要原料。氨及氨的制品还广泛用于轻工、化工、食品、医药等工业部门。甲醇也是一种用途广泛的基本化工原料。乙烯和丙烯是生产塑料的原料。乙烯可以制成聚乙烯、聚氯乙烯,丙烯可以制成聚丙烯,这是目前产量最大的三种塑料。低密度聚乙烯用于制作高频电气绝缘材料和各种薄膜,包括农业用薄膜;高密度聚乙烯和聚丙烯可用于制作各种容器和家用器具。它们价格低廉,化学稳定性好,易于加工成形,广泛用作化学工业输送液体的管线和制作包装容器。聚乙烯薄膜和聚丙烯编织袋已在很大程度上取代了麻袋和牛皮纸袋等包装材料,用于化学肥料和其他工业品的包装。硬质聚氯乙烯可以制作耐腐蚀的容器、管道,软质聚氯乙烯薄膜已被广泛用于生产和生活的各个方面,如制作桌布、床单、雨衣和包装材料等,还大量用于制造电线和靴鞋。人造革和高级建筑物内部的贴面材料也是用聚氯乙烯制造的。此外,塑料还用于制作家具、玩具、机械部件、黏结剂和涂料等。合成纤维是石油化工的另一种重要产品,作为重要的纺织原料,普遍受到重视。合成纤维中最主要的品种是聚酯纤维、聚酰胺纤维和聚丙烯腈纤维,在世界纤维材料消费总量中所占比例不断提高。合成橡胶也是石油化工的重要产品。无论是飞机、汽车还是拖拉机、自行车,都离不开轮胎,而轮胎的主要原料就是橡胶。橡胶也用于生产和生活的各个领域,如机械设备的密封垫圈、耐腐蚀衬里、耐酸耐碱用具、胶管、胶鞋、雨靴以及医疗器械。除了合成树脂(塑料)、合成纤维和合成橡胶这三大合成材料和化肥以外,石油化工产品还扩展到合成洗涤剂、合成纸、石油蛋白、染料、医药、农药、炸药等各个方面,应用范围极其广泛,如图 6-14 所示。

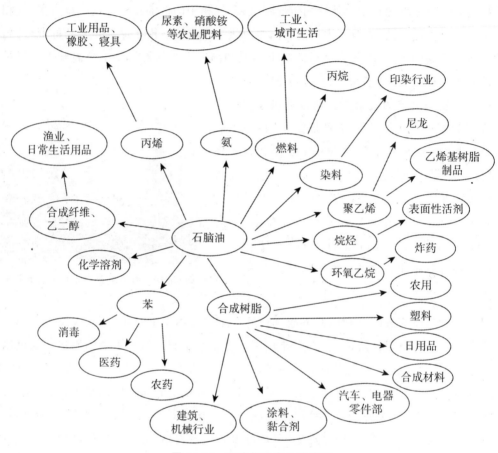

图 6-14　石油化工产品路线图

石油化工过程主要包括如下三类:

(1) 合成气

主要成分为一氧化碳和氢气。利用石油 350℃以上得到的馏分重油与氧气进行不完全燃烧,使烃类在高温下发生裂解,并使得裂解产物与燃烧产物水蒸气和二氧化碳在高温下与甲烷进行转化反应,从而获得以氢气和一氧化碳为主体(甲烷<0.5%)的合成气。

$$2C_mH_nS_r + mO_2 \longrightarrow 2mCO + (n-2r)H_2 + 2rH_2S \quad (总反应)$$

$$4C_mH_nS_r \longrightarrow 2(n-2r)CH_4 + (4m-n+2r)C + 4rH_2S \quad (重油裂解)$$

$$CH_4 + H_2O \longleftrightarrow CO + 3H_2O \quad (甲烷转化)$$

$$C + H_2O \longleftrightarrow H_2 + CO \quad (碳转化)$$

$$COS + H_2 \longleftrightarrow CO + H_2S \quad (有机硫加氢)$$

$$CO + H_2O \longleftrightarrow CO_2 + H_2 \quad (CO\ 变换)$$

$$N_2 + 3H_2 \longleftrightarrow 2NH_3 \quad (NH_3\ 合成)$$

（2）石油烃类裂解

烃类裂解就是以烃类为原料，利用烃类在高温下不稳定、易分解的性质，在隔绝空气和高温的条件下，使大分子的烃类发生断链和脱氢反应，以制取低级烯烃的过程。石油烃裂解的主要目的就是为了获得乙烯等原料。

工业上烃类裂解制乙烯的主要生产过程是：原料-热裂解-裂解气预处理-裂解气分离-产品（乙烯-丙烯）及关联产品。烃类裂解的主要目的是生产乙烯，同时可得到丙烯、丁二烯、苯、甲苯和二甲苯等产品。它们都是重要的基本有机原料，所以以烃类裂解是有机化学工业获得基本有机原料的主要手段，乙烯的生产能力实际上反映了一个国家有机化学工业的发展水平。

烃类在高温下裂解，不仅原料发生多种反应，生成物也能继续反应，其中既有平行反应又有连串反应，包括脱氢、断链、异构化、脱氢环化、脱烷基、聚合、缩合、结焦等反应过程，生成的产物也多达数十种甚至上百种。我国大乙烯工程有茂名石化（第一套百万吨大乙烯），镇海 $100 \times 10^4\ t$ 乙烯，福建泉州 $80 \times 10^4\ t$，天津石化 $100 \times 10^4\ t$，四川成都 $100 \times 10^4\ t$，新疆独山子 $100 \times 10^4\ t$ 乙烯。图 6-15 所示为镇海炼化竣工试车的 $100 \times 10^4\ t$ 乙烯装置。

图 6-15　镇海 $100 \times 10^4\ t$ 乙烯工程

（3）芳烃转化

苯、甲苯、二甲苯等芳烃是石油化工重要的基础原料，他们被广泛地应用于医药、炸药、染料、农药等传统化学工业以及高分子材料、合成橡胶、合成纤维、合成洗涤剂、表面活性剂等新型工业。目前全世界 95% 以上的芳烃都来自石油。

从石油中制取芳烃主要有两种加工工艺：一是石脑油催化重整工艺；二是烃类裂解工艺。

1）催化重整

最初目的是通过把汽油中的直链烷烃异构化和环烷烃芳构化，以提高汽油的品味，增加汽油的辛烷值。随着石油化工对芳烃需求的增加，使重整成为生产高浓度单环芳烃的重要方法。催化重整是以 60～140℃的直馏汽油或石脑油作为原料,在一定温度、压力和催化剂存在的条件下加氢,汽油组分中碳链重新排列,使正构烷烃发生异构化、某些非芳烃转化为芳烃。由于生产中常用催化剂是铂和铼,所以也叫铂-铼重整。主要参与的化学反应有:

① 六元环烷烃脱氢芳构化

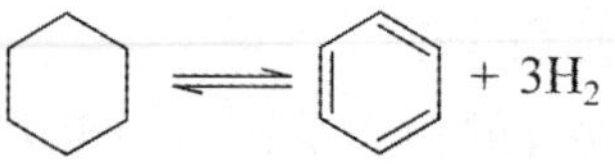

② 五元环烷烃异构、脱氢芳构化

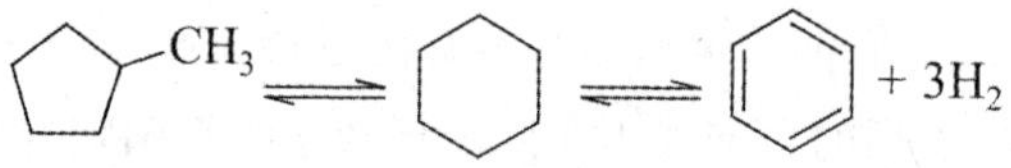

③ 烷烃脱氢环化,再芳构化

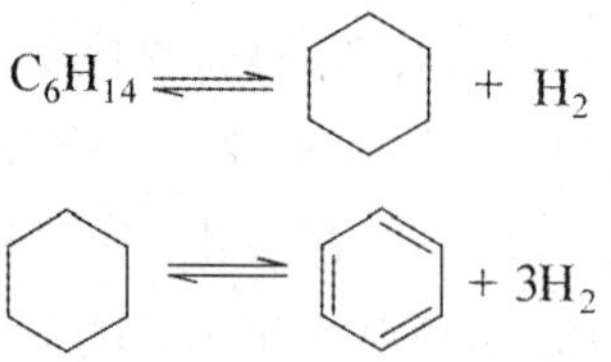

2) 裂解汽油加氢

在石油烃裂解生产乙烯过程中,自裂解炉出来的裂解气,经急冷、冷却、压缩及深冷分离,在制得乙烯的同时,还可以获得相当数量的富含芳烃的液态产物,即裂解汽油,其中集中了全部 C_6～C_9 的芳烃,含量可达到 40%～80%。裂解汽油再经过加氢去除烯烃及防止催化剂中毒,生成饱和烃或芳烃,如下反应式所示:

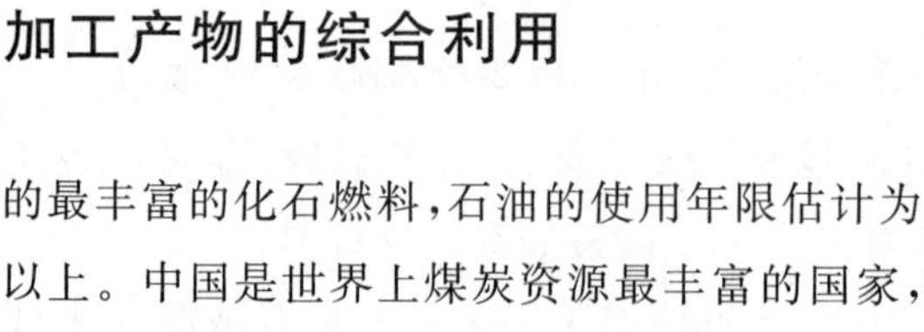

6.2.3 煤及煤的加工产物的综合利用

煤是地球上能得到的最丰富的化石燃料,石油的使用年限估计为几十年,而煤的储量还能供应人类使用几百年以上。中国是世界上煤炭资源最丰富的国家,探明储量 7300×10^8 t,居世界第一位。2006 年我国的化石能源基础储量为煤 96.7%;石油 1.6%;天然气 1.7%。而 2006 年世界化石能源探明储量的构成为:煤炭 57.2%;石油 21.1%;天然气 21.7%。相应的,我国能源的消费结构式以煤为主,我国 2006 年能源消费结构为:石油 18.3%;煤炭 69.5%;天然气 3.4%;水电、核电、风电 8.8%。而与此相反,西方主要发达国家的能源消耗石油占了 70%以上。因此,如何利用好煤及开发煤加工产物,符合我国国情,对我国化石能源的充分、可持续利用有重要的意义。

　　煤除了直接用作燃料,约有 20% 经过化学加工而转化为气体、液体和固体燃料以及化学品。从煤加工过程区分,煤化工包括煤的干馏(含炼焦和低温干馏)、气化、液化和合成化学品。图 6-16 为煤加工分类及产品示意图。

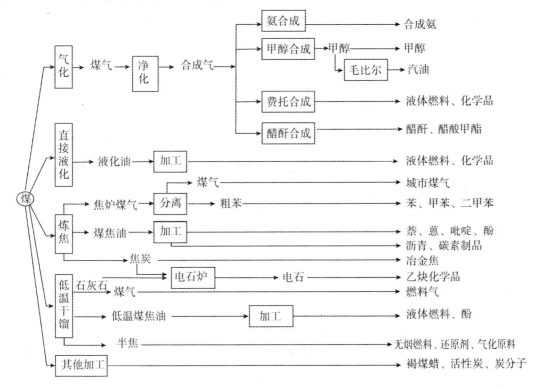

图 6-16　煤加工分类及产品示意图

煤加工过程主要可以有如下几类:

1. 煤的低温干馏

　　煤在隔绝空气条件下,受热分解生成煤气、焦油、粗苯和焦炭的过程,称为煤干馏(或称炼焦、焦化)。按加热终温的不同,可分为三种:500～600℃ 为低温干馏;700～900℃ 为中温干馏;900～1100℃ 为高温干馏。煤低温干馏产物的产率和组成取决于原料煤性质、干馏炉结构和加热条件。一般焦油产率为 6%～25%;半焦产率为 50%～70%;煤气产率为 80～200m³·t⁻¹。

2. 炼焦

　　煤在焦炉内隔绝空气加热到 1000℃ 左右,可获得焦炭、化学产品和煤气。此过程称为高温干馏或高温炼焦。炼焦的主要产品是焦炭,主要用于高炉炼铁、铸造、气化、电石和有色金属冶炼等。另外还有含有多种芳香族化合物,主要有硫铵、吡啶碱、苯、二甲苯、酚、萘、蒽和沥青等。炼焦化学工业能提供农业需要的化学肥料和农药、合成纤维的原料苯、塑料和炸药的原料酚以及医药原料吡啶碱等。

3. 煤液化

是提高煤炭资源利用率、减轻燃煤污染的有效途径之一，是洁净能源技术之一。煤液化的目的之一是寻找石油的替代能源。煤炭资源 10 倍于石油，所以液化煤是石油最理想的替代能源。图 6-17 所示为煤液化的几种方式。

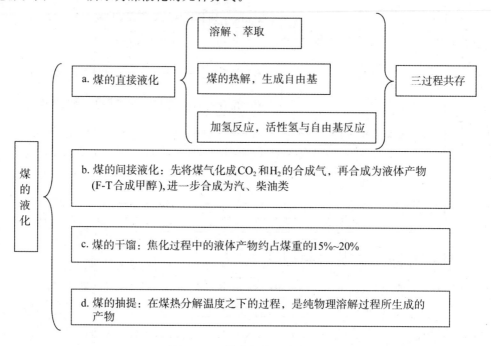

图 6-17　煤液化的几种方式

4. 煤的气化

煤的气化是一个热化学过程。它是以煤或煤焦油为原料，以氧气(空气、富氧或纯氧)、水蒸气或氢气等作气化剂(或称气化介质)，在高温条件下通过化学反应将煤或煤焦油中的可燃部分转化为气体燃料的过程。气化所得到的可燃性气体称为气化煤气，其有效成分包括一氧化碳、氢气或甲烷等。气化煤气可以用作城市煤气、工业燃气和化工原料气。

6.2.4　天然气的分类及利用

天然气在燃烧过程中产生的能影响人类呼吸系统健康的物质极少，产生的二氧化碳仅为煤的 40% 左右，产生的二氧化硫也很少。天然气燃烧后无废渣、废水产生，相较于煤炭、石油等能源具有使用安全、热值高、洁净等优势，被认为是一种安全清洁的能源。

1. 分类

从成因上讲，天然气可以分为：

（1）生物成因气

指成岩作用早期,在浅层生物化学作用带内,沉积有机质经微生物的群体发酵和合成作用形成的天然气。生物成因气出现在埋藏浅、时代新和演化程度低的岩层中,以含甲烷气为主。如在西西伯利亚 $683\sim1300m$ 白垩系地层中,发现了可采储量达 $10.5\times10^{12}\ m^3$ 的气藏。我国柴达木盆地(有些单井日产达 100 多万平方米)和上海地区(长江三角洲)也发现了这类气藏。

（2）油型气

油型气包括湿气(石油伴生气)、凝析气和裂解气。它们是沉积有机质,特别是腐泥型有机质在热降解成油过程中,与石油一起形成的,或者是在后成作用阶段由有机质和早期形成的液态石油热裂解形成的。如我国四川盆地气田。

（3）煤型气

煤型气是指煤系有机质(包括煤层和煤系地层中的分散有机质)热演化生成的天然气。煤型气是一种多成分的混合气体,其中烃类气体以甲烷为主,重烃气含量少,一般为干气,但也可能有湿气,甚至凝析气。有时可含较多 Hg 蒸气和 N_2 等。如西西伯利亚北部、荷兰东部盆地和北海盆地。

（4）无机成因气

地球深部岩浆活动、变质岩和宇宙空间分布的可燃气体,以及岩石无机盐类分解产生的气体,都属于无机成因气或非生物成因气。它属于干气,以甲烷为主,有时含 CO_2、N_2、He 及 H_2S、Hg 蒸气。

中国天然气资源较为丰富,已探明储量约为 $22\times10^{12}\,m^3$,居世界第五位。

2. 利用

天然气是一种洁净环保的优质能源,几乎不含硫、粉尘和其他有害物质,燃烧时产生的二氧化碳少于其他化石燃料,造成温室效应较低,因而能从根本上改善环境质量。天然气与人工煤气相比,同比热值价格相当,并且天然气清洁干净,能延长灶具的使用寿命,也有利于用户减少维修费用的支出。天然气是洁净燃气,供应稳定,能够改善空气质量,因而能为该地区经济发展提供新的动力,带动经济繁荣及改善环境。天然气无毒、易散发,密度小于空气,不宜积聚成爆炸性气体,是较为安全的燃气。天然气在如下领域应用非常广泛:

（1）民用燃料

天然气价格低廉,热值高,安全性能、环境性能好,是民用燃气的首选燃料。

（2）工业燃料

以天然气代替煤,用于工厂采暖,生产用锅炉以及热电厂燃气轮机锅炉。

（3）工艺生产

如烤漆生产线、烟叶烘干、沥青加热保温等。

（4）化工原料

如以天然气中甲烷为原料生产氰化钠、黄血盐钾、赤血盐钾等。

（5）压缩天然气汽车

用以解决汽车尾气污染问题。

目前浙江和上海已经全面采用东海天然气气田输送过来的天然气作为厨房煤气。

6.3　化学电源

化学电源，又称化学电池，简称电池。化学电源是一种实现化学能与电能相互转化的电化学装置，它主要由电极、电解质、隔膜和外壳所组成。化学电源的种类很多，根据它的工作原理和储能方式不同，可以分为原电池、蓄电池和燃料电池。

6.3.1　原电池

原电池是一种只能用来放电，且放电之后不能再充电循环使用的电池，因此，原电池又称为一次电池或干电池。这是因为原电池的化学反应具有很大的或者完全的不可逆性，原电池在一次放电之后，电池中的活性材料不能通过简单的充电来复原。常见的原电池有锌锰电池、银锌电池、锂电池等几种。

1. 锌锰电池

锌锰电池是当今社会产量最大、应用最广泛的原电池，根据电解质的性质不同，锌锰电池一般可分为普通锌锰电池和碱性锌锰电池两大类。

（1）普通锌锰电池

自从 G. Leclanche 发明普通锌锰电池以来，这类电池经历了 130 多年的发展，已经从早期的糊式电池发展到了今天的纸板式电池。纸板式锌锰电池是以锌筒外壳作负极，MnO_2 作正极，石墨碳棒为导电集流柱，涂敷在纸板上的 $ZnCl_2$ 浆料作为电解质的第二代锌锰电池。这类电池与糊式电池的不同之处在于所采用电解质的不同，糊式电池中电解质以 NH_4Cl 为主，$ZnCl_2$ 为辅；而在纸板式电池中电解质以 $ZnCl_2$ 为主，NH_4Cl 为辅，其电池内部结构如图 6-18 所示。

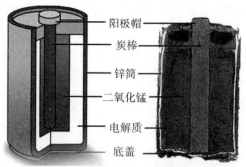

阳极帽
炭棒
锌筒
二氧化锰
电解质
底盖

图 6-18　普通锌锰电池的内部结构图

纸板式锌锰电池的表达式及其电极反应过程可以用下式来表示：

$$(-)Zn|ZnCl_2 \parallel MnO_2,C(+)$$

负极放电反应：$4Zn+9H_2O+ZnCl_2 \longrightarrow ZnCl_2 \cdot 4ZnO \cdot 5H_2O+8H^++8e^-$

正极放电反应：$8MnO_2+8H^++8e^- \longrightarrow 8MnOOH$

电池放电总反应：$8MnO_2+9H_2O+ZnCl_2+4Zn =\!=\!= 8MnOOH+ZnCl_2 \cdot 4ZnO \cdot 5H_2O$

纸板式电池克服了糊式电池中由于铵盐浓度高所引起的极化大、易漏液等缺点，并且还具有较大的放电电流。同时，纸板式锌锰电池由于能量密度较高、价格低廉等优点在近些年迅速占领了国内外低端原电池的市场。

（2）碱性锌锰电池

碱性锌锰电池，简称碱锰电池，它是继纸板式锌锰电池之后出现的第三代锌锰电池，这类电池以高浓度 KOH 为电解液，用锌粉替代了锌筒作负极。碱性锌锰电池早在 19 世纪末就问世了，直到 20 世纪 60 年代圆筒型电池投产之后，碱性锌锰电池才得到了迅猛的发展。由于碱性锌锰电池比原先主导市场的普通锌锰电池有明显的优越性，因此，碱性锌锰电池已经成为袖珍电池市场占主导地位的原电池体系。表 6-3 为碱性锌锰电池和普通锌锰电池的性能比较。

表 6-3　碱性锌锰电池和普通锌锰电池的电化学性能比较

电池类型	标准电动势/V	开路电势/V	容量/(A·h)	放电时间/min
碱性锌锰电池	1.52	1.55	6.93	1200
普通锌锰电池	1.62	1.58	0.89	154

碱性锌锰电池的表达式及其电极反应过程可以用下式来表示：

$$(-)Zn|KOH|MnO_2,C(+)$$

负极放电反应：$Zn+2OH^- \longrightarrow ZnO+H_2O+2e^-$

正极放电反应：$MnO_2+H_2O+e^- \longrightarrow MnOOH+OH^-$

电池放电总反应：$2MnO_2+H_2O+Zn =\!=\!= 2MnOOH+ZnO$

由于 MnOOH 在碱性溶液中有一定的溶解性，即 Mn^{3+} 在 MnOOH 中以 $[Mn(OH)_4]^-$ 络离子形式溶解于 KOH 电解液中，进而在碳表面上将 $[Mn(OH)_4]^-$ 电化学还原为 $[Mn(OH)_4]^{2-}$，最后 $Mn(OH)_2$ 在 $[Mn(OH)_4]^{2-}$ 饱和溶液中沉淀下来。因此，碱性锌锰电池的电池反应又可表示为：

$$MnO_2+H_2O+Zn =\!=\!= Mn(OH)_2+ZnO$$

与碱性锌锰电池相比，碱性锌锰电池具有很高的理论容量，其数值显著高于同尺寸的普通锌锰电池，见表 6-3。这是因为与大多数普通锌锰电池相比，碱性锌锰电池所使用的二氧化锰的纯度和反应活性更高，同时，碱性锌锰电池的正极非常致密，其中只含有少量的电解液，此外，电池的其他组分（如隔膜和集流体等）所占的空间也相对较小。

2. 银锌电池

银锌电池由三个部分组成：粉末状锌负极、由氧化银压制成型的正极和溶有锌酸盐的氢氧化钾或氢氧化钠水溶液电解质。因此，银锌电池也是一种碱性电池。根据氧化银价态的不同，银锌电池有两种不同的反应过程。

采用一价氧化银（Ag_2O）作正极的银锌电池可表示为：

$$(-)Zn\,|\,KOH\,|\,Ag_2O(+)$$

负极放电反应：$Zn + 2OH^- \longrightarrow ZnO + H_2O + 2e^-$

正极放电反应：$Ag_2O + H_2O + 2e^- \longrightarrow 2Ag + 2OH^-$

电池放电总反应：$Zn + Ag_2O = 2Ag + ZnO$

采用二价氧化银（AgO）作正极的银锌电池可表示为：

$$(-)Zn\,|\,KOH\,|\,AgO(+)$$

负极放电反应：$Zn + 2OH^- \longrightarrow ZnO + H_2O + 2e^-$

正极放电反应：$2AgO + H_2O + 2e^- \longrightarrow Ag_2O + 2OH^-$

$$Ag_2O + H_2O + 2e^- \longrightarrow 2Ag + 2OH^-$$

电池放电总反应：$Zn + AgO = Ag + ZnO$

与其他原电池相比，银锌电池的体积比容量相对较高，由此可制备成小而薄的扣式电池进行使用。此外，银锌电池不但具有良好的贮存性能，室温下贮存 1 年后可保持初始容量的 95% 以上，而且还具有良好的低温放电能力。由于具有这些优点，银锌电池在小型电子和电气产品上得到了广泛的应用，例如电子手表、计算器、助听器等。

3. 锂电池

锂电池是以金属锂作负极，其他适当材料作正极的原电池的统称。由于金属锂具有密度小、标准电极电势低、电化当量高和电子电导率高等特点，因此，以金属锂作为负极活性物质的电池具有能量密度高、电池电压高、比功率高、工作温度范围宽广和贮存寿命长等优点。

由于金属锂在水溶液中的反应性，锂电池一般都选择非水溶剂配制电解质，代表性的有机溶剂有乙腈、碳酸丙烯酯，无机溶剂有亚硫酰氯等。根据电解质和正极活性物质的不同，锂电池可以分为可溶性正极电池、固体正极电池和固体电解质电池。锂-二氧化锰电池是第一个商业化的固体正极电池，也是当今应用最广泛的锂电池。这类电池采用金属锂作负极，含有高氯酸锂的碳酸丙烯酯和 1,2-二甲氧基乙烷混合有机溶剂作电解质，用经过专门热处理的 MnO_2 作为高活性的正极活性物质。其放电时电池反应式如下所示：

$$(-)Li\,|\,LiClO_4\,|\,MnO_2(+)$$

负极放电反应：$Li \longrightarrow Li^+ + e^-$

正极放电反应：$MnO_2 + xLi^+ + xe^- \longrightarrow Li_xMnO_2$

电池放电总反应：$xLi^+ + MnO_2 = Li_xMnO_2$

在这个电池反应中二氧化锰作为一个嵌入化合物,锂的嵌入使二氧化锰从四价被还原成三价,同时 Li^+ 进入 MnO_2 晶格形成 Li_xMnO_2。

由于锂电池具有优良的性能和特点,目前,这类电池被广泛应用在心脏起搏器、数码相机、摄影机、鱼雷、潜艇、飞机及一些特殊军事装备中。然而,由于锂电池制作成本较高和金属锂具有危险性,使得锂电池在原电池的市场上的占有率不如锌锰电池。

6.3.2　蓄电池

蓄电池,又称二次电池或充电电池,是指可以充放电的能量贮存装置,蓄电池的活性材料在放电之后可以通过充电来复原。根据蓄电池的工作特点及其使用的活性材料不同,蓄电池主要有铅酸电池、镍氢电池和锂离子电池。

1. 铅酸电池

铅酸电池是一种以二氧化铅作为正极活性物质,高比表面积的金属铅作为负极活性物质,稀硫酸为电解液的可充放蓄电池。铅酸电池放电时的电化学反应可用下式表示:

$$(-)Pb|H_2SO_4|PbO_2(+)$$

负极放电反应: $Pb+SO_4^{2-} \longrightarrow PbSO_4+2e^-$

正极放电反应: $PbO_2+4H^++SO_4^{2-} \longrightarrow PbSO_4+2H_2O$

电池放电总反应: $Pb+PbO_2+2H_2SO_4 \Longrightarrow 2PbSO_4+2H_2O$

从上式可以看出,铅酸电池在放电时,正负极都生成 $PbSO_4$,这就是 Gladstone 的双硫酸盐化理论。如果铅酸电池过放电并长期在放电状态下贮存时,其极板上将会逐渐形成一种粗大的、难以接受充电的 $PbSO_4$ 结晶,此现象称为不可逆硫酸盐化,这是铅酸电池在实际使用时的一种常见失效模式。

根据电化学反应式,可以得知铅酸电池的电动势为:

$$E=E^\ominus+\frac{RT}{zF}\ln\frac{a(H_2SO_4)}{a(H_2O)}$$

因此,电池的电动势除了与电极本身的性质有关外,还受硫酸的活度和水的活度的影响。在一般条件下,铅酸电池的电动势为 2.0V 左右。在实际使用时,常常将几个单体铅酸电池串联成一个电池组以获得更高的工作电压来满足电器的需要。

与其他水溶液电解质蓄电池相比,铅酸电池具有充放电可逆性好、电动势高、电压稳定和价格低廉等优点,因此,铅酸电池被广泛应用在车辆的启动电源、潜艇的动力电源、通讯基站的备用电源上。近年来随着电动自行车的迅速发展,铅酸电池还牢牢占据了电动自行车动力电源的绝大部分市场。

2. 镍氢电池

镍氢电池是金属氢化物镍二次电池的简称,它以 $Ni(OH)_2$ 作正极活性物质,储氢合金

作负极活性物质,采用 KOH 水溶液为电解液的一种碱性电池。镍氢电池的电池反应式可表示为:

$$(-)MH|KOH|NiOOH(+)$$

负极放电反应: $MH + OH^- \longrightarrow M + H_2O + e^-$

正极放电反应: $NiOOH + H_2O + e^- \longrightarrow Ni(OH)_2 + OH^-$

电池放电总反应: $MH + NiOOH \Longrightarrow M + Ni(OH)_2$

镍氢电池的电动势为 1.2V,在充电时,正极的 $Ni(OH)_2$ 转变成 $NiOOH$,水分子在储氢合金负极上放电,分解出氢原子吸附在电极表面上形成吸附态的氢,再扩散到储氢合金内部而被吸收形成金属氢化物,放电时,为上述过程的逆反应,因而镍氢电池实现了可逆充放电使用。

与传统镉镍电池相比,镍氢电池用高性能储氢合金替代了金属镉,不仅消除了金属镉对自然环境的污染,而且还明显抑制了记忆效应,使得这类电池成为一种具有无污染、容量大、倍率性能好、循环寿命长、无记忆效应和制造成本低等优点的高性能绿色环保电池。

储氢合金是镍氢电池的负极活性材料,储氢合金的种类有很多,根据储氢合金的组分进行分类,有稀土系、钛系、镁系和锆系储氢合金,其中 AB_5 型混合稀土系储氢合金由于具有良好的性能价格比,现已成为国内外镍氢电池生产中使用最为广泛的负极材料。而我国是一个稀土资源丰富的国家,因此,在我国发展镍氢电池不仅具有很大的经济效益,而且还具有重要的战略意义。

3. 锂离子电池

锂离子电池是一种正、负极采用锂离子可自由嵌入脱出的插层化合物的可充蓄电池。其正极材料一般采用具有稳定结构的含锂插层化合物,如 $LiCoO_2$、$LiMn_2O_4$、$LiFePO_4$ 等;负极材料一般采用碳或者金属氧化物,如 CoO、SnO 等,电解液一般为溶解了锂盐的有机溶剂。常见的锂盐有 $LiPF_6$、$LiClO_4$ 和 $LiBF_4$,有机溶剂主要有碳酸乙烯酯(EC)、碳酸二甲酯(DMC)、碳酸丙烯酯(PC)和碳酸二乙酯(DEC)。以 $LiCoO_2$ 为正极材料,石墨为负极材料,溶解在 EC 和 DMC 中的 $LiPF_6$ 为电解液的锂离子电池的化学表达式为:

$$(-)C_6|LiPF_6 - EC + DMC|LiCoO_2(+)$$

负极充电反应: $C_6 + xLi^+ + xe^- \longrightarrow Li_xC_6$

正极充电反应: $LiCoO_2 \longrightarrow xLi^+ + xe^- + Li_{1-x}CoO_2$

电池充电总反应: $C_6 + LiCoO_2 \Longrightarrow Li_{1-x}CoO_2 + Li_xC_6$

锂离子电池实际上是一种锂离子浓差电池,在充电时,锂离子从正极材料结构中脱出,经过电解液中的迁移,然后嵌入负极材料的结构中,同时电子由外电路供给到负极,以确保电荷的平衡,充电结束时,负极处于富锂状态,正极处于贫锂状态;而放电时,整个过程正好相反。在正常充放电情况下,锂离子在层状结构的碳材料和层状结构的氧化物的层间嵌入和脱出,一般只引起材料的层间距的变化,不破坏其晶体结构,因此,从充放电反应的可逆性看,锂离子电池的电化学反应是一种理想的可逆反应。

与铅酸电池和镍氢电池等可充蓄电池相比,锂离子电池具有重量轻、工作电压高、比能量高、工作范围温度宽、比功率大、放电平稳和储存时间长等优点。其主要性能的比较如表6-4所示。

表 6-4 锂离子电池与铅酸电池、镍氢电池的主要性能比较

性能指标	锂离子电池	铅酸电池	镍氢电池
工作电压/V	3.7	2.0	1.2
质量比能量/$(W \cdot h \cdot kg^{-1})$	110～190	30～45	60～80
体积比能量/$(W \cdot h \cdot L^{-1})$	200～500	60～90	150～200
循环寿命/次	500～2000	300～500	300～1000
每月自放电率/%	<5	4～5	30～50
电池容量	高	低	中
高温性能	优	优	差
低温性能	较差	优	优
电池重量	轻	重	较轻
安全性	较差	优	优
单位成本/$(元 \cdot W^{-1} \cdot h^{-1})$	6	4～5	1～1.5

由于具有高容量、高电压、长寿命等优异性能,目前,锂离子电池被广泛应用在移动电话、笔记本电脑、数码相机等便携式电子设备上,并且随着各种电子设备及电动工具的发展,锂离子电池已成为可充蓄电池的主导电源。

6.3.3 燃料电池

燃料电池是一种电化学的发电装置,能将燃料和氧化剂通过电化学反应直接转化成电能。燃料电池不同于常规意义上的电池,它的燃料和氧化剂不是贮存在电池内,而是贮存在电池外部的贮罐中。当它工作时,需要不间断地输入燃料和氧化剂,并同时排出反应产物。燃料电池的燃料可以采用氢气、天然气、甲醇、乙醇、二甲醚等,而常用的氧化剂有氧气、空气等。自从1839年燃料电池问世以来,迄今已研究开发出多种类型的燃料电池。根据电池中电解质的不同,可以将燃料电池分为碱性燃料电池、质子交换膜燃料电池、磷酸型燃料电池、熔融碳酸盐燃料电池和固体氧化物燃料电池。下面以质子交换膜电池和固体氧化物燃料电池为例来说明燃料电池的工作原理及特点。

1. 质子交换膜燃料电池

质子交换膜燃料电池是以全氟磺酸型固体聚合物为电解质,Pt/C 或 Pt-Ru/C 为催化剂,氢气或净化重整气为燃料,氧气或空气为氧化剂进行工作的发电装置。以氢气为燃料,氧气为氧化剂,Pt/C 为催化剂的质子交换膜燃料电池的化学表达式为:

$$(-)C,Pt\,|\,H_2\,|\,聚合物膜\,|\,O_2\,|\,Pt,C(+)$$

阳极反应:$H_2 \longrightarrow 2H^+ + 2\,e^-$

阴极反应:$O_2 + 4H^+ + 4e^- \longrightarrow 2H_2O$

电池总反应:$2H_2 + O_2 \Longrightarrow 2H_2O$

质子交换膜燃料电池在工作时,氢气在阳极催化剂表面解离成质子和电子,质子通过质子交换膜上的磺酸基传递到达阴极,而电子则通过外电路到达阴极,在阴极的催化剂表面,氧气分子结合从阳极传递过来的质子和电子,生成水分子,因此,质子交换膜燃料电池的最终反应产物为水。

与其他燃料电池相比,质子交换膜燃料电池具有高比功率、高比能量、高能量转换效率、长循环寿命、低温启动、无电解液流失、环境友好等优点,因此,它特别适合作电动汽车、潜艇的动力电源和航天器的工作电源。

2. 固体氧化物燃料电池

固体氧化物燃料电池也是一种全固体燃料电池,电解质是复合氧化物,最常用的是氧化钇或氧化钙掺杂的氧化锆,这样的电解质材料在高温(800～1000℃)下具有高的氧离子导电性,因为掺杂的复合氧化物中形成了氧离子晶格空位。固体氧化物燃料电池在工作时,氧气在阴极(空气电极)得到电子被还原成氧离子,接着在阴、阳极间电位差和氧浓度差的驱动下,通过电解质中氧离子空穴导电从阴极迁移到阳极(燃料阳极),在阳极上同燃料(如氢气)反应,生成水和释放出电子,其电池的化学反应表达式为:

阳极反应:$2H_2 + 2O^{2-} \longrightarrow 2H_2O + 4e^-$

阴极反应:$O_2 + 4e^- \longrightarrow 2O^{2-}$

电池总反应:$2H_2 + 2O_2 \Longrightarrow 2H_2O$

固体氧化物燃料电池不仅具有可实现连续运转、模块化、低运转噪音以及效率不随电池功率和负荷大小而变化等特点,而且电池中无需采用贵金属作为催化剂。此外,在高温作业下固体氧化物燃料电池排出的高质量余热可以充分回收利用,综合效率超过 80%,高于任何一种传统的发电机和其他类型的燃料电池。由于固体氧化物燃料电池必须在中高温度下运行,因此,固体氧化物燃料电池适合一些特殊领域的应用,如热电联产电站、火车和舰船的发动机、分布式电源等。

6.4　新能源和低碳能源

6.4.1　太阳能

太阳能是各种可再生能源中最重要的基本能源,生物质能、风能、海洋能等都来自太阳能,广义地说,太阳能包含以上各种可再生能源。太阳能作为可再生能源的一种,则是指太阳能的直接转化和利用。

太阳能利用技术从能量转换方式来分,有光热转换、光电转换和光化学转换三种。通过转换装置把太阳辐射能转换成热能来利用的属于太阳能光热转换技术,如太阳能集热器;通过光伏效应把太阳辐射能直接转换成电能来利用的称为太阳能光电转换技术,如太阳能电池;而通过在一定条件下的化学反应把太阳辐射能转换成化学能的称为太阳能光化学技术,如太阳能光化学制氢。目前,应用最广的是太阳能光热转换技术,其次是太阳能光电转换技术。下面简单介绍基于这两种太阳能转换技术所制备的太阳能集热器和太阳能光伏电池。

太阳能集热器是把太阳辐射能转换成流体中的热能,然后将热流体输送出去加以利用。太阳能集热器按照传热介质的性质不同,可分为液体集流器和空气集流器;而按照集热方式不同,可分为聚光型集热器和非聚光型集热器。太阳能热水器就是一种最常见的以水为传热介质的非聚光型集热器。太阳能热水器是由集热器、保温水箱及相关附件组成,把太阳能转换成热能主要依靠集热器。集热器受太阳辐照时,集光面的温度高,而背光面的温度相对较低,因此,集热器内的水就会产生温差,由于热水上浮、冷水下沉的原理,使水产生微循环而获得所需热水,而保温水箱能把集热器产生的热水储存起来。

太阳能光伏电池是利用半导体的光生伏特效应制成的。一般来说,太阳能光伏电池是 n 型半导体和 p 型半导体形成的 pn 结,当太阳光射入太阳能电池时,由于光电效应产生电子和空穴,电子向 n 型半导体一侧移动,空穴向 p 型半导体一侧移动,这时在两个电极间接入负载,太阳能电池就会输出电能。目前已开发的太阳能光伏电池包括晶体硅太阳能电池、非晶硅太阳能电池、Ⅱ～Ⅵ族化合物太阳能电池、Ⅲ～Ⅴ族化合物太阳能电池和其他太阳能电池,而当前商业化的太阳能电池的主要材料是多晶硅和单晶硅。随着对光电转换材料的组成、结构和性质研究的不断深入,太阳能电池的开发应用正逐步走进人们的日常生活中,如太阳能路灯、太阳能庭院灯和太阳能发电站等。

太阳能是取之不竭、用之不尽、无污染的清洁能源,因此,合理有效利用太阳能是世界各国实现可持续发展战略的一种重要措施。

6.4.2　生物质能

生物质能是指直接或间接通过绿色植物的光合作用,把太阳能转化成化学能后固定和贮藏在生物质内的能量。生物质能的原始能量来源于太阳,所以从广义上讲,生物质能是太阳能的一种表现形式。生物质是地球上广泛存在的物质,它包括所有动物、植物和微生物,以及由这些有生命物质派生、排泄和代谢的许多有机质。

生物质能是可再生能源,是蕴藏在生物质中的能量。据统计,地球上的植物进行光合作用所吸收和消耗的太阳辐射能的总量是目前人类能源消耗总量的 40 倍,此外,煤、石油和天然气等传统化石能源也是由生物质能转变而来的,由此可见,生物质能是一种潜力巨大的能源。生物质能按照原料的来源划分通常包括以下几类:① 农业生产废弃物;② 工业生产有机废弃物;③ 薪柴、柴草;④ 生活有机垃圾;⑤ 动物粪便;⑥ 能源植物。

生物质能的利用技术主要包括物理转化、化学转化和生物转化。生物质的物理转化是指生物质的固化,将生物质粉碎到一定的平均粒径,不加黏合剂,在高压条件下,挤压成一定形状。物理转化解决了生物质形状各异、堆积密度低且较松散、运输和储存使用不方便的问题,提高了生物质的使用效率。生物质的化学转化主要包括直接燃烧、液化、气化、裂解、酯交换等,生物质通过化学转化可直接获得能量或得到天然气、焦油、醇类等高品质的能源产品。生物质的生物转化通常包括发酵生产乙醇工艺和厌氧消化技术,它是利用生物化学过程将生物质原料转变为气态和液态燃料的过程。

目前,生物质能技术的研究与开发已成为世界重大热门课题之一,受到世界各国政府与科学家的关注。许多国家都制定了相应的研究开发计划,如日本的阳光计划、印度的绿色能源工程、美国的能源农场和巴黎的酒精能源计划等。我国政府对生物质的能源利用也极为重视,已连续在四个国家五年计划中将生物质能利用技术的研究与应用列为重点科技攻关项目,开展了各种生物质能利用技术的研究与开发,如户用沼气池、节柴灶坑、薪柴林、大中型沼气工程、生物质压块成型、气化与气化发电、生物质液体燃料等。我国农村人口众多且拥有丰富的生物质资源,开发利用生物质能在我国农村更具特殊意义。

6.4.3　氢能

氢在常温常压下是一种无色无味的气体,而氢能是指氢气中所含有的能量,因此,氢能只是能量的一种储存形式,它是一种二次能源,是一次能源的转换形式。

作为能源,氢能具有以下特点:① 资源丰富。氢是自然界存在最普遍的元素,除空气中含有氢气外,它主要以化合物的形态贮存于水中,而水是地球上最广泛的物质。② 热值高。氢的发热值是汽油发热值的 3 倍、乙醇的 3.9 倍、焦炭的 4.5 倍。③ 燃烧性能好。氢点燃快,与空气混合时有广泛的可燃范围,而且燃点高,燃烧速度快。④ 无污染。氢本身无毒,与其他燃料相比,氢燃烧时最清洁,除生成水外一般不会产生对环境有害的污染物质。⑤ 用途广。氢能利用形式多,既可以通过燃烧产生热能,在热力发动机中产生机械功,又可以作为能源材料用于燃料电池,或转换成液态氢或固态氢化物以适应各种应用环境的要求。虽然氢能具有众多优点,然而要使氢能成为大量使用的能源,首先必须解决氢的制取、贮存和运输技术。

氢存在于大量的淡水和海水中,也以碳氢化合物形式存在于化石燃料和生物质中,要得到氢,必须从这些原料中制取。目前,工业制取氢气的方法主要有电解水制氢法和天然气制氢法,然而,这两种方法本身就要消耗大量的外来能源。为了节省能源,现在已出现了一些新的工业制氢方法,如热化学分解制氢法、太阳能光化学制氢法、太阳能电池电解水制氢法、核能制氢和生物制氢法。由于天然气等化石燃料的储量有限,从长远观点看,水是制氢的主要物质来源。

氢的存储是解决氢能开发利用的一个至关重要的技术,氢在常温常压下是气态,因此,它的输送和存储比液体、固体化石燃料更困难。目前,氢的储存方法主要有高压气态储氢、冷液化储氢、金属氢化物储氢、碳材料储氢和有机化合物储氢等几种,其中金属氢化物储氢是一种有巨大发展潜力且经济有效的储氢技术。金属氢化物储氢是利用一些金属或合金在一定温度和压力下会大量吸收氢而生成金属氢化物的特性,而这种反应又有很好的可逆性,适当改变温度和压力即可快速释放氢气。目前,这些储氢合金的储氢量已超过同体积液态氢的质量,显示了较大的实用价值。

6.4.4　可燃冰

可燃冰是一种白色冰状结晶物质,是甲烷和水在一定温度和压力的条件下所形成的一种笼状气体水合物。可燃冰的化学式为 $CH_4 \cdot H_2O$,在这种化合物中水分子通过氢键相互吸引构成笼,甲烷分子就存在于这种笼中,甲烷分子与水分子间通过范德华力相互吸引而形成笼型水合物。

可燃冰的形成有两条途径:一是气候寒冷致使矿层温度下降,加上地层的高压力,使原来分散在地壳中的碳氢化合物和地壳中的水形成气水结合的矿层,如我国青藏高原和西伯利亚的永久冻土层。二是由于海洋里大量的生物和微生物死亡后留下的遗尸不断沉积到海底,很快分解成有机气体甲烷、乙烷等,这样,它们便钻进海底结构疏松的沉积岩微孔和水形成化合物,据估计,世界上 90% 的海域都具备形成可燃冰的有利条件。因此,世界上绝大部分可燃冰资源分布在海洋里,其蕴藏量是陆地上的 100 倍以上。

可燃冰是一种潜在的能源,储量很大。$1m^3$ 可燃冰可转化为 $164m^3$ 的甲烷气体和 $0.8m^3$ 的水。据国际地质勘探组织估算,地球深海中可燃冰的蕴藏量超过 $2.84 \times 10^{21} m^3$,是常规气体能源储存量的 1000 倍,并且在这些可燃冰层下面还可能蕴藏着 $1.135 \times 10^{20} \, m^3$ 的可燃气体。为了获取这种清洁能源,世界许多国家都在研究可燃冰的开采方法,一旦开采技术获得突破性进展,那么可燃冰立刻会成为 21 世纪的主要能源。

目前,可燃冰的开采方案主要有三种:① 热解法。利用可燃冰在加温时分解的特性,使其由固态分解出甲烷气体。② 降压法。将核废料埋入地底,利用核辐射效应使其分解。③ 置换法。将 CO_2 液化并注入海底的可燃冰储层,因 CO_2 较甲烷易于形成水合物,因而就会将可燃冰中的甲烷分子置换出来。然而,上述方法都不能有效解决甲烷气体的收集问题,因此,在开采技术获得突破性进展之前,开采必须要受到严格控制,使释放出的甲烷气体都能被有效收集起来。

可燃冰在给人类带来新的能源前景的同时,对人类生存环境也提出了严峻的挑战。可燃冰中的甲烷,其温室效应为 CO_2 的 20 倍,而温室效应造成的异常气候和海面上升正威胁着人类的生存。全球海底可燃冰中的甲烷总量约为地球大气中甲烷总量的几千倍,如果不慎让甲烷逃逸到大气中去,将产生无法想象的后果。此外,海底沉积物中可燃冰的开发还会改变海底沉积物的物理性质,极大地降低海底沉积物的工程力学特性,使海底软化,出现大规模的海底滑坡,毁坏海面和海底的工程设施。

▶▶▶ 练习题 ◀◀◀

1. 简述石油和煤的主要成分及他们的区别。

2. 简述石油的主要加工过程及主要产品。

3. 简述煤的主要加工过程及主要产品。

4. 列举若干种生活中遇到的节能设施及节能原理。

5. 印度有一种叫作酷乐的空调,其结构只有一个水槽、若干稻草及一个风扇,并没有我们通常空调的压缩机,但该电器既节能又能起到较好的降温效果,请推测其工作原理。

6. 请分析下面电池的区别:

(1) 原电池和蓄电池;(2) 普通锌锰电池和碱性锌锰电池;(3) 锂电池和锂离子电池。

7. 写出下面几种电池的电池表达式和电极反应式:

(1) 碱性锌锰电池;(2) 铅酸电池;(3) 镍氢电池;(4) 锂离子电池;(5) 质子交换膜燃料电池。

8. 可燃冰的形成途径有几种?请描述这些途径。

9. 与其他能源相比,氢能有哪些特点?

10. 请说明核聚变和核裂变的异同点。

11. 太阳能的转换利用技术有几类?请说说太阳能光伏电池的工作原理。

12. 生物质能的原料来源主要有几种?燃料乙醇主要是通过哪种转换技术得到的?

第7章

化学与环境保护
(Chemical and Environmental Protection)

7.1 人类与环境

7.1.1 人类与环境的关系

自然环境和生活环境是人类生存的必要条件,其组成和质量好坏与人体健康的关系极为密切。

人类和环境都是由物质组成的。物质的基本单元是化学元素,它是把人体和环境联系起来的基础。地球化学家们分析发现,人类血液和地壳岩石中化学元素的含量具有相关性,有60多种化学元素在血液中和地壳中的平均含量非常近似。这种人体化学元素与环境化学元素高度统一的现象表明了人与环境的统一关系。

人与环境之间的辩证统一关系,如图7-1所示。这主要表现在机体的新陈代谢中,即机体与环境不断进行物质交换和能量传递,使机体与周围之间保持着动态平衡。机体从空气、水、食物等环境中摄取生命必需的物质,如蛋白质、脂肪、糖、无机盐、维生素、氧气等,通过一系列复杂的同化过程合成细胞和组织的各种成分,并释放出热量保障生命活动的需要。机体通过异化过程进行分解代谢,经各种途径如汗、尿、粪便等排泄到外部环境(如空气、水和土壤等)中,被生态系统的其他生物作为营养成分吸收利用,并通过食物链作用逐级传递给更高级的生物,若偏高或偏低,就打破了人类机体与自然环境的动态平衡,人体就会生病。例如脾虚患者血液中铜含量显著升高;肾虚患者血液中铁含量显著降低;氟含量过少会发生龋齿病,过多又会发生氟斑牙。如果环境遭受污染,导致某些化学元素和物质增多,如汞、镉等重金属和难降解的有机污染物会污染气和水体,继而污染土壤和生物,再通过食物链和食物网进入人体,在肌体内积累到一定剂量时,就会对人体造成危害。为此,保护环境,防止有害、有毒等化学元素进入人体,是预防疾病、保障人体健康的关键。

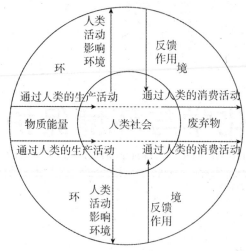

图 7-1 人与自然的辩证关系

随着人类的发展,环境污染也越来越严重。环境污染会影响生态系统各个层次的结构、功能和状态,进而导致生态系统退化。目前环境污染的变现形式主要有以下几种:

1. 环境污染

环境污染会给生态系统造成直接的破坏和影响,如沙漠化、森林破坏,也会给生态系统和人类社会造成间接的危害,有时这种间接的环境效应的危害比当时造成的直接危害更大,也更难消除。例如,温室效应、酸雨、和臭氧层破坏就是由大气污染衍生出的环境效应。这种由环境污染衍生的环境效应具有滞后性,往往在污染发生的当时不易被察觉或预料到,然而一旦发生就表示环境污染已经发展到相当严重的地步。例如城市的空气污染造成空气污浊,人们的发病率上升等等;水污染使水环境质量恶化,饮用水源的质量普遍下降,威胁人的身体健康,引起胎儿早产或畸形等等。严重的污染事件不仅带来健康问题,也造成社会问题。随着污染的加剧和人们环境意识的提高,由污染引起的人群纠纷和冲突逐年增加。

2. 空气污染

主要来源:焚烧垃圾废物;生产过程中的某些泄露;建筑材料家具日用品的挥发物。人类的一种极为普遍的行为习惯——焚烧垃圾等废物,是使空气中的有害物质不断升高的原因。此外人类在生产过程中泄露的物质,合成树脂加工过程中的可塑剂等喷洒在农田、绿地、树木、果林地带的农药等。现在房屋装修越来越普遍,而装修中用到的很多材料含有易挥发的有害化合物质(如甲醛)。另外,家用电器、洗涤用品、杀虫剂、驱蚊药等都会污染空气。

3. 水污染

人类生产活动造成的水体污染中,工业引起的水体污染最严重。如工业废水含污染物

多,成分复杂,不仅在水中不易净化,而且处理也比较困难。工业废水所含的污染物因工厂
种类不同而千差万别,即使是同类工厂,生产过程不同,其所含污染物的质和量也不一样。
工业除了排出的废水直接注入水体引起污染外,固体废物和废气也会污染水体。还有一个
重要原因是近年来农药、化肥的使用量日益增多,而使用的农药和化肥只有少量附着或被吸
收,其余绝大部分残留在土壤和漂浮在大气中,通过降雨,经过地表径流的冲刷进入地表水
和渗入地表水形成污染。

　　4. 食物污染

　　这是对人类危害最大的一种。如今各种农作物的生产几乎都离不开农药、化肥,而
DDT 等农药则是毒性很强的化学物质,它们在杀死害虫的同时,也严重污染了农作物。虽
然现在世界各国已相继禁止使用 DDT 等某些农药,但它们所产生的危害都不是短时间内能
消除的。分析发现,食物中的硝酸盐进入体内后可转化成致癌物亚硝酸盐;黄曲霉素是诱发
肿瘤(特别是肝癌)的一大"元凶",有人用发霉饲料(富含黄曲霉素)喂养小动物,仅仅三个月
就患了肝癌;食物中的残留农药潜入人体并蓄积下来,轻者损害肝、脑、肾等器官,重者可致
急性中毒而丧命。

　　作用与反作用总是同时存在的,人类污染了环境,反之,环境污染使人类的生命健康受
到了严重威胁。从化学与环境、环境保护的关系来说,人们曾一度"谈化学色变"、"不敢沾化
学的边"。现在,人们已经清醒地认识到化学物质是人类不可缺少的宝贵财富,问题在于如
何驾驭它们,合理利用它们。"化学是一门中心科学",人类的生存、健康、生产、科研需要化
学,防止和治理环境污染同样也需要化学,化学与环境、环境保护可以说是相互依存的。人
类生存和健康的需求已经引起了人们对自身行为的反思,同时激发了人们对青山绿水、蓝天
白云的向往和回归大自然的渴望。

7.1.2　环境与可持续发展

　　经过漫长的奋斗,在不断地适应自然、利用自然的过程中,人类在改造自然和发展社会
经济方面取得了辉煌的业绩。然而,与此同时,社会发展所带来的生态破坏与环境污染,却
对人类的生存和进步构成了现实威胁。保护和改善自然环境,实现人类社会的持续发展,已
成为了全人类紧迫而艰巨的任务。保护环境是实现可持续发展的前提,也只有实现了持续
发展,环境才能真正得到有效的保护。保护环境,确保人与自然的和谐,是经济能够得到进
一步发展的前提,也是人类文明得以延续的保证。

　　一种文明如果把掠夺和征服自然视为自己的价值实现,那么,环境污染与生态危机的出
现就是不可避免的。人类目前所面临的环境危机,不是源于科学技术提供资源的速度慢于
人类消费资源的速度。与以往相比,人类目前所掌握的技术无疑是最先进的,但是环境危机
正是在我们拥有如此空前的技术力量的背景下产生的。因此,环境危机不能通过单纯的技

术手段来解决,我们必须承认技术手段在环境保护方面的局限性,这并不是要否认科学技术在保护环境方面的重要作用,而是要求我们突破技术决定论的局限,把环境保护与可持续发展放在文明转型和价值重铸的大背景中来加以思考,承认大自然的内在价值,把人与自然视为一个密不可分的整体,追求人与自然的和谐,尊重并维护生态系统的完整、美丽和稳定。无论以全球范围,还是以我国的实际情况来看,人类文明都发展到了保护生态环境阶段。确保人与自然的和谐,是经济能够得到进一步发展的前提,也是人类文明得以延续的保证。

可持续发展源于发展理论,是发展理论在研究深度和广度上的继续深化,而传统发展道路造成的环境问题及生态危机问题越来越突出,人类必须做出抉择,必须与传统发展思路决裂,依据新的发展观重新调整各项政策。而可持续发展正是在这种背景下应运而生,可持续发展是在保持城市功能正常发挥、经济增长、社会不断进步、生活质量逐步优化、现代化水平不断提高的前提下,实现资源的持续利用、环境质量的不断提高,并为未来城市的发展留有充分的条件与空间,其核心是经济发展与保护资源和生态环境的协调一致,让我们的子孙后代能够享有优质的资源和良好的环境。同时可持续发展绝对不是短期行为的发展,也不是人类以今天的利益换取明天的发展,它是有利于生态资源的持续用和永续发展。

从内容上看,可持续发展理论不是孤立地指某个单一要素,而是诸多要素的全方位地协调发展,是人口、经济、社会、资源、环境等各个单一要素统一之整体的运行状态;从时间上看,它是长期恒久的;从涉及的范围看,它指的不是个别的、局部的问题,而是整体的、全局的问题,它不仅是个别区域的可持续发展的问题,而是众多区域的,甚至是全世界的可持续发展问题。要实现保护环境与可持续发展的目标,我们就要调整好人与自然的关系、当代人与后代人的关系,以及当代人之间关系,必须得改变当前人类的发展模式和道路。发展不能仅局限于经济发展,不能把社会经济发展与环境保护割裂开来,更不应对立起来,发展应是社会、经济、人口、资源和环境的协调发展和人的全面发展,如图7-2所示。

同时,我们也要改变以往对环境问题的错误认知,冲破旧环境的狭隘观点,把人口、资源、环境与发展紧密联系起来,协调人类与环境、发展与环境的关系,才能从整体上解决环境问题。当代人之间能否公平地分配环境保护的成本与利益,能否建立一套鼓励人们的环保行为的制度安排,直接决定着人与自然和谐发展这一目标能否实现;如果当代人之间尚且不能实现某种最低限度的公正,那么,我们就很难指望他们会真正关心后代的利益,因此,当代的集体努力是实现可持续发展目标的关键。综上所述,要达到人类与自然环境的协调发展,要达到可持续发展的目标,必须保护好环境。

人有权利利用自然,通过改变自然资源的物质形态,满足自身的生存需要,但这种权利必须以不改变自然界的基本秩序为限度;人又有义务尊重自然的存在事实,保持自然规律的稳定性,在开发自然的同时向自然提供相应的补偿。当然,如此确定权利和义务的范围,是以人与自然之间原本存在着和谐为前提的,可持续发展针对的则是人与自然的和谐关系已经遭受严重破坏的现实。在达到新的和谐之前,人对自然的开发方式、开发深度应当受到严

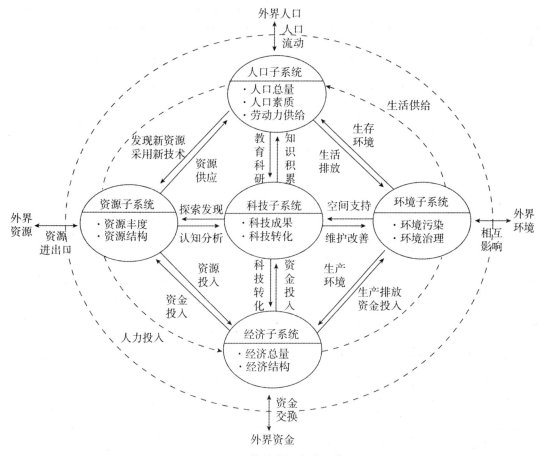

图 7 - 2　可持续发展集成系统图

格的限制；人在改变自然资源的物质形态的同时，应当更多地向自然提供补偿，以恢复其正常状态，使人与环境协调发展，达到可持续发展的目标。

7.2　大气环境化学与污染治理技术

7.2.1　大气环境与化学

1. 大气的组成

大气的主要组成为：氮分子(N_2)占 78.00% 和氧分子(O_2)占 20.25% 的均匀混合体，其次为微量的二氧化碳、臭氧和稀有气体。干洁空气的主要成分为氮、氧、氩与二氧化碳，其含量占全部的 99.996%（体积分数）；氖、氦、氪、氙、氢、臭氧等次要成分只占 0.004% 左右，如表 7 - 1 所示。

表 7 - 1　干洁空气的组成

成　分	体积分数/%	成　分	体积分数/%
		氖(Ne)	18×10^{-4}
		氦(He)	5.3×10^{-4}
氮(N$_2$)	78.09	甲烷(CH$_4$)	1.5×10^{-4}
氧(O$_2$)	20.95	氪(Kr)	1.0×10^{-4}
氩(Ar)	0.93	一氧化二氮(N$_2$O)	0.5×10^{-4}
二氧化碳(CO$_2$)	0.03	氢(H$_2$)	0.5×10^{-4}
		氙(Xe)	0.08×10^{-4}
		臭氧(O$_3$)	$(0.01 \sim 0.04) \times 10^{-4}$

注：引自《环境学》(陈英旭,2001)

二氧化碳及臭氧在大气中的含量虽然很少,但它们却是大气中之重要成分,因为二氧化碳可保持环境温度,臭氧则可防止太阳的某种对人类有害的短波辐射至地面。大气中的水蒸气及微尘之含量则是随高度之增加而降低,它们对于大气之变化都有重要的作用,它们可使天气有雨、云、雾等的变化。但是在现代社会,大气正面临着越来越严重的污染!

2. 大气污染的来源

大气中存在的某种物质超出了正常环境水平,对地球受体产生了可测的不良效应。

从 18 世纪末至 20 世纪初,是大气污染的形成时期。20 世纪 50 年代至 70 年代,工业发达国家的石油、石化燃料使用量迅速上升,大气污染物含量迅速上升,致使大气污染加剧。80 年代以来,由于酸雨、臭氧层的破坏和温室效应等问题的加剧,大气污染问题已成为全球性环境问题,严重威胁着人类生存和发展。

3. 大气污染源的分类

污染源是指大气污染组分产生的途径和过程,包括自然污染源和人为污染源两种。

(1) 自然污染源

自然污染源是指自然界发生的火山爆发、地震、森林火灾、海啸等自然灾害造成的。

(2) 人为污染源

人为污染源是指由人类活动产生的有害气体、粉尘、垃圾等,也是要研究的主要对象,主要有工业企业排放的废气、家庭炉灶与取暖设备排放的废气和汽车排放的废气。

1) 工业企业排放的废气

工业企业厂区内燃料燃烧和生产工艺过程中产生的各种排入空气的污染物,排放量最大的是以煤和石油为燃料时,在燃烧过程中排放的粉尘、SO_2、NO_x、CO、CO_2 等,其次是工业生产过程中排放的多种有机污染物质。工业企业废气中的主要污染物如表 7 - 2 所示。

表 7 - 2　各类工业企业向大气排放的主要污染物

部门	企业类别	主要污染物
电力	火力发电厂	烟尘、SO_8、NO_x、CO、苯并芘等
冶金	钢铁厂	烟尘、SO_2、CO、氧化铁尘、氧化锰尘、锰尘等
	有色金属冶冻厂	粉尘(Cu、Cd、Pb、Zn 等重金属)、SO_2 等
	焦化厂	烟尘、SO_2、CO、H_2S、酚、苯、萘、烃类等
化工	石油化工厂	SO_2、H_2S、NO_x、氰化物、氯化物、烃类等
	氮肥厂	烟尘、NO_x、CO、NH_3、硫酸气溶胶等
	磷肥厂	烟尘、氟化烃、硫酸气溶胶等
	氯碱厂	氯气、氯化氢、汞蒸气等
	化学纤维厂	烟尘、H_2S、NH_3、CS_2、甲醇、丙酮等
	硫酸厂	SO_2、NO_x、砷化物等
	合成橡胶厂	烯烃类、丙烯腈、二氯乙烷、二氯乙醚、乙硫醇、氯化甲烷等
	农药厂	砷化物、汞蒸气、氯气、农药等
	冰晶石厂	氟化氢等
机械	机械加工厂	烟尘等
建材	水泥厂	水泥尘、烟尘等
	造纸厂	烟尘、硫醇、H_2S 等
	灯泡厂	烟尘、汞蒸气等
	仪表厂	汞蒸气、氰化物等

注：引自《环境化学》(刘绮,2004)

2) 家庭炉灶与取暖设备排放的废气

这类污染源数量大,分布广,排放高度低,排放的气体不易扩散。主要污染物是烟尘、SO_2、CO、CO_2 等。

3) 汽车排放的废气

在交通运输工具中,汽车数量大,排放污染物多,集中在大城市,故对大气环境特别是城市大气环境影响大。表 7 - 3 列出了有代表性的汽车排气中的化学组分。

表 7 - 3　代表性的汽车排气中的化学组分

项目	空挡	加速	定速	减速
碳氢化合物(己烷计)/$(\mu L \cdot L^{-1})$	300~1000	300~800	250~550	3000~12000
乙炔/$(\mu L \cdot L^{-1})$	710	170	178	1096
醛/$(\mu L \cdot L^{-1})$	15	27	34	199
氮氧化物(NO_2 计)/$(\mu L \cdot L^{-1})$	10~50	1000~4000	1000~3000	5~50

续表

项 目	空 挡	加 速	定 速	减 速
一氧化碳/%	4.9	1.8	1.7	3.4
二氧化碳/%	10.2	12.1	12.4	6.0
氧气/%	1.8	1.5	1.7	8.1
排气量/(L·min⁻¹)	142~708	1133~5660	708~1699	142~730
排气温度(消音器入口)/℉	300~600	900~1300	800~1100	400~800
未燃燃料(以己烷计)占供应燃料的质量分数/%	2.88	2.12	1.95	18.0

4. 大气污染物的分类

按照来源、状态、化学组成或者影响范围等，可对大气污染做不同的分类。

（1）按污染物来源不同

可将大气污染物分成燃料燃烧、工业排放、交通污染、固体废弃物的焚烧和农业污染五大类。

（2）按物理状态不同

可将大气污染物分为气体污染物和大气颗粒物两类。其中，气体污染物占90%，是以气态方式输入并停留在大气中的污染物，如 NO_x、SO_x 等；大气颗粒物包括液体和固体污染物，液体或固体颗粒均匀地分散在空气中形成相对稳定的悬浮体系。

（3）按形成过程不同

可将大气污染物分为一次污染物和二次污染物两类。一次污染物是直接从污染源排放的污染物；二次污染物是一次污染物经化学或光化学反应形成的污染物。

5. 大气污染的表现

（1）气候变暖

① 大量燃烧煤炭、天然气等产生大量温室气体导致全球气候变暖。

② 肆意砍伐原始森林，使得吸收二氧化碳等温室气体的能力下降。

（2）酸雨

工业生产和汽车尾气排放等过程向环境排放大量的二氧化硫（SO_2），经过氧化过程形成酸（H_2SO_4）再和雨水结合降水形成酸雨。

① SO_2 与空气中的 O_2 和 H_2O 作用，生成 SO_3 和 H_2SO_3。

$$SO_2 + H_2O = H_2SO_3$$

$$SO_2 + 2O_2 = 2SO_3$$

② SO_3 与空气中的 H_2O 作用，生成 H_2SO_4。

$$SO_3 + H_2O = H_2SO_4$$

③ H_2SO_3 与空气中的 O_2 作用，生成 H_2SO_4。

$$2H_2SO_3 + O_2 = 2H_2SO_4$$

（3）臭氧层破坏

臭氧（O_3）含有三个氧原子，是氧的同素异形体，地球大气层中最重要的组分之一。20 世纪 70 年代以来，南极上空平流层中臭氧（臭氧层）浓度急剧减少，形成了大家熟知的臭氧空洞，南极臭氧空洞的面积已经达到 $900 \times 10^4 km^2$。主要消耗臭氧层物质的清单如表 7-4 所示。

表 7-4 主要消耗臭氧层物质氯氟烃（CFCs）名称清单

分子式	物质代号	中文名称
$CFCl_3$	CFC-11	三氯一氟甲烷
CF_2Cl_2	CFC-12	二氯二氟甲烷
CF_3Cl	CFC-13	一氯三氟甲烷
$C_2F_3Cl_3$	CFC-113	三氯三氟乙烷
$C_2F_4Cl_2$	CFC-114	二氯四氟乙烷
C_2F_5Cl	CFC-115	一氯五氟乙烷
CF_2ClBr	Halon1211	二氟一氯一溴甲烷
CF_3Br	Halon1301	三氟一溴甲烷

氯氟烃（Chlorofluorocarbons，简称 CFCs），又称氟氯烃、氯氟碳化合物、氟氯碳化合物，是一组由氯、氟及碳组成的卤代烷。因为活跃性低，不易燃烧及无毒，氯氟碳化合物被广泛使用于日常生活中。氟利昂是氟氯甲烷的商标名称。氯氟烃在通常情况下很稳定，在对流层不会发生光解反应，在对流层难以被氧化，也不易被降水清除。可是，一蹿到距地球表面 15～50km 的高空，受到紫外线的照射，就会生成新的物质和氯离子，破坏多达上千到十万个臭氧分子的反应，而本身不受损害。

（4）臭氧遭破坏的化学过程

① 氟氯烃在波长 175～220nm 的紫外光照射下会产生 Cl：

$$CF_xCl_2 \xrightarrow{h\nu（波长 175～220nm 的紫外光）} \cdot CF_xCl + \cdot Cl$$

② 光解所产生的 Cl 可破坏 O_3，其机理为：

$$\cdot Cl + O_3 \longrightarrow ClO \cdot + O_2$$
$$ClO \cdot + O \longrightarrow \cdot Cl + O_2$$

总反应 $\quad O_3 + O \longrightarrow 2O_2$

7.2.2 大气环境评价指标及其标准

1. 大气环境质量标准

在现代社会中，几乎每个国家都有适合自己国家情况的空气质量标准。我国环境保护部于 1996 年发布了《环境空气质量标准》(GB3095－1996)，它的制定目的是为了控制和改善大气质量，为人民生活和生产创造清洁适宜的环境，防止生态破坏，保护人民健康，促进经济发展。

(1) 大气环境质量标准

一级标准：为保护自然生态和人群健康，在长期接触情况下，不发生任何危害影响的空气质量要求。

二级标准：为保护人群健康和城市、乡村的动、植物，在长期和短期接触情况下，不发生伤害的空气质量要求。

三级标准：为保护人群不发生急、慢性中毒和城市一般动、植物(敏感者除外)正常生长的空气质量要求。

(2) 空气污染物标准

空气污染物三级标准浓度限值见表 7－5。

表 7－5　空气污染物三级标准浓度限值

污染物名称	浓度限值/(mm·m^{-3})			
	取值时间	一级标准	二级标准	三级标准
总悬浮微粒	日平均*	0.15	0.30	0.50
	任何一次**	0.30	1.00	1.50
飘尘	日平均	0.05	0.15	0.25
	任何一次	0.15	0.50	0.70
	年日平均***	0.02	0.06	0.10
二氧化硫	日平均	0.05	0.15	0.25
	任何一次	0.15	0.50	0.70
氮氧化物	日平均	0.05	0.10	0.15
	0.30	任何一次	0.10	0.15
一氧化碳	日平均	4.00	4.00	6.00
	任何一次	10.00	10.00	20.00
光化学氧化剂(O_3)	1h 平均	0.12	0.16	0.20

注：*"日平均"为任何一日的平均浓度不许超过的限值。

　　**"任何一次"为任何一次采样测定不许超过的浓度限值。不同污染物"任何一次"采样时间见有关规定。

　　***"年日平均"为任何一年的日平均浓度均值不许超过的限值。

2. 大气环境质量区的划分及其执行标准的级别

根据各地区的地理、气候、生态、政治、经济和大气污染程度，可将大气环境质量分为三类，一类区由国家确定，二、三类区以及适用区域的地带范围由当地人民政府划定。

一类区：为国家规定的自然保护区、风景游览区、名胜古迹和疗养地等。此类地区一般执行一级标准。

二类区：为城市规划中确定的居民区、商业交通居民混合区、文化区、名胜古迹和广大农村等。此类地区一般执行二级标准。

三类区：为大气污染程度比较重的城镇和工业区以及城市交通枢纽、干线等。此类地区一般执行三级标准。

3. 监测方法

气态污染物国际上通用的监测方法分为三种：完全抽取法、稀释采样法、直接测量法。大气监测中的布点、采样、分析、数据处理等具体方法和工作程序，按国务院环境保护领导小组办公室颁布的《环境监测标准分析方法（试行）》的有关规定进行。表 7-6 列举了各项污染物的监测分析方法。

表 7-6　污染物的监测分析方法

污染物名称	监测方法
总悬浮微粒	滤膜采样、重量法
飘尘	重量法（GB6921—86）
二氧化硫	盐酸副玫瑰苯胺比色法
氮氧化物（以 NO_2 计）	盐酸萘乙二胺比色法
一氧化碳	红外分析、气相色谱法
光化学氧化剂（O_3）	硼酸碘化钾法（要扣除同步监测的 NO_2 干扰）

7.2.3　化学与汽车尾气治理技术

随着经济的发展，汽车已走进千家万户，随着汽车的增加，汽车尾气对环境的影响也日益显著，汽车尾气中含有多种有害气体、有害颗粒等，对人的身体健康有很大危害。因此，降低机动车的废气排放成为当今社会的热点之一。

1. 尾气成分及危害

汽车排放的尾气，除了空气中的氮、氧、燃烧产物 CO_2、水蒸气为无害成分外，其余均为有害成分。汽车发动机排放的尾气中的一部分毒性物质，是由于燃料不完全燃烧或燃气温度较低造成的，尤其是在燃油不能很好地氧化燃烧情况下，必定生成大量的 CO、HC 和煤烟，而另一部分有毒物质是由于燃烧室内的高温高压而形成的氮氧化物 NO_x（NO_x 是 NO 和 NO_2 的总称）。

（1）一氧化碳（CO）

CO 是一种无色无味有毒的气体，它不易与其他物质发生反应而成为大气成分中比较稳定的组成部分，能停留 23 年。当人们吸入过多的 CO 后，CO 可与血液中的血红素结合，阻碍血液吸收氧气和输送氧气而使人中毒死亡，它引起的公害被称为汽车尾气第一排气公害。

（2）氮氧化物（NO_x）

它是燃烧过程中形成的一种褐色的有臭味的废气。NO 是无色气体，只有轻度刺激性，毒性不大，但高浓度时会造成中枢神经系统轻度障碍。NO 可以被氧化成 NO_2，NO_2 是一种棕红色的、强烈刺激性的有毒气体，它对人体健康毒性较大。

（3）碳氢化合物（HC）

包括未燃和未完全燃烧的燃油、润滑油产物和部分氧化物，具有一定的毒性和易燃易爆的特性，其中的苯类物质又具有致癌作用。HC 在太阳光紫外线作用下，会与氧化氮起光化学反应生成臭氧、醛等烟雾状物质，刺激人们的喉、眼、鼻等黏膜。它不仅危害人类与动物，而且使生态环境遭到破坏，严重影响农作物的生长，致使农业减产，同时还具有致癌作用。

（4）二氧化碳（CO_2）

大气中 30% 的 CO_2 来自汽车排放，因其对红外热辐射的吸收而形成温室效应。大气中的 CO_2 大幅度增加，导致全球气温上升，破坏人类赖以生存的生态环境。

汽油车和柴油车尾气有所区别。柴油车的排气温度只有 $300\sim400℃$，并且柴油一般很难一次完全燃烧，不完全燃烧会成 CO，CO 会和排气中的 NO 发生化学反应生成 $C+NO_2$，所以柴油车尾气为黑烟；而汽油车排气温度一般多能高达 700℃ 以上，这样的温度下，C 都被完全燃烧成 CO_2，所以没有黑烟，产生青烟一是因为温度高，二是因为排气中有很多 NO_2 等气体。

2. 汽车尾气净化技术

所谓汽车尾气净化就是采取种种有效措施，减少污染物的排放或使排放废气中的 CO、HC、NO_x 等污染物分别氧化或还原生成无毒的 CO_2、H_2O 和 N_2。为了减少汽车尾气排放，采取的途径主要有两种：一是在不改变燃料种类的情况下采用清洁燃烧技术（即机内净化）与尾气净化技术（即机外净化）；二是利用绿色环保燃料来减少汽车尾气中有害物的排放。

目前国外已运用的机内净化方法主要有延迟点火法、废气再循环装置、ECR、控制燃烧装置、CSS、清洁空气装置、CAP 以及低温等离子体技术。

机内净化只能减少有害气体的生成量，不能除去已生成的有害气体，因此净化效率不高，通常人们更关注的是机外净化技术，催化净化是目前研究与应用最多的机外净化方式。

其中，最有效的办法是使用能同时转化 CO、HC、NO_x 的三效催化剂（TWC）。三效催化技术使用一种催化剂同时催化和控制排气中的 CO、HC 和 NO_x。其催化剂由 3 个部分组成，即高度多孔的载体、活性组分以及助剂。三元催化剂必须对浓度在百万分之几到百分之几内变化的 CO、NO_x、HC 起净化作用，同时还要经受短时间内从很低的温度升高到一般排气温度（400～500℃）的冷热交换冲击，因此，要求三元催化剂的工作范围广，热稳定性高。由于三效催化剂对废气中几种主要污染物都有很好的净化效果，自从其诞生以来就引起了国内外众多汽车厂商及研究者的极大关注，现已经成为汽车尾气净化技术与净化设备的重点研究方向。北京理工大学爆炸与安全科学国家重点实验室用共沉淀技术在室温、pH＝10.0 的条件下制备出了 $Ce_xZr_{1-x}O_2$ 固溶体，将其用于 Pd 基三效催化剂的制备，对催化剂的性能进行了评价。结果表明，和纯 CeO_2 相比，含 $Ce_xZr_{1-x}O_2$ 固溶体的催化剂具有较高的催化性能，其中 $Pd/Ce_{0.6}Zr_{0.4}O$ 催化剂性能最佳。CO 和 NO 在三元催化剂上的氧化还原反应机理被证明为符合 Langmuir-Hinshelwood 机理，机理如下：

$$CO(g) \longleftrightarrow CO(a)$$

$$NO(g) \longleftrightarrow NO(a)$$

$$NO(a) \longrightarrow N(a) + O(a)$$

$$NO(a) + N(a) \longrightarrow N_2O(g)$$

$$N(a) + N(a) \longrightarrow N_2(g)$$

$$CO(a) + O(a) \longrightarrow CO_2(g)$$

7.2.4　化学与工业废气治理技术

时代的进步往往伴随着工业的发展，人们在大力发展工业的同时往往会忽视对周围环境的保护。1992 年联合国召开环境与发展大会之后，可持续发展战略被人们接受并着手实施。

工业废气种类很多，主要有以 SO_2 为主的含硫化合物、以 NO 和 NO_2 为主的含氮化合物、碳的氧化物、碳氢化合物及含卤素的化合物。

1. 工业废气

（1）含硫化合物（SO_x）

大气污染物中的含硫化合物包括硫化氢（H_2S）、二氧化硫（SO_2）、三氧化硫（SO_3）、硫酸（H_2SO_4）、亚硫酸盐（SO_3^{2-}）、硫酸盐（SO_4^{2-}）和有机硫气溶胶。其中最主要的污染物为 SO_2、SO_3^{2-}、H_2SO_4 和硫酸盐，总称为硫的氧化物，以 SO_x 表示。SO_2 的人为源主要是来自含硫的煤、石油等燃料燃烧及金属矿冶炼过程。

（2）含氮化合物（NO_x）

大气中以气态存在的含氮化合物主要有氮及氮的氧化物，包括氧化亚氮（N_2O）、一氧化氮（NO）、二氧化氮（NO_2）、四氧化二氮（N_2O_4）、三氧化二氮（N_2O_3）及五氧化二氮（N_2O_5）等。其中对环境有影响的污染物主要是 NO 和 NO_2，通常统称为氮氧化物（NO_x），其他还有 NO_2^-、NO_3^- 及铵盐。NO 和 NO_2 是对流层中危害最大的两种氮的氧化物。NO 的天然来源有闪电、森林或草原火灾、大气中氨的氧化及土壤中微生物的硝化作用等。NO_2 的人为源主要来自化石燃料的燃烧(如汽车、飞机及内燃机的燃烧过程),也来自硝酸及使用硝酸等的生产过程,氨肥厂、有机中间体厂、炸药厂、有色及黑色金属冶炼厂的某些生产过程等。

　　氨在大气中不是重要的污染气体,主要来自天然源,它是有机废物中的氨基酸被细菌分解的产物。氨的人为源主要是煤的燃烧和化工生产过程中产生的,在大气中的停留时间估计为1~2周。在许多气体污染物的反应和转化中,氨起着重要的作用。它可以和硫酸、硝酸及盐酸作用生成铵盐,在大气气溶胶中占有一定比例。

　　(3) 挥发性有机物

　　如烷烃、烯烃、芳香烃、含氧烃。表面上在城市中烃类对人类健康未造成明显的直接危害,但是在污染的大气中它们是形成危害人类健康的光化学烟雾的主要成分。

　　2. 工业废气的处理

　　(1) 低浓度 SO_2 废气的净制

　　目前应用的烟气脱硫方法,大致可分为两类,即干法脱硫与湿法脱硫。

　　干法脱硫:该法是使用粉状、粒状吸收剂,吸附剂或催化剂去除废气中的80%。干法的最大优点是治理中无废水、废酸排出,减少了二次污染;缺点是脱硫效率较低,设备庞大,操作要求高。

　　湿法脱硫:是采用液体吸收剂如水或碱溶液洗脱含 SO_2 的烟气,通过吸收去除其中的SO_2。湿法脱硫所用设备较简单,操作容易,脱硫效率较高。但脱硫后烟气温度较低,于烟囱排烟扩散不利。由于使用不同的吸收剂可获得不同的副产物,因此湿法脱硫是各国研究最多的方法。

　　根据净化原理和流程来分类,烟气脱硫方法又可分为下列三类:

　　① 用各种液体或固体物料优先吸收或吸附废气中的 SO_2;

　　② 将废气中的 SO_2 在气流中氧化为 SO_3,再冷凝为硫酸;

　　③ 将废气中的 SO_2 在气流中还原为硫,再将硫冷凝。

　　在上述三类方法中,目前以①类方法应用最多,其次是②法,③法现在还存在着一定的技术问题,故应用很少。

　　(2) 含 H_2S 废气的净制

　　对硫化氢的治理主要是依据其弱酸性和强还原性进行脱硫。目前国内外所采用的方法很多,但归纳起来主要还是干法和湿法两类,这里简要介绍下干法脱硫。具体的方法应根据废气的性质、来源及具体情况而定。

　　干法脱硫:干法是利用 H_2S 的还原性和可燃性,以固体氧化剂或吸附剂来脱硫,或者直接使之燃烧。干法脱硫是以氧气使 H_2S 氧化成硫或硫氧化物的一种方法,也可称为干式氧化法。常用的有改进的克劳斯法、氧化铁法、活性炭吸附法、氧化锌法和卡太苏耳法。所用的脱硫剂、催化剂有活性炭、氧化铁、氧化锌、二氧化锰及铝矾土,此外还有分子筛、离子交换树脂等。一般可回收硫、二氧化硫、硫酸和硫酸盐。

含硫废气的净制主要包括低浓度 SO_2 废气的净制和含 H_2S 废气的净制。

（3）NO_x 废气的净制

氮氧化物以燃料燃烧过程中所产生的数量最多，约占总数的 80% 以上，其中固定燃烧源的排放量可达 50% 以上，其余主要来自机动车污染。此外，一些工业生产过程中也有氮氧化物的排放，化学工业中如硝酸、塔式硫酸、氮肥、染料、各种硝化过程（如电解）和己二酸等生产过程中都排放出氮氧化物。

脱除烟气中氮氧化物称为烟气脱氮，有时也称烟气脱硝。净化烟气和其他废气中氮氧化物的方法很多：按照其作用原理的不同，可分为催化还原、吸收和吸附三类；按照工作介质的不同，可分为干法和湿法两类。一般 NO_x 的净化方法分类如表 7-7 所示，应根据氮氧化物尾气浓度选用不同的处理方法。

表 7-7　NO_x 的净化方法

净化方法		要　点
催化还原法	非选择性催化还取法	用 CH_4、H_2、CO 及其他燃料气做还原剂与 NO_x 进行催化还原反应。空气中的氧参加反应，放热量大
	选择性催化还原法	用还原剂将 NO_x 催化还原为 N_2。废气中的氧很少与 NH_3 反应，放热量小
液体吸收法	水吸收法	用水作吸收剂对 NO_2 进行吸收，吸收效率低，仅可用于气量小、净化要求不高的场合，不能净化含 NO 为主的 NO_2
	稀硝酸吸收法	用稀硝酸作吸收剂对 NO_2 进行物理吸收与化学吸收。可以回收 NO_2，消耗动力较大
	碱性溶液吸收法	用氢氧化钠、亚硫酸钠、氢氧化钙、氢氧化铵等碱溶液作吸收剂，对进行化学吸收，对于含 NO 较多的 NO_x 废气净化效率较低
	氧化-吸收法	对于含 NO 较多的 NO_x 废气，用浓硝酸、臭氧、高锰酸钾等作氧化剂，先将其中的 NO_x 部分氧化成 NO_2，再用碱溶液吸收，使净化效率提高
	吸收-还原法	将 NO_x 吸收到溶液中，与亚硫酸铵、亚硫酸氢铵、亚硫酸钠等还原剂反应，被还原为 N_2，其净化效果比碱溶液吸收法好
	络合吸收法	利用络合剂 $FeSO_4$、$Fe(II)$-EDTA 及 $Fe(II)$-EDTA-Na_2SO_4 等直接同 NO 反应，生成的络合物加热时重新释放出 NO，从而能富集回收
吸附法		用丝光沸石分子筛、泥煤、风化煤等吸附废气中的 NO_x，将废气净化

（4）挥发性有机物的消除

挥发性有机化合物（volatile organic compounds，简称 VOCs）的消除主要包括回收法和消除法。

回收法主要有炭吸附、变压吸附、冷凝法及膜分离技术。回收法是通过物理方法，用温度、压力、选择性吸附剂和选择性渗透膜等方法来分离 VOCs 的。消除法有热氧化、催化燃烧、生物氧化及集成技术。消除法主要是通过化学或生化反应，用热催化剂和微生物将有机

物转变成为 CO_2 和水。

挥发性有机化合物在大气中与氧原子(O)、氢氧自由基(HO·)、臭氧(O_3)发生氧化反应,烃类与氧化后的自由基反应,自由基与一氧化碳、二氧化碳反应,最终产生光化学烟雾。光化学烟雾的主要产物是臭氧、过氧化硝酸酯、醛类、二氧化氮和一氧化碳、硝酸、亚硝酸等。

7.2.5 化学与室内有机废气治理

1. 室内有机污染物

室内的有机污染物主要是甲醛、苯、甲苯和二甲苯,来源以下三方面为主:

① 来自建筑物本身。若建筑施工中使用含有大量胺类物质的混凝土外加剂和氨水为主要原料的混凝土防冻剂,随着温、湿度等环境因素的变化,胺类物质被还原成氨气从墙体中缓慢释放出来,造成室内空气中氨的浓度大量增加。另外,从建筑材料中析出的氡也会造成室内放射性物质含量过高。联合国原子辐射效应科学委员会的报告中指出,建筑材料是室内氡的最主要来源之一。

② 来自室内装修和装饰材料。室内装饰胶合板、细木工板、中密度纤维和刨花板等人造板材,因为使用的胶合剂是以氯丁胶为生产原料,氯丁胶中含有大量的苯、甲苯、二甲苯(简称"三苯")等有害物质,而这些有害气体的完全挥发期是 5~15 年,对人危害极大。轻者可引起头晕、恶心、困倦、打喷嚏;重者会引发白血病,导致胎儿畸形及孕妇流产。另外还有装修中使用的胶、漆、涂料等等,都会造成室内"三苯"超标。

③ 来自室内使用的家具。一些厂家为了追求利润,使用不合格的人造板材和含苯的沙发喷胶,在制造家具时工艺不规范,结果顾客买回家的木制家具和沙发大量释放有害气体,等于买回了一个小型废气排放站。

2. 室内有机污染物的危害

(1) 甲醛的危害

甲醛对皮肤和黏膜有强烈的刺激作用,其中眼睛对甲醛的感受最为敏感,其次为嗅觉和呼吸道。甲醛又是致敏物质,能引起皮肤过敏。长期接触低剂量的甲醛,可引发慢性呼吸道疾病,女性月经紊乱,妊娠综合征,新生儿体质降低、致畸,严重者引起鼻腔、口腔、咽喉、消化道和皮肤癌症。

(2) "三苯"的危害

苯是公认的致癌物。苯属于中等毒类物质,急性中毒主要对中枢神经系统有害,慢性中毒主要对造血组织及神经系统有损害。甲苯、二甲苯对生殖功能有一定影响,导致胎儿先天性畸形,对皮肤和黏膜刺激大,对神经系统损伤比苯强,长期接触有引起膀胱癌的可能。

3. 室内有机污染物的去除

除了选用健康环保的装修材料,减少污染来源之外,我们可以通过物理吸附,比如活性炭吸附三苯等方法减少危害。目前比较先进的甲醛的化学处理方法是催化燃烧处理方法。原理如下：

步骤 1：$O_2 + * \longrightarrow O_2 *$

步骤 2：$O_2 * + * \longrightarrow 2O *$

步骤 3：$HCHO + O * \longrightarrow HCOOH *$

步骤 4：$HCOOH * \longrightarrow HCOOH + *$

步骤 5：$HCOOH * + O * \longrightarrow CO_2 * + H_2O *$

步骤 6：$HCHO + O * \longrightarrow HCOOH \cdots O * \longrightarrow CO_2 * + H_2O *$

步骤 7：$H_2O * \longleftrightarrow H_2O + *$

步骤 8：$CO_2 * \longrightarrow CO_2 + *$

经过催化氧化（ * 是催化剂），甲醛转变为无害的二氧化碳。

7.2.6　废气治理新技术介绍

大气中由于有了大量的氮氧化物、硫氧化物，才发生大气污染。针对一件又一件的污染事件，科学家根据这类氧化物的性质，提出的解决污染的技术有吸收法、吸附法、冷凝法、催化转化法、燃烧法、生物净化法、膜分离法和稀释法。

现在最常用的是吸收法，废气经过吸收塔，与塔顶上流下的吸收液发生交流，使吸收液中的成分与废气中的有害成分发生化学反应，减少了废气中的有害成分，最后，当废气从塔顶出来时，已成为洁净的气体了。这种治污方法简单，投资少，操作也方便。

随着科学技术的发展，对大气污染治理又发明了催化转化技术，这项技术已广泛地应用于汽车尾气的治理中。汽车在怠速时排出大量尾气，含有大量的一氧化碳和氮氧化物。现在科学家针对汽车尾气的排放，采用安装催化器，使尾气从气缸中排出后排入催化反应器。在催化剂作用下，使一氧化碳和碳氧化合物被氧化为二氧化碳和水，净化了尾气中的污染成分。一些发达国家对汽车尾气提出更高的排放标准，迫使汽车制造商不但采用一段净化，还发明了二段净化尾气的方法。二段净化是在一段中一氧化碳把氮氧化物还原成氮，再排入二段催化器。在二段催化器中，再把一氧化碳和碳氢化合物氧化成二氧化碳和水，以减少氮氧化物的排放，达到尾气排放标准。

无论燃煤是发电还是供热、供汽，使用它的主要设备为锅炉。因此，科学家提出治理大气污染应从锅炉开始。北方地区供热，首先去掉一大批小锅炉，采用集中供热，一般茶炉改用电热茶炉。其次，选用技术先进的循环流化床锅炉。流化床锅炉还可以进行分级燃烧。流化床锅炉改进了锅炉结构，使燃煤在炉内沸腾式燃烧，故称流化床。流化床中的煤燃烧比较充分，一般燃烧效率可达 98%，而且燃烧时能脱硫 90%。同时可以采用飞灰回燃等先进技术，使煤完全燃烧，减少污染物产生。循环流化床锅炉是 20 世纪 80 年代才发展起来的新一代燃烧设备，如在燃烧过程中加入石灰石，还可以脱除二氧化硫，省去常规的烟气脱硫装置。近几年来,国外对流化床锅炉技术比较重视,设计和安装设备逐年增多。目前在发达国家,已建和在建的循环流化床锅炉已达 216 台,最大容量已达 800t·h⁻¹。国内这一技术发展慢一点,现在已有 4 台 35t·h⁻¹ 的示范装置投入使用。一些部门和地方计划引进 400t·h⁻¹ 的锅炉,到 21 世纪,新型的流化床锅炉已广泛应用到很多领域,并得到业界的认可。

等离子技术是目前废气处理行业的一项新技术。其原理是利用高能电子使电子、离子、自由基和中性粒子以每秒钟 300 万次至 3000 万次的速度反复轰击气体中的污染物分子,激活、电离、分解污染物分子,从而发生氧化、分解等一系列复杂的化学反应,将有害物转化为无害物(图 7 - 3)。

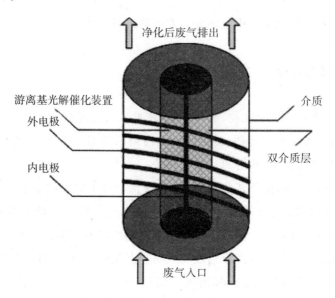

图 7 - 3 等离子体废气处理技术示意图

在等离子体的高能量作用下,产生了大量的离子、自由基、氢氧自由基,产生机理如下:

$$O_2 + e^- (3.6eV) \longrightarrow \cdot O + O$$

$$H_2O + e^- (5.09eV) \longrightarrow \cdot OH + H^-$$

$$O + \cdot OH \longrightarrow \cdot OH_2$$

研究表明,活性自由基·OH 的氧化电位(2.8V)比氧化性极强的臭氧的氧化电位(2.07V)还高出 35%。·OH 自由基与有机物的反应速度高出几个数量级。而且·OH 自由基对氧化污染物的反应是无选择性的,可引发链式反应,直接将污染空气中的大部分有害物质氧化为二氧化碳和水或矿物质。其作用机理如下:

$$H_2S + \cdot OH \longrightarrow HS + H_2O$$

$$HS + O_2 + O_2^+ + O_2^- \longrightarrow SO_3 + H_2O$$

$$NH_3 \cdot OH \longrightarrow NH_2 + H_2O$$

$$NH_2 + O_2 + O_2^+ + O_2 \longrightarrow NO_x + H_2O$$

$$CH_2O+O_2^+ +O_2 \longrightarrow + \cdot OH \longrightarrow H \cdot COOH + H_2O$$

实践证明,一定浓度污染空气中的大部分有害物质能在很短的时间内被氧化分解,转化率平均在 90％以上。如果经过多级的等离子反应段作用,效果更佳。应用领域包括工业生产中能够产生有机废气的化工厂、塑料厂、橡胶厂、电子车间、机床车间、喷漆车间、烘干车间、制药厂、印刷厂、喷漆行业等场所,将逐步取代一般锅炉。

大气污染的防治要从多方面入手,并要充分考虑地区的环境特征,对有影响的因素进行全面系统的分析。在此基础上制定最优化防治措施,充分发挥环境的自净能力,达到控制区域大气环境质量的目的。另外,还要广泛植树造林,用绿色植物来净化、美化环境。

7.3　水环境化学与污染治理技术

7.3.1　水环境与化学

在我们生存的地球上,水资源极为丰富。地球上的水总量约有 $1.36 \times 10^9 \mathrm{m}^3$,如果将这些水均匀地分布到地球表面上,那么地球表面上的平均水深可达 3000m。地球的表面积约有 $5.1 \times 10^8 \mathrm{km}^2$,其中海洋约有 $3.6 \times 10^8 \mathrm{km}^2$,占地球表面积的 71％。因此,海洋是无比巨大的天然水库。此外,还有不足 3％的水分布在陆地上,包括江河、湖泊、高山的冰冠和地下水等。这部分水量虽少,但与人类的生活关系却最为密切。

水是一种宝贵的自然资源,是保证国民经济发展与维持人民生活需要的最重要的物质基础之一。随着社会的发展、人口的增加以及人民生活水平的提高,人们的生活用水量正在不断地增加。此外,工业用水比居民耗水还要多得多。炼 1t 钢需 20~40t 水,而生产 1t 合成橡胶竟需要 2750t 水。农业用水似乎更为可观。农作物在生长期内的用水量,小麦是 $345 \sim 506 \mathrm{m}^3 \cdot \mathrm{t}^{-1}$,棉花是 $333 \sim 400 \mathrm{m}^3 \cdot \mathrm{t}^{-1}$,而生产 1t 甘蔗所需的水量竟是它自重的 1800 倍。因此,"水利是农业的命脉",农业用水量占人类所有活动总用水量的 60％~80％。

自然界的水通过蒸发、凝结、降水、渗透和径流等作用,不断进行着循环。随着地球上人口的激增与工农业生产的迅速发展,人类正在干预水的正常循环过程。例如,大面积的森林被砍伐殆尽,许多草原被开垦,使植被遭到破坏,造成降水减少,水土流失增加,甚至造成沙漠化。又如修堤筑坝,兴修水利,围湖垦荒等,都对水的惯常循环有一定影响。现在,人类对海水资源的开发与利用已影响到水的循环,造成某些地区缺水,地面下沉,或者使水质恶化。

水环境一般指江河湖海、地下水等水体本身,以及水体中的悬浮物、底泥,甚至还包括水生生物等。

水体具有净化污染物的能力,叫自净作用,即污染物在水中自然地降低浓度的现象。河流在流动过程中,可将污染物稀释,使之扩散,这是物理净化过程;污染物在水中发生氧化、还原或分解等化学过程,这称为化学净化;水中微生物对有机污染物的氧化、还原、分解的过程则是生物净化作用。当污染物排放到水体中的量太大,超过了水体的自净能力,从而使水质恶化的现象就是人们常说的水污染。

7.3.2　水环境评价指标及其标准

废水的水质是指废水和其中所含的杂质共同表现出来的物理学、化学和生物学的综合特性。各项水质指标则表示水中杂质的种类、成分和数量,是判断水质的具体衡量标准。

水质指标项目繁多,总共可有上百种,它们可以分为物理的、化学的和生物学的三大类。物理性水质指标主要有温度、色度、臭和味、浑浊度、透明度等感官物理性状指标,以及其他的物理性水质指标,如总固体、悬浮固体、溶解固体、可沉固体、电导率(电阻率)等。化学性水质指标有一般的化学性质指标,如 pH、碱度、硬度、各种阳离子、各种阴离子、总含盐量、一般有机物质等;有毒的化学性水质指标,如各种重金属、氰化物、多环芳烃、各种农药等;溶解氧(DO)、化学需氧量(COD)、生化需氧量(BOD)、总需氧量(TOD)氧平衡指标。生物学水质指标包括细菌指数、总大肠菌群数、各种病原细菌、病毒等。

常用的废水水质指标介绍如下:

1. 浑浊度

浑浊度(turbidity)是天然水和用水的一项非常重要的水质指标,也是水可能受到污染的重要标志。所谓浑浊度是指水中的不溶解物质对光线透过时所产生的阻碍程度。浑浊现象是水的一种光学性质。一般来说,水中的溶解物质越多,浑浊度也越高,但两者之间并没有固定的定量关系。例如一杯清水中的一颗小石头并不会产生浑浊度,如果把它粉碎成无数细微颗粒,会使水浑浊,就可测出浑浊度来了。最早用来测定浑浊度的仪器是杰克逊烛光浊度计(Jackson candle turbidimeter)。由于引起浑浊的物质种类非常广泛,因此有必要采用一个标准的浑浊度单位,即在蒸馏水中 $1mg \cdot L^{-1}$ 的 SiO_2 称为 1 个浑浊度单位或 1 度。

2. 色度

色度(chromaticity)也是水的感官指标之一。当水中存在着某种物质时,可使水着色,表现出一定的颜色,即色度。规定 $1mg \cdot L^{-1}$ 以氯铂酸离子形式存在的铂所产生的颜色,称为 1 度。

3. 比电导

水中溶解的盐类都是以离子状态存在的,它们都具有一定的导电能力。水的导电能力大小可用比电导(specific conductance)来量度。水中所含溶解盐类越多,水中的离子数目也越多,水的比电导就越高。比电导也称电导率。它是指 25℃时长 1m、横截面积为 $1m^2$ 水中的电导值,通常用根据惠斯登(Wheatstone)电桥原理制成的电导仪来量测,单位是 $mS \cdot m^{-1}$ 或 $\mu S \cdot cm^{-1}$。 $1mS \cdot m^{-1} = 10 \mu S \cdot cm^{-1}$。

4. 总含盐量和例子平衡

水中所含各种溶解性矿物盐类的总量称为水的总含盐量,也称总矿化度。

$$总含盐量(mg \cdot L^{-1}) = \sum 阳离子(mg \cdot L^{-1}) + \sum 阴离子(mg \cdot L^{-1})$$

$\sum$ 阳离子和 $\sum$ 阴离子分别表示水中阳、阴离子含量 $(mg \cdot L^{-1})$ 的总和。

5. 硬度

水的硬度(grade)是由水中的钙盐和镁盐形成的。硬度分为暂时硬度(碳酸盐)和永久硬度(非碳酸盐),两者之和称为总硬度。水中的硬度以"度"表示,1L 水中的钙和镁盐的含量相当于 $1mg \cdot L^{-1}$ 的 CaO 时,叫作 1 度。

6. 碱度

碱度(alkalinity)是指水中所含能与强酸发生中和作用的全部物质的浓度,亦即能接受质子 H^+ 的物质总量。组成水中碱度的物质有强碱、弱碱及强碱弱酸盐三类。按照它们的离子状态来分,碱度主要有以下三类:

氢氧化物碱度,即 OH^- 离子含量;碳酸盐碱度,即 CO_3^{2-} 离子含量;重碳酸盐碱度,即 HCO_3^- 离子含量。

水中上述这些物质对强酸的全部中和能力称为总碱度,通常简称为碱度。

7. 生物化学需氧量

在好氧条件下,微生物分解水中有机物质的生物化学过程中所需要的氧量,即生物化学需氧量(BOD)。目前,国内外普遍采用在 20℃ 下,五昼夜的生化耗氧量作为指标,即用 BOD5 表示,单位以 $mg \cdot L^{-1}$ 表示。

8. 化学需氧量

化学需氧量(COD)表示水中可氧化的物质,用氧化剂高锰酸钾或重铬酸钾氧化时所需的氧量,单位以 $mg \cdot L^{-1}$ 表示。它是水质污染程度的重要指标,但两种氧化剂都不能氧化稳定的苯等有机化合物。

9. 总需氧量

有机物主要元素是 C、H、O、N、S 等。在高温下燃烧后,将分别产生 CO_2、H_2O、NO_2 和 SO_2,所消耗的氧量称为总需氧量(TOD)。TOD 的值一般大于 COD 的值。

TOD 的测定方法是:向氧含量已知的氧气流中注入定量的水样,并将其送入以铂为催化剂的燃烧管中,在 900℃ 高温下燃烧,水样中的有机物即被氧化,消耗掉氧气流中的氧气,剩余氧量可用电极测定并自动记录。氧气流原有氧量减去剩余氧量即得总需氧量 TOD。TOD 的测定仅需要几分钟。但 TOD 的测定在水质监测中应用比较少。

10. 总有机碳

总有机碳(TOC)是近年来发展起来的一种水质快速测定方法,通过测定废水中的总有机碳量可以表示有机物的含量。总有机碳的测定方法是:向氧含量已知的氧气流中注入定量的水样,并将其送入特殊的燃烧器(管)中,以铂为催化剂,在 900℃ 高温下,使水样气化燃烧,并用红外气体分析仪测定在燃烧过程中产生的 CO_2 量,再折算出其中的含碳量,就是总有机碳 TOC 值。为排除无机碳酸盐的干扰,应先将水样酸化,再通过压缩空气吹脱水中的碳酸盐。TOC 的测定时间也仅需几分钟。TOC 虽可以以总有机碳元素量来反映有机物总量,但因排除了其他元素,仍不能直接反映有机物的真正浓度。

11. 固体物质

测知废水中各类固体物质的含量及其比例,在废水处理中考虑采用何种方法时极为重要。

(1) 总固体(TS)

TS 指单位体积的水样,在 103~105℃ 蒸发干后残留物质的重量。

(2) 悬浮固体(SS)与溶解性固体(DS)

废水经过滤器过滤后即可将 TS 分成两部分:被过滤器截留的固体称为悬浮固体 SS;通过过滤器进入滤液中的固体称为溶解性固体 DS。

(3) 挥发性固体(VS)和非挥发性固体(FS)

将水样中的固体物置于马弗炉中,于 550℃ 灼烧 1h,固体中的有机物即被气化挥发,此即为挥发性固体 VS;残剩的固体即为非挥发性固体 FS,后者大体上是砂、石、无机盐等类无机组分。废水中的 TS、DS、SS 皆可用这一方法进一步分为 VS 和 FS 两部分。

7.3.3 废水常规处理技术中的物理化学问题

水污染是指水资源在使用过程中由于丧失了使用价值而被废弃排放,并以各种形式使水体受到影响的现象。水体污染源于人类的生产和生活活动。我们把向水体排放或释放污染物的来源和场所称为水体的污染源。根据来源不同分类,其可分为工业污染源、生活污染源、农业污染源三大类。

废水治理,就是采用各种方法将废水中所含的污染物质分离出来,或将其转化为无害和稳定的物质,从而使废水得以净化。其根据作用原理不同,可划分为四大类别,即物理法、化学法、物理化学法和生物处理法。废水经过物理方法处理后,仍会含有某些细小的悬浮物以及溶解的有机物。为了进一步去除残存在水中的污染物,可以采用物理化学方法进行处理。常用的物理化学方法有吸附、离子交换法、膜析法等。

1. 吸附

在废水处理中,吸附法处理的主要对象是废水中用生化法难以降解的有机物或用一般氧化法难以氧化的溶解性有机物,包括木质素、氯或硝基取代的芳烃化合物、杂环化合物、洗涤剂、合成燃料、除莠剂、DDT 等。吸附法是利用多孔性固体物质作为吸附剂,以吸附剂的表面吸附废水中的某种污染物的方法。常用的吸附剂有活性炭、硅藻土、铝矾土、磺化煤、矿渣以及吸附用的树脂等。其中以活性炭最为常用。

吸附过程通常包括:待分离料液与吸附剂混合、吸附质被吸附到吸附剂表面、料液流出、吸附质解吸回收等四个过程。

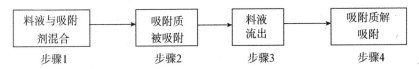

吸附的特点是浓缩倍数高,有机溶剂用量少,pH 变化小,操作简单、安全,设备简单等。常见的吸附类型有交换吸附、物理吸附、化学吸附。其中物理吸附和化学吸附的区别见表 7－8。

表 7－8　物理吸附与化学吸附的区别

	物理吸附	化学吸附
吸附作用力	分子间引力	化学键合力
选择性	较差	较高
所需活化能	低	高
吸附层	单层或多层	单层
达到平衡所需时间	快	慢

一定的吸附剂所吸附物质的数量与此物质的性质及其浓度和温度有关。表明被吸附物的量与浓度之间的关系式称为吸附等温式。目前常用的公式有二:弗劳德利希(Freundlich)吸附等温式、朗格缪尔(Langmuir)吸附等温式。

(1) 弗劳德利希等温式是个经验公式,形式为:

$$y/m = K\rho^{1/n}$$

式中:y 为吸附剂吸附的物质总量,mg;m 为投加的吸附剂量,mg;ρ 为到达平衡时溶液中被吸附物的浓度,m・L^{-1};K,n 为经验常数,n 值在正常条件下大于 1。

对上式取对数,可得:

$$\log(y/m) = \log K + \left(\frac{1}{n}\right)\log\rho$$

$\log(y/m)$ 与 $\log\rho$ 呈直线形式,直线的斜率为 1,截距为 $\log K$。上式常用于检验实验资料的拟合,并用以计算常数 K 和 n。本式在低浓度时较适用。

(2) 朗格缪尔等温式在被吸附物质仅为单分子层的假定下导出的,形式为:

$$y/m = \frac{K\rho}{1 + K_1\rho}$$

本公式的假设使它的应用受到限制,但对某些数据,使用此公式更为拟合,且适用于各种浓度条件,因而得到较广泛的应用。

将上式变换成以下形式,使用时较方便:

$$\rho/(y/m) = 1/K + (K_1/K)\rho$$

此式可预期与 ρ 呈直线关系。

2. 离子交换法

离子交换法是水处理中软化和除盐的主要方法之一。在废水处理中,主要用于去除废水中的金属离子。离子交换的实质是不溶性离子化合物(离子交换剂)上的可交换离子与溶液中的其他同性离子的交换反应,是一种特殊的吸附过程,通常是可逆性化学吸附。

离子交换是可逆反应,其反应式可表达为:

$$RH + M^+ \rightleftharpoons RM + H^+$$

在平衡状态下,树脂中及溶液中的反应物浓度符合下列关系式:

$$([RM][H^+])/([RH][M^+]) = K$$

K 是平衡常数。K 大于 1,表示反应能顺利地向右方进行。K 值越大,越有利于交换反应,而越不利于逆反应。K 值的大小能定量地反映离子交换剂对某两个固定离子交换选择性的大小。

水处理中用的离子交换剂有磺化煤和离子交换树脂。磺化煤以天然煤为原料,经浓硫酸磺化处理后制成,但交换容量低,机械强度差,化学稳定性较差,已逐渐为离子交换树脂所取代。

离子交换树脂是人工合成的高分子聚合物,由树脂本体(又称母体或骨架)和活性基团两个部分组成。生产离子交换剂的树脂母体最常见的是苯乙烯的聚合物,是线性结构的高分子有机化合物。离子交换树脂按活性基团的不同,可分为含有酸性基团的阴离子交换树脂、含有碱性基团的阳离子交换树脂、含有羧酸基团等的整合树脂、含有氧化还原基团的氧化还原树脂及两性树脂等。其中,阳、阴离子交换树脂按照活性基团电离的强弱程度不同,又分为强酸性(离子性基团为—SO_3H)、弱酸性(离子性基团为—COOH)、强碱性(离子性基团为≡NOH)和弱碱性(离子性基团有—NH_3OH、=NH_2OH、—NHOH)树脂。

目前,我国生产的离子交换树脂的品种很多,价格差别很大。而废水的成分复杂,要求处理的程度各异,因此,合理地选择离子交换树脂,在生产和经济上都有重大意义。严格地讲,对于不同的废水,应通过一定的实验以确定合适的离子交换树脂牌号和采用的流程。

由于交换树脂的活性基团分为强酸、弱酸、强碱和弱碱性,水的 pH 值势必对其有影响。强酸、强碱性交换树脂的活性基团电离能力强,其交换能力基本上与 pH 值无关;弱酸性交换树脂在水的 pH 值低时不电离或仅部分电离,因此只能在碱性溶液中才有较高的交换能力;弱碱性交换树脂则在水的 pH 值高时不电离或仅部分电离,只在酸性溶液中才有较高的交换能力。各类型交换树脂的有效 pH 值范围见表 7-9。

表 7 - 9 各类型交换树脂的有效 pH 值范围

树脂类型	强酸性离子交换树脂	弱酸性离子交换树脂	强碱性离子交换树脂	弱碱性离子交换树脂
有效 pH 值范围	1～14	5～14	1～12	0～7

用于废水处理的离子交换系统一般包括预处理设备(一般采用砂滤器,用以去除悬浮物,防止离子交换树脂受污染和交换床堵塞)、离子交换器和再生附属设备(再生液配制设备)。

3. 膜析法

膜析法是利用薄膜以分离水溶液中某些物质的方法的统称。目前有反渗透法、电渗析法和超过滤法等。

(1)反渗透法

反渗透法是一种借助压力促使水分子反向渗透,以浓缩溶液或废水的方法。如果将纯水和盐水用半透膜隔开,此半透膜只有水分子能够透过而其他溶质不能透过,则水分子将透过半透膜进入溶液(盐水),溶液逐渐从浓变稀,液面则不断上升,直到某一定值为止。这个现象叫渗透,高出于水面的水柱高度(取决于盐水的浓度)是由溶液的渗透压所致。可以理解,如果我们向溶液的一侧施加压力,并且超过它的渗透压,则溶液中的水就会透过半透膜流向纯水一侧,而溶质被截留在溶液一侧,这种方法就是反渗透法(或称逆渗透法),如图 7 -4 所示。

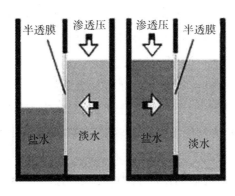

图 7 - 4 渗透与反渗透原理

任何溶液都具有相应的渗透压,其数值取决于溶液中溶质的分子数,而与溶质的性质无关,其数学表达式为:

$$\Pi = iRTc$$

式中:Π 为渗透压,Pa;R 为理想气体常数,kPa・L・mol^{-1}・K^{-1};T 为绝对温度,K;c 为溶质的浓度,mol・L^{-1};i 为系数,它表示溶质的离解状态,其值等于 1 或大于 1。

当完全离解时,i 等于阴、阳离子的总数;对非电解质,则 $i=10$。反渗透膜的种类很多,目前研究得比较多和应用较广的是醋酸纤维素膜和芳香族聚酰胺膜,其他类型的膜材料也正在不断研究开发中。目前应用于脱盐方面的几种反渗透膜的性能参见表 7-10。

表 7-10 　几种反渗透膜的性能

品种	测试条件	透水性/$(m^5 \cdot m^{-2} \cdot d^{-1})$	脱盐率/%
$C_{A2.5}$ 膜	1% NaCl,5066.3kPa	0.8	>90
C_{A5} 复合膜	海水,10132.5kPa	1.0	98
C_{A5} 中空纤维膜	海水,6079.5kPa	0.4	98
C_A 混合膜	3.5% NaCl,10132.5kPa	0.44	>92
芳香聚酰胺膜	3.5% NaCl,10132.5kPa	0.64	>90

反渗透的装置主要有板框式、管式、螺旋卷式和中空纤维式。板框式反渗透装置是将反渗透膜贴在多孔透水板的单侧或两侧,然后紧黏在不锈钢或环氧玻璃钢承压板的两侧,构成一个渗透元件,再将几块或几十块元件成层叠合,用长螺栓固定后装入密封耐压容器内。

管式反渗透装置是把渗透膜装在耐压微孔承压管的内侧或外侧,制成管状膜的元件,然后将很多管束装配在筒形耐压容器内。螺旋卷式反渗透装置是在两层反渗透膜中间夹一层多孔的柔性格网,再在下面铺一层供废水通过的多孔透水格网,然后将它们的一端黏贴在多孔集水管上,绕管卷成螺旋卷筒,并将另一端密封,就成为一个反渗透元件。中空纤维式反渗透装置是将制造反渗透膜的原料空心纺丝而成中空纤维管。纤维管的外径为 30～150μm,壁厚 7～42μm。然后将几十万根中空纤维弯成 U 形装在耐压容器内,即组成反渗透器。

近年来,由于反渗透膜材料和制造技术的发展以及新型装置的不断开发和运行经验的积累,反渗透技术的发展非常迅速,已广泛用于水的淡化、除盐和制取纯水等,还能用以去除水中的细菌和病毒。但反渗透法所需的压力较高,工作压强要比渗透压大几十倍。即使是改进的复合膜,正常工作压强也需 1.5MPa 左右。同时,为了保证反渗透装置的正常运行和延长膜的寿命,在反渗透装置前必须有充分的预处理装置。

反渗透装置一般都由专门的厂家制成成套设备后出售。在生产中,根据需要,予以选用。

（2）电渗析法

电渗析是在渗析法的基础上发展起来的一项废水处理新工艺。它是在直流电场的作用下,利用阴、阳离子交换膜对溶液中阴、阳离子的选择透过性(即阳膜只允许阳离子通过,阴膜只允许阴离子通过),而使溶液中的溶质与水分离的一种物理化学过程。

（3）超过滤法

超过滤法简称超滤法,与反渗透一样也依靠推动力和半透膜实现分离。两种方法不同的是,超滤法所需的压强较低,一般约在 0.1～0.5MPa 下进行,而反渗透的操作压强为 2～10MPa。超滤法和反渗透法中都使用半渗透膜。超滤法中使用最多的半透膜(称超滤膜)也是醋酸纤维素膜,但其性能不同,膜上的微孔直径较大,约为 0.002～10μm。而反渗透法中使用的半渗透膜(称反渗透膜)的孔径较小,只有 0.0003～0.06μm。超滤法适用于分离相对分子质量大于 500、直径为 0.005～10μm 的大分子和胶体,如细菌、病毒、淀粉、树胶、蛋白质、黏土和油漆色彩等,这类液体在中等浓度时,渗透压很小。而反渗透一般用来分离相对分子低于 500、直径为 0.0004～0.06μm 的糖、盐等渗透压较高的体系。

7.3.4　生活废水治理技术简介

生活污染源主要是指居民聚集地区所产生的生活污水。这种污染源排放的多为洗涤水、冲刷物所产生的污水。因此,其主要由一些无毒有机物如糖类、淀粉、纤维素、油脂、蛋白质、尿素等组成,其中氮、磷、硫含量是较高。在生活污水中还含有相当数量的微生物,其中一些病原体如病菌、病毒、寄生虫等,对人的健康有较大危害。

城市污水是指工业废水和生活污水在市政排水管网内混合后的污水。城市污水处理是以去除污水中的 BOD 物质为主要对象的,其处理系统的核心是生物处理设备(包括二次沉淀池)。污水先经格栅、沉砂池,除去较大的悬浮物质及砂粒杂质,然后进入初次沉淀池,去除呈悬浮状的污染物后进入生物处理构筑物(或采用活性污泥曝气池或采用生物膜构筑物)处理,使污水中的有机污染物在好氧微生物的作用下氧化分解,生物处理的出水进入二次沉淀池进行泥水分离,澄清的水排出二沉池后再进入接触池消毒后排放;而沉池排出的污泥首先应满足污泥回流的需要,剩余污泥再经浓缩、污泥消化、脱水后进入污泥综合利用;污泥消化过程产生的沼气可回收利用,用作热源能源或沼气发电。

7.3.5　工业废水治理技术简介

各种工业生产中所产生的废水排入水体就成了工业污染源。不同工业所产生的工业废水中所含污染物的成分有很大差异。

冶金工业(包括黑色工业、有色冶金工业)所产生的废水主要有冷却水、洗涤水和冲洗水等。冷却水(分直接冷却水和循环冷却水)中的直接冷却水由于与产品接触,其中含有油、铁的氧化物、悬浮物等;洗涤水为除尘和净化煤气、烟气用水,其中含有酚、氰、硫化氰酸盐、硫化物、钾盐、焦油悬浮物、氧化铁、石灰、氟化物、硫酸等;冲洗水中含有酸、碱、油脂、悬浮物和锌、锡、铬等。在上述废水中,含氰、酚的废水危害最大。

化学工业废水的成分很复杂,常含有多种有害、有毒甚至剧毒物质,如氰、酚、砷、汞等。虽然有的物质可以降解,但通过食物链在生物体内聚集,仍可造成危害,如 DDT、多氯联苯等。此外,化工废水中有的具有较强的酸度,有的则显较强的碱性,pH 不稳定,对水体的生态环境、建筑设施和农作物都有危害。一些废水中含氮、磷均很多,易造成水体富营养化。

电力工业中,电厂冷却水则是热污染源。

炼油工业中大量含油废水排除,由于排放量大,超出水体的自净能力,形成油污染。

由此可见,工业污染源向水体排放的废水具有量大面广、成分复杂、毒性大、不易净化、处理难的特点,是需要重点解决的污染源。

下面介绍几种典型的废水处理流程。

1. 炼油废水的处理流程

炼油厂的生产废水一般是根据废水水质进行分类分流的,主要是冷却水、含油废水、含硫废水、含碱废水,有时还会排出含酸废水。

炼油废水的处理一般都是以含油废水为主,处理对象主要的浮油、乳化油、挥发酚、COD、BOD 及硫化物等。对于其他一些废水(如含硫废水、含碱废水)一般是进行预处理,然后汇集到含油废水系统进行集中处理。废水首先经沉砂池除去固体颗粒,然后进入平流式隔油池去除浮油;隔油池出水再经两级全部废水加压气浮,以除去其中的乳化油;二级气浮池出水流入推流式曝气池进行生化处理。曝气池出水经沉淀后基本上达到国家规定的工业废水排放标准。为达到地面水标准和实现废水回用,沉淀池出水经砂滤池过滤后一部分排放,一部分经活性炭吸附处理后回用于生产。

隔油池的底泥、气浮池的浮渣和曝气池的剩余污泥经自然浓缩、投加铝盐和消石灰絮凝、真空过滤脱水后送焚烧炉焚烧。隔油池撇出的浮油经脱水后作为燃料使用。

2. 氮肥废水的处理流程

在化工生产中,氮肥厂是耗水大户,同时又是水污染大户。由于氮肥厂废水成分复杂,废水经过常规工艺处理后各项指标同时达标仍有困难。这里介绍处理氮肥厂废水效果显著的周期循环活性污泥法(CASS 法)工艺流程及工程设计。该工艺在 CASS 池前部设置了预反应区,在 CASS 池后部安装了可升降的自动撇水装置,曝气、沉淀、排水均在同一池子内周期性地循环进行,取消了常规活性污泥法的二沉池。废水首先通过格栅去除机械性杂物及大颗粒悬浮物,然后进入调节池(原有的两个沉淀池改造为调节池),水质、水量均化后的废水经提升泵进入砂水分离器。原生物塔滤池在运行过程中由于水中悬浮物含量高,造成滤料阻塞,因此该设计中增设砂水分离器,依靠重力旋流把密度较大的砂粒除去。除去砂粒后的废水进入生物滤塔(利用原生物滤塔进行改造),最后进入 CASS 池。

CASS 池的运行是由程序器控制的,每个运行周期分为曝气、沉淀、排水、延时等阶段。运行中可以随时根据水质、水量变换运行参数。在曝气阶段通过监测主反应区和预反应区的溶解氧控制曝气量,以达到脱氮效果。由于 CASS 池独特的反应机理和运行方式,废水中的有机物在微生物的作用下进行较好的氧化分解,大幅度降低有机污染物含量。同时,池中交替出现厌氧－缺氧－好氧状态,因此有较好的脱氮效果。

7.3.6　废水治理新技术介绍

氧化沟(oxidation ditch)是 20 世纪 50 年代由荷兰工程师发明的一种新型活性污泥法,属于延时曝气活性污泥法的变种。

自 1954 年荷兰建成第一座间歇运行的氧化沟以来,氧化沟在欧洲、北美、南非及澳大利亚得到了迅速的推广应用,其工艺和构造也有了很大的发展和进步,处理能力不断地提高,已经建成规模为 $650000m^3 \cdot d^{-1}$ 的大型的以氧化沟为主要工艺的污水处理厂;同时处理范围不断地扩大,不仅能处理生活污水,也能处理工业废水,而且在脱氮除磷方面表现了极好的性能。

最初的氧化沟主要用于去除水中的 BOD 和 COD,以满足污水的排放标准。随着水体富营养化问题的出现,许多国家都开始控制进入水体中的氮和磷的排放量,并制定了较为严格的污水处理厂出水中氮和磷的排放标准。一些不仅能去除污水中的 BOD 和 COD,而且兼具有生物脱氮、除磷功能的氧化沟应运而生,这就是第二代氧化沟。氧化沟工艺的演变过程如下图所示。

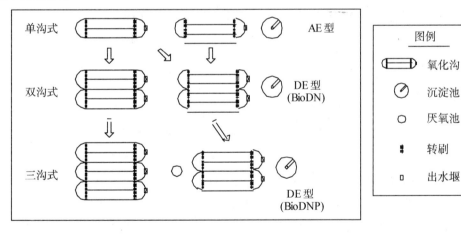

图 7－5　氧化沟工艺的演变图

根据 A/O 和 A2/O 生物脱氮、除磷的工艺原理,人们发现改变氧化沟的构造和操作方式就可以在其中形成与 A/O 和 A2/O 工艺类似的环境,从而使其实现脱氮、除磷的目的。这是因为氧化沟具有其特殊的水流混合特性,它介于推流式和完全混合式之间,或者说基本上是完全混合式,同时又具有推流式的某些特征。

如果着眼于整体,可以认为氧化沟是一个完全混合池,其中的污水水质几近一致,它因此可以处理高浓度有机废水,能够承受水量和水质的冲击负荷。

如果着眼于氧化沟中的某一段，就可以发现某些推流式的特征。这种水流搅动情况和溶解氧浓度沿池长变化的特征，十分有利于活性污泥的生物凝聚作用，且可以利用来进行硝化、反硝化作用以及吸磷、释磷作用，以达到生物脱氮除磷的效果。

生产实践和试验研究表明，氧化沟污水处理技术的主要优点是：

处理流程简单，构筑物少，一般情况下可不建初沉池和污泥消化池，某些条件下还可以不建二沉池和污泥回流系统，因此基建费用较省；

处理效果好且稳定可靠，出水水质不仅可满足 BOD5 和 SS 的排放标准，且可实现脱氮、除磷等深度处理的要求；

采用的机械设备少，运行管理十分方便，不要求具有高技术水平的管理人员；

对高浓度工业废水有很大的稀释能力，能承受水量、水质的冲击负荷，消除其对活性污泥细菌的抑制作用，而且对其中含有的不易降解的有机物也有较好的处理效果；

氧化沟污泥生成量少，且已在氧化沟中好氧稳定，不需要设污泥消化池，因而使得污泥后处理大大简化，节省运行费用，且便于管理；

当需要进行脱氮、除磷处理时，氧化沟的能耗和运行费用较传统的处理流程低。

氧化沟技术由于具有以上的潜质和灵活机动性，因而越来越受到各国环保专家和环保工作者的重视，不仅在欧洲得到了相当程度的普及，也受到了美国等国家的欢迎。美国环保局（EPA）曾对氧化沟系统及其他生物处理系统的基建费用和运行费用进行了比较，其报告结论是："氧化沟能够通过最低限度的操作，稳定地达到 BOD5 和 TSS 去除率的要求。同时，成本数据表明在 $379 \sim 37850 \mathrm{m^3 \cdot d^{-1}}$ 的流量范围内，氧化沟比其他技术更经济有效。"

废水的活性污泥法处理工艺是我国应用最广泛的一种废水好氧处理技术，经过多年的发展，传统的活性污泥法已发展出许多改进的废水处理工艺，如推流式活性污泥工艺、分段曝气活性污泥工艺等，为了对废水进行脱氮除磷处理，又发展了氧化沟工艺、A/O、A2/O 工艺等等。尽管如此，活性污泥法始终具有一些难以克服的缺点，如污染物处理负荷比较低，脱氮、除磷的效率不高，动力消耗过大，剩余污泥产量过大等问题。

好氧颗粒污泥 SBR 工艺是一项高效低耗的废水处理工艺，自 20 世纪 90 年代末被报道以来，正受到越来越多的环境工程学者的关注。由于好氧颗粒污泥具有活性污泥所不具备的一些独特优点，如具有很强的抗负荷冲击能力、污泥的沉淀效果好，泥水分离简单，因此该工艺能大大减少污泥沉降时间，缩小污水处理厂的占地面积，降低工程造价，减少剩余污泥量。更重要的是，好氧颗粒污泥具有比较好的脱氮、除磷性能，解决了传统活性污泥工艺的脱氮、除磷效率低的问题。可以预测，作为一种新型的废水生物处理工艺，好氧颗粒污泥 SBR 工艺将在以后污水处理产业中具有广泛的应用前景。表 7-11 列出了好氧颗粒污泥与活性污泥一些重要的技术指标的比较。

表 7 - 11　好氧颗粒污泥与火星污泥技术经济指标比较

项目	好氧颗粒污泥	活性污泥
SVI/(mL·g^{-1})	20～45	100～150
含水率	97％～98％	99％以上
密度/(g·cm^{-3})	1.0068～1.00729	1.002～1.006
VSS/SS	0.80 左右	0.7～0.8
MLSS/(g·L^{-1})	4.04～6.88	2～4
COD 负荷/(kg·m^{-3}·d^{-1})	1.2～1.5	0.6～0.9

　　由表可见,好氧颗粒污泥工艺具有污泥体积小、COD 负荷高的特点。对于相同干重的污泥,好氧颗粒污泥将比普通活性污泥法的污泥量(包括污泥浓缩、消化等泥区处理单元)至少减少一半,当污泥的含水率降低 1 个百分点时,污泥的体积减缩成原来的 $\frac{1}{3}$ 左右,为后续的污泥处理大大减轻了负担。

　　实验研究表明,好氧颗粒污泥 SBR 工艺可以替代传统的活性污泥工艺,处理生活污水和工业废水。特别是在污水处理厂的面积受限制的情况下,以及规模稍小的污水处理项目,如生活小区或者厂矿企业工业废水,可以大大减少二沉池体积,提高污水处理工艺的处理能力,并有望处理高浓度有机废水和含有毒有害化合物的废水。

　　另外,废水处理的新技术还有催化微电解处理技术、超临界水氧化法、光化学氧化法等。

7.4　固体废弃物化学与污染治理技术

7.4.1　固体废弃物种类及危害

　　固体废物是指在生产、生活和其他活动中产生的丧失原有利用价值或虽未丧失利用价值但被抛弃或者放弃的固态、半固态和置于容器中的气态的物品、物质,以及法律、行政法规规定纳入固体废物管理的物品、物质。

　　固体废物种类繁多,如工业废物、农业废物、放射性废物、矿业废物和城市垃圾等,且产出量大。据《中国环境状况公报》称,2012 年,全国工业固体废物产生量为 32.9×10^8 t,工业固体废物综合利用量为 20.2×10^8 t,工业固体废物处置量为 7.1×10^8 t。工业固体废物综合利用率为 61.0％。我国的固体废物对环境造成的污染越来越严重,已经成为严重的环境问题之一,因此加速固体废物的治理已刻不容缓。

固体废物对环境的污染是多方面的,它对各环境要素有以下影响:

污染大气:固体废物中的尾矿、粉煤灰、干污泥和垃圾中的粉尘会随风飞扬,污染大气。许多固体废物本身或者在焚化时会散发毒气和臭气,危害人体健康。如一些城市郊区的住户从事电线电缆、电路板、废塑料等电子废弃物拆解业,拆解中产生的废料乱焚烧,对空气造成了严重污染。

污染水体:固体废物投入水体,影响和危害水生生物的生存和水资源的利用。投弃海洋的废物会在一定海域造成生物的死区。废物堆积或垃圾填埋,经雨水浸淋,渗出液和滤沥亦会污染河流、湖泊和地下水。固废带给环境的破坏性影响,已经开始对饮水安全造成威胁。

污染土壤:土壤是各种污染物最终的"宿营地",世界上90%的污染物最终滞留在土壤内。固体废物及其渗出液和滤沥所含的有害物质会改变土壤性质和土壤结构,影响土壤中微生物的活动,有碍植物根系生长,或在植物体内积蓄,通过食物链影响人体健康。

许多种固体废物所含的有毒物质和病原体,除通过生物传播外,还以水、气为媒介传播和扩散,危害人体健康。

7.4.2 固体废弃物的处理以及资源化

将固体废物中可利用的那部分材料充分回收利用是控制固体废物污染的最佳途径,但它需要较大的资金投入,并需有先进的技术作先导。我国固体废物处理利用的发展趋势必然是从"无害化"走向"资源化","资源化"是以"无害化"为前提的,"无害化"和"减量化"则应以"资源化"为条件,这是毫无疑问的。

1. 无害化

固体废物无害化处理的基本任务是将干扰废物通过工程处理,达到不损害人体健康、不污染周围的自然环境(包括原生环境与次生环境)的程度。

目前,废物无害化处理工程已经发展成为一门崭新的工程技术,如垃圾的焚烧、卫生填埋、堆肥、粪便的厌氧发酵、有害废物的热处理和解毒处理等。其中,高温快速堆肥处理工艺、高温厌氧发酵处理工艺在我国都已达到实用程度;厌氧发酵工艺用于废物无害化处理工程的理论也已经基本成熟;具有我国特点的粪便高温厌氧发酵处理工艺,一直处于国际领先水平。

在对废物进行无害化处理时,必须看到,各种无害化处理工程技术的通用性是有限的,它们的优劣程度往往不是由技术、设备条件本身所决定。以生活垃圾为例,焚烧处理确实不失为一种先进的无害化处理方法,但它必须以垃圾含有高热值和可能的经济投入为条件,否则,便没有实用意义。根据我国大多数城市垃圾平均可燃成分偏低的特点,现着重发展卫生填埋和高温堆肥处理技术是适宜的。特别是卫生填埋,处理量大,投资少,见效快,可以迅速提高生活垃圾处理率,以解决当前带有"爆炸性"的垃圾出路问题。至于焚烧处理方法,只能有条件地采用。即使在将来,垃圾平均可燃成分提高了,卫生填埋也是必不可少的方法,故又具有一定的长远意义。

2. 减量化

固体废物减量化的基本任务是通过适宜的手段减少固体废物的数量和体积。这一任务的实现,需从两个方面着手:一是对固体废物进行处理利用;二是减少固体废物的产生。

对固体废物进行处理利用,属于物质生产过程的末端,即通常人们所理解的"废弃物综合利用",我们称之为"固体废物资源化"。例如,生活垃圾采用焚烧法处理后,体积可减少80%～90%,余烬则便于运输和处置。固体废物采用压实、破碎等方法处理也可以达到减量并方便运输和处置的目的。

减少固体废物的产生,属于物质生产过程的前端,需从资源的综合开发和生产过程物质资料的综合利用着手。当今,从国际上资源开发利用与环境保护的发展趋势看,世界各国为解决人类面临的资源、人口、环境三大问题,越来越注意资源的合理利用。人们对综合利用范围的认识,已从物质生产过程的末端(废物利用)向前延伸了,即从物质生产过程的前端(自然资源开发)起,就考虑和规划如何全面合理地利用资源,把综合利用贯穿于自然资源的综合开发和生产过程中物质资料与废物综合利用的全程,亦即废物最小化与清洁生产。其工作重点包括采用经济合理的综合利用工艺和技术,制订科学的资源消耗定额等。

3. 资源化

固体废物资源化的基本任务是采取工艺措施从固体废物中回收有用的物质和能源。固体废物资源化是固体废物的主要归宿。

相对自然资源来说,固体废物属于二次资源或再生资源,虽然它一般不具有原使用价值,但是通过回收、加工等途径,可以获得新的使用价值。

资源化应遵循的原则是:资源化技术是可行的;资源化的经济效益比较好,有较强的生命力;废物应尽可能在排放源就近利用,以节省废物在贮放、运输等过程的投资;资源化产品应当符合国家相应产品的质量标准,并具有与之相竞争的能力。

7.4.3　城市垃圾的处理和管理

近年来,随着各大城市的不断发展,城市居民生活垃圾产生量也增长。至 2000 年,全国年垃圾清运总量已超过 $1.4 \times 10^8 t$,并按 8% 的幅度增长。历年全国无序堆放的垃圾总量多达 $60 \times 10^8 t$,占用土地 $5 \times 10^8 m^2$,严重污染大气和地下水资源,引发安全事故。

目前世界各国城市垃圾的处理方式主要有分类回收、填埋、堆肥和焚烧四种。

垃圾大体可分为可回收垃圾和不可回收垃圾。可回收垃圾主要包括废纸、塑料、玻璃、金属和布料五大类。

废纸：主要包括报纸、期刊、图书、各种包装纸、办公用纸、广告纸、纸盒等等，但是要注意纸巾和厕纸由于水溶性太强，不可回收。

塑料：主要包括各种塑料袋、塑料包装物、一次性塑料餐盒和餐具、牙刷、杯子、矿泉水瓶、牙膏皮等。

玻璃：主要包括各种玻璃瓶、碎玻璃片、镜子、灯泡、暖瓶等。

金属物：主要包括易拉罐、罐头盒等。

布料：主要包括废弃衣服、桌布、洗脸巾、书包、鞋等。

通过综合处理回收利用，可以减少污染，节省资源。如每回收 1t 废纸可造纸 850kg，节省木材 300kg，比等量生产减少污染 74%；每回收 1t 塑料饮料瓶可获得 0.7t 二级原料；每回收 1t 废钢铁可炼钢 0.9t，比用矿石冶炼节约成本 47%，减少 75% 的空气污染、97% 的水污染和固体废物。

对于不可回收垃圾主要通过填埋、堆肥和焚烧等方法处理。

1. 填埋

填埋处理需占用大量土地。同时，垃圾中有害成分对大气、土壤及水源也会造成严重污染，不仅破坏生态环境，还严重危害人体健康。

2. 堆肥

堆肥处理对垃圾要进行分拣、分类，要求垃圾的有机含量较高，而且堆肥处理不能减量化，仍需占用大量土地。

有机废物的堆肥过程分成好氧堆肥和厌氧堆肥两种。好氧堆肥过程中，有机废物中的可溶性小分子有机物通过微生物的细胞壁和细胞膜被微生物吸收利用；不溶性大分子有机物则附着在微生物的体外，由微生物所分泌的细胞外酶分解成可溶性小分子，再送入细胞内被微生物利用。

3. 焚烧

焚烧的实质是将有机垃圾在高温及供氧充足的条件下氧化成惰性气态物和无机不可燃物，以形成稳定的固态残渣。首先将垃圾放在焚烧炉中进行燃烧，释放出热能，然后余热回收可供热或发电。烟气净化后排出，少量剩余残渣排出、填埋或做其他用途。其优点是具有迅速的减容能力和彻底的高温无害化，占地面积不大，对周围环境影响较小，且有热能回收。因此，对城市垃圾实行焚烧处理是无害化、减量化和资源化的有效处理方式。随着人们环境意识的不断增强和热能回收等综合利用技术的提高，世界各国采用焚烧技术处理生活垃圾的比例正在逐年增加。

目前的处理方式也存在一些弊端。例如，焚烧发电一次性投资太高，且运行费用高，只适合于经济高度发达国家；卫生填埋占用土地，如果不严格按国际标准实施，将在数年后造成二次污染,后果将更严重;堆肥周期长,肥效低,不能使垃圾彻底无害化,不易被农民接受。直到目前为止,我国仍是以填埋作为处理垃圾的主要方法,但此方法需要占用宝贵的土地资源,而在发达的大城市和沿海地区,人多地少,造成城市垃圾无处可填;堆肥技术在我国虽有较长的运用历史,并可实现垃圾中可堆腐有机废物的资源化,但是由于我国垃圾采用混合收集的方式,增大了垃圾堆肥的困难,导致成本过高,质量较低,使用受到限制。就目前来看,只有焚烧技术是一种可同时实现城市垃圾减量化、无害化和资源化的垃圾处理技术。较填埋,它占地少,效率高;较堆肥,它不会因垃圾的混合而影响资源的产出。

7.4.4 危险固体废弃物的处理和管理

危险固体废弃物是指列入国家危险废物名录或根据国家规定的危险废物鉴定标准和鉴定方法认定的具有危险废物特性的废物。危害特性是指腐蚀性、急性毒性、浸出毒性、反应性、污染性、核放射性等。

表 7-12 给出了美国对有害废物的定义及其鉴定标准。

表 7-12 美国对有害废物的定义及其鉴定标准

有害废物的特性及其定义		鉴别值
易燃性	闪点低于定值;或者经过摩擦、吸湿、自发的化学变化着火的趋势;或者在加工过程中发热,在点燃时燃烧剧烈而持续,以致管理期间会引起危险	美国 ASTM 法,闪点低于 60℃
腐蚀性	对接触部位作用时,使细胞组织、皮肤有可见性破坏或不可治愈性的变化;使接触物质发生质变,使容器泄露	$pH > 12.5$ 或 < 2 的液体;在 55.7℃ 以下时对钢制品腐蚀率大于 $0.64 cm \cdot a^{-1}$
反应性	通常情况下不稳定,极易发生剧烈的化学反应,与水猛烈反应,或形成可爆炸的混合物,或产生有毒气体、臭气,含有氰化物或硫化物;在常温、常压下即可发生爆炸反应,在加热或有引发源时可爆炸,对热或机械冲击有不稳定性	
放射性	由于核变而能放出 α、β、γ 射线的废物中放射性同位素量超过最大允许浓度	^{226}Ra 浓度等于或大于 $10\mu Ci \cdot g^{-1}$ 废物
浸出毒性	在规定的进出或萃取方法的浸出液中,任何一种污染物的浓度超过标准值。污染物指镉、汞、砷、铅、硒、银、六氯化苯、甲基氯化物、毒杀芬 2,4-D 和 2,4,5-T 等	美国 EPA/EP 法试验,超过饮用水 100 倍
急性毒性	一次投给试验动物的毒性物质,半致死量(LD_{50})小于规定值的毒性	美国国家安全卫生研究所试验方法:口服毒性 $LD_{50} \leqslant 50 mg \cdot kg^{-1}$ 体重;吸入毒性 $LD_{50} \leqslant 2 mg \cdot L^{-1}$;皮肤吸收毒性 $LD_{50} \leqslant 200 mg \cdot kg^{-1}$ 体重

续表

	有害废物的特性及其定义	鉴别值
水生生物毒性	用鱼类试验,采用 96h 半数(TL_{m96})受试鱼死亡的浓度小于定值	$TL_{96} < 100 \mu L \cdot g^{-1}$(96h)
植物毒性	用植物试验,能将 50% 植物致死的浓度小于定值	半抑制浓度 $TL_{m50} < 1000 mg \cdot L^{-1}$
生物积蓄性	生物体内富集某种元素或化合物达到环境水平以上,试验时呈阳性结果	阳性
遗传变异性	由毒物引起的有丝分裂或减数分裂细胞的脱氧核糖核酸或核糖核酸的分子变化产生致癌、致变、致畸的严重影响	阳性
刺激性	使皮肤发炎	使皮肤发炎 ≥8 级

注:引自《环境化学》(刘绮,2004)

危险固体废弃物因其会对环境甚至人体造成严重损害,因而必须安全妥善处理处置。国家和地方环保法律法规规定:产生危险废物单位必须将危险废物进行集中处理,安排专人负责收集和管理工作,待运危险废物要设置专门容器储存,危险废物必须交由具有相应资格的单位进行收集、运输、处理和处理。危险固体废弃物一般需要深度填埋处理。

随着工业的发展,工业生产过程排放的危险废物日益增多。据估计,全世界每年的危险废物产生量为 $3.3 \times 10^8 t$。由于危险废物带来的严重污染和潜在的严重影响,在工业发达国家危险废物已被称为"政治废物",公众对危险废物问题十分敏感,反对在自己居住的地区设立危险废物处置场,加上危险废物的处置费用高昂,一些公司极力试图向工业不发达国家和地区转移危险废物。

据绿色和平组织的调查报告,发达国家正在以每年 $5000 \times 10^4 t$ 的规模向发展中国家转运危险废物;1986—1992 年,发达国家已向发展中国家和东欧国家转移总量为 $1.63 \times 10^8 t$ 的危险废物。危险废物的越境转移给发展中国家乃至全球环境都具有不可忽视的危害。首先,由于废物的输入国基本上都缺乏处理和处置危险废物的技术手段和经济能力,危险废物的输入必然会导致对当地生态环境和人群健康的损害。其次,危险废物向不发达地区的扩散实际上是逃避本国规定的处置责任,使危险废物没有得到应有的处理和处置而扩散到环境之中,长期积累的结果必然会对全球环境产生危害。危险废物的越境转移的危害还在于这些废物是在贸易的名义掩盖下进入的,进口者是为了捞取经济利益,根本不顾其对环境和人体健康可能产生的影响。危险废物的越境转移已成为严重的全球环境问题之一,如不采取措施加以控制,势必对全球环境造成严重危害。1989 年 3 月在联合国环境规划署(UNEP)主持下,在瑞士的巴塞尔通过了《控制危险废物越境转移及其处置的巴塞尔公约》。该公约于 1992 年 5 月生效。我国是该条约的签约国。

1. 危险废物的处置

危险废物的处置,是指将危险废物焚烧和用其他改变其物理、化学、生物特性的方法,达到减少已产生的废物数量、缩小固体危险废物体积、减少或者消除其危险成分的活动,或者将危险废物最终置于符合环境保护规定要求的场所并不再回取的活动。

处置危险废物的办法主要有地质处置和海洋处置两大类。海洋处置包括深海投弃和海上焚烧。陆地处置包括土地耕作、永久贮存或贮留地贮存、土地填埋、深井灌注和深地层处置等几种,其中应用最多的是土地填埋处置技术。海洋处置现已被国际公约禁止,地质处置至今仍是世界各国最常采用的一种废物处置方法。

（1）填埋法

土地填埋是最终处置危险废物的一种方法。此方法包括场地选择、填埋场设计、施工填埋操作、环境保护及监测、场地利用等几方面。其实质是将危险废物铺成一定厚度的薄层,加以压实,并覆盖土壤。这种处理技术在国内外得到普遍应用。

（2）焚烧法

焚烧法是高温分解和深度氧化的综合过程。通过焚烧可以使可燃性的危险废物氧化分解,达到减少容积、去除毒性、回收能量及副产品的目的。

危险废物的焚烧过程比较复杂。由于危险废物的物理性质和化学性质比较复杂,对于同一批危险废物,其组成、热值、形状和燃烧状态都会随着时间与燃烧区域的不同而有较大的变化,同时燃烧后所产生的废气组成和废渣性质也会随之改变。因此,危险废物的焚烧设备必须适应性强,操作弹性大,并有在一定程度上自动调节操作参数的能力。

一般来说,差不多所有的有机性危险废物都可用焚烧法处理,而且最好是用焚烧法处理。而对于某些特殊的有机性危险废物,只适合用焚烧法处理,如石化工业生产中某些含毒性中间副产物等。

焚烧法的优点在于能迅速而大幅度地减少可燃性危险废物的容积。如在一些新设计的焚烧装置中,焚烧后的废物容积只是原容积的 5% 或更少。一些有害废物通过焚烧处理,可以破坏其组成结构或杀灭病原菌,达到解毒、除害的目的。此外,通过焚烧处理还可以提供热能。

焚烧法的缺点:一是危险废物的焚烧会产生大量的酸性气体和未完全燃烧的有机组分及炉渣,如将其直接排入环境,必然会导致二次污染;二是此法的投资及运行管理费高,为了减少二次污染,要求焚烧过程必须设有控制污染设施和复杂的测试仪表,这又进一步提高了处理费用。

（3）固化法

固化法是将水泥、塑料、水玻璃、沥青等凝结剂同危险废物加以混合进行固化,使得污泥中所含的有害物质封闭在固化体内不被浸出,从而达到稳定化、无害化、减量化的目的。

固化法能降低废物的渗透性,并且能将其制成具有高应变能力的最终产品,从而使有害废物变成无害废物。

（4）化学法

化学法是一种利用危险废物的化学性质，通过酸碱中和、氧化还原以及沉淀等方式，将有害物质转化为无害的最终产物。

（5）生物法

许多危险废物是可以通过生物降解来解除毒性的，解除毒性后的废物可以被土壤和水体所接受。目前，生物法有活性污泥法、气化池法、氧化塘法等。

2. 危险固体废弃物的管理

在危险固体废弃物的管理方面，我国严格落实危险废物经营许可制度。新修订的《中华人民共和国固体废物污染环境防治法》规定，凡从事收集、贮存、处置危险废物经营活动的单位，必须向县级以上人民政府环境保护行政主管部门申请领取经营许可证；从事利用危险废物经营活动的单位，必须向国务院环境保护行政主管部门或者省、自治区、直辖市人民政府环境保护行政主管部门申请领取经营许可证。各市应对辖区内从事危险废物收集、贮存、利用和处置等经营活动的单位，组织一次摸底调查；对其中没有办理危险废物经营许可证的，要求其按国家和省危险废物经营许可证审批程序申请危险废物经营许可证。

此外，西方国家如美国已经制定了相对完善的管理制度，可以供我们借鉴。

美国的危险废物管理规定：

（1）废物产生者必须

① 有废物转运联单和废物产生者身份证

② 遵守 90 天存放限度

③ 向有关机构、废物运输者和处理、贮存和处置场地报告所有危险废物运输情况

（2）运输者必须

① 有为事故准备的备用资金

② 有应急响应计划

（3）处理、贮存和处置场地必须

① 有许可证

② 确认危险废物运输接收记录

一旦危险废物运输过程中有事故发生，政府应当进行清理活动并施压于废物产生者、运输者或处理、贮存和处置场所。

鉴于危险固体废弃物的特殊危险性，我们在处理过程中除了严格遵守规章制度外，还应该制定完善的应急预案，积极应对突发事件的处理，最大限度减少危险和损失，保护环境和人民生命安全。

▶▶▶ 练习题 ◀◀◀

1. 简述人类与环境的关系以及你对可持续发展的认识。

2. 什么叫大气污染？大气污染的人为来源有哪些？

3. 大气中的主要化学污染物有哪些？简述它们的主要来源以及危害。

4. 简述大气环境评价标准的分级和限值。

5. 柴油车和汽油车的尾气有哪些物理和化学上的区别？

6. 简述室内废气中的主要污染物，以及其主要的治理技术。

7. 简述固体废弃物的大致分类，以及其主要危害，并简述几种固体废弃物的处理技术。

8. 利用电渗析法处理工业废水有何特点？

9. 在做静态吸附实验时，当吸附剂与吸附质达到吸附平衡时（此时吸附剂未饱和），再往废水中投加吸附质，请问吸附平衡是否被打破？吸附剂吸附是否有变化？

10. 何谓吸附等温线？常见的吸附等温线有哪几种类型？吸附等温式有哪几种形式及应用场合如何？

11. 目前，生物处理技术有许多新的工艺，如 SBR、AB 法、A/O 工艺、A2/O 工艺和氧化沟等，创建这些新工艺的目的是什么？是根据什么（污染物降解机理）来创建这些新工艺的？

第 8 章

绿色化学与可持续发展
(Green Chemistry and Sustainable Development)

8.1 绿色化学产生的时代背景

资源与环境是人类赖以生存的根基,也是人类经济发展的基础。作为国民经济支柱产业之一的化学工业及相关产业,在为创造人类的物质文明作出重要贡献的同时,在生产活动中不断排放出大量有毒物质,也给环境和人类的健康带来直接的危害,甚至成为环境污染和生态破坏的罪魁祸首,受社会公众的指责。当代化学家开始意识到自己的生态责任、环境责任和社会责任,力图消除和减轻化学化工对生态环境的影响。

8.1.1 绿色化学的兴起与发展

绿色化学最早产生于化学工业非常发达的美国。绿色化学的核心是利用化学原理从源头上减少和消除工业生产对环境的污染,反应物的原子全部转化为期望的最终产物。1990年,美国通过了一个"防止污染行动"的法令。1992 年美国环保局又发布了"污染预防战略"。这些活动推动了绿色化学在美国的迅速兴起和发展,并引起全世界的极大关注。在这一年,在巴西里约热内卢召开了联合国环境与发展大会(UNCEO,后被称为"绿色国际会议"),大会通过了《21 世纪议程》,正式奠定了全球发展的最新战略——可持续发展。从此,人类社会将从工业文明的发展模式转向生态文明的发展模式。绿色化学也在这一大背景下产生并逐渐成为可持续发展理论的重要内容。1995 年 3 月 16 日,美国宣布"总统绿色化学挑战计划",提出了"绿色化学"的概念。环境友好化学、洁净化学、原子经济性、绿色技术等一系列新的名词也相继出现。

8.1.2　绿色化学的概念界定

1. 绿色化学的定义

绿色化学（green chemistry）又称绿色技术、环境无害化学、环境友好化学、清洁化学。绿色化学即是用化学及其他技术和方法去减少或消除那些对人类健康、社区安全、生态环境有害的原料、催化剂、溶剂、试剂、产物、副产物等的使用和产生。绿色化学的理想就在于不再使用有毒、有害的物质，不再产生废物，不再处理废物。总之，绿色化学是一门具有明确社会要求和科学目标的新兴交叉学科，就是要以体现当代最新科学技术的物理、化学、生物手段和方法，从源头上根除污染，实现化学与生态协调发展为宗旨来研究环境友好的新反应、新过程、新产品。

绿色化学的主要特点是"原子经济性"，即在获得物质的转化过程中充分利用每个原料原子，实现"零排放"，因此既可以充分利用资源，又不产生污染。从科学的观点看，绿色化学是化学和化工科学基础内容的更新，是基于环境友好约束下化学和化工的融合和拓展；从环境观点看，它是从源头上消除污染；从经济观点看，它要求合理地利用资源和能源、降低生产成本，符合经济可持续发展的要求。传统化学向绿色化学的转变可以看作是化学从"粗放型"向"集约型"的转变。因此，绿色化学是发展生态经济和工业的关键，是实现可持续发展战略的重要组成部分。

2. 绿色化学的研究内容

绿色化学是研究和开发能减少或消除有害物质的使用与产生的环境友好化学品及其工艺过程，从源头防止污染。因此，绿色化学的研究内容主要包括：清洁合成（clean synthesis）工艺和技术，减少废物排放，目标是"零排放"；改革现有工艺过程，实施清洁生产（clean production）；安全化学品和绿色新材料的设计和开发；提高原材料和能源的利用率，大量使用可再生资源（renewable resource）；生物技术和生物质（biomass）的利用；新的分离技术（novel separation technology）；绿色技术和工艺过程的评价；绿色化学的教育，用绿色化学变革社会生活，促进社会经济和环境的协调发展。

绿色化学的核心是要利用化学原理和新化工技术，以"原子经济性"为基本原则，研究高效、高选择性的新反应系统（包括新的合成方法和工艺），寻求新的化学原料（包括生物质资源），探索新的反应条件（如环境无害的反应介质），设计和开发对社会安全、对环境友好、对人体健康有益的绿色产品。

总之，传统化学工业以大量消耗资源、粗放经营为特征，加之产业结构不尽合理，科学技术和管理水平较为落后，使得我国的生态环境和资源受到严重污染和破坏。因此，必须更新观念，确立"原料－工业生产－产品使用－废品回收－二次资源"的新模式，采用"源头预防及生产过程全控制"的清洁工艺代替"末端治理"的环保策略,依靠科技进步,大力发展绿色化学化工,走资源、环境、经济、社会协调发展的道路,这是我国化学工业乃至整个工业现代化发展的必由之路。故选择重点领域研究开发绿色化学技术、大力实施清洁生产工艺、加大科技创新力度对于改善环境、提高经济起到重要作用。

8.2　绿色化学的基本原理和特点

绿色化学的基本思想在于不使用有毒、有害物质,不产生废物,是一门从源头上阻止污染的绿色与可持续发展的化学。

8.2.1　绿色化学的基本原则

绿色化学是化学的新发展,根据绿色化学遵循的不断完善的基本原则,以保护人类健康和环境,实现环境、经济和社会的和谐发展。为了评价一个化工产品、一个单元操作或一个化工过程是否符合绿色化学目标,P. T. Anastas 和 J. C. Warner 首先于 1998 年提出了著名的绿色化学 12 条原则。它们主要是如下:

① 防止污染优于污染治理:防止废物的产生优于在其生成后再进行处理。

② 原子经济性:合成方法应具有"原子经济性",即尽量使参加反应的原子都进入最终产物。

③ 绿色化学合成:在合成中尽量不使用和不产生对人类健康和环境有毒、有害的物质。

④ 设计安全化学品:设计具有高使用功效和低环境毒性的化学品。

⑤ 采用安全的溶剂和助剂:尽量不使用溶剂等辅助物质,必须使用时应选用无毒、无害的。

⑥ 合理使用和节省能源:生产过程应该在温和的温度和压力下进行,而且能耗应最低。

⑦ 利用可再生资源合成化学品:尽量采用可再生的原料,特别是用生物质代替矿物燃料。

⑧ 减少不必要的衍生化步骤,尽量减少副产品。

⑨ 采用高选择性的催化剂。

⑩ 设计可降解化学品:化学品在使用完后应能够降解成无毒、无害的物质,并且能进入自然生态循环。

⑪ 进行预防污染的现场实时分析:开发实时分析技术,以便监控有毒、有害物质的生成。

⑫ 使用安全工艺:选择合适的参加化学过程的物质及生产工艺,尽量减少发生意外事

故的风险。

　　绿色化学 12 条原则目前被国际化学界所公认,它不仅是近年来在绿色化学领域中所开展的多方面的研究工作的基础,同时也指明了未来发展绿色化学的方向。针对工艺技术放大、应用和实施的潜在能力,N. Winterton 提出了绿色化学应该关注如下相关问题:鉴别副产品,尽可能地定量描述,报告转化率、选择性和产率;在生产过程中要进行完整的质量平衡计算;定量核算生产过程中催化剂和溶剂的损失;充分研究基本的热化学,特别是放热规律,以保证安全;预测其他潜在的质量和能源的传输限制及规律;考虑全部生产过程对化学选择性的影响;使用的全部产品及其他输入要尽量定量和最小化;要充分认识操作者的安全和废物最小化之间可能存在矛盾的事实;对试验或工艺过程向环境中排放的废物要监视、呈报,并尽可能地使之最小化,并把它们作为绿色化学的"附加原则"。

　　"附加原则"既是对以上绿色化学 12 条原则的补充,又可指导研究人员进一步深入研究或完善实验室的研究结果,以便能更好地评价化学过程中废物减少的情况及其绿色的程度。绿色化学的这些原则主要体现在要充分关注原料的可再生性及有效利用、环境的友好和安全、能源的节约、生产的安全性等问题,是在始端实现污染预防的科学手段。而传统化学则突出强调化合物的功能、化学反应的效率,较少关注与之有关的污染问题和副作用的影响。绿色化学正是鉴于人类面临的环境污染问题大多数与化学物质的污染直接相关,在对传统化学发展模式进行彻底反思的基础上发展起来的。人们一方面用绿色化学原理重新审视、改造现有的工业化学;另一方面为满足人类对新物质、新产品的日益增长的需要,还应积极研究新的绿色化学合成方法和技术。另外,绿色化学作为一门新兴的交叉学科也是在不断发展的,随着科学技术的发展和社会的进步而逐步完善。

8.2.2　绿色化学的产品设计的类型

1. 安全性化学品的设计

　　在传统化学工业中,设计并制备某一化学品时,更多的是关注该化学品的实际使用功能,而忽略了它的副作用、毒性或危害特性。比较典型的例子就是造成严重生态环境危害的农药 DDT 和严重破坏大气臭氧层的制冷剂氟利昂。

　　DDT 作为人类历史上第一类合成出来的高效有机氯杀虫剂,自 1942 年投放市场以来,其杀虫效果迅速得到认可,在消灭粮食、经济作物、果树、蔬菜等的害虫方面具有显著功效。但在使用多年后,人们发现 DDT 无选择地将某些肉食昆虫和鸟类一起除掉,使得虫害比以前更加猖獗。同时,DDT 的性能稳定,在许多生物的脂肪组织或脂肪细胞中产生生物积累,对生物本身及人类都造成了难以消除的伤害,对农业生态系统和自然生态系统都造成了极大的不利影响。因此,自 1973 年起世界各国先后停止生产和使用这类杀虫剂。

　　氟利昂是一类由碳、氟、氯组成的氯氟烃 CFC,1928 年由美国 DuPont 公司开始商业性生产。氟利昂由于具有良好的化学稳定性、阻燃性、低毒性、热力学和电学性能,以及价格低廉等,作为制冷剂、发泡剂、电子元件的清洗剂等得到了广泛的应用。1985 年,英国科学家 Farmen 等人在多年观测基础上发现南极上空出现臭氧空洞。臭氧层的破坏将严重地影响人类的健康。造成臭氧层破坏的一个根本原因就是人为释放的氟利昂进入大气平流层,在平流层内,强烈的紫外线照射使氟利昂分子发生解离,释放出高活性原子态的氯等自由基,与臭氧发生作用,造成臭氧的大量减少。因此,为避免臭氧层进一步遭到破坏,自 1993 年起世界各国逐步开始停止使用氟利昂,而选用对臭氧层无破坏作用的新型无氟制冷剂。

在绿色化学中,设计生产化学品时不但要考虑化学品的使用功能,更要考虑化学品对人类健康和生态环境有无危害。什么是安全化学品呢? 从化学品的全生命周期进行评价,首先该产品的起始原料应来自可再生的原料,然后产品本身必须不会引起人类健康和环境问题,最后当产品使用后,应能再循环利用或易于在环境中降解为无毒、无害的物质。

2. 无危害化学品的绿色设计

对于任何化学品的设计,都应该把对人身健康和对环境无危害作为必须遵守的一个原则,发展和应用对人类健康和环境无毒、无危险性的化学原料、溶剂及其他实用化学品。由于一般化学品很难同时达到完全无毒且具有最强的功效,如电镀中使用的配位剂氰化物性能优异却毒性很强,当去掉毒性基团后,它的优异使用性能也基本丧失了,因此,设计安全化学品就是利用构效关系和分子改造的手段保持和发挥化学品的优异使用功能,同时又将它的毒性作用降到最低,在两者之间寻求最适当的平衡。以此为依据对新化合物进行结构设计的同时,也可对已存在的有毒的化学品进行结构修饰或重新设计。

一旦期望的功能和与之关联的分子结构被选定,化学家就必须努力地调整和修饰这个分子结构,以减轻任何潜在的危害。为达到这个目的,经常采用以下几种基本方法:如分析物质的作用机理,分析物质的结构与活性的关系,避免采用毒性官能团,使生物利用率最小化,使辅助物质的量最小化。若人们对一种化学品展示毒性方面的细节了解越多,则在设计一种更安全的化学品时可利用的选择就越多,也就更容易达到在保证化学品功能的同时,将它们的危害作用降到最低限度。目前人们已经对化学品的合成、结构、功能进行了广泛而深入的研究,对于合成操作与目标产物结构的关系、结构与某些使用功能的关系及其变化的内在规律都有了一定的了解。因此,设计更加安全的化学品是可能的。

3. 易代谢、可再生化学品的设计

设计易代谢、可降解学品首先要了解形成特定功能的分子结构是如何实现其功效的,以及对人类健康和环境可能造成危害的程度。在此基础上通过对分子结构进行调控,使得化学品的功能得到最大的发挥,而固有的危害被降到最低限度。这样就可实现安全化学品的设计。设计安全化学品有以下几种途径:一是如果从作用机制上了解到某个反应是毒性产生的必要条件,那么可以在确保该分子功能的前提下,通过改变分子结构使该反应不再发

生,从而避免或降低该化学品的危害性。二是在毒性机理不明确的情况下,可以分析化学结构中某些官能团与毒性之间的关系,设计时尽量通过避免、降低或除去同毒性有关的官能团来降低毒性。三是降低有毒物质的生物利用率。如果一个物质是有毒的,只要其不能达到使毒性发生作用的目标器官时,其毒性作用也就无法发生。因此,化学家可以利用改变分子的物理化学性质(如水溶性和极性)来控制分子,使其难于或不能被生物膜和组织吸收,即通过降低吸收及生物利用率,在不影响该分子的功能与用途的前提下,使分子既"有效"又"无毒"。

为了解决化学品的污染问题,人们一直在努力开发对环境无害的工艺方法和产品。事实上,对于最早暴露出来的某些化学品的污染问题,通过努力已经找到了解决的方案。例如,为了对付塑料的"白色污染",人们开发出了可降解的塑料;为了消除 DDT 等杀虫剂对生态环境的危害,人们合成出了保持原有功效,选择性高,不含氯、在生理条件下能快速分解为无毒、易代谢物质的新型杀虫剂。目前,人类既离不开化学品,又不愿意在使用化学品的同时对自身造成危害,那么人类只能选择使用对人类和环境无毒、无害的化学品。

8.2.3　生态环保型化学品研制

在传统化学品设计生产中,一般只考虑产品的使用性能,极少考虑在产品的生命周期中产生的物质或者在产品完成功能后残留体的性质与作用,只有当它对环境造成了严重的危害时,才引起人们的关注。其中最重要的问题就是"持久性化学品"或"持久性生物积累物"。当化学品废弃后,这些化学品会在环境中保持原样或被各种动植物吸收,并在它们的体内积累。通常,这种积累对相关的动植物有直接或间接的毒害作用。

1. 化学品的生物可降解性研制

化学品废弃物公害急剧增加已经成为全社会关注的问题。因此,从绿色化学的角度出发,无论设计什么样的化学品,既要考虑该产品的使用功能,又要考虑使用后的降解性,更要考虑降解产物自身的毒性和其他危害性。可通过引入适当的特殊官能团和结构,使化学品在适当条件下能够发生水解、光解或生物降解,确定化学品在完成使用功能后不产生任何有毒、有害物质,或在环境中不能长期存在,确保降解过程及产物对人体健康、生态环境无危害。

为消除"白色污染",可采用掺混和解构两大形式开发设计可生物降解材料。可生物降解材料可以在细菌、酶和微生物的侵入、吸收及破坏下发生分子链的断裂而降解。可生物降解材料可代替聚乙烯、聚丙烯等难降解的聚合物材料,减少"白色污染"。例如,聚乳酸纤维是一种性能较好的可生物降解的合成纤维,由天然材料制得,使用后的废弃物借助土壤和水体中的微生物作用,分解生成二氧化碳和水,不对环境造成污染。用聚乳酸材料制作的酸奶杯,在常温下性能稳定,但在温度高于 55℃ 或在富氧和微生物的条件下会自动分解。废弃的聚乳酸酸奶杯一般只需 60 天就能完全分解,且不对环境造成污染。

2. 化学品生物可选择性研制

理想的农药应该只作用于一种有害物种,而对其他物种没有任何影响,但实际上这是难以实现的。设计农药时,寻找有害生物和其他生物代谢之间的差异,针对昆虫具有的而人体和其他哺乳动物没有的代谢途径进行攻击的杀虫剂,对人的毒性较小;针对植物生长过程中杂草具有的而动物体内没有的代谢途径进行攻击的除草剂,对动物的毒性较小。但这些区别不足以让人和动物免受毒害。例如,为给农场主和社会消费者提供一个更安全、更有效的控制草地和各种农作物昆虫的技术,Rohm & Haas 公司开发了一种新型杀虫剂 Confim™。Confirm™通过一个全新的更安全的作用模式来控制目标昆虫。Confirm™强烈地扰乱目标昆虫的蜕皮过程,使它们在暴露后短暂停食,并在此之后很快死亡。Confirm™对于各种各样的非目标有机体比其他杀虫剂更安全,作为最安全、最具选择性、效果最明显的昆虫控制剂之一,被美国环保署归类为危险性减小了的杀虫剂。

3. 化学品的生态环保性研制

在工业冷却水循环系统、油田和其他一些系统中,用于控制细菌、藻类和真菌类生长的常规杀生物剂对人类和水生生物十分有害,并在环境中持续存在,造成长期性危害。美国 Albright & Wilson 公司开发了一种新的相对环境友好的杀生物剂 THPS,它将优良的抗菌活性与一个相对环境友好的毒性学特征结合在一起,在工业水处理系统中得到应用。THPS 具有低毒、低推荐处理标准、在环境中快速分解及没有生物累积等优点,减小了对人体健康和环境的危害性。船底污物是生长在船底表面上的有害动物和植物,这些物质的存在会增加行船中水的阻力,进而增加燃料消耗。原来用于控制船底污物的主要化合物是有机锡防污涂料,虽然该涂料能有效阻止船底污物形成,但也带来了剧毒性、生物累积性、降低生育发育能力、增加水生有壳类动物的壳厚及引起生物变种等环境问题。

8.2.4　绿色化学溶剂和助剂

1. 传统化学溶剂和助剂的危害

在化学品的生产、加工、使用过程中,每一步都会用到辅助性物质。这些辅助性物质一般作为溶剂、萃取剂、分散剂、反应促进剂、清洗剂等。目前,使用量最大、最常见的溶剂主要有石油醚、苯类芳香烃、醇、酮、卤代烃等。人类每年向大气排放这些挥发性有机溶剂超过 2000×10^4 t。这些挥发性有机溶剂在阳光照射下,在地面附近形成光化学烟雾,导致并加剧肺气肿、支气管炎等症状,甚至诱发癌症病变。此外,这些溶剂还会污染水体,毒害水生动物及影响人类的健康。随着保护环境的呼声日益高涨,各国纷纷制订各种限制或减少挥发性有机溶剂排放的措施,以期减轻对环境的危害。化学家在设计化学品的制备和使用过程时必须考虑到尽可能不使用辅助性物质,如果必须使用也应是无害的。研究开发无毒、无害的溶剂去取代易挥发、有毒、有害的溶剂,减少环境污染,也是绿色化学化工的一项重要内容。

2. 化学溶剂和助剂的绿色化替代

对于有毒、有害溶剂的替代品选择,通用指导性原则包括以下几点:一是低危害性。由于溶剂用量很大,因此人们在研制溶剂时必须考虑安全性。选择溶剂时首先要考虑的是其爆炸性或可燃性,另外要考虑大量使用溶剂对人体健康和环境的影响。二是对人体健康无害。挥发性溶剂很容易通过呼吸进入人体,一些卤代试剂可能有致癌的作用,而其他有些试剂则对神经系统有毒害作用。三是环境友好。要考虑溶剂的使用可能会引起的区域性和全球性的环境问题。

目前,代替传统溶剂的途径包括使用水溶液、超临界流体、高分子或固定化溶剂、离子液体、无溶剂系统及毒性小的有机溶剂等。水是地球上广泛存在的一种天然资源,价廉、无毒、无害,用水来代替有机溶剂是一条可行的途径。有些合成反应不仅可以在水相中进行,而且还具有很高的选择性。另外也有一些关于水中镧系化合物催化的有机合成的研究报道。利用水与大多数有机溶剂不互溶的性质,可设计一些在液/液(水)两相中进行的相转移催化反应。另外,也可采用水溶性的过渡金属配合物在水相中起催化作用,其优点在于催化剂在水相中易于回收利用。

3. 无溶剂和无助剂是绿色化学的方向

无溶剂系统常常可以简化反应操作,提高产率和选择性。但这些溶剂反应的后处理都需使用溶剂。无溶剂反应是减少溶剂和助剂使用的最佳方法,其不仅对人类健康与环境安全具有重要作用,而且有利于降低费用,是绿色化学的重要研究方向之一。目前人们已经开发出几种途径来实现无溶剂反应。在无溶剂存在下进行的反应可分为三类:反应物同时起溶剂作用的反应;反应物在熔融态反应,以获得好的混合性及最佳的反应效果;固体表面反应。固态化学反应是在无溶剂条件下进行的反应,能在源头上阻止污染物,具有节省能源、无爆燃性等优点,且产率高,工艺过程简单,某些反应还具有立体选择性。特别是微波炉、超声波反应器出现之后,无溶剂反应更容易实现。

8.2.5　研发高效无害的绿色催化剂

1. 高选择性和高效率催化剂

催化剂的作用是促进反应的进行,但本身在反应中不被消耗,也不出现在最终的产品中。据统计,目前化学工业生产中,90%以上的化学反应都需要使用催化剂。催化剂既能提高反应速率,且催化剂本身在使用中不被消耗。采用催化剂可以提高目标产物的选择性。选择性催化可实现反应程度、反应位置及立体结构方面的控制。同样的原料,采用不同的催化剂可以得到不同的反应产物。另外,选用合适的催化剂还可以简化反应步骤,提高反应的原子经济性。催化反应还可以通过采用合适的催化剂来降低反应的活化能,提高反应速率,降低反应温度。在大规模生产中,这种效应无论是从环境影响方面还是从经济影响方面都是非常重要的。因此,催化剂能够在工艺上为降低操作压力和温度、简化流程等提供有利的条件,从而达到提高生产效率、降低成本及节约能源的目的,使化工工艺更加绿色化。但在化学过程设计中对于所用催化剂也要进行适当的选择,有些催化剂本身就是对人体健康和生态环境有毒、有害的,而且反应完后催化剂本身也需要进行处理。

2. 研发环境友好型催化剂

正确选用催化剂,不仅可以加速反应的进程,显著地提高反应转化率和产物选择性,降低能耗,还能从根本上减少或消除副产物的产生,减少废物排放,最大限度地利用各种资源。目前,环境友好催化剂的研究非常活跃,涉及的领域也非常广泛。

(1) 固体酸催化剂

酸催化反应和酸催化剂是包括烃类裂解、重整、异构化等石油炼制过程及烷基化、酯化、加成/消除、缩合等石油化工和精细化工在内的一系列反应的基础,是催化领域内研究得最广泛、最详细和最深入的一个领域。目前,有许多酸催化反应仍然使用氢氟酸、硫酸等液体酸催化剂,在工艺上难以实现连续生产,催化剂与原料和产物难以分离,存在腐蚀设备、造成人身危害和产生"三废"等问题。为克服以上问题,人们开发了无毒、无腐蚀、容易分离的固体酸催化剂,主要包括各种沸石催化剂、层状黏土、复合氧化物超强酸、酸性树脂及杂多酸等。

(2) 钛硅分子筛

钛硅分子筛的开发使得过去在低温、常压或低压下不可能发生的烃类或酮类直接环氧化、羟基化、酮化、酯化、磺化和氧化等反应成为可能,有些反应已经成功实现了工业化。钛硅分子筛和 H_2O_2 组成环境友好的反应系统,与传统工艺相比,工艺简单,条件温和,选择性高,副产物很少,基本无"三废"处理问题,属环境友好的绿色清洁工艺。

(3) 酶催化剂

酶和其他生物系统在温和的温度、压力和 pH 值条件下,在稀水溶液中能达到很好的生物催化作用。酶催化剂具有以下优点:催化效率高;选择性高,一种酶只能对一种或一类物质进行催化反应;反应条件温和,一般在常温、常压、酸度变化不大的条件下起反应;酶本身无毒,在反应过程中也不产生有毒物质,因此不造成环境污染,属典型的环境友好催化反应。近年来,除了生物化学反应外,酶在有机化工、精细化工领域都有着广泛的应用。利用酶催化反应来制备和生产化学品是化工清洁生产的重要发展方向。例如,以葡萄糖为原料,通过酶催化反应可制得己二酸等;利用酶技术可进行石油的生物脱硫。

3. 研发无毒无害催化过程

催化剂在绿色化学中具有重要地位,旧工艺的改造需要新催化剂,新的反应原料、新的反应过程需要新催化剂。因此,如何设计和使用高效、无毒、无害催化剂,开发环境友好催化过程是绿色化学研究的重要内容之一。采用无毒、无害的新型固体酸催化剂,代替对环境有害的液体酸催化剂,简化工艺过程,提高产物选择性,减少"三废"的排放量;在精细化工生产中,采用不对称催化合成技术,得到光学纯手性产品,减少有害原料和有毒副产物;采用茂金属催化剂合成具有不同物理特性的高分子烯烃聚合物;用生物催化法除去石油馏分中的硫、氮和金属盐类;水溶性均相配位催化剂和有机反应物组成的两相反应系统,具有反应条件温和、活性高、选择性好及反应后易分离等优点;晶格氧催化剂选择氧化烃类,可以控制氧化深度,提高目标产物的选择性,节约资源和保护环境;药物合成中采用超分子催化剂,并进行分子记忆和模式识别等都是催化技术中的绿色过程。

8.3　原子经济性

　　长期以来,化学家关注的是化学反应的高选择性和高产率,而常常忽视了反应物分子中原子的有效利用问题。他们更重视化学过程的经济性,较少考虑对环境的影响。在以矿物资源为基础原料的传统化学工业中,化学合成反应通常是在一个相对惰性的分子中引入活泼基团或功能性官能团,由于合成过程比较困难,有时需要多步骤才能实现,因此,反应物分子中的原子很难全部进入最终的产品。一方面,大量的原子合成了人们不希望得到的废物,使基础原料浪费;另一方面,还要花财力和物力去处理这些废物。如果不加处理任其排放,就会污染环境,危及人类。绿色化学的目标是尽量避免在生产和应用化学品时使用毒性试剂和溶剂,同时高效地利用原料、消除废料。考察一个化学过程是否高效主要有两个指标:一是原子经济性,是目标产品的质量与所有参加反应的物质的质量和之比;二是 E 因子,定义为废物与目标产品的质量比。

8.3.1　原子经济性的理论内涵

　　1991 年,美国斯坦福大学的化学教授特罗斯特(B. M. Trost)首次提出了化学反应的"原子经济性"(atom economy)概念。B. M. Trost 认为,化学合成应考虑基础原料分子中的原子进入目的产品中的物质量。原子经济性的目标是在设计化学合成时,促使原料分子中的原子多数或全部地转成目的产品中的原子。

　　1. 原子经济性

　　在传统的化学反应中,评价一个合成过程的效率高低一直以产率的大小为标准。而实际上一个产率为 100% 的反应过程,在生成目标产物的同时也可能产生大量的副产物,而这些副产物不能在产率中体现出来。为此,B. M. Trost 首次提出了"原子经济性"的概念,认为高效的有机合成应最大限度地利用原料分子的每一个原子,使之结合到目标分子中(如完全的加成反应：A＋B ——→C），达到零排放，即不产生副产物或废弃物。

B. M. Trost 认为合成效率已成为当今合成化学的关键问题。合成效率包括两个方面：一是选择性（化学选择性、区域选择性、顺反选择性、非对映选择性和对映选择性）；另一个就是原子经济性，即原料中究竟有多少原子转化成产物。一个有效的合成反应不仅要有高的选择性，还应有较好的原子经济性。例如，对于一般的有机合成反应，传统工艺是以 A 和 B 为原料合成目标产物 C，同时有 D 生成。

$$A＋B \longrightarrow C＋D$$

其中，D 是副产物，可能对环境有害，即使无害，从原子利用的角度来看也是浪费。如果开发一个新工艺，以 E 和 F 为原料，也可以生成产物 C，但没有副产物 D 生成。

$$E＋F \longrightarrow C$$

新工艺中反应分子的原子全部得到利用，这是一个理想的原子经济性反应。

高效的化学反应应最大限度地利用原料分子的每一个原子，使之结合成目标产物。原子经济性可用原子利用率衡量：

$$原子利用率＝\frac{目标产物的相对分子质量}{反应物质的相对原子质量之和}×100\%$$

这是一个在原子水平上评估原料转化程度的新思想，一个化学反应的原子经济性越高，原料中进入产物的物质的量就越大。理想的原子经济性反应是原料物质中的原子 100% 进入产物。因此，原子经济性的特点就是最大限度地利用原料。

有机合成的一个重要反应 Wittig 反应，使用 Wittig 试剂可将酮或醛等羰基化合物高效地转化为烯烃，但由于三苯基膦最后生成了 Ph_3PO，因此 Wittig 试剂 $Ph_3P=CH_2$ 的原子利用率非常低。

2. E 因子概念

1992 年荷兰有机化学家 Sheldon 提出了 E 因子的概念。E 因子是以化工产品生产过程中产生的废物量的多少来衡量合成反应对环境造成的影响，即用生产每千克产物所产生的废弃物千克数来表示：

$$E 因子＝\frac{废弃物的质量}{预期产物的质量}$$

原子利用率越低，环境因子就越大，生产过程产生的废弃物就越多，造成的资源浪费和环境污染就越大。其中废弃物是指预期产物之外的所有副产物，包括反应后处理过程产生的无机盐等。例如氯化钠、硫酸钠、硫酸镁往往是废弃物的主要来源，它们大多在反应进行后处理（如酸碱中和）的过程产生。因此，要减少废弃物，使 E 因子较小，其有效途径之一就是改变经典化学合成中以中和反应进行后处理的常规方法等。

　　Sheldon 根据 E 因子的大小对化工行业进行划分,如表 8－1 所示。化学品合成中产生的废物量依化学品的不同而有很大差异,产品越精细,E 因子越大。部分的原因是后者包括多步合成,而且使用的是化学计量的反应试剂而不是催化剂。

表 8－1　化学工业的 E 因子

工业部门	产物产量/kg	E 因子
石油精炼	$10^9 \sim 10^{11}$	约 0.1
大宗化学品	$10^7 \sim 10^9$	1～5(个别小于 1)
精细化学品	$10^5 \sim 10^7$	5～50(个别大于 50)
药品	$10^4 \sim 10^6$	25～100

　　显然,用原子经济性或 E 因子考察化工流程有些过于简化,对于合成过程或化工流程所产生的环境影响的更全面的评价还应考虑废弃物对环境的危害程度。此外,产出率,即单位时间单位反应容积体积生产物质量,也是一个重要因素。

8.3.2　化学反应类型与原子经济性

　　对于一个化学反应,若使用的所有材料均转化至最终目标产物中,则该反应就没有废弃物或副产物排放。这种反应的效率最高,最节约能源与资源,同时也避免了废弃物或副产物的分离与处理等过程,是化学反应的理想目标。

　　为了评价某一合成方法是否对环境友好,确定合成路线中每一个反应的类型是非常重要的。下面比较有机合成中最常见的四类反应的原子经济性。

1. 重排反应

　　重排反应是指将分子的原子通过改变相互间的相对位置、键的形式等途径重整,产生一个新分子的反应。其原子利用率为 100%。这类反应包括 Beckmann 重排、Claisen 重排、Fries 重排、Wolff 重排等,都是重要的有机合成反应。其反应通式为:

　　　　$A \longrightarrow B$

比如 Claisen 重排和 Beckmann 重排反应,具体反应方程式为:

2. 加 成 反 应

加成反应是不饱和分子与其他分子在反应中相互加合生成新分子的反应,反应中同时发生不饱和分子中 Ⅱ 键的断裂和与加合原子或基团间新的键的生成。依据进攻试剂的性质或键断裂方式的不同,加成反应一般分为亲电加成、亲核加成、催化加氢和环加成等类型。加成反应是将反应物的原子加到某一基质上,完全利用了原料中的原子,其原子利用率也为 100%,是理想的原子经济性反应。其反应通式为:

$$A+B \longrightarrow C$$

比如,丙烯催化加氢生成丙烷,六氯环戊二烯与双环戊二烯的 Diels-Alder 加成反应生成有机氯杀虫剂的中间体艾氏剂(Aldrin),具体的反应方程式为:

3. 取 代 反 应

取代反应是有机化合物分子中的原子或基团被其他分子的原子或基团所取代的反应。烷基化(甲基化、氯甲基化、羟甲基化等)、芳基化、酰基化(甲酰化、乙酰化、苯甲酰化、胺类酰化等)反应等,均为取代反应。若一个分子中的某些原子或基团被另一个分子中的原子或基团替换,则离去基团成为该反应的一个副产物(或废弃物),因而降低了该转化过程的原子经济性。其反应通式为:

$$A-B+C-D \longrightarrow A-C+B-D$$

例如,丙酸乙酯与甲胺的取代反应生成丙酰甲胺和乙醇,由于部分原子未进入目的产物丙酰甲胺中而生成了副产物乙醇,其原子利用率仅为 65.41%。该反应式为:

$$CH_3CH_2CO \,\vdots\, OCH_2CH_3+H \,\vdots\, NHCH_2 \longrightarrow CH_3CH_2CONHCH_3+CH_3CH_2OH$$

4. 消 除 反 应

消除反应是从有机化合物分子中相近的两个碳原子上除去两个原子或基团,生成不饱和化合物的反应,包括脱氢、脱卤素、脱卤化氢、脱水、脱醇、脱氨反应,以及一些降解反应等,又称消去反应。消除反应是通过消去基质的原子来产生最终产物,被消去的原子成为废弃物。因此,消除反应不是原子经济性的反应。其通式为:

由于消除或降解反应生成了其他小分子,因此其原子经济性不十分理想。例如,季铵碱氢氧化三甲基丙基铵的热分解反应生成丙烯、三甲胺和水,如以丙烯为目的产物,其原子利用率仅为 35.30%。

$$H_3C — CH \quad CH_2 — N^+ — CH_3 \quad \xrightarrow{CH_3 \quad OH^-} \quad H_3C — CH \quad + N(CH_3)_3 + H_2O$$

原子经济性是衡量所有反应物转变成最终产物的程度。如果所有反应物都被完全结合到产物中,则合成是 100% 原子经济性。通常的合成反应类型可由原子经济性来进行评价。

8.4　绿色化学的研究方向和发展趋势

2008 年,联合国气候变化大会上首次提出"绿色经济"(green economy)。所谓"绿色经济",是以市场为导向、以传统产业经济为基础、以经济与环境的和谐为目的而发展起来的一种新的经济形式,是产业经济为适应人类环保与健康的需要而产生并表现出来的一种发展状态。因此,建设美丽中国,实现绿色发展、循环发展和低碳发展是中国现代化的必由之路。而绿色发展是人类关于生态、环保、低碳、可循环、可再生、可持续等发展理念的综合表述,绿色科技是绿色发展的基础,绿色化学化工更是实现绿色循环低碳发展的基石。

绿色化学又称环境无害化学(environmental benign chemistry)、环境友好化学(environmental friendly chemistry)、洁净化学(clean chemistry)。绿色化学发展的方向是构建无毒无害、生态环保和清洁低碳的化学工业和研究绿色安全的化学制品,在满足人类不断增长的物质需要的同时,也将满足人类对生态环境和安全健康的需求。

8.4.1　美国的"总统绿色化学挑战奖"引领绿色科技方向

美国的"总统绿色化学挑战奖"(The Presidential Green Chemistry Challenge,PGCC)是世界上第一个由国家政府颁布的对绿色化学实行的奖励政策,它对科学技术研究的生态化、绿色化转向起了积极推动作用,尤其是对化学和生物学的未来发展产生深远的影响。1996年设立美国"总统绿色化学挑战奖"的目的是"通过将美国环保局与化学工业部门作为环境保护的合作伙伴的新模式来促进污染的防止和工业生态的平衡",重视和支持那些具有基础性和创新性变迁、对工业界有实用价值的化学工艺新方法,以通过减少资源的消耗来实现对污染的防止。

美国的"总统绿色化学挑战奖"只授予五类项目:一是更绿色合成路线奖(greener synthetic pathways award);二是更绿色反应条件奖(greener reaction conditions award);三是设计更绿色化学品奖(designing greener chemicals award);四是小企业奖(small business award)；五是学术奖，奖励在绿色化学研究领域有突出学术贡献的科学家和研究团队。到2012年，美国环保署与美国化学学会已举办了16届美国"总统绿色化学挑战奖"，共有1500多个项目被提名，其中仅87项获得了这一荣誉，奖励在创建"更清洁、更便宜、更敏捷"的化学工业中获重大突破的个人、团体和组织。"总统绿色化学奖"是对把绿色化学原则运用到化学设计、制造、使用中的已经或能够被工业界利用，以达到预防污染目的的基础技术和创新技术的给予的国家性认可。

美国的"总统绿色化学挑战奖"的评选标准涉及对人身健康和环境有益、具有科学创新性和应用价值等方面。具体依据下列标准：一是获提名的技术必须是美国实施的"绿色化学计划"中的研究项目。二是获提名的技术有益于人体健康，有助于环境保护。绿色化学奖的技术必须具备"减少性原则"：新化学品应该减少毒性（急性和慢性），减少疾病和伤害，减少火灾和爆炸的可能性，减少污染物的排放，减少危险物的运输，或在生产过程中减少污染物的使用，等等。鼓励使用可再生原料，如1,3-丙二醇是一种重要的化工原料，可以合成聚酯PTT。PTT在服饰、室内装潢、树脂、无纺布等领域具有广泛的应用。过去主要采用传统化学和石油产品的原料通过化学法生成PTT，不仅副产物多，而且选择性差。而美国著名的杜邦公司通过基因工程方法开发了以淀粉为原料生产1,3-丙二醇的工艺，采用生物发酵法生产1,3-丙二醇，代替石油原料的合成路线，比传统的化学合成过程投入小，而且不产生污染物，具有显著的环境价值。杜邦公司这项利用可再生资源经生物催化生产1,3-丙二醇的成果，遵循绿色化学原则，利用生物技术将可再生资源大量转化成一种化学品，改变了传统的聚酯PTT合成路线，使生产过程更环保、更绿色、更生态，因此，该项技术的成熟和成功，使杜邦公司荣获2003年美国"总统绿色化学挑战奖"。

此外，"总统绿色化学挑战奖"还要求获奖的绿色化学化工技术能够被大量的化学生产厂商、产品用户和社会广泛使用，具有向其他领域、地区和工业转移推广的价值和特性，具有创新性和科学性。

8.4.2　现代化学化工技术的生态化转向

从化学化工技术本身来看，其发展经历了三个阶段。第一阶段：科学上行不行。一项新技术的发展主要是科学研究的结果，一个化学反应需要什么反应条件，如温度、压力、催化剂等，科学评价为首要指标。第二阶段：经济上行不行。有时一项技术要应用或产业化、规模化，如果经济成本太大，效益不高，不合算，企业就不愿意生产。选择化学品生产中技术的经济性是首选指标。第三个阶段：生态上行不行。这项技术如果不环保，不生态，能耗高，污染大，经济上再有效益都会被淘汰。这就是化学化工技术的生态化和绿色化转向、评价标准的转变。研发生态环保的绿色化学化工技术的领域很多，如微波化学技术、超声波技术、膜催化技术、光化学合成技术等，这技术的共同特点是具有绿色、环保、生态等特征。

从环境保护和治理本身来看,环保治理经历了三个时期:一是稀释排放无害论时期。20 世纪 50—60 年代,是对化学物质的毒性时间性、生物聚集和致癌性尚无所认识的时代,对废水、废气和废渣的排放没有立法来限制,人们普遍认为只要把废水、废渣和废气"稀释排放就可以无害","生态具有自修复能力,环境具有可容纳量(环境容量)"。这时期的环保对策可以称为"稀释废物来防治环境污染"。二是污染末端处理时期。由于人们对化学品的环境危害有了更多的了解,环保法规就开始限制废物的排放量,特别是废物排放的浓度,这时期的环保对策就进入"管制与控制"的时代。由于环保法规日益严格,于是对一些废水、废气和废渣不得不进行后处理才能进行排放,这样就开发了一系列废物的后处理技术,如中和废液,洗涤排放废气,焚烧废渣等等。三是污染源头防止时期。1990 年美国通过了"污染防止条例",成为环保首选对策,是在"源头防止废物"生成的划时代标志。发展无毒无害的化学工艺、化学品生产,尽量不产生污染物及少产生废物成为绿色化学化工技术的方向。化学工艺绿色化强调在化工生产过程中自觉地运用绿色化学原理,充分考虑资源的有效利用和环境保护,从能源、原料、工艺技术和产品,以及设备等方面减少废弃物的产生,改变过去单纯强调收率、产率,注重化工产品生产过程的经济效益,被动地、滞后地控制污染的思想,强调在生产之初即考虑能源与资源的循环利用,在污染产生之前就予以控制,构筑绿色化学工艺。现代化学化工技术领域不断与相关学科整合,与相关技术汇聚。

1. 生物技术受到绿色化学青睐

生物反应过程实质上是利用生物催化剂从事生物技术产品的生产过程。若采用活细胞(包括微生物、动物、植物细胞)为生物催化剂,称为发酵或细胞培养过程。若生物催化剂采用游离或固化酶,则称为酶反应过程。上述两类反应过程,从催化作用的实质看是没有什么区别的,均是利用活细胞作为催化剂的发酵生化过程,其实质也是通过生物细胞内部的酶起催化作用。酶是一种高效的、高度专一的生物催化剂。由于采用了高活性的生物酶催化剂,生物反应过程通常在温和的反应条件下就可进行,从而使生产设备较为简单,能耗一般较少。另外,生物反应过程多以光合产物、生物质为原料,这些物质是一种取之不尽的再生资源,再生资源的利用可逐步减少对终究会枯竭的矿物资源(石油、煤、天然气等)的依赖,而且生物反应过程产生的废弃物危害程度一般较小,生物反应过程本身也是环境污染治理的一种重要手段,在处理各种废弃物时往往还能获得有价值的产品(燃料、化工原料等)。综上所述,生物反应过程体现出原料绿色化、反应绿色化及产品绿色化,生物技术与生物反应是名副其实的绿色科技,也是绿色化学化工发展的方向。

生物酶催化技术与绿色化学化工技术的思想与理念是相通的,生物酶催化合成技术已成为绿色化学品合成的支柱之一,可以生产有特殊功能、性能、用途或环境友好的化工新材料。生物技术手段是实现绿色化学直接而有效的途径。生物技术越来越多地被用于化学品的生产,使传统的以石油为原料的化学工业发生变化,从而向条件温和、以再生资源为原料的生物加工过程转移。比如以农业废物(小麦杆)为原料采用生物技术合成乳酸,再进一步生产聚乳酸制造生物降解塑料,以解决白色污染问题。利用丰富的植物纤维资源,通过生物转化生产乙醇、丙醇、富马酸、单细胞蛋白等物质。

2. 超临界流体技术受宠

在无毒无害溶剂的研究中,最活跃的研究领域是开发超临界流体(SCF),如超临界二氧化碳。超临界二氧化碳是指温度和压强均在其临界点($31℃$、$7.38MPa$)以上的二氧化碳流体。超临界流体的密度、溶剂溶解度和黏度等性能均可由压强和温度的变化来调节,其最大优点是无毒、不可燃、价廉等。美国 DeSimone 的实验室广泛研究了在超临界流体中的聚合反应,采用一些不同的单体能够合成多种聚合物,对于甲基丙烯酸的聚合,超临界流体与常规的有机卤化物溶剂相比有着显著的优越性。超临界流体有聚合和解聚两类技术。一是超临界流体的聚合技术,如超临界二氧化碳中的聚合反应。含氟聚合物在传统的有机溶剂中的溶解度很小,含氟聚合物的制备多以氯氟烃有机溶剂为反应介质,但氯氟烃会破坏大气臭氧层。而在超临界二氧化碳中,含氟聚合物的溶解度很大,能实现均相聚合。1992 年DeSimone 等提出了超临界二氧化碳聚合,此后有关聚合系统的报道越来越多,内容涉及均相聚合反应、沉淀聚合反应、分散聚合反应及乳液聚合反应等。二是超临界流体的解聚技术,如超临界介质中聚合物的解聚反应。使用超临界流体处理废弃塑料是一项新技术。超临界水具有常态下有机溶剂的性能,能溶解有机物而不溶解无机物,还具有氧化性。它可以和空气、氮气、氧气和二氧化碳等气体完全互溶,所以它可以作为氧化反应的介质,又可以直接进行氧化反应。它还可用于分解和降解高分子物质,回收有价值的产品,循环利用资源,满足环保需要。另外,还有超临界水处理聚乙烯(PE)和聚苯乙烯(PS)。实验结果显示,在反应进行前 30min 内,反应的效率最高。添加剂能促进降解反应,得到相对分子质量更低的产物,而添加量在 5% 左右时,效率与成本比最高。当反应时间短或无添加剂存在时,提高反应温度对降解有显著的促进作用。把 PE 和水混合,加热到 $400℃$,在 $1\sim3h$ 内可降解成由烷烃和烯烃组成的油,改变条件,也可以生成芳香烃。通过温度、水量和反应时间的调控可改变产品的分布。此技术的排放物是油和水,容易分离,几乎不含有害物质,对环境无害,废水可循环使用。

8.4.3　绿色化学化工技术未来发展

1. 生物质资源开发是绿色化学化工技术的方向

近代工业革命以来,人们一直在开发和利用矿物质资源,如石油、煤炭、天然气等。从本质上讲,矿物质资源是不可再生资源,总有一天会枯竭。同时,地球环境的污染和生态的破坏均直接或间接地与矿物燃料的加工和使用有关,矿物燃料燃烧后产生的 CO_2、SO_x、NO_x是产生酸雨和温室气体等环境问题的根源。因此,在绿色化学理念的指导下,科学家把目光聚集在可再生的以植物为主的生物质资源上。

众所周知,绿色植物是利用叶绿素通过光合作用把 CO_2 和 H_2O 转化为葡萄糖,并把光能储存其中,然后把葡萄糖聚合成淀粉、纤维素、半纤维素、木质素等构成植物自身的物质。所谓生物质(biomass),可理解为由光合作用产生的所有生物有机体的总称。可再生的生物质资源是通过太阳能通过光合作用转化而来的,因此,其资源的丰富性可谓是取之不尽,用之不竭。在利用生物质资源过程中,传统的物理方法和化学方法尽管也能把大分子生物质降解成低相对分子质量的碳氢化合物、可燃的气体和液体,或直接作为能源,或加工后作为化学原料,但用物理和化学方法能耗高、产率低,且过程中污染严重。目前,绿色化学成功地采用了生物转化法,用酶作为催化剂对生物质进行降解,产生许多有用的化学物质。如由生物质制造汽油、天然气和氢气;用生物质生产有机化学品,如1,3-丙二醇、己二酸、聚乳酸等。运用生物技术路线来开发生物质资源的前景非常广阔,不仅原料可再生,而且生产过程避免了有毒有害物质的使用,其最终产品往往更环保、更友好,成为绿色化学未来发展的方向。

2. 生物制药是绿色化学化工技术的趋势

传统制药工业的特点是品种多,更新换代快,合成步骤多,原料使用复杂,总产率比较低,"三废"排放量大,容易造成环境污染。绿色制药工业就是将绿色化学的原理和技术运用到制药工业,以达到绿色工艺的要求。绿色化学制药就是运用绿色化学的原理和与技术,提高原料的原子利用率,减少或消除有害副产物的产生,使溶剂和试剂再循环回收利用,采用环境友好的工艺,实现无害化的工艺生产。催化技术是推动"绿色制药"不断发展的核心力量。催化过程包括多种形式的化学催化和生物催化,它是实现高原子经济性反应的重要途径。应用催化方法还可以实现常规方法不能进行的反应,从而缩短合成步骤。在催化合成中,催化剂的筛选和优化常常是非常重要的。目前,研究较热门的绿色催化剂主要有纳米分子筛、纳米晶格氧复合氧化物、杂多酸、共轭固体超强酸、负载型过渡金属氮化物、碳化物、水溶性均相有机金属配合物等。

3. 生物农药是绿色化学发展的热点领域

化学农药是指具有杀虫、杀菌、杀病毒、除草等功能的化学药物。按照作用靶标的不同,化学农药可分为杀虫剂、杀菌剂和除草剂。化学农药由于具有见效快、能耗低及容易大规模生产等特点,至今仍是用于防治病虫害的主要手段。绿色化学农药要求对靶标生物活性高,且对人畜基本上无毒,对害虫天敌和益虫无害,易在自然界中降解、无残留或低残留。因此,超高效、低毒害、无污染的农药就成为目前绿色农药的主攻方向之一。在化学农药的发展中,杂环化合物是新农药发展的主流。大多数的杂环化合物新农药对温血动物的毒性小,对鸟类、鱼类的毒性也很小。

绿色农药是用无公害的原材料和不生成有害副产物的工艺制备的、生物效率高、药效稳定、易于使用、对环境友好的农药产品。使用绿色农药不仅可以保护作物的正常生长,保证农作物的稳产丰收,而且可以减少环境污染。与绿色农产品相适应,未来的农药产品应该具备高效、低毒、低残留、选择性好等特点。绿色农药主要包括绿色生物农药、绿色化学农药及绿色农药制剂。

4. 洁净能源技术是绿色化学发展的关注焦点

现代工业的发展使人类离不开能源,而传统的能源利用过程是产生环境污染的直接根源。如煤炭含硫量高,燃烧后产生大量的 SO_2 和烟尘,造成大气污染,导致对生态环境破坏严重的酸雨的产生。另一个造成大气污染的罪魁祸首是汽车尾气。据统计,目前全世界的汽车拥有量大约为 7.5 亿辆(含摩托车),每年消耗汽油和柴油近 $20 \times 10^8 t$。世界上发达国家的一些城市从 20 世纪 40 年代开始,相继出现光化学烟雾(由强阳光引发大气中存在的烃、氮氧化物间的化学反应所引起),而汽车尾气是烃和氮氧化物的主要来源。在中国的能源结构中,煤炭占 70% 左右。目前,煤炭洁净技术的研究已在三个方向上展开:一是煤的高效和洁净化燃烧。采用分区脱硫、分级送风解耦等方法,使煤炭燃烧后排放的是 N_2、O_2、H_2O 和 $CaSO_4$,而不再污染环境。二是煤的拔头工艺生产液体燃烧。采用快速裂解和快速冷凝的拔头工艺,从煤中的挥发性组分中提取 20% 左右的气体和液体产物(可做燃烧料和化工原料),剩下的半焦可进行洁净燃烧,不污染环境。三是用煤制造合成气。尽管目前该洁净技术投资较大,费用较高,但它应该是煤洁净技术发展的方向。

绿色化学将引起现代化学化工研究方法、技术创新和生产方式的变革。从环境角度看,绿色化学是从源头上消除污染、与生态环境协调发展的更高层次的化学。从经济角度看,绿色化学要求合理地利用资源和能源,降低生产成本,实现可再生、可循环、高效益、低能耗、无污染的经济发展模式,符合经济可持续发展的要求。绿色化学不仅是对现有过程的改进和新过程的研究,它还使未来化学的研究将更加注重绿色产品设计的理念。绿色化学将更加注重经济、高效、制备与人类生活相关的物质,不仅创造可持续的化学产品,还将把今天的废弃物变为明天有用的资源,从而迈向清洁和可持续发展。

▶▶▶ 练习题 ◀◀◀

1. 为什么要大力发展绿色化学?

2. 绿色化学与环境污染处理有哪些共同点和不同点?

3. 什么是绿色化学品?怎样设计绿色化学品?

4. 举例说明原子经济是不产生污染的必要条件。

5. 怎样使反应过程中化学反应绿色化?

6. 简述绿色化学反应的 12 原则。

7. 举例说明有哪些绿色催化剂。

8. 简述绿色化学兴起的必要性和历史必然性。

9. 简述环境危机的成因及危害。

10. 简述绿色化学与传统环境保护、原子利用率与产生的区别。

11. 简述设计更安全化学品的六种主要方法.

12. 何谓绿色产业？绿色产业有什么特征？

13. 谈谈你对"倡导绿色生产,必须从化学工业抓起"观点的看法。

14. 简述绿色产业兴起的历史背景。

15. 谈谈你对绿色化学人才培养重要性的认识。

16. 如何从环境观点看待高消费？谈谈你个人意见。

第 9 章

化学与现代生活
(Chemistry and Modern Life)

9.1 膳食营养

9.1.1 人体的化学组成与化学变化

人体中各种生命活动的产生和进行,都来源于构成人体的物质的不断变化与运动。因此,欲认识和掌握人体知识,就必须首先弄清楚人体的化学组成及其变化、运动规律,才能遵循规律,趋利避害,促进健康。

1. 人体的化学组成

尽管人体是一个结构非常复杂的生命机体,但其化学组成却极为简单。

存在于人体内的化学元素大致可分为必需元素(按其体内的含量不同,又可分为常量元素和微量元素)、非必需元素和有毒(有害)元素三种。人体内大约含 30 多种元素,其中有 11 种为常量元素,如碳、氢、氧、氮、硫、磷、氯、钙、镁、钠等,约占 99.95%,其余 0.05% 为微量元素或超微量元素。

必需元素主要指以下四类:① 生命过程的某一环节必需的元素;② 生物体具有主动摄入并调节其体内分布和水平的元素;③ 存在于体内的生物活性化合物的有关元素;④ 缺乏该元素时会引起生化生理变化,当补充后又能恢复的元素。活组织主要由碳、氢、氧和氮 4 种元素组成,这 4 种元素约占人体体重的 96%。此外,体内还有少量磷。将人体内这 5 种元素的化合物挥发后就会留下一些白灰,乃是无机盐的集合,大部分是骨骼的残留物。

有 20～30 种普遍存在于人体组织中的元素,其生物效应和作用还未被人们所认识,所以称它们为非必需元素。

另外一些是能显著毒害机体的元素。如血液中非常低浓度的铅、镉或汞,对人体有害,就称为有毒或有害元素。许多无机盐在微量情况下对人体有益,但如过量摄入则会对人体产生毒性。地球化学与人类健康息息相关。如缺乏硒元素容易引起心脏病;缺碘会导致甲状腺肿大,甚至导致千万精神疾病与胎儿、儿童生长发育障碍等。

人体中一些主要元素的含量及其主要功能,如表 9－1 所示。

表 9－1　人体中一些主要元素的含量及其主要功能

元素		含量/%	功　　能
碳	C	18.5	有机物的组成成分
氢	H	2.7	水、有机物的组成成分
氧	O	6.5	水、有机物的组成成分
氮	N	2.6	有机物的组成成分
钙	Ca	2.5	骨骼、牙齿的主要组分,神经传递和肌肉收缩所必需
磷	P	1.1	含在 ATP 等之中,为生物合成与能量代谢所必需
硫	S	0.14	蛋白质的组分,组成铁-硫蛋白
氯	Cl	0.16	细胞外的阴离子,Cl^-
钾	K	0.10	细胞外的阳离子,K^+
钠	Na	0.10	细胞外的阳离子,Na^+
镁	Mg	0.07	酶的激活,叶绿素构成,骨骼的成分
氟	F	微量	鼠的生长因素,人骨骼的成长所必需
硅	Si		在骨骼、软骨形成的初期阶段所必需
钒	V		促进牙齿的矿化
铬	Cr		促进葡萄糖的利用,与胰岛素的作用机制有关
锰	Mn		酶的激活
铁	Fe		最主要的过渡金属,组成血红蛋白、细胞色素、铁-硫蛋白等
钴	Co		红细胞形成所必需的维生素 B12 的组分
铜	Cu		铜蛋白的组分,铁的吸收和利用
锌	Zn		许多酶的活性中心,胰岛素组分
硒	Se		与肝功能、肌肉代谢有关
钼	Mo		黄素氧化酶、醛氧化酶、固氮酶等所必需
锡	Sn		促进蛋白质和核酸反应
碘	I		甲状腺素的成分

　　构成人体的化学物质,除了血液中少数游离的氮和氧外,其余都是各种元素的化合物。构成细胞的化合物可分为无机化合物和有机化合物两大类。无机化合物主要有水和无机盐;有机化合物主要有糖类、脂类、蛋白质和核酸。这些化合物在细胞中的存在形式和含量都各不相同。

　　人体中的主要化合物如表 9-2 所示。

表 9-2　构成人体的主要化合物及其功能

化合物类别	存在形式	占体重的大致比例/%	主要功能
水	在人体中以两种形式存在:一是结合水,占 4.5%;二是自由水(游离水),占 95.5%	55~67(初生婴儿约 80)	良好溶剂、输送载体、润滑剂、体温调节剂等
无机盐	大多以离子形式存在,如 Na^+、K^+、Ca^{2+}、Mg^{2+}、Fe^{2+}、Fe^{3+} 等和 HCO_3^-、SO_4^{2-}、PO_4^{3-}、HPO_4^{2-} 等	3~4	结构材料(如钙和磷是骨骼、牙齿的重要构件)、合成原料(如磷酸是合成磷脂、核苷酸等分子所必需的原料)、细胞组成(如铁是血红蛋白的核心构件)、调节功能(如钾、钠等离子能调节身体中的酸碱平衡、电荷平衡和渗透压等)
糖类(碳水化合物)	单糖(葡萄糖、果糖、核糖、脱氧核糖、半乳糖等)、双糖(蔗糖、麦芽糖等)、多糖(淀粉、纤维素等)。由 C、H、O 三种元素组成	1~2(血液中约 0.1)	糖完全氧化放热 17.36kJ·g^{-1},为细胞的能源物质
脂类	是脂肪、类脂(磷脂、糖脂)和固醇(固醇酯)的总称。主要由 C、H、O 三种元素和少量 N、P 元素组成	10~15	脂肪是人体储藏能量的主要物质。脂肪完全氧化分解释放能量 39.33kJ·g^{-1}。还有减少器官间摩擦、缓冲外界撞击和维持体温恒定的作用。磷脂是构成细胞膜的重要成分;固醇主要包括胆固醇、性激素、肾上腺皮质激素和维生素 D 等,在维持正常新陈代谢和生殖过程中起调节作用
蛋白质	是一类生物高分子化合物。其基本单位是氨基酸,相对分子质量几万至几百万,人体中约有 4000 种。主要由 C、O、N、H 和少量 P、Fe、Cu、Zn、Mn、Co、Mo、I 等元素构成	15~18	蛋白质是构成细胞的基本物质(如肌肉),分别有运输作用(如血红蛋白)、催化作用(如各种酶)、运动作用(如肌动和肌球蛋白)、调节作用(胰岛素和生长激素)、免疫作用(如各种抗体)和传递信息、思维和记忆作用(如大脑和神经中某些蛋白质)。蛋白质完全氧化分解放热能 23.64kJ·g^{-1}

续表

化合物类别	存在形式	占体重的大致比例/%	主要功能
核酸	一种高分子有机化合物,相对分子质量约几十万至几百万,呈酸性。主要由 C、H、O、N 元素构成,少量含微量 S。基本组成单位是核苷酸	1	核酸是人体的基本组成成分之一,是人体具有遗传特性的物质基础,在繁殖、发育、遗传和变异等方面起重要作用
激素	是内分泌细胞产生的一类化学物质,主要由蛋白质组成		激素随血液循环于全身,对一定的组织或细胞发挥特有的作用。它犹如化学信使,对细胞、组织的生长发育、新陈代谢及修复活动起调节作用

2. 人体中的化学变化

人体从外界摄取的营养物质,通过消化、吸收和多次的化学变化,变成身体的一部分,并且储存了能量。同时,构成身体一部分的物质不断地发生氧化分解反应,释放出能量,并把分解产物排出体外。生物学上将前一种变化叫作同化作用,后一种变化叫作异化作用。

同化作用需要能量,异化作用释放能量。同化作用所需能量正是来源于异化作用所释放的能量。可见,同化作用和异化作用这两个方面,既互相矛盾,又相互联系,成为人体的一个新旧更替的过程,此乃所谓的新陈代谢。

人体的新陈代谢时时刻刻都在进行着。新陈代谢一旦停止,生命也就结束了。因此,新陈代谢是人类存在的基本条件,也是生命存在的基本特征。新陈代谢过程是极其复杂的,它包括许许多多的生物化学变化。据研究,在人体细胞内每分钟大约要发生几百万次化学变化,不断地与外界进行物质交换和体内物质转换。正因为如此,人体自我更新的速度是很快的。例如,人体血液中的红细胞每秒钟要更新 200 多万个,大约 60 天血液中的红细胞要更新一半,肝脏和血浆中的蛋白质每 10 天左右就会更新一半,皮肤、肌肉等组织中的蛋白质每 150 天左右更新一半。

人体在正常体温、压力下之所以能够如此迅速地完成千千万万的化学变化,主要是因为有酶和氧气两种物质。

酶是活细胞制造的具有催化能力的一类特殊蛋白质,是促进人体化学变化的高效能物质。人体内已发现的酶多达 2000 多种,遍布人体的口腔、肠胃道、肝脏、胰脏、肌肉、血液和皮肤等器官,各自发挥着不同的作用。酶催化具有高效性、专一性、多样性等特性。

人体可看作是一个庞大的化学反应器,每时每刻都在进行着千千万万种复杂的化学变化。一切生命活动都有赖于化学物质的相互作用,都是化学变化的结果。如大脑的记忆、感情的激发、基因的表达、信息的传递等,都要通过蛋白质等物质的合成或分解来完成。

人体的各种化学变化必须在有氧的条件下才能进行,氧气是人类赖以生存的一大要素。

(1) 糖类的转换

人体从食物中摄入的糖类主要是淀粉,也有纤维素。淀粉经消化变成葡萄糖,再被体内吸收,与脂类和蛋白质等共同作用于人体。肠道内的葡萄糖可发生三种变化:氧化分解、合成糖原或转化为脂肪(图 9-1)。

血液中的葡萄糖即血糖浓度相对稳定,大约维持在0.1%。当血糖浓度因消耗而逐渐降低时,肝脏中的糖原(肝糖原)即转换成葡萄糖,陆续释放到血液中,以供各种组织之需;肌肉中的糖原(肌糖原)则作为能源物质为肌肉活动提供能量。

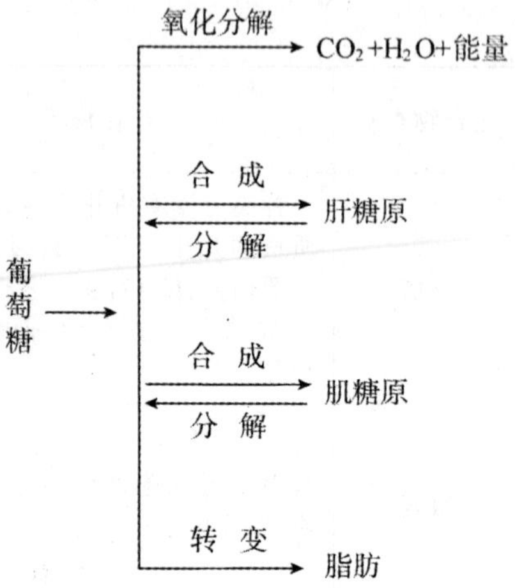

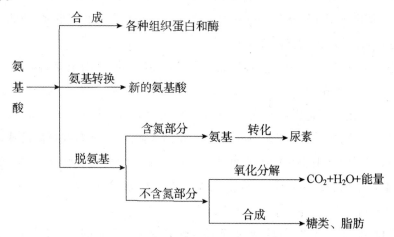

图 9-1　葡萄糖在体内转换示意图

(2) 蛋白质的转换

肠道内的蛋白质分解成各种氨基酸,被吸收到体内后主要有以下三种变化(图 9-2):一是直接被用来合成各种组织的蛋白质,如血浆蛋白、血红蛋白和各种酶;二是转换成其他新的氨基酸;三是分解成含氮和不含氮两部分,其中含氮部分(即氨基)转变成尿素而排出体外,不含氮部分可氧化分解成 CO_2 和 H_2O,也可合成糖类和脂肪。

图 9-2　氨基酸在体内转换示意图

(3) 脂类的转化

肠道内的脂类分解成甘油和脂肪酸,被人体吸收后,大部分又变成脂肪,其余的以磷脂和胆固醇的形态与脂肪一起被输送到各部组织。被人体吸收的脂类可发生以下 4 种变化(图 9-3):一是参与构成人体组织(如磷脂为构成细胞膜和神经髓鞘外膜的主要成分);二是在皮下、大网膜、肠系膜等处储存起来;三是分解成甘油和脂肪酸等,再氧化分解为 CO_2 和 H_2O,或转变为肝糖原等;四是被各种腺体用来生成各自的特殊分泌物(如外分泌腺生成乳汁、皮脂等,内分泌腺分泌各种类固醇激素等)。

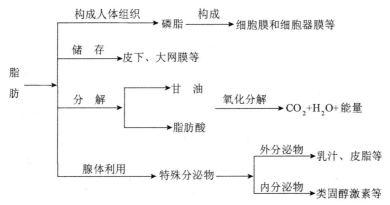

图 9 - 3　脂肪在体内转换示意图

9.1.2　食品中的主要营养素

1. 水

水是动植物食品的重要成分,水对食品的鲜度、硬度、流动性、呈味性、保藏和加工等方面都起着很重要的作用。

给人体补充水分主要有三个途径:

① 饮料水。包括茶、咖啡、水和其他各种饮料,占人体水分总来源的 50% 以上;

② 食物水。包括固体食物中的水和食物同时摄入的水分(如饭、菜、水果等),占人体水分总来源的 30%～40%;

③ 代谢水。体内约有 10% 的水来自代谢水。代谢水是由营养素在体内经过生物氧化过程后生成的。如 100g 碳水化合物在机体内完全氧化可产生 60g 代谢水,100g 蛋白质氧化后可生成 42g 水,100g 脂肪氧化产生 110g 水。

水的质量对人体健康很重要。如新鲜的凉开水是较好的饮水,最好的饮用水是呈弱碱性(pH＝6.5～8.5)的矿泉水。若经常饮用硬度低(含钙、镁离子浓度较低)的水,可能引起心血管病和导致死亡率增加。

一般地说,成人每摄取 4.184J 能量约需水 1mL,婴儿为 1.5mL。人体对水的需求量随年龄、体重、气候、职业和工作强度而异。

成人每天水的正常代谢量约为体重的 6%,即相当于 1kg 体重约 60g 水,婴儿约为 15%,婴儿需水量是成人的 3～4 倍。通常,一个中等体力劳动、体重为 60kg 的成年男人每天与外界交换的水约 2500～3000mL。若以每天需水量 2500mL 计,则代谢水可供 300mL,食物水可供 1000mL,其余 1200mL 水全由饮料水提供,若以 150mL 容量的茶杯计,就是 8 杯。

值得提醒的是,最好在平时能定时定量地及时补充水分,因为当人感到口渴时体内已经缺水,此时再补水已经偏晚。

2. 糖类(碳水化合物)

糖类(碳水化合物)是生物界三大基础物质之一,是自然界最丰富的有机物质。其主要由 C、H、O 三种元素组成,基本结构式为 $C_m(H_2O)_n$。因组成的形式不同而产生不同的化合物,主要形成糖、淀粉、纤维素、树胶和有关物质。

按分子结构不同,糖类分为单糖、低聚糖和多聚糖等类型,其性质也各有千秋(表 9-3)。其中单糖是不能被水解的简单碳水化合物,在食品营养学上比较重要的单糖有戊糖和己糖。戊糖主要有阿拉伯糖(聚戊糖)、木糖和核糖。己糖主要有葡萄糖、半乳糖、果糖等。低聚糖(又称寡糖)是由 2~10 个单糖分子结合而成的糖。大部分寡糖是由多糖分子部分水解而产生的,具有重要营养意义的寡糖多是双糖。多糖是由许多单糖分子残基构成的大分子化合物。按能否被人体消化吸收,可分为消化多糖和不可消化多糖。

表 9-3　常见碳水化合物的分类和性质

分类		来源及组成特点	主要生理功能及用途
大类	小类		
单糖	葡萄糖	主要由淀粉等水解而得,是机体吸收、利用最好的单糖	被吸收的葡萄糖向机体提供能量,并与其他物质一起构成机体的重要组成成分,如黏蛋白、糖蛋白、核糖核酸、脱氧核糖核酸、糖脂、脂类等
	果糖	多存在于水果中,蜂蜜中含量最高,是糖类中甜度最高的单糖。机体内的果糖由蔗糖水解为等量的果糖和葡萄糖而得	吸收时部分果糖被转变为葡萄糖和乳糖。果糖的代谢不受胰岛素的制约,故可作为糖尿病患者一种较好的甜味剂。也是食品工业的重要甜味剂,广泛用于制作面包、糕点、果酱、蜜饯、罐头等食品
	半乳糖	在自然界几乎不单独存在。由乳糖经消化分解而得,为稍具甜味的白色晶体	吸收后在肝脏内转变为肝糖,再分解为葡萄糖被机体利用。它是神经组织的重要成分
低聚糖(寡糖)	蔗糖	由 1 分子葡萄糖和 1 分子果糖结合后失去 1 分子水而形成。广泛存在于植物的根、茎、叶、花、果实和种子中,尤以甘蔗和甜菜中含量最高	蔗糖被广泛应用食品工业,按色泽不同,分为白糖、红糖、冰糖和方糖等。长期大量食用蔗糖易得糖尿病、龋齿、动脑硬化等病
	麦芽糖	又称饴糖,由两分子葡萄糖构成。一般植物中含量极小,主要由大麦发芽时因淀粉酶作用分解淀粉而成。工业上主要由淀粉经淀粉酶水解而制得	在营养学上除提供能量外尚未见特殊意义
	乳糖	是由 1 分子葡萄糖和 1 分子半乳糖构成的双糖,为哺乳动物乳汁的主要成分。人乳中乳糖含量约 7%,牛乳和羊乳约 5%	乳糖是婴儿体内碳水化合物的主要来源。有些人体内缺少乳糖酶,当摄入牛奶或乳制品时不能正常消化,出现急性腹痛和腹泻反应等代谢性紊乱症(乳糖不适症)

续表

分类			来源及组成特点	主要生理功能及用途
大类	小类			
多糖（高聚糖）	可消化多糖	淀粉	约由 6500 个葡萄糖分子连接而成，分直链淀粉和支链淀粉两类	是人体能量的主要来源，是自然界供给人类最丰富的碳水化合物。淀粉在肠道中缓慢水解生成葡萄糖，且机体不会出现葡萄糖过多现象，使大部分人较好地适应
		糊精	是淀粉水解的中间产物，平均由 5 个以上的葡萄糖分子构成	溶解度比淀粉大，机体摄入后被分解成葡萄糖分子在小肠吸收，有利于嗜酸杆菌生长，减少肠内细菌和腐败作用
		糖原	是葡萄糖在动物及人体内储存的主要形式，也叫动物淀粉或肝淀粉，是由 3000～6000 个分子构成的有侧链的分子	人体吸收的葡萄糖约有 20% 以糖原形式储存，当机体需要时，在相应酶作用下迅速转化为葡萄糖参与体内代谢。肌肉中所含肌糖原为 1%～2%，总量可超过 200g，比肝糖原大得多
	不可消化多糖	纤维素	由葡萄糖组成的大分子多糖。不溶于水及一般有机溶剂。是植物细胞壁的主要成分。是自然界中分布最广、含量最多的一种多糖，占植物界碳含量的 50% 以上	虽不能被人类肠道淀粉酶所分解，但它是健康饮食不可或缺的一个组成部分。食用高纤维的食物可降低患肠癌、糖尿病和憩室疾病的机率，且也不易便秘
		果胶	是植物中的一种酸性多糖物质，通常为白色至淡黄色粉末，稍带酸味，水溶性，相对分子质量约 $5 \times 10^4 \sim 30 \times 10^4$，主要存在于植物的细胞壁和细胞内层，为内部细胞的支撑物质	在食品上做胶凝剂、增稠剂、稳定剂、悬浮剂、乳化剂、增香增效剂，并可用于化妆品，对保护皮肤、防止紫外线辐射、治疗创口、美容养颜都有一定作用

一般认为，膳食中碳水化合物的供给量占总热量的 60%～70%。通常每人每天 1kg 体重需 4～6g 糖，对于活动强度大的运动员等约需 8～12g。膳食中的碳水化合物的主要来源是粮食和根茎类食品，如各种粮食和薯类（表 9-4）。

表 9-4　主要食物碳水化合物含量及热量表

食物种类	碳水化合物含量/%	总热量/(kJ·100g^{-1})	食物种类	碳水化合物含量/%	总热量/(kJ·100g^{-1})
大米	78.2	1477	土豆	19.9	377
白面	74.6	1473	芋头	13.6	264
高粱	70.5	1544	莲子（干）	61.9	1423
玉米	74.9	1565	栗子	41.5	841
豆	57.5	1411	花生	15.5	2578

3. 脂类与脂肪酸

脂类是中性脂肪和类脂的总称。中性脂肪主要为油和脂肪，通常是由 1 分子甘油和 3

分子脂肪酸组成的三酸甘油酯。日常食用的动植物油脂都为中性脂肪。类脂是一类性质类似于油脂的物质,包括磷脂、糖脂、脂蛋白、固醇和蜡等。

脂肪一般不溶于水,微溶于热水,易溶于有机溶剂,常温下呈液态的叫油,呈固态的叫脂。脂肪在人体内水化吸收率与其熔点密切相关。凡熔点低于人体体温(37℃)的易被吸收,如花生油、芝麻油的消化率高达98%;而熔点在50℃左右的羊油,消化率仅81%。

根据化学结构不同,脂肪中脂肪酸按碳链及双键数目的多少可分成三类:

① 低级饱和脂肪酸。分子中不含双键,碳原子数＜10,相对分子质量低,易挥发,故常称挥发性脂肪酸,如丁酸、己酸、辛酸等。

② 高级饱和脂肪酸。分子中不含双键,碳原子数＞10,常温下呈固体,常称固体脂肪酸,如月桂酸、硬脂酸等。

③ 不饱和脂肪酸。分子中含1个以上双键。如鱼油中富含的EPA(二十碳五烯酸)、DHA(二十二碳六烯酸),对降低血脂有一定作用。

有几种不饱和脂肪酸是人体必需的,称为必需脂肪酸。其中,亚油酸是机体最重要的必需脂肪酸。其他含有2~6个不饱和双键的多不饱和脂肪酸也可作为生物活性物质受到青睐。因人体不会自己合成必需脂肪酸,故必须从食物中摄取。

必需脂肪酸在植物油中含量较多,动物脂肪中较少。例如,亚油酸[学名:顺-9,10-十八(碳)烯酸]是人和动物必需的脂肪酸。若缺乏亚油酸,会造成发育不良,皮肤和肾损伤,并产生不育症。亚油酸在医药上用于治疗血脂过高和动脉硬化。亚油酸的化学结构式为:

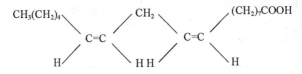

一些常见油脂中亚油酸含量列于表9-5中。

表9-5　常见油脂中亚油酸的含量(占脂肪酸总量的百分数)

食物名称	亚油酸含量/%	食物名称	亚油酸含量/%	食物名称	亚油酸含量/%
猪油	8.3	葵花籽油	60	牛乳	4.4
牛油	3.9	米糠油	35	鸡肉	24.2
鸡油	24.7	橄榄核油	85	鸡蛋黄	11.6
奶油	3.6	红花籽油	75	鲤鱼	16.4
豆油	52.2	猪肉(瘦)	13.6	鲫鱼	6.9
玉米油	47.8	猪肝	15.0	带鱼	2.0
花生油	37.5	牛肉	5.8	大黄鱼	1.9
芝麻油	45	羊肉	9.2	干酪	3.7

在营养学上特别重要的类脂是磷脂、胆固醇和脂蛋白等,这些物质不会作为能量被消耗掉。脂蛋白是血液中脂类的主要运输工具;固醇包括胆固醇、麦角固醇、皮质固醇、胆酸、维生素 D、雄激素和孕激素等。

4. 蛋白质与氨基酸

(1) 蛋白质

蛋白质是组成人体一切细胞、组织最重要的成分,约占人体质量的 18%,占人体总固体量的 45%。没有蛋白质就没有生命。在食品中,蛋白质除了保证食品的营养价值外,还影响食品的色、香、味及质构等特征。

蛋白质含有 C、H、O 、N 和 S 等元素,少数还含有 P、Zn、Fe、Mn 等元素。一般来说,蛋白质的平均含氮量为 16%。

蛋白质是由氨基酸组成、以肽链连接的高分子化合物。各种蛋白的相对分子质量很大,从 1 万至几十万、几百万甚至上千万。

根据分子形状不同,蛋白质分为球蛋白、纤维蛋白;根据氨基酸组成不同,蛋白质分为完全蛋白质、半完全蛋白质和不完全蛋白质。

蛋白质的消化首先在胃中进行,胃蛋白酶在胃中盐酸(pH0.9~1.5)的作用下,可将部分蛋白质水解成多肽,多肽进入肠道后,在肠中的胰液蛋白分解酶与小肠黏膜细胞中的多种酶的作用下被完全水解为游离氨基酸。氨基酸的吸收主要在小肠上端进行。

评价一种食物蛋白质的营养价值的指标,一是食物中蛋白质的含量多少,二是其必需氨基酸的含量及比例,三是机体对该蛋白质的消化、利用程度。

(2) 氨基酸

根据化学结构即氨基酸分子中氨基的位置,可将氨基酸分为 α-氨基酸、β-氨基酸、γ-氨基酸等;按营养价值,可将氨基酸分为必需氨基酸和非必需氨基酸两类。在合适的条件下,身体内能够合成部分的氨基酸,或由其他氨基酸转换而成。但有 8 种氨基酸不能在人体内合成,而必须由食物蛋白质来提供。这 8 种氨基酸称为必需氨基酸。它们包括异亮氨酸、亮氨酸、赖氨酸、蛋氨酸、苯丙氨酸、苏氨酸、色氨酸和缬氨酸。

氨基酸的生理功能与蛋白质相似。首先是合成蛋白质,维持氮平衡,构成体内各种酶、抗体及某些激素的原料;其次是调节生理功能,供给热能,促进生长发育,补充代谢消耗;三是维持毛细管正常渗透压。

蛋白质属于酸性食品,食用过多会导致钙流失增加。小孩子对蛋白质的需求量远高于成年人。每日蛋白质推荐供给量见表 9-6。蛋白质广泛存在于动物和植物体内,最重要的是肉、鱼、乳、蛋、谷类和坚果类食物,贝类蛋白质也可与肉、禽、鱼类相媲美,它们都是人类蛋白质的良好来源。

表 9-6　每日蛋白质推荐供给量

单位：g

成年男子(65kg 体重)		成年女子(55kg 体重)		儿童及青少年	
轻体力劳动	75	轻体力劳动	70	1～3 岁	40
中等体力劳动	80	中等体力劳动	75	3～5 岁	45
重体力劳动	90	重体力劳动	80	5～7 岁	50
极重体力劳动	105	怀孕后 5 个月	25	7～10 岁	60
		乳母 1 年之内	25	10～13 岁	70
				13～16 岁	80

5. 维生素

维生素(vitamin)又称维他命,是动物体和人类生命活动所必需的一类物质。许多维生素是人体自身不能合成的,一般都必须从食物或药物中摄取。当机体从外界摄取的维生素不能满足其生命活动的需要时,就会引起新陈代谢功能的紊乱,导致生病,甚至死亡。维生素缺乏症曾经是猖獗一时的严重疾病之一。如人体内缺乏维生素 C 引起坏血病,维生素 B1 缺乏引起脚气病,都曾经是摧毁人类特别是海员、士兵的大敌。

但是,维生素并非灵丹妙药。过量或不适当地食用维生素对身体有害。维生素可分为脂溶性维生素和水溶性维生素两大类。表 9-7 和表 9-8 分别列出了脂溶性维生素和水溶性维生素的主要生理功能、缺乏症、日需量和富含食物。

表 9-7　脂溶性维生素的生理功能、缺乏症、日需量和来源

名称	别名	生理功能	缺乏症	成人日需量	富含食物
维生素 A	视黄醇	合成视紫红质,维持视力和上皮组织完整,促进生长发育	夜盲症、眼干燥症、上皮组织角化、生长发育受阻	2500IU	鱼肝油、肝、蛋黄、乳汁、绿色植物
维生素 D	抗佝偻病维生素	促进磷、钙吸收和骨骼生长	佝偻病、软骨病	100IU	鱼肝油、肝、蛋黄、牛奶
维生素 E	生育酚	维持生殖机能,抗氧化作用,防止肌肉萎缩	人类未发现缺乏症	10mg	植物油、蛋类、谷类、新鲜蔬菜
维生素 K	凝血维生素	促进凝血酶合成,与肝脏合成凝血因子	凝血时间延长,皮下、胃肠道出血	1mg	肝、绿色蔬菜

表 9-8　水溶性维生素的生理功能、缺乏症、日需量和来源

名称	别名	生理功能	缺乏症	成人日需量	富含食物
维生素 B1	硫胺素、抗脚气病维生素	促进糖的氧化,增进食欲	脚气病、胃肠道功能障碍	1.2mg	谷物外皮及胚芽、酵母、豆、瘦肉
维生素 B2	核黄素	参与生物氧化	舌炎、唇炎、口角炎、脂溢性皮炎	1.8mg	肝、蛋白、黄豆、绿叶蔬菜
维生素 PP	烟酸、烟酰胺、抗癞皮病维生素	参与生物氧化,维持皮肤健康	癞皮病	19.8mg	谷类、花生、酵母、肉类
维生素 B6	吡哆醇、吡哆醛、吡哆胺	参与蛋白质、氨基酸代谢	人类未发现典型缺乏症	1.6mg	谷类、豆类、酵母、肝、蛋黄
泛酸	遍多酸	参与酰基转移,参与脂类代谢	人类未发现典型缺乏症	4~7mg	广泛存在于动植物细胞组织
生物素	维生素 H	参与体内 CO_2 固定	人类未发现典型缺乏症	0.1mg	动植物及微生物
维生素 B11	叶酸	与蛋白质核酸合成,红细胞及白细胞成熟有关	巨红细胞性贫血	0.2mg	肝、酵母、绿叶蔬菜
维生素 B12	钴胺素	促进甲基转移核酸合成及红细胞成熟	巨红细胞性贫血	2μg	肝、鱼、油等
维生素 C	抗坏血酸	参与体内氧化还原反应,参与细胞间质形成	坏血病	30mg	新鲜水果与蔬菜

6. 矿物质

人体中的所有元素,除 C、H、O、N 主要以有机化合物形式存在外,其余各种元素统称为矿物质。这些物质中,在体内含量大于 $0.01g \cdot kg^{-1}$ 者称为常量元素,如 Ca、Mg、K、Na、P、Cl、S 等;一般将体内含量小于 $0.01g \cdot kg^{-1}$ 的称为微量元素,包括 Sc、Cr、Cu、F、I、Fe、Mn、Al、Si、Zn、V、Sn、Ni 等。虽然人体对微量元素的需求量很小,但它们都有极其重要的生理作用。由于它们不能在体内合成,所以必须从膳食中摄取。

需要提醒的是,必需微量元素的生理作用浓度与中毒剂量相差很小,在饮食中要特别注意食用的安全性。再则,并不是矿物质含量高的食物就一定营养价值高,因为矿物质被人体吸收利用率不但取决于矿物质总量,还与元素的化学形式、颗粒大小、食物分解成分、酸碱度、食品加工形式及人体机能状态等因素有关。

9.1.3　合理膳食

按照生物学原理,哺乳动物的寿命是其生长期的 5～7 倍。因人的生长期是 20～25 岁(以长齐牙齿计),故人的理论寿命应该是 100～175 岁,一般公认的理论寿命是 120 岁。实际情况是,绝大多数人不足 100 岁就离去了,这说明人类的生活还不够科学,其中膳食与健康关系重大。因此,我们必须强调合理膳食的重要性。

合理膳食是一个综合性概念。它既要通过膳食调配提供满足人体生理需要的能量和各种营养素;又要考虑合理的膳食制度和烹调方法,以利于各种营养物质的消化、吸收与利用;此外,还应避免膳食构成的比例失调,某些营养素摄入过多以及在烹调过程中营养素的损失或有害物质的生成。在膳食中,不管是营养缺乏或者是营养过剩,均会影响人体健康。

1. 营养失调

任何一种天然食物不可能包括所有的营养素,进入人体的营养素还涉及消化、吸收、利用等种种代谢过程,且种种营养素必须比例适宜才能协同作用,发挥最大的营养效能。因此,人体健康在很大程度上取决于合理营养。应当知道,营养缺乏或营养过剩都属于营养失调,都可引起疾病。

研究表明,摄入过量的蛋白质也会导致酸性体质,产生有毒物质,增加癌症发病率和诱发心脏病等。蛋白质在人体内的分解产物较多,其中氨、酮酸、铁盐、尿素等在一定条件下会对人体产生毒副作用。食入过量蛋白质,会增加患直肠癌、胃癌、乳腺癌、胰腺癌等的几率。食用过多的动物性蛋白质,易缺乏碳水化合物和维生素 C,使人疲劳,嗜睡,活动能力下降,抗病能力降低。儿童过量食用高蛋白食物,不仅增加肝脏负担,而且引起肠胃消化不良。

酸性体质的人容易出现如精神萎靡、头昏、头痛、思维及决断力降低等症状。因此,人体细胞外体液以保持在弱碱性为宜。

一些微量元素营养失调及其对人体的影响见表 9-9。

表 9-9　一些微量元素营养失调及其对人体的影响

元素	人体含量/g	日需量/mg	主要生理功能	主要症状		来源
				过多	缺乏	
Fe	4.2	15	造血,组成血红蛋白和含铁酶,传递电子和氧	青年智力发育缓慢,影响胰腺和性腺,心力衰竭,糖尿病,肝硬化	贫血,无力,免疫力低,头痛,口腔炎,易感冒,胃炎,肝癌	肝、肉、蛋、水果、绿叶蔬菜等
Cu	0.13	2.5	胶原蛋白和许多酶的重要成分	类风湿关节炎,肝硬化,胃肠炎,癌症	低蛋白血症,贫血,心血管受损,冠心病,脑障碍,溃疡,关节炎	肝、肾、鱼、坚果与干豆类,牡蛎中含量特别高

续表

元素	人体含量/g	日需量/mg	主要生理功能	主要症状		来源
				过多	缺乏	
Zn	2.3	15	控制代谢的酶的要害部位	肠胃炎,前列腺肥大,贫血,头昏,高血压,冠心病	贫血,高血压,食欲不振,伤口不易愈合,早衰,侏儒,溃疡,不育,白发,白内障,肝硬化	肉、蛋、奶、谷物
Mn	0.02	8	充当一些酶的辅酶	头痛,无力,精神病,帕金森症,心肌梗死	软骨,营养不良,神经紊乱,肝癌,生殖功能受抑	蓝莓、麦糠、干豆、干果、莴苣、菠萝、板栗、菇类
I	0.03	0.15	合成甲状腺素的原料	甲状腺肿大,呆滞	甲状腺肿大,疲怠,心悸,动脉硬化	海产品、加碘盐、奶、肉、水果
Co	0.001	0.0001	维生素 B12 的核心	心肌病变,红细胞增多,心力衰竭,高血脂,致癌	心血管病,巨红细胞贫血,脊髓炎,气喘,青光眼	肝、瘦肉、奶、蛋、鱼
Cr	0.01	0.1	Cr(Ⅲ)使胰岛素发挥正常	伤肝肾,鼻中隔穿孔,肺癌	糖尿病,心血管病,高血脂,胆石,胰岛素功能失常	肉类及整粒粮食、豆类、啤酒酵母,尤其是畜肝
Mo	0.009	0.2	染色体有关酶的要害部位,催化尿酸,抗铜贮铁,维持动脉弹性	龋齿,肾结石,睾丸萎缩,性欲减退,脱毛,贫血,腹泻	心血管病,克山病,食道癌,肾结石,龋齿	豌豆、植物化合物、肝、酵母
Se	0.2	0.05～0.2	谷胱甘肽过氧化物酶的重要组成,抑制自由基,解重金属毒	头痛,精神错乱,肌肉萎缩,心肾功能障碍,腹泻,脱发,过量中毒致命	心血管病,克山病,大骨节病,癌,关节炎,心肌病	动物性食品、肝、肾、肉类及海产品
F	2.6	1	长牙齿,防龋齿,促生长,参与氧化还原和钙磷代谢	氟斑牙,氟骨症,骨质增生	龋齿,骨质疏松,贫血	饮水,其次是茶叶、海鱼、海带、紫菜
Ni	0.01	0.3	某些金属酶的辅基,增强胰岛素的作用;刺激造血功能和维持膜结构	鼻咽癌,皮肤炎,白血病,骨癌,肺癌	肝硬化,尿毒症,肾衰竭,肝脂质和磷脂质代谢异常	
V	0.018	1.5	刺激骨骼造血,降血压,促生长,参与胆固醇、脂质及辅酶代谢	结膜炎,鼻咽炎,心肾受损	胆固醇高,生殖功能低下,贫血,心肌无力,骨异常,贫血	

续表

元素	人体含量/g	日需量/mg	主要生理功能	主要症状		来　源
				过多	缺乏	
Sn	0.017	3	促进蛋白质和核酸反应,促生长,催化氧化还原反应	贫血,肠胃炎,影响寿命	抑制生长发育	
Sr	0.32	1.9	长骨骼,维持血管功能和通透性,合成黏多糖,维持组织弹性	关节痛,大骨节病,贫血,肌肉萎缩	骨质疏松,抽搐症,白发,龋齿	

2. 平衡膳食

平衡膳食是指膳食中所含营养素不仅种类齐全,而且比例适宜。平衡膳食的目的是营养平衡,既避免营养缺乏,也防止营养过剩。

营养缺乏是身体营养素不足以增生新组织、补偿旧组织和维持正常机能的结果。据世界卫生组织统计,蛋白质-能量营养不良、佝偻病、贫血等为常见的营养缺乏症。

营养过剩是指人体中各种营养素过多积累造成危害的状况。营养过剩导致肥胖、高血脂、糖尿病、心血管疾病等所谓"富贵病"、"文明病"频发,成为世界性的热点课题之一。

营养平衡事关民族强盛之大事。如日本为了改变"小日本"的遗憾,在第二次世界大战后由政府买单每天给小学生供应一袋牛奶。这一袋牛奶使日本人一代比一代长得高,以至逐渐超过了中国人。

9.2　食品安全

俗话说:"民以食为天。"食品是人类维持生命活动的基本物质,从健康的角度来看,食品中不应含有任何对人体有毒有害的物质,但在食品的原料生产、加工过程、储存方式以及外界环境等诸多因素影响下,食品中会含有各种有毒有害物质,人们在使用这些食品中不知不觉地摄入了影响身体健康甚至危及生命的毒物,无论是人们记忆中的水俣病、镉中毒事件,还是当今的二噁英污染、烤鸡翅中的苏丹红、奶粉中的三聚氰胺所引起的疾病,都是食品中的有毒有害物质所致。随着科学的进步和经济的发展,人们的物质生活水平在不断提高,普及食品安全知识,了解食品中的污染物、毒物的来源,合理地选择食品,防止有害物质侵害身体,对提高人们的生活质量,提高人体健康水平是十分必要的。

9.2.1　食品安全和食品法典

1. 食品安全性概念

食品的安全性从广义上来说,是"食品在食用时,完全无有害物质和微生物的污染"。从狭义上来讲,是"在规定使用方式和用量的条件下长期食用,对食用者不产生可观察到的不良反应"。不良反应包括一般毒性和特异性毒性,也包括由于偶然摄入所导致的急性毒性和长期微量摄入所导致的慢性毒性。

2. 食品法典

食品法典是由食品法典委员会(CAC)以科学为基础制定的国际食品标准大全。它包括：食品产品标准;卫生或技术规范;评价的农药;农药残留限量;污染物准则;评价的食品添加剂;评价的兽药。食品法典颁布了 237 则食品标准、43 则使用标准、197 种杀虫剂评估、3274 种杀虫剂残留限度、289 种兽药残留限度、1300 种食品添加剂评估。食品法典的所有标准、条例、指导和其他介绍都可以从网页(http://www. codexalimentarius. net)获得。

WTO 的卫生与植物卫生措施协定和贸易技术壁垒协定都明确了食品法典标准在国际食品贸易中的重要作用。在贸易争端中,违背 CAC 标准的一方往往败诉。食品法典系统给所有国家提供一个独特的机会来参与国际组织制定和协调食品标准,并确保其在国际上得以执行。同时,食品法典在涉及卫生法规的制定和管理中,对使该法规能符合法典标准,也有一定的作用。

食品法典对保护消费者健康的重要作用已在 1985 年联合国第 39/248 号决议中得到强调,为此食品法典指南采纳并加强了消费者保护政策的应用。该指南提醒各国政府应充分考虑所有消费者对食品安全的需要,并尽可能地支持和采纳食品法典的标准。

9.2.2　食品中的外源性危害

食品中的外源性危害主要是指在食品原料的生长过程、食品的制作过程、食品的贮存与运输过程中,受到微生物、化学品等的污染而给人类健康带来的损害。

1. 食品中的生物性污染

引发食物中毒的微生物主要有细菌、霉菌、病毒等。

(1) 细菌毒素

沙门氏菌、葡萄球菌、肉毒梭菌等属于细菌毒素。沙门氏菌在肠道及血液内放出大量的内毒素,引发发热、呕吐、腹泻等中毒症状。2010 年夏天,美国中西部和南部 30 个州有数百人因生食了从超市或是餐馆购买的新鲜西红柿而出现发烧、腹泻、腹痛等,经美国疾控中心检验证实,这是一起严重的沙门氏菌病疫情。葡萄球菌广泛分布于自然界,其中金色葡萄球菌致病力最强,可引起败血症等。肉毒梭菌经消化道吸收进入血液循环后,抑制神经传导介质乙酰胆碱的释放,因而使肌肉收缩运动发生障碍,发生软瘫。

(2) 霉菌毒素

目前已发现的霉菌毒素有 50 多种,有的还有致癌性。如黄曲霉素毒性大,致癌性强。黄曲霉素主要污染粮油及其制品。小麦、玉米、大米等谷物及大豆、花生等油料作物在储存的过程中,温度和湿度适宜时,黄曲霉素会大量繁殖,使粮油作物发霉变质。其次,干果类、动物性食品以及发酵食品中也可以产生黄曲霉素。我国南方潮湿温暖,为黄曲霉素的繁殖提供了适宜的环境。因此,防止粮油及其制品的霉变,对保障人们的健康至关重要。黄曲霉素在高温下可以分解,温度高于 300℃ 的食品加工过程均可破坏黄曲霉素。

(3) 病毒

病毒是微生物中最小的一个类群,比细菌小得多,要在电子显微镜下才能看见,其外形多种多样。人们对食品中的病毒了解较少,因为它不同于细菌,没有完整的酶系统,只能寄生在活细胞中,所以分离、培养这类微生物首先要培养细胞,比较麻烦;再则,它不像细菌可在培养基上生长并形成菌落,便于观察;同时,由于病毒颗粒小,普通显微镜无法观察,也容易忽略。甲型肝炎病毒可以通过食品而传播。1987 年 12 月,在上海,因食用含甲肝病毒的毛蚶(贝壳类水产)引起甲型肝炎的爆发流行,近一周时间,内发病人数近 2 万,这种大规模暴发流行、蔓延迅速的中毒事件在历史上也是少见的。究其原因是沿海或靠近湖泊居住的人们喜食毛蚶等贝类,食用毛蚶时,仅用开水烫一下就取其贝肉蘸调料食用,其中的甲肝病毒并没有被杀死,引起食源性病毒病。

2. 食品中的化学性污染

食品中的化学性污染主要是食品原料生长过程中受到环境毒物的污染。如不适当地使用农药、化肥;用富含重金属等有害物质的水的灌溉都会使食品中存在化学毒物;另外,在食品制作过程中使用过量或有毒有害的食品添加剂和不恰当的加工制作方法也会造成食品中有毒有害的化学物质超标,给人类健康带来威胁。

(1) 有毒金属

凡是未发现对人体有益的生理功能,又对正常代谢功能有害的,而且微量即能引起危害的金属称有毒金属。有毒金属对食品的污染主要来自两个方面:一是水;二是化肥、农药残留物。有毒重金属,如汞、镉、铬、铅、锌、铜、砷、钴、镍等都是通过食物链富集在生物体内的。除此之外,砷也可以在植物中蓄积而且进入生物体中排泄缓慢。汞经微生物作用,形成了毒性较强的烷基汞化合物,主要损害神经系统,尤其是大脑和小脑的皮质部分,表现为视野缩小,听力下降,全身麻痹,严重者神经紊乱,以至疯狂痉挛而死。镉对磷有亲和力,故能使钙析出,引起骨质疏松、腰背酸软、关节痛及全身刺痛。铅主要损害神经系统、造血系统、肾脏等,严重时会发生休克、死亡。砷能够与细胞中含巯基的酶结合成稳定的络合物,使酶失去活性,阻碍细胞呼吸作用,引起细胞死亡。发生在日本的震惊世界的水俣病事件和痛痛病就是由于食用被重金属离子汞和镉污染的食物而引起的重金属中毒事件。

(2) 农药

使用农药对提高农作物产量起着重要的作用。随着世界人口的增加,人类对粮食的需求量猛增,大量使用农药的现象十分普遍。实践证明农药的过量投入不仅造成严重的环境污染,还使粮食、蔬菜、水果等食品中农药含量增加。农药主要有机氯、有机磷、拟除虫菊酯类、氨基甲酸酯类等。

有机氯农药代表性的产品有 666、DDT、林丹等。其脂溶性强,蓄积于脂肪和含脂高的组织器官,如肝脏,毒性中等,有致癌、致畸作用,并且对胎儿、婴儿有毒性。由于有机氯农药难以降解,在环境中半衰期达 10 年以上,尽管 1983 年国家已停止其生产使用,但仍能从各种粮油产品中检出。有机磷农药代表性产品有剧毒的对硫磷、甲拌磷等,高毒的甲胺磷、敌敌畏等,中度毒性的乐果、敌百虫等,低毒性的马拉硫磷等。

有机磷农药化学性质不稳定,易于降解失去毒性,一般不是长期残留在生物体内,蓄积性较低。有机磷农药在人体内主要积蓄于肝脏,毒作用机理是抑制胆碱酶活性。有机磷农药污染的食品主要是植物性食品,尤其是含有芳香物质的植物,如水果、蔬菜最易吸收有机磷,而且残留量高。甲胺磷属高毒低残留农药,不允许用在蔬菜上,这种短期作物易发生农药中毒。

氨基甲酸酯类毒作用机理与有机磷相似,主要抑制乙酰胆碱酶活性,但氨基甲酸酯类抑制作用轻,恢复快,残留时间短,除特殊情况外一般含量均不会超过国家标准。但应注意氨基甲酸酯类杀虫剂进入人体后,在胃中酸性条件下可与食物中的亚硝基化合物前体物质亚硝酸盐和硝酸盐反应生成亚硝基化合物,而亚硝基化合物具有致癌作用。

拟除虫菊酯类农药在我国是代替有机氯农药的主要农药之一,高效、低毒,降解快,残留浓度低,但对多次性采收的蔬菜仍有严重污染的危险,应遵守农药安全使用准则,在安全间隔期采摘,合理使用。

(3) 多氯联苯和苯并(α)芘

多氯联苯(PCBs)是人工合成的一类有机物,理论上每个联苯分子上的氢原子能置换 1~10 个氯原子,实际上每个分子只有 2~6 个氯,目前已确定结构的有 102 种。PCBs 容易溶于脂肪,极难分解,易在动物体内的脂肪内大量富集。它主要通过食物链进入人体,污染严重的食品或饲料(包括鸡饲料、鱼粉和牧草)首先使畜、禽、乳牛受到污染,人食用这类食物制品后同样受到污染,出现多氯联苯中毒。1968 年日本米糠油中毒事件和 1999 年比利时等国发生的乳制品污染事件均与多氯联苯有关。

苯并(α)芘[B(α)P]是一种多环芳烃化合物,它由五个苯环组成,具有强致癌性,尤其是致胃癌和其他消化道癌,而且 B(α)P 的危害还可能通过胎盘传给胎儿,影响下一代。

B(α)P的食品污染与其加工过程有关,主要发生在烟熏和烘烤食品中,熏制过程中产生的烟是烃类的主要来源,当碳氢化合物在 800～1000℃,且供氧不足燃烧时,能产生 B(α)P。在这种情况下,烘烤温度高,食品中的脂类、胆固醇、蛋白质以及碳水化合物发生热解,经环化和聚合形成了大量的多环芳烃,其中以 B(α)P 居多。B(α)P 在食品中的含量顺序为:烧烤油＞熏红肠＞叉烧＞烧鸡＞烤肉＞腊肠。烟熏时产生的 B(α)P 主要直接附着在食品表面,随着储存时间的延长,B(α)P 逐渐深入食品内部。B(α)P 含量还与烘烤方式有关,通常是煤炭＞柴＞山草＞电炉＞红外线。环境也可造成 B(α)P 污染,如果食品包装物含有 B(α)P,如用含B(α)P的液体石蜡涂溃的包装纸就会污染食品;柏油马路上晒粮食是粮食污染 B(α)P 的途径。

3. 转基因食品的生物安全性

转基因食品是指利用 DNA 重组技术将供体基因植入受体生物(包括植物、动物、微生物等)后产生的食品原料,如转基因大豆、玉米、番茄、马铃薯等。转基因食品具有产量高、富含营养、抗病虫害等优点,有良好的发展前景。目前转基因植物已有 21 个国家种植,种植面积达到 21 亿亩。200 年,种植排名前四位的是:美国 68％;阿根廷 23％;加拿大 7％;中国 1％;其余只有南非和澳大利亚超过 1000km²。美国有 43 种动植物转基因产品通过 FDA 认证,超过 60％的加工食品含有转基因成分,转基因食品的销售额超过 100 亿美元。我国目前种植的转基因品种主要有大豆、棉花、烟草、番茄、水稻、玉米。1999 年 3 月,中国水稻研究所所研制的世界首创的"转基因杂交水稻"研究成果通过鉴定。1998 年 6 月,我国批准 3 项涉及转基因食品的商品化品种,分别为陈章良教授的抗病番茄、抗病甜椒和华中农大研制的耐储存番茄。

关于转基因食品的安全性,从目前情况看,美国转基因食品已上市多年,超级市场上有 4000 多种商品是含转基因植物成分的,至今还没有事例证明人吃了以后会得病。加拿大、澳大利亚也都有几千万人在食用转基因食品,迄今没有一个案例说明它有问题。对于上市的转基因食品,检验单位进行了全方位检测,包括食品成分、食品毒性、致突变效应、过敏反应等等。从这个角度说,目前的转基因食品不会对人类健康产生危险。

但是目前对转基因食品的安全性有不少争议,主要是以下几个方面:

(1) 转基因食品对人体健康可能产生的影响

① 该类食品携带的抗生素基因有可能使动物与人的肠道病原微生物产生耐药性,这是人们最关心的问题。

② 抗昆虫农作物体内的蛋白酶活性抑制剂和残留的抗昆虫内毒素,可能对人体健康有害。

③ 引入病毒外壳蛋白基因的抗病毒农作物可能对人体健康产生危害。

(2) 转基因食品对环境生态可能产生的影响

① 转基因高产作物一旦通过花粉导入方式将高产基因传给周围杂草,会引发超级杂草

出现,对天然森林造成基因污染,给这些地区的其他物种带来不可预见的后果。

②　如果转基因不育品种的不育基因在种植地大肆传播,会导致当地农业崩溃。

③　转入毒蛋白基因的植物,如果毒蛋白能在花蜜中表达,则可能引起蜜蜂等传粉昆虫和植物群落的崩溃,甚至有可能危及其他动物以及人畜的栖居环境和身体健康。

考虑到转基因食品有可能对人类健康和环境产生潜在影响,应对这一类产品应加强监管和审批:一方面,对生物安全性进行立法,并与国际规定接轨;另一方面,加大对生物安全的研究力度,制定符合国情的生物安全评价体系。目前,转基因食品的评价原则主要依据"实质等同"的原则,即如果对转基因食品各种主要营养成分、主要抗营养物质、毒性物质及过敏性成分等物质的种类与含量进行分析测定,与同类传统食品无差异,则认为两者具有实质等同性,不存在安全性问题;如果无实质等同性,需逐条进行安全性评价。

9.2.3　食品中的天然毒素

天然有毒物是指动植物食品或其原料在生长过程中自身合成的、对人体或动物有毒性作用的有毒物质。

1. 动物类食品中的天然毒素

(1) 河豚毒素

河豚是一种肉味鲜美、内脏和血液有剧毒的鱼类,民间有"拼死吃河豚"一说。河豚有毒成分是河豚毒素(氨基全氢键二氮杂萘),微溶于水,易溶于稀醋酸,不溶于无水乙醇和其他溶剂;对日晒、30%盐腌毒性稳定,在 pH 大于 7 或小于 3 时不稳定,分解成河豚酸,但毒性并不消失;极耐高温,200℃以上加热 10min 方可使毒素完全破坏。每年 2—5 月是河豚的产卵期,此时河豚含毒素最多。河豚毒素的毒性主要是使人神经中枢和神经末梢发生麻痹,最后因呼吸中枢和血管运动中枢麻痹而死亡。

(2) 海洋鱼类贝类毒素

贝类食物双鞭甲藻中的毒性成分是岩藻毒素,它是一种神经毒素,摄食后数分钟至数小时后发病,开始唇、舌和指尖麻木,继而腿、臂和颈部麻木,然后全身失调。患者可伴有头痛、头晕和呕吐,严重者呼吸困难,2～24h 内死亡。带有毒素的贝类在清水中放养 1～3 个星期,即可排净毒素。

组胺是鱼体中的游离组氨酸在组氨酸脱羧酶的催化下发生脱羧反应而形成的,吃了组胺含量高的鱼类可引起人体中毒。容易形成组胺的鱼有金枪鱼、沙丁鱼等,这些鱼活动能力强,皮下肌肉血管发达,血红蛋白高,死后放置时间长会产生组胺。组胺使毛细血管扩张和支气管收缩,导致面部、胸部以及全身皮肤潮红和眼结膜充血等。为防止中毒,不要吃组胺含量高的不新鲜的鱼类。

2. 植物食品中的有毒物质

(1) 有毒植物蛋白

在大豆、花生、蚕豆等豆类中含有一种能使血红球细胞凝集的蛋白质,叫凝集素。含有凝集素的食品在生食或烹调不充分时,可使人恶心、呕吐,严重时可致人死亡。通过蒸汽加热处理,可达到去毒目的。

酶抑制剂是一种有毒蛋白,常存在于豆类、谷类、马铃薯等食品中,比较重要的有胰蛋白酶抑制剂和淀粉酶抑制剂两类。前者抑制酶水解蛋白质活性,使人体肠胃消化蛋白质的能力下降,而且又使胰脏大量地制造胰蛋白酶,造成胰脏肿大,严重影响健康。后者可使淀粉酶的活性钝化,影响人体对糖类的消化作用,从而引起消化不良的症状。此外还有毒胎、毒氨基酸等,分别存在于覃类毒素和刀豆、青蚕豆中,对人体危害也很大。

(2) 毒苷

在一些植物性食品中常含有毒苷,如在杏、桃、枇杷等的核仁,木薯块根和亚麻籽中存在氰苷,经有机体摄入后,在酶作用或酸的作用下分解,会产生氢氰酸等有毒物质。氢氰酸被有机体吸入时,其氰离子立即与细胞色素氧化酶的铁结合,从而破坏细胞色素氧化酶传递氧的作用,使组织呼吸不能正常进行,机体陷入窒息状态而导致死亡。在大豆、马铃薯中含有皂苷,由于皂苷类物质可溶于水,搅动时会产生泡沫,类似肥皂,所以称皂苷。它有破坏红细胞的溶血作用,对冷血动物有极大的毒性。食品中的皂苷在人、畜口服时多数为无毒性,但少数剧毒,如茄苷。茄苷是一种胆碱酯酶抑制剂,人、畜摄入过量会引起中毒。起初舌咽麻痒、呕吐、腹泻,继而瞳孔散大、耳鸣、兴奋,重者抽搐、意志丧失,甚至死亡。马铃薯中茄苷的安全标准 $20mg \cdot 100g^{-1}$。食用正常马铃薯是安全的,其茄苷含量是 $3\sim10mg$。但发芽马铃薯中茄苷的含量特别高,尤其是马铃薯发芽的芽眼周围和见光部位,含量可达 $500mg \cdot 100g^{-1}$,大大超过安全标准,食用这种马铃薯是非常危险的。茄苷对热稳定,经过一般烹煮后也不会被破坏。

(3) 生物碱

生物碱是指存在于植物中的含氮碱性化合物。它们大都具有毒性,如毒蝇碱,食用 $10\sim30min$ 后出现大量出汗、呕吐、腹泻等症状。又如存在于鲜黄花菜中的秋水仙碱,致死量为 $3\sim20mg \cdot kg^{-1}$。秋水仙碱本身无毒,但在体内被氧化成二水秋水仙碱时则有剧毒。食用较多量的鲜黄花菜 $0.5\sim4h$ 后发病,表现为恶心、呕吐、腹泻、头痛、口渴、喉干。干黄花菜无毒,如果食用鲜黄花菜,必须先经过水浸泡或开水烫,然后再炒、煮。

一般生物碱有止疼、催眠、麻醉的作用,经常服用有成瘾的危险,所以除含有生物碱的嗜好品(茶叶、可可、咖啡、烟草)外,其他生物碱(如吗啡、鸦片、罂粟碱等)必须由医生控制。

(4) 硝酸盐类

蔬菜是人类的必需食品之一,人体中的许多微量元素靠食用蔬菜来摄入。但蔬菜中有的化学成分却给人体带来不利的影响,硝酸盐就是其中一种。例如在白菜、菠菜、萝卜、马铃薯、黄瓜等蔬菜中都含有硝酸盐,如施加化肥生长的菠菜、小白菜与施用农家肥生长的相比,硝酸盐含量高出 1~4 倍。硝酸盐在肠胃中可被还原为亚硝酸盐,亚硝酸盐与蛋白质分解产生的胺反应形成亚硝胺。亚硝胺在体内活化后转变为具有致癌性的代谢物。亚硝胺的代谢活化致癌过程为:亚硝胺先进行 α 位碳羟基化,一些活性中间代谢产物作为烷化剂,脱甲基后,甲基使 DNA、RNA 大分子中的鸟嘌呤再氧化、烷基化。鸟嘌呤与烷基的配位结合,使 DNA、RNA 复制错位,从而形成肿瘤。

9.2.4 保障食品安全的方法

接轨国际标准,同时严格监管,是食品安全的根本保障。食品行业应重视 CAC,积极采用 CAC 标准。目前,我国只有棕榈油是等效采用 CAC 标准,棕榈仁油、奶油、全脂无糖炼乳、婴幼儿辅助食品(骨泥)是非等效采用 CAC 标准,其他产品再无采用 CAC 标准了。进入 21 世纪,我国绿色食品发展中心颁布了 A 级和 AA 级绿色食品的分级标准,其中包括食品产品标准、包装标准。A 级绿色标准在生产过程中允许限量使用限定的化学合成物质。AA 级绿色食品在生产过程中禁止使用限定的化学合成物质,等同美国农业部颁布的有机食品的标准。

行政执法机关必须严格监管,杜绝类似苏丹红、三聚氰胺、一滴香等危及人们身体健康的物质侵入食品,确保食品安全。

此外,在食品制作和人们日常生活中也可采取各种方法,防止各类有毒物质进入食品,保障食品安全。

1. 预防微生物活动引起的食物中毒

(1) 食品腐败的预防措施

食品腐败是指食品在一定的环境因素作用下,由微生物作用而发生食品成分和感官性状的各种变化。防止食品腐败变质,延长其食用期限的基本原理是改变食品的温度、水分、pH、渗透压以及采用抑菌、杀菌等措施。常用方法有低温保存、高温灭菌、超高压食品、脱水与干燥保存、食品腌渍防腐和食品辐照防腐。

(2) 霉菌的预防措施

霉菌中的少数菌种或菌株在适合条件下产生毒素,这些条件包括基质、水分、湿度和温度等。粮食的水分在 17%~18% 是霉菌繁殖的良好条件,适于繁殖的相对湿度为 80%~90%。当大米、小麦的平均水分为 14%,大豆水分为 11%,干菜、干果水分为 30% 时,霉菌不能产毒。因此,控制适宜的储存条件是防止食品霉菌生长的主要措施。

(3) 良好的饮食卫生习惯

培养良好的饮食卫生习惯,如不食用过期及霉变食品,对真空包装的食品即开即食,就能够避免许多因微生物活动引起的食物中毒。

2. 预防非微生物活动引起的中毒

(1) 农药残留引起的中毒预防措施

① 严格按照国家农药安全使用标准用药。对各种农作物可用农药的种类、用药量和稀释倍数、最多使用次数和间隔期、最后一次施药距收获期的天数都有严格的规定,以确保食品中农药残留不致超标。

② 合理饮食。对国民加强科普知识的宣传教育,注意饮食安全与卫生,在食用食品前应充分洗涤、削皮、烹饪和加热等处理。据测试,粮食中的"六六六"经加热处理可减少 34%～56%,DDT 可下降 13%～49%。各类食品经加热处理(94～98℃)后,"六六六"的去除率平均为 40.9%,DDT 为 30.7%。有机磷农药在碱性条件下更易消除。

(2) 亚硝基化合物中毒的预防措施

① 保持良好的饮食习惯。不吃隔夜蔬菜,保证食品新鲜,防止微生物污染,可减少因细菌而还原硝酸盐为亚硝酸盐,减少某些微生物分解蛋白质转化为胺类化合物,减少酶促亚硝基化作用。

② 尽量少吃、不吃腌制食品。严格控制食品加工中硝酸盐和亚硝酸盐的使用量。尽可能使用硝酸盐和亚硝酸盐的替代品。

③ 许多食品或食物成分可阻断亚硝基化合物产生的危害。维生素 C、维生素 E 和酚类有阻断亚硝基化的作用。大蒜和大蒜素可抑制胃内硝酸盐还原菌,使胃内亚硝酸盐含量明显降低。茶叶对亚硝酸胺的生成有阻断作用。猕猴桃和沙棘果汁也有阻断效果。

④ 执行国家标准,加强检查监督。消费者也可通过试纸快速测试硝酸盐含量。

(3) 其他化学污染物中毒的预防措施

① 改进食品加工方法,最好用电热、红外线或微波加热烹饪食品。不吃或少吃烟熏制品,刮去烤焦部分。这些措施都能减少 B(α)P 等芳香类物质在食品中的含量。

② 确保食品原料的安全,不使用受到重金属、B(α)P 等污染的食品作原料。

③ 执行国家标准,并逐渐向食品法典靠拢,严禁使用对人体有害的食品添加剂。

3. 食品安全评价

为确保食品的安全和保障人体健康,需要对食品进行安全性评价,通过安全性评价阐明食品是否可以食用,或阐明食品中有关危害成分以及毒性和风险大小,利用毒理学资料和毒理学试验结果确认食品的安全剂量,进行企业质量风险控制。按照 1994 年国家颁布的《中华人民共和国食品安全性毒理学评价程序》(GB15293.1—1994),评价程序包括:准备工作→急性毒理试验→遗传毒理学试验→亚慢性毒理试验(含 90d 喂养试验、繁殖试验、代谢试验)→慢性毒理试验(包括致癌试验)。

9.3　安全用药

　　随着社会的进步,人类的平均寿命正在不断地增长。据世界卫生组织统计,世界人口的平均寿命在 20 世纪初为 45 岁,而到 1993 年已增长到 65 岁(我国为 70 岁)。进入 21 世纪,世界人口的平均寿命已突破 70 岁(我国已突破 75 岁)。"人生七十古来稀"这句老话正在成为历史,一个极为重要的原因就是广泛使用了许多新药。但是药物是一把双刃剑,古人说"是药三分毒",药物一般同时具有治疗作用和毒副作用。如果使用不当,则会危害人们的健康。就拿名贵中药人参来说,也不是有病治病、无病强身的万能药,因体质关系无法受用的人如盲目服用,会出现"滥用人参综合征"。目前滥用抗生素等问题正日益引起人们的广泛关注。随着国家医疗体制的改革和非处方药制度的实施,人们自行选择药品的机会显著增多。了解药物的基本知识,增强安全用药的意识就显得十分重要。

9.3.1　药物概述

　　1. 药物的一般概念

　　具有治疗、预防和诊断疾病或调节机体生理功能,符合药品质量标准,并经政府有关部门批准的物质称为药物。药物一般分为无机药物、合成有机药物、天然药物三类。

　　2. 中药

　　中药是指中医临床上已广泛应用的药物,临床疗效确切。大多数中药的给药方法是动、植物药经简单处理,如水煎,酒浸,或制成丸、散、膏、丹,或将多种植物组方后水煎,给药途径多为口服或外用。据文献记载,中药资源已达 12807 种,其中植物药 11146 种,动物药 1581种,矿物药 80 种。随着科技的进步,现代科学知识也逐步应用到中药研究领域,植物学、药物化学、植物化学、分析化学、仪器分析等学科在中药研究中得到了广泛的应用。通过拆方等方法将中药去粗取精,简化复方,发掘单味中药的有效成分甚至有效的单一成分,测定其化学结构,进行人工合成或结构改造,使古老的中药重新焕发了青春。例如据 1700 年前的文献记载,植物青蒿的绞汁有抗疟作用。化学家对其低温提取,在提取物中分离出一种结构新颖的化合物,起名青蒿素,对疟原虫有很强大杀灭作用,而且无抗药性。该药在控制恶性疟疾的战斗中立了大功。化学家对其进行结构改造,研制出作用更强、作用时间更长的抗疟新药蒿甲醚及青蒿琥酯。它们的结构式如下图所示。

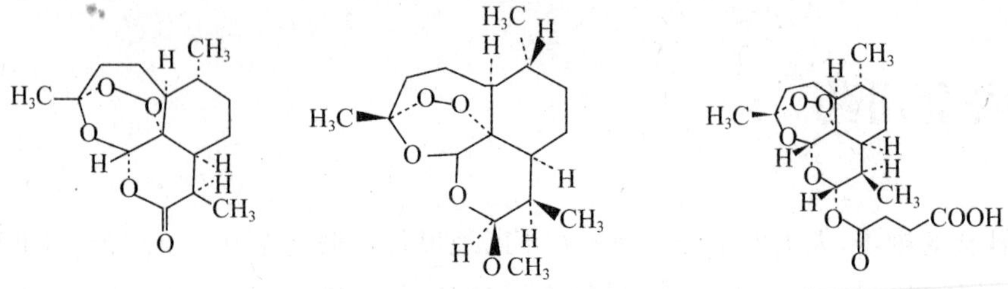

青蒿素　　　　　　　　蒿甲醚　　　　　　　　青蒿琥酯

图 9 - 4　青蒿素、蒿甲醚和青蒿琥酯的结构式

3. 化学合成药

化学合成药是指以结构较简单的化合物或具有一定基本结构的天然产物为原料,经过一系列化学反应过程制得的对人体具有预防、治疗及诊断作用的原料药。这些药物都是具有单一的化学结构的纯物质。化学合成药的发展已有一百多年的历史。19 世纪 40 年代乙醚、氯仿等麻醉剂在外科和牙科手术中的成功应用,标志着化学合成药在医疗史上的出现。随着有机化学、药理学和化学工业的发展,化学合成药发展迅速,品种、产量、产值等均在制药工业中占首要地位。世界上临床使用的化学合成药物品种已多达数千种。化学合成药的生产绝大多数采用间歇法,大致分为三种:全化学合成,大多数化学合成药是用基本化工原料和化工产品经各种不同的化学反应制得,如磺胺药、各种解热镇痛药;半合成、部分化学合成药是以具有一定基本结构的天然产物作为中间体进行化学加工,制得如类固醇激素类、半合成抗生素、维生素 A、维生素 E 等的化合物;化学合成结合微生物(酶催化)合成,此法可使许多药品的生产过程更为经济合理,例如维生素 C、类固醇激素和氨基酸等的合成。

4. 新药开发

新药开发是一项耗资大、周期长的艰巨工作。传统的新药研究方法是:药物化学家设计出新结构类型的药物,将单一的化合物进行合成、纯化,鉴定结构后送药理筛选。一个硕士生一年最多能合成几十个化合物。一般统计,从 10 万个化合物中才有望筛选出一个药物,可见寻找新药的工作量之大。另一方面,随着药理、毒理学研究的不断深入,人们对药物的有效性和安全性的要求不断提高,这意味新药开发的难度越来越大。近年来,面对诸如癌症、糖尿病、心血管疾病等一系列重大疑难疾病的挑战,药物化学家以生命科学(如病理学、药理学)的研究成果为依据,进行合理的药物分子设计,开发了电子计算机辅助药物设计系统,大大提高了筛选的几率。下面列举几个新药开发的主要思路:

(1) 从天然产物中寻找新药物

从动植物、微生物等生物体中分离、提取有效成分,并对有效成分进行分子结构上的局部改造或修饰,是药物化学家发现、创制新药物的一个重要途径。青霉素 G 就是来自于微生物的天然药物,氨苄青霉素和羟氨苄青霉素是通过结构改造而得到的新药物。青蒿素和蒿甲醚、青蒿琥酯是另一个例子。

（2）基于构效关系的药物设计

药物的化学结构与生物活性之间有着十分密切的关系。药物分子中的一个取代基或一种立体结构的改变会常常导致药理活性部分或完全丧失。例如 L-(＋)-抗坏血酸（即维生素 C)具有抗坏血病的作用,而它的对映体 D-(－)-抗坏血酸就没有这种作用。L-和 D-抗坏血酸的结构式见下图。

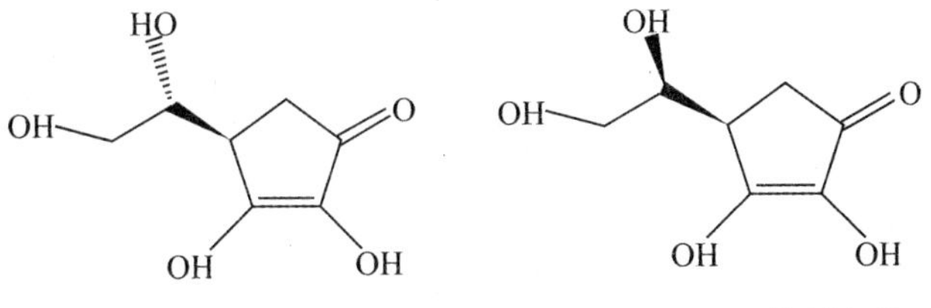

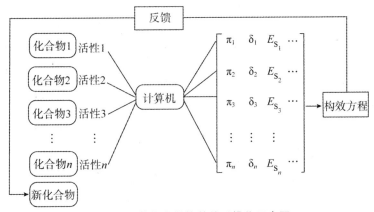

L-(+)-抗坏血酸　　　　　　　　D-(－)-抗坏血酸

图 9-5　L-和 D-抗坏血酸的结构式

不同的立体异构体有时还显示出不同的生理作用。药物化学家把已知的药物分子的某些结构参数与其生物活性数据相关联,建立起定量的构效关系数学模型,并由此模型来推测未知的、最优化的药物分子结构,再通过化学合成得到这个结构的化合物(图 9-6)。

```
                         反馈
    ┌────────────────────────────────────────────────────┐
    │   ┌────────┐                                         │
    │   │ 化合物1 │活性1        π₁   δ₁   Es₁ …            │
    │   └────────┘                                         │
    │   ┌────────┐                                         │
    │   │ 化合物2 │活性2        π₂   δ₂   Es₂ …            │
    │   └────────┘       ┌──────┐                 ┌──────┐ │
    │   ┌────────┐       │ 计算机 │  π₃   δ₃   Es₃ … │构效方程│ │
    │   │ 化合物3 │活性3   └──────┘                 └──────┘ │
    │   └────────┘                                         │
    │      ⋮      ⋮          ⋮    ⋮    ⋮                   │
    │   ┌────────┐                                         │
    │   │ 化合物n │活性n        πₙ   δₙ   Esₙ …            │
    │   └────────┘                                         │
    └──┌─────────┐───────────────────────────────────────┘
       │ 新化合物 │
       └─────────┘
```

图 9-6　药物定量构效关系操作示意图

（3）基于靶分子的合理药物设计

随着分子层次上对生物大分子结构和功能的研究,药物化学家开始致力于针对明确的靶分子(如蛋白质、核酸等)的合理药物设计。例如,降压药卡托普利(化学名 1-[(2S)-3-巯基-22-甲基-丙酰]-L-脯氨酸)就是以血管紧张素转化酶(ACE)为靶酶的。根据 ACE 能促进血管紧张素Ⅰ转化为引起血管收缩的血管紧张素Ⅱ,使血压升高,药物化学家设计了 ACE 抑制剂,并使之成为一类新的降压药物。

（4）纳米科技导致的制剂学的革命

纳米技术极大地推动了药物的发展。纳米材料引入药物传递系统,使各种缓释、控释、定点释放等剂型得到完善,用新材料制成的药物运载系统可将药物更快捷、更直接地输送到作用靶点,从而减少药物对正常组织的不良反应,缩短有效时间,降低药物剂量。

9.3.2 保健治病的常用药物

1. 制酸剂

制酸剂是一类能中和过多胃酸的弱碱性药物。使用这一类药物可使胃液酸度调节至 pH4～5。由于胃蛋白酶作用的最适合 pH 在 1.8 左右,而在 pH4～5 以上几乎无活性,因而服用制酸剂药物后可以降低以至解除胃蛋白酶分解胃壁蛋白的作用。临床上制酸剂用于治疗胃酸分泌过多症、胃溃疡及十二指肠溃疡等症。

制酸剂是应用最早的抗溃疡基本药物,据统计世界上有近 80 种制酸剂。常用的制酸剂主要成分为铝剂(如氢氧化铝、硅酸铝、磷酸铝等)、镁剂(碳酸镁、硅酸镁等)、钙剂(碳酸钙),其他还有碳酸氢钠等。表 9-10 给出了常用原料药的作用机理、药效和毒副作用。

表 9-10 常用原料药的作用机理、药效和毒副作用

原料药	作用机理	作用	毒副作用
碳酸氢钠	$NaHCO_3 + H^+ \longrightarrow Na^+ + H_2O + CO_2$	与胃酸中和迅速,但抗酸作用弱,维持时间短	胃内产生的 CO_2 气体可致腹胀,可引起酸反跳、钠滞留、碱中毒
碳酸钙	$CaCO_3 + 2H^+ \longrightarrow Ca^{2+} + H_2O + CO_2$	与胃酸的作用快而强,也较持久	胃内产生的 CO_2 气体可致腹胀,产生的氯化钙在碱性肠液中形成碳酸钙及磷酸钙沉淀而致便秘
氢氧化铝	$Al(OH)_3 + 3H^+ \longrightarrow Al^{3+} + 3H_2O$	中和胃酸作用缓慢而持久,与胃液形成的凝胶覆盖表面具有机械保护作用,产生的氯化铝有收敛作用,可止血;可促进内源性前列腺的合成,提高黏膜保护作用	氯化铝会引起便秘
氧化镁	$MgO + 2H^+ \longrightarrow Mg^{2+} + H_2O$	与胃酸作用慢,但强而持久	轻泻;肾功能不全时可发生镁中毒

为克服铝剂的便秘和镁剂的轻泻副作用,将铝和镁的盐合并制成合剂,如碳酸镁铝、氧化镁铝、硅镁铝等,可相互抵消各自的副作用。

2. 杀菌剂及消毒剂

杀菌剂是阻止微生物生长或杀灭微生物的药剂,而消毒剂则是杀灭致病细菌或微生物药剂。它们通常本身有毒性,常为外用药。常用的杀菌剂及消毒剂如下表所示。

表 9 – 11　常用的杀菌剂及消毒剂

杀菌剂及消毒剂	代表性物质	作用机制	备注
含氯消毒剂	次氯酸钠、二氯异氰尿酸钠	次氯酸易扩散到细菌表面并穿透细胞膜,使菌体蛋白氧化,导致细菌死亡	无机氯不稳定,易丧失有效成分。有机氯相对稳定,但水溶液均不稳定
过氧化物类消毒剂	过氧化氢、过氧乙酸、二氧化氯、臭氧	强氧化剂,放出的原子氧将细胞内的含巯基的酶氧化而杀菌	高效,二氧化氯为绿色消毒剂
醛类消毒剂	甲醛、戊二醛	作为一种活泼的烷化剂作用于微生物蛋白质中的氨基、羧基、羟基,破坏蛋白质分子,使微生物死亡	对人体皮肤、黏膜有刺激和固化作用,并可使人过敏,不可用于空气、食具消毒
醇类消毒剂	乙醇、异丙醇	凝固蛋白质,导致微生物死亡	常用浓度75%
含碘消毒剂	碘酊、碘伏	使病原体的蛋白质发生变性	不能与红药水(氯化汞)同用,常用于外科洗手消毒
酚类消毒剂	苯酚、甲酚、卤代苯酚	低浓度酚能使蛋白变性	用于临床消毒、防腐
环氧乙烷		能使微生物的蛋白质上的羧基、氨基、硫氢基和羟基被烷基化,使蛋白质的正常的生化反应和新陈代谢受阻,导致微生物死亡	常用于食料、纺织物及其他方法不能消毒的对热不稳定的药品和外科器材等,如皮革、棉制品、化纤织物、精密仪器、生物制品、纸张、书籍、文件、某些药物、橡皮制品等,进行气体熏蒸消毒

另外,消毒剂还有双胍类和季铵盐类,它们属阳离子表面活性剂,具有杀菌和去污作用。这类化合物可改变细菌细胞膜的通透性,常将它们与其他消毒剂复配以提高杀菌效果和杀菌速度。

3. 抗组胺剂

人体内有一种化学传递物质,叫组织胺,它对人体的作用也通过受体。组织胺作用的受体有两种:H1 受体和 H2 受体。组织胺作用于受体后,可引起疾病,如作用于 H1 受体,就会产生过敏反应;作用于 H2 受体会引起胃酸分泌过多,导致消化道溃疡。H1 受体拮抗剂为抗过敏药,大家所熟知的有苯海拉明和氯苯那敏。H2 受体拮抗剂为抗消化道溃疡药,H2 受体拮抗剂有很多种,结构改造较为成功的例子是西咪替丁,后来又有新的结构类型的"替丁"类药物面世,如法莫替丁及罗沙替丁等。除 H2 受体拮抗剂外,抑制胃酸的药物还有质子泵抑制剂,它们作用于胃酸分泌的最后"开关"——H^+/K^+ ATP 酶,使其失活,结果是使胃酸无法泵出胃壁。这类药物上市以来,很受临床欢迎,有逐步取代 H2 受体拮抗剂的趋势,代表性的药物有奥美拉唑、兰索拉唑等。

4. 解热镇痛药

解热镇痛药作用于人的丘脑体温调节中枢,使体温降至正常,对正常体温没有影响。这类药物在降低体温的同时还有中等程度的镇痛作用,对治疗牙痛、头痛、神经痛、肌肉关节痛有显著的疗效,但对创伤性疼痛和内脏疼痛等无效。这类药物最为大家熟悉,代表性的有乙酰水杨酸(阿司匹林)、对乙酰氨基酚(扑热息痛)、对乙酰氨基苯乙醚(非那西丁)。阿司匹林、咖啡因及非那西丁的复方配剂就是众所周知的 APC 片,有很好的解热镇痛效果。阿司匹林还具有抗血小板凝聚作用,可预防血栓的形成,小剂量阿司匹林用于预防冠状动脉栓塞及脑血栓。仅 1994 年一年,全世界消耗阿司匹林药片、胶囊和栓剂等数目就多达 362.5 亿片,阿司匹林被称为世纪神药。但阿司匹林对胃黏膜有刺激作用,长期大量服用会导致胃出血,有溃疡史者要慎用。扑热息痛的毒性较低,但也有报道饲料中添加高剂量的扑热息痛喂养大鼠,会引起大鼠肝细胞肿瘤。东北的某些地区还有对 APC 成瘾的报道,故解热镇痛药虽为常用药,也不能滥用。常见解热镇痛药品的结构式见下图。

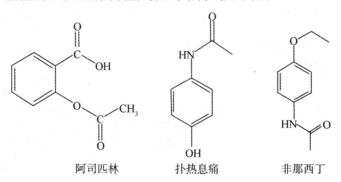

阿司匹林　　　　　扑热息痛　　　　　非那西丁

图 9-7　常见解热镇痛药品的结构式

另一类作用较为强烈的镇痛药作用于中枢神经系统,选择性抑制痛觉而不影响感觉。吗啡是最早发现的镇痛药,从鸦片中提炼而得。此类药镇痛作用很强,其最大的缺点是具有成瘾性,经常使用会造成人体对它的精神依赖和身体依赖,药物就变成了毒品。药物化学家为寻找既具有镇痛作用又无成瘾性的镇痛药做了长期不懈的努力,发现了一些成瘾性远比吗啡小的镇痛药,如哌替啶(杜冷丁)、苯基烃胺酮(美沙酮)、盐酸曲马多等。但所有镇痛药物如果滥用,均可产生或多或少成瘾性,故必须在医生指导下有控制地使用。

5. 磺胺类药及抗生素

(1) 磺胺类药物

磺胺类药物是一类具有对氨基苯磺酰胺结构的药物。它们的发现和应用对细菌感染疾病的治疗有很大贡献,使死亡率很高的细菌传染疾病如肺炎、脑膜炎、败血症等得到了控制。

对氨基苯磺酰胺是磺胺类药物的基本母核。早在 1906 年就已被合成,但当时仅作为合成偶氮染料的中间体,无人注意到其医疗价值。直到 1932 年,Domagk 发现含有磺酰胺基的偶氮染料——百浪多息(prontosil)对链球菌及葡萄球菌有很好的抑制作用。当时,他女儿受链球菌感染,在无药可治的情况下他试用了染料百浪多息,结果将女儿的病给治愈了。这类染料的医疗价值被发现,引起世人瞩目,对其开展了广泛研究。当时认为百浪多息奏效的原因,主要是结构中偶氮基团的存在。但研究结果表明,只有含磺酰胺基团的偶氮染料才有抗链球菌作用。如果将磺酰胺基改变,则抗菌活性就会消失。对百浪多息的研究表明,该化合物在体外无抗菌作用,只有在动物体内才有作用。可进一步推断认为百浪多息进入体内后代谢生成的对氨基苯磺酰胺才有抗菌作用。Fulker's 进一步从用百浪多息治疗的病人尿中分离得到对氨基苯磺酰胺,从而确定了对氨基苯磺酰胺是这类药物有效的基本结构,揭开了磺胺类抗生素药物研究的序幕。由于发现磺胺类药物的抗菌活性,Domagk 于 1939 年获诺贝尔医学奖。对氨基苯磺酰胺和百浪多息的结构式见下图。

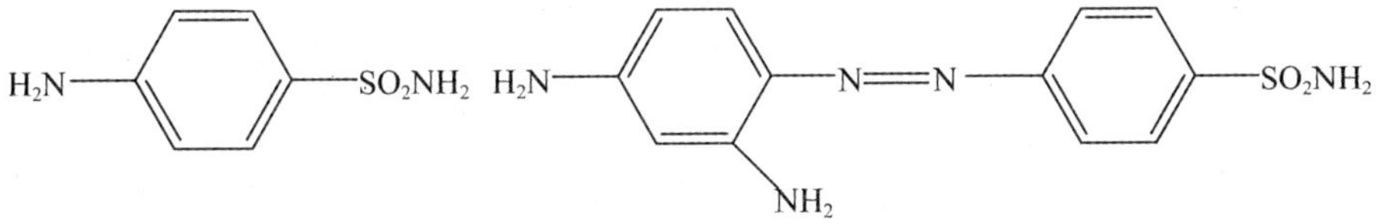

对氨基苯磺酰胺　　　　　　　　　　百浪多息

图 9 - 8　对氨基苯磺酰胺和百浪多息的结构式

到 1964 年为止,大约有 5000 多种磺胺类化合物被合成和进行药效试验。青霉素类抗生素发现与临床应用后,磺胺类药物由于在抗菌强度及抗菌谱方面都比抗生素差,才在生产量、产值、品种方面有较大下降。但由于抗生素类的过敏反应、重复感染和耐药性问题,而磺胺类药物具有疗效确切、性质稳定、服用方便等优点,因此磺胺类药物目前仍得到广泛的应用。常用的磺胺类药物见表 9 - 12。

表 9 - 12　常用的磺胺类药物结构、药效和毒副作用

药品名	结构式	作用	毒副作用
磺胺嘧啶(SD)	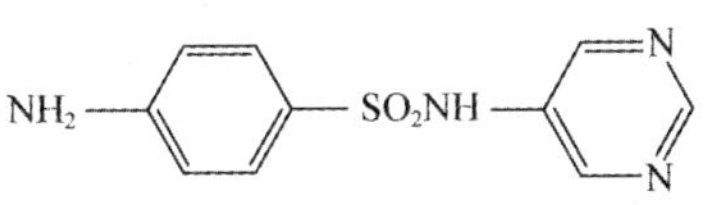	具有广谱及较强抗菌活性,对革兰阳性及阴性菌均有抑制作用,用于脑膜炎球菌所致脑膜炎的预防及治疗,也可用于上呼吸道感染、中耳炎、痈、疖及产褥热等疾病的治疗	轻者可出现恶心、呕吐及眩晕等副作用,但不影响用药,过敏性反应以药热、皮疹为多见。大剂量服用期间,在肾及尿道可能出现原药乙酰化物结晶而导致结晶尿,甚至血尿,因此服药期需多饮水,必要时同服碳酸氢钠以增加药物排泄。长期服用偶见肝损害
磺胺噻唑(ST)	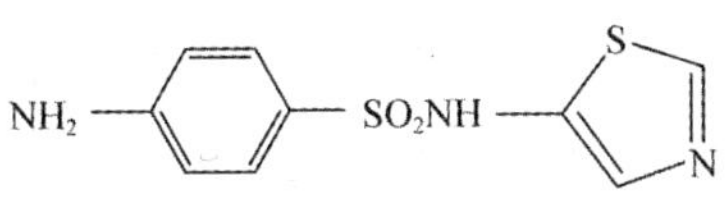	对革兰阳性和阴性菌均具抗菌作用,主治溶血性链球菌、脑膜炎球菌、肺炎球菌等感染疾病	对肝肾具有毒性

续表

药品名	结构式	作用	毒副作用
磺胺甲恶唑（SMZ）	NH_2—⟨苯环⟩—SO_2NH—⟨异恶唑环⟩—CH_3	抗菌谱与 SD 相似，但抗菌作用较强。用于治疗扁桃体炎、急性支气管炎、肺部感染、尿路感染、皮肤化脓性感染、菌痢及伤寒等	参见 SD。对肾脏损害较 SD 小，但大剂量、长期使用也可发生

　　磺胺类药物的研究对药物化学的另一个重大贡献就是通过其作用机制的阐明，创建了"代谢拮抗"学说，开辟了一条从代谢拮抗途径寻找新药的途径。"代谢拮抗"就是利用结构与细胞中某些中间代谢物相似而无其功能的物质来干扰细胞的正常代谢，抑制一个或多个酶的作用，或作为伪代谢物掺入生物大分子中，使形成的生物大分子失去应有的功能。代谢拮抗学说的发展为以后的抗肿瘤药物、抗疟药物的研究提供了新的途径。

　　磺胺类药物之所以具有抗菌作用，是因为它能阻止细菌生长所必需的维生素——叶酸的合成。在叶酸合成过程中，有一个关键组分是对氨基苯甲酸（PABA）。由于磺胺类药物和 PABA 的分子结构类似，使得其通过和细菌生长所必需的 PABA 产生竞争性拮抗，干扰了细菌的酶系统对 PABA 的利用。叶酸的生物合成中，磺胺类药物可以取代叶酸结构中 PABA 的位置，生成无功能的化合物，妨碍了叶酸的生物合成，细菌也就因为缺乏维生素而难以生长，直至死亡。而在人类或其他高等生物中，合成叶酸时并不一定需要 PABA，因此磺胺类药物对人的副作用甚小。

　　（2）抗生素

　　抗生素是某些微生物的代谢产物或合成的类似物，在小剂量的情况下能抑制微生物的生长和存活，而对宿主不会产生严重的毒性。在临床应用上，大多数抗生素能抑制病原菌的生长，用于治疗多属细菌感染性疾病。除了抗感染的作用外，某些抗生素还具有抗肿瘤活性，用于肿瘤的治疗；有些抗生素还具有免疫抑制和刺激植物生长作用。因此，抗生素不仅用于医疗，而且还应用于农业、畜牧和食品工业方面。但抗生素若长期使用，细菌往往会对其产生耐药性，使抗生素的药效下降甚至无效，往往需要开发新的抗生素以应对细菌的耐药性。当新药的开发速度抵不过因滥用抗生素而导致的细菌对抗生素的耐药性时，人们就无药可用了。因此，服用抗生素必须在医生的指导下有针对性地进行。常用的抗生素有青霉素、头孢菌素、四环素和红霉素等。

　　1）青霉素和头孢菌素

　　青霉素是第一种被人类发现的抗生素，于第二次世界大战期间开始用于临床，已挽救了无数病人的生命。关于青霉素的发现还有一则小故事。1929 年英国的弗莱明休假回来，发现他在休假之前留在实验室工作台上的一个已接种过葡萄球菌（一种病原菌）的培养皿被一种霉菌污染了。远离霉菌的地方长满了葡萄球菌，而霉菌的周围则没有葡萄球菌生长。他意识到这株霉菌能够杀死细菌,但究竟是这株霉菌本身能杀死细菌还是霉菌产生了能杀菌的物质呢？他把这株霉菌(后来称之为青霉菌)放在培养皿中进行培养,结果发现将培养液过滤除去霉菌后,滤液仍显示强烈的抑制革兰氏阳性(一种细菌的染色分类方法,染色后呈蓝色的细菌为革兰氏阳性菌,不被染色的为革兰氏阴性菌)菌生长的能力。他从滤液中提取出了能够抑制细菌生长的粗提物。由于这种物质是由青霉菌产生的,因此称为青霉素。当时青霉素制品是粗提物,有效成分的含量非常低,大约不到 1%；而我们现在用的青霉素的含量接近 100%,是许多科学家致力于青霉素的分离与纯化、提高其发酵的单位产量的研究结果。青霉素的生产很像酒的生产,将能产生青霉素的青霉菌接种到它喜欢的食物,主要是玉米浆和其他营养素上,在一定的温度下发酵生长,待青霉素达到一定的产量后,再经提取、分离、纯化得到青霉素。为增加青霉素的水溶性,通常临床用的是它的钾盐或钠盐。青霉素的化学结构为如下图所示。

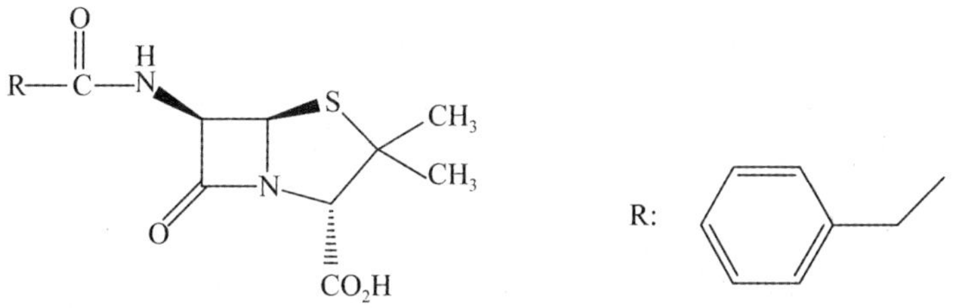

青霉素家族的结构式　　　　　　青霉素 G

图 9-9　青霉素家族和青霉素 G 的结构式

青霉素发酵液中含有六种以上的天然青霉素,它们的差别就是 R 基团的不同。医疗上最常用的是青霉素 G。青霉素在临床上主要用于治疗葡萄球菌传染症,如脑膜炎、化脓症、骨髓炎,溶血性链球菌传染症,如腹膜炎、产褥热,以及肺炎、淋病、梅毒等。有研究认为青霉素的抗菌作用与抑制细胞壁的合成有关。在细胞壁的生物合成中需要一种关键的酶即转肽酶,青霉素的作用部位就是这个转肽酶。现已证明青霉素内酰胺环上的高反应性肽键(酰胺键)受到转肽酶活性部位上丝氨酸残基的羟基的亲核进攻形成共价键,生成青霉素噻唑酰基-酶复合物,从而不可逆地抑制了该酶的催化活性。细胞壁的合成受到抑制,细菌的抗渗透压能力降低,引起菌体变形、破裂而死亡。青霉素选择性地作用于细菌并引起溶菌作用,但几乎不损害人和动物的细胞,使其成为一类比较理想的抗生素。青霉素噻唑酰基-酶复合物的形成过程如下图所示。

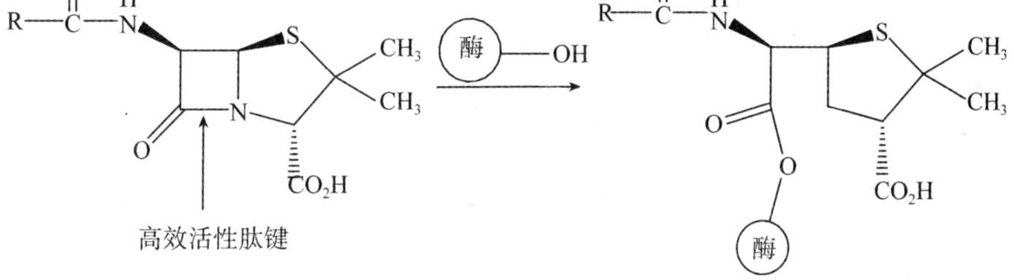

高效活性肽键

图 9-10　青霉素噻唑酰基-酶复合物的形成

　　青霉素 G 的 β-内酰胺环遇到酸即被水解开环,胃酸足以破坏青霉素。这就是青霉素 G 都要经过肌肉或静脉注射,而不是口服的原因。药物化学家通过利用化学合成的方法,巧妙地将青霉素 G 的 R 侧链转变成其他基团,从而得到了许多效果更好的类似物,即半合成青霉素。如目前临床上广泛使用的氨苄青霉素和羟氨苄青霉素(阿莫西林),它们不仅比天然青霉素疗效高,而且性质稳定,可以口服。氨苄青霉素和羟氨苄青霉素的结构式见下图。

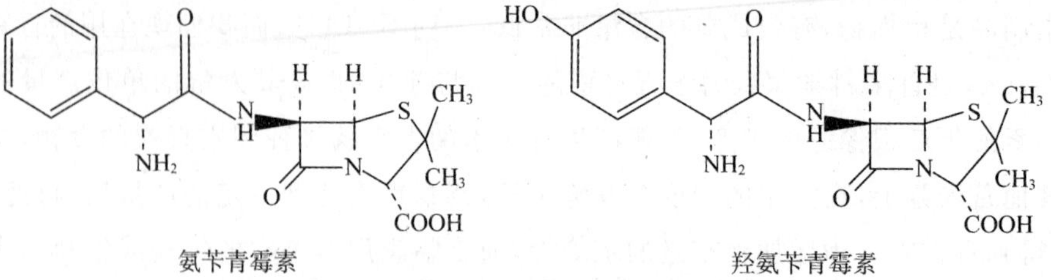

图 9 - 11　氨苄青霉素和羟氨苄青霉素的结构式

　　与青霉素结构相类似的另一类抗生素是头孢菌素。青霉素和头孢菌素的结构差别在于青霉素母核的两个环是四元环和五元环拼在一起的,而头孢菌素的母核是由四元环和六元环拼起来的。在化学上这类化合物比青霉素稳定,但天然的头孢菌素抗菌效力较低,药物化学家借鉴半合成青霉素的经验成功合成了一些高效、广谱、可供口服的半合成头孢菌素,如头孢氨苄(先锋Ⅳ号)、头孢拉定(先锋Ⅵ号)等。头孢菌素的结构式见下图。

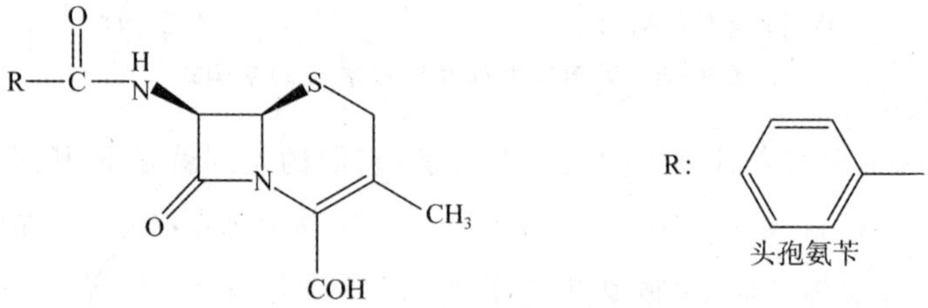

图 9 - 12　头孢菌素的结构式

　　青霉素和头孢菌素这类含 β-内酰胺环的抗生素都可能发生过敏反应,对高度过敏者,极微量亦能引起休克。因此,使用前均需做皮内试验。

　　2) 红霉素

　　红霉素属大环内酯类抗生素。红霉素的结构很像一个大花环,环上挂着两条彩带,其中一条带是氨基糖,另一条是糖。其结构如下:

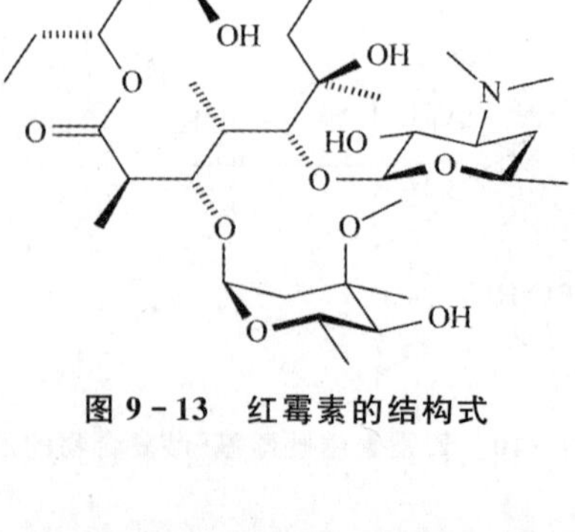

图 9 - 13　红霉素的结构式

临床上常用红霉素与各种酸生成的盐。红霉素的化学性质比较稳定,不像青霉素那么不稳定,可以制成片剂或胶囊口服,也可以制成软膏外用。

红霉素抗菌谱与青霉素近似,其特点是对青霉素产生耐药性的菌株,对本品敏感。作用机制主要是与核糖核蛋白体的50S亚单位相结合,抑制肽酰基转移酶,影响核糖核蛋白体的移位过程,妨碍肽链增长,抑制细菌蛋白质的合成。其在临床上主要用于耐青霉素的金黄色葡萄球菌感染及对青霉素过敏的金黄色葡萄球菌感染。亦用于溶血性链球菌及肺炎球菌所致的呼吸道、军团菌肺炎、支原体肺炎、皮肤软组织等感染。此外,对白喉病人,以本品及白喉抗毒素联用则疗效显著。

属于大环内酯类抗生素的还有螺旋霉素、麦迪霉素、白霉素等数十种抗生素。它们的环的大小不同,红霉素是十四元环,螺旋霉素和麦迪霉素是十六元环。

3）四环素

四环素、土霉素、金霉素同属于四环素类抗生素。它们的化学结构像奥迪汽车的标志,四个环相连一字排开,由此而得名。其中,四环素的化学结构如下:

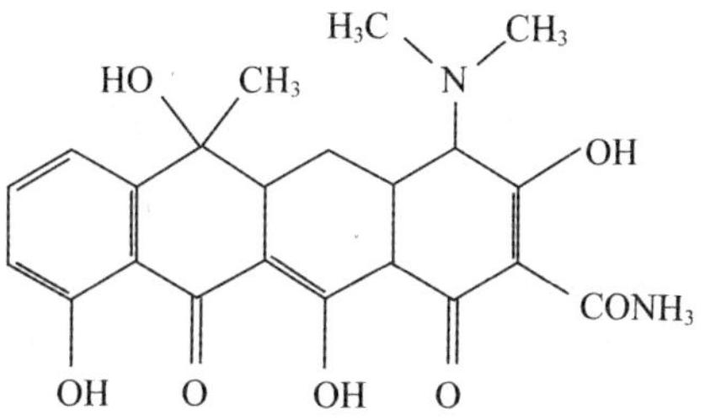

图 9 - 14　四环素的结构式

四环素除用于临床外,还大量用于畜牧业。我国的四环素生产在国际上处于领先水平,大量出口,故四环素又被誉为"中国黄"。

四环素对革兰氏阳性菌、革兰氏阴性菌、立克次体、滤过性病毒、螺旋体属乃至原虫类都有很好的抑制作用,是一种广谱抗生素,对结核菌、变形菌等则无效。作用机制是药物与核蛋白体的30S亚单位结合,从而阻止氨酰基 tRNA 同核蛋白体结合,抑制肽连的增长和影响细菌蛋白质的合成。

6. 类固醇激素

类固醇激素,又称甾体激素。其结构的基本核是由三个六元环及一个五元环并合生成的环戊烷多氢菲。常见的类固醇激素药物有氢化可的松、性激素等。类固醇激素的结构式见下图。

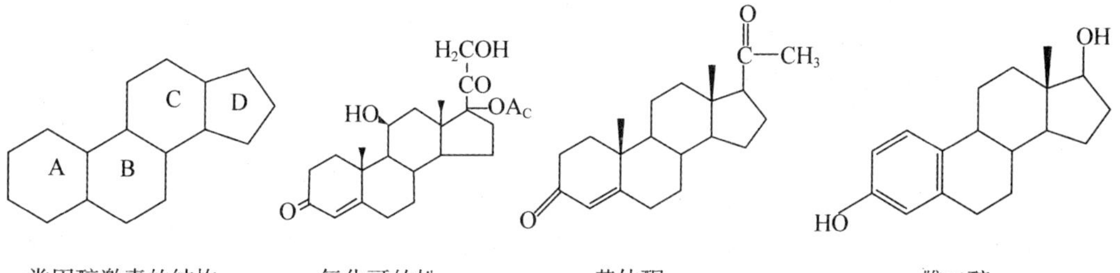

| 类固醇激素的结构 | 氢化可的松 | 黄体酮 | 雌二醇 |

图 9 - 15　类固醇激素的结构式

（1）氢化可的松

氢化可的松是即可人工合成、也是天然存在的糖皮质激素，有抗炎作用及免疫抑制、抗毒、抗休克作用，主要用于治疗肾上腺功能不全所引起的疾病、类风湿关节炎、关节炎、腱鞘炎、角膜炎等。但长期服用可引起柯兴氏症、消化系统溃疡、骨质疏松等副作用。

（2）孕激素和雌激素

黄体酮是由卵巢黄体分泌的一种天然孕激素；雌二醇是卵巢分泌的类固醇激素，是主要的雌性激素。孕激素能通过抑制脑垂体分泌促性腺素，从而阻止卵巢排卵，卵巢不排卵，当然就不可能受孕和生育。因此，给妇女服用足够剂量的外源性孕激素，使之在体内维持高孕激素水平，即可以阻止卵巢排卵，实现避孕的目的。但健康的、正常的、处于生育年龄的女性体内，雌激素和孕激素的相互关系和各自水平处于一种动态平衡和严格的周期变化之中，从而产生了女性的月经周期，这是正常的生理过程所要求的。如果始终使体内孕激素保持高水平，没有了孕激素和雌激素水平的周期变化，人体即处于一种非正常状态，必然会产生一系列严重的副作用和后遗症。为了既能抑制排卵，又能保持体内激素水平正常的周期变化，女用避孕药大多由孕激素和雌激素按适当比例组成。此类抑制排卵的女用避孕药迄今仍然是最常用的避孕药，它们的成功率很高，副作用相对较小，使用方便。

（3）合成代谢类固醇兴奋剂

合成代谢类固醇是一类在结构及活性上与人体雄性激素睾酮相似的化学合成衍生物。合成代谢可以提高骨骼肌的增长，而雄性性激素可以使男性性特征更加明显。所有的合成雄性激素类固醇都有与睾酮相似的化学结构。这类药物除具有增加肌肉块头和力量，并在主动或被动减体重时保持肌肉体积的作用外，还具有雄激素的作用；此外，还可加快训练后的恢复，有助于增加训练强度和时间。合成代谢类固醇在 1930 年首先用于治疗性腺机能减退（睾丸内不能产生足够的睾丸激素来满足生长和性功能的需要）。之后，它主要是用来治疗青春期晚到、阳痿等。在 20 世纪 30 年代，科学家们在动物实现中发现合成代谢类固醇有利于骨骼肌的生长，之后健美运动员和举重运动员开始服用，最后发展到很多体育项目都开始服用合成代谢类固醇。类固醇在体育项目中被广泛采用，就严重影响体育比赛的结果和公正性，已为国际奥委会禁用。类固醇的滥用会带来许多副作用。它可以引起痤疮、粉刺、男性乳房增大；女性长期使用会引起趋于男性化，主要表现在乳房变小，体内脂肪明显减少，皮肤变得非常粗糙，阴蒂增大，声音变低，体毛增多，头发变少；严重时会对生命带来威胁，比如说心脏病和肝癌。

9.3.3　化学成瘾性物质

1. 酒精类物质

中国的酒文化源远流长，古代的文人墨客在美酒的陪伴下写下了无数动人的诗词歌赋，如李白的《月下独酌》、王羲之的《兰亭集序》等。现代社会中,酒更在喜庆宴会、朋友欢聚、敬酒祝贺、消除忧愁中有重要作用,酒被人们用作重要的社交工具。少量或适度地饮酒可以使人愉悦,缓解紧张情绪,激发创作灵感,解除疲劳,舒筋活血。但长期大量饮酒则会染上酒瘾,削弱人的认知能力和控制能力,损害健康。

酒瘾也称酒依赖综合征,是由反复饮酒所致的对酒渴求的一种特殊心理状态,可连续或周期性出现。此类患者每天必饮,将饮酒作为生活中必不可少的内容。他们可以因饮酒放弃其他爱好,明知饮酒对身体健康有害,仍然每天照饮不误,因为喝了酒他们就有精神,会产生某种特殊的快感。如一天不喝酒或明显减少饮酒量,患者就会出现极为痛苦的不适感,这种反应就是酒精戒断反应。

从作用机制上分析,酒精是一种中枢神经系统(CNS)抑制剂及成瘾药。酒精对 CNS 的作用主要是导致大脑皮层、边缘系统、小脑和网状结构功能障碍,使神经功能适应性退行性改变,从而表现为对酒精的依赖,记忆力、认知功能障碍以及停饮后严重的戒断综合征。酒醉就是急性酒精中毒,轻者情绪不稳、易怒、感觉迟钝,重者说话含糊不清、呕吐、烂醉如泥甚至昏迷或死亡。长期饮酒过量会导致高血压、心律不齐、心肌组织受损或出血性中风等心血管疾病以及脂肪肝、肝硬化等疾病。酒精中毒者常伴有性功能障碍,使夫妻之间感情产生危机。

酗酒、酒精成瘾已成为世界各国较为普遍的社会问题。据有关资料表明,我国因打架斗殴被拘役或判刑的青少年中,53%与酗酒有直接关系;在流氓犯罪中,有 38%的人与酗酒有直接或间接关系。酒精滥用是造成家庭不和和破裂、家庭贫困、家庭内暴力冲突、妨碍社会治安、开车肇事、酒醉伤人和自杀的重要原因。同时,酒精滥用也导致了社会的重大经济损失。据世界卫生组织统计,世界上大约有 10%的职业人口酗酒,对社会造成重大的经济损失。在日本、加拿大,酗酒造成的经济损失每年分别为 57 亿和 55 亿美元。我国目前的酒耗量每年已达 67240.7×10^4 t,每年造成的经济损失可想而知。我国 1982 年酒精成瘾或酒精滥用率为 0.02%,1994 年为 4.56%,酒精成瘾患者人数呈逐年上升趋势,酒精滥用问题的严重状况已不容忽视,安全饮酒必须提倡。

2. 烟草化学

烟草使用可以追溯在 2000 多年以前,最早用于中美洲土著人的宗教仪式中,或作为药物使用。16 世纪末烟草传入我国后,香烟的生产和销售量不断增加,特别是近 20 年,我国已成为世界烟草大国,香烟产量为第二产烟大国美国的 3 倍。我国吸烟率,特别是男性吸烟率较高,据估计,目前我国有 3 亿多吸烟者,直接或间接受烟草危害的达 7 亿人,近年来青少年和女性吸烟者有不断上升的趋势。

烟草的化学成分极为复杂,主要成分有碳水化合物;含氮化合物如蛋白质、氨基酸、烟草生物碱(烟碱即尼古丁为主要成分);有机酸(主要是柠檬酸、苹果酸、草酸)、苷及多酚、脂肪、挥发油、树脂物和灰分元素。烟草制品在燃吸过程中,靠近火堆中心的温度可高达

800～900℃,由于燃烧而发生干馏作用和氧化分解,使烟草中的各种化学成分发生不同程度的变化。烟气中的成分更为复杂,目前已经鉴定出来的单体化学成分就有 4200 种之多,其中气相物质占烟气的 90% 以上,粒相物质占 9% 左右。气相物质除氮气和氧气外,还有一氧化碳、二氧化碳、一氧化氮、二氧化氮、氨、挥发性 N-亚硝胺、氰化氢、挥发性碳水化合物,以及挥发性烯烃、醇、醛、酮和尼古丁等物质。粒相物质中包括烟草生物碱、焦油和水分以及 70 多种金属和放射性元素。焦油是不挥发性 N-亚硝胺、芳香族胺、链烯、苯、萘、多环芳烃、N-杂环烃、酚、羧酸等物质总的浓缩物。在数千种烟气组分中,被认为对人体健康最为有害的是焦油、尼古丁、一氧化碳、醛类等物质。

尼古丁是烟草的特征性物质。尼古丁以烟为载体,进入体内,90% 的尼古丁在肺部吸收,其中 $\frac{1}{4}$ 的量在几秒钟内即进入大脑。尼古丁迅速作用位于脑腹侧被盖区的 a4b2 受体,受体被激活释放一种叫作多巴胺的物质,多巴胺就像是一个“兴奋精灵”,能让人脑产生各种愉悦感受。但是,尼古丁很容易被排出体外,随着尼古丁量在体内的减少,多巴胺的分泌水平迅速下降,吸烟者就会感到烦躁、不适、恶心、头痛并渴望补充尼古丁。而一旦得到了尼古丁补充,多巴胺再次迅速释放,吸烟者再次感觉愉悦,便在大脑中形成了一个对尼古丁依赖的“奖赏回路”。

另外,大脑长期处在被尼古丁激活的状态,逐渐降低对尼古丁的敏感反应,造成吸烟者对尼古丁的需要量越来越大,这就是为什么吸烟者的烟量会随着烟龄的增长而不断增大。随着“奖赏回路”的不断加深,使吸烟者形成了对尼古丁的依赖,也叫尼古丁成瘾。尼古丁的最大危害就在于成瘾性,吸烟者一旦成瘾,每 30～40min 就需要吸一支烟,以维持大脑尼古丁稳定水平。

烟草及烟气中的有害物质的毒害作用,现在已逐渐为人们所认识,长期吸烟的危害有:

（1）容易引发心血管疾病

烟草中的尼古丁刺激中枢神经系统,使向心脏和全身组织供应氧气的血管发生缩窄,加剧主动脉和冠状动脉的硬化,影响血液循环,导致心率加快、血压上升,使心肌需氧量增加,心脏负担加重,促使冠心病发作。另外,烟气中的一氧化碳在吸入肺后,即刻与血液中的血红蛋白结合,形成碳氧血红蛋白（一氧化碳对血红蛋白的亲和力是氧气对血红蛋白亲和力的 200 倍）,从而降低对心脏的供氧量,导致心跳加快,甚至引起心脏功能衰竭。一氧化碳与尼古丁的协同作用,危害吸烟者的心血管系统,对冠心病、心绞痛、心肌梗死、缺血性心血管病、脑血管病以及血栓性闭塞性脉管炎都有直接影响。

（2）促发癌变

据统计,吸烟者的平均肺癌死亡率是不吸烟者的 11 倍,吸烟者的口腔癌、食管癌、唇癌发病率比正常人高约 4～5 倍,患喉癌者 96% 为烟民。主要原因有:① 烟焦油中多环芳烃化合物苯并芘是强致癌物质,它可改变正常细胞的结构,使正常细胞发生癌变。烟焦油中的酚类及其衍生物也是一种促癌物质,可刺激被激发的细胞发生癌变。② 烟草中的放射性物质也是吸烟者癌发病率增加的原因。含放射性物质的烟粒随烟气进入肺内,并沉在支气管处,沉着的烟粒常在肺内滞留 3～6 个月甚至几年,最后机体免疫系统的细胞把这些放射性颗粒带至血液和机体的其他部位,如肝、胰、肾、淋巴结、骨髓,对颗粒周围的细胞造成危害,诱发各种癌症。

（3）引发其他疾病

吸烟者的慢性支气管炎发生率比一般人高 5.4 倍;消化道溃疡发病率是不吸烟者的 3 倍;吸烟是慢性阻塞性肺病的主要诱发因素。

（4）对下一代的危害

女性吸烟会对下一代带来不良影响。国外一项长达 20 年的研究发现,吸烟妇女与不吸烟妇女相比,其受孕率要低 10％～15％,早产率高 6.4％,畸形儿率高 2.5 倍。

（5）环境污染

不吸烟者常与吸烟者共同生活,经常吸入别人吐出的烟气,患癌症、白血病的几率也会增大。

今天,几乎世界上所有国家都意识到吸烟对健康带来的危害。许多国家都已通过立法措施控制吸烟。主要措施有:确定无烟区;在烟盒上标识吸烟有害健康;禁止在电视、运动会上做烟草广告;控制有害物质在香烟中的含量等。

戒烟的方法有意志戒烟、代用品戒烟和药物戒烟等。据统计,一次戒烟成功者有 45.6％,两次成功者为 18.5％,三次成功者为 16.2％,四次以上者很难成功。戒烟不成功的主要原因是成瘾作用、吸烟者的诱惑、社交和工作需要。

3．毒品化学

毒品一般是指国家规定管制的使人形成瘾癖的麻醉药品和精神药品。毒品具有四个共同特征:不可抗力,强制性地使吸食者连续使用该药,并不择手段地去获得它;连续使用又具有不断加大剂量的趋势;对该药产生精神依赖性及躯体依赖性;断药后产生戒断症状(脱瘾症状)。据 2003 年联合国毒品控制和犯罪预防办公室统计,全球约有 2 亿以上吸毒人口,占全球总人口数的 3.4％。全世界毒品交易额超过 8000 亿美元,成为仅次于军火的第二大交易。每年有 1000 万人因吸毒丧失工作能力和生活能力。在我国,在册的吸毒人员为 52 万,实际人数远远不止,涉及的县市已达全部县市的 70％以上,吸食人员中 35 岁以下者占 85％以上。已经查明的 5000 余例艾滋病患者中,有 60％～70％是由于注射毒品而引起的。毒品是万恶之源,不仅摧残身体,而且会诱发各种违法犯罪活动,扰乱社会治安,给社会安定带来巨大威胁。常见的毒品见表 9－13。

表 9-13　常见毒品来源、结构及危害

名称	来源	化学结构	功能	危害
鸦片（芙蓉膏、大烟）	罂粟中提取	主要成分是罂粟碱 H_3CO、H_3CO 取代异喹啉环，H_2C 连 OCH_3、OCH_3 苯环	最早用于止痛、止泻、止咳，使人产生快感	使人体质衰弱，精神颓废，寿命缩短，过量可致死
吗啡	鸦片中提取	（含 $N—CH_3$，HO，O，OH 的吗啡结构）	具有镇痛、镇静、镇咳作用，用于缓解急性锐痛及心源性哮喘，其毒性比鸦片强 10～20 倍	导致人注意力、记忆力衰退，精神失常，过量使人呼吸停止而死亡
大麻	一种植物	（含 CH_3、OH、H_3C、H_3C、O 的四氢大麻酚结构）	吸入 7mg 可使人有快感，产生幻觉	失眠，食欲减退，性情急躁，容易发怒
海洛因（白面儿，白粉，有"毒品之王"之称）	合成	（含 $N—CH_3$，H_3CCOO，O，$OOCCH_3$ 的海洛因结构）	毒性比吗啡强 2～3 倍，使人呈似睡非睡状，可以把烦恼、忧虑、紧张感一扫而光	心律失常，肾功能衰竭，皮肤感染，肺水肿，全身性化脓性并发症，便秘，性欲亢进，智力减退，肝炎、艾滋病等，过量会致死
可卡因	古柯植物中提取	（含 CH_3、N、$COOCH_3$、O 苯甲酰基的可卡因结构）	成瘾最强的毒品之一，用作眼、鼻、喉等黏膜的表面麻醉，吸食后使人愉快，精力旺盛，疲劳感消除，听觉、视觉和触觉等灵敏度提高	引起偏执狂型的精神病，孕妇服后导致流产、早产或死产，刺激脊髓，引起惊厥，严重可达呼吸衰竭死亡
冰毒	麻黄中提取或合成（其晶体无色透明，像冰一样，故由此得名）	苯环—$CH_2CHNHCH_3$，下接 CH_3	致幻作用强，吸食后毒性发作也较快，容易使人上瘾。服用后使人精神振奋，运动明显增加，睡眠减少，不觉疲倦	长期服用，使大脑机能受到损伤，产生偏执性的精神分裂症，精神抑郁，心慌失眠，焦虑不安，人体免疫力下降，内脏器官得病率提高

续表

名称	来源	化学结构	功能	危害
麦斯卡林	从仙人掌科植物中提取	H_3CO、H_3CO、H_3CO 苯环 $CH_2CH_2NH_2$	是一种致幻剂,使人产生强烈而且清晰的视幻觉	初服,产生心动过速,血压升高,体温增加。长期服用,使人体重减轻,精神焦虑,抑郁
LSD 致幻剂	合成	麦角酰二乙胺　HN 结构 $CON(C_2H_5)_2$　CH_3	当代最惊奇、最强烈的迷幻药,服用 $20 \sim 300\mu g$ 足以使人产生幻觉	长期服用,使人知觉错位,瞳孔放大,视力模糊,颜面发红,头晕,乏力,困倦,震颤,心率加快
摇头丸	合成	H_3CO、H_3C 苯环 CH_2CHNH_2、OCH_3、CH_3	服用后精神极度兴奋,可产生飘浮感觉,会出现一定程度的幻觉和性冲动	心跳加快,瞳孔放大,血压和体温升高,昏眩,食欲不振,精神错乱,性欲亢进
杜冷丁	合成	苯环 $COOC_2H_5$　N　CH_3	镇痛药,镇痛作用弱于吗啡,成瘾也比吗啡轻	同吗啡,但较吗啡轻

目前戒毒主要有三种方法:

① 自然戒断法,又称冷火鸡法或干戒法。是指强制中断吸毒者的毒品供给,仅提供饮食与一般性照顾,使其戒断症状自然消退而达到脱毒目的的一种戒毒方法。其特点是不给药,缺点是较痛苦。

② 药物戒断法,又称药物脱毒治疗。是指给吸毒者服用戒断药物,以替代、递减的方法,减缓、减轻吸毒者戒断症状的痛苦,逐渐达到脱毒的戒毒的方法。其特点是使用药物脱毒。

③ 非药物戒断法。是指用针灸、理疗仪等,减轻吸毒者戒断症状反应的一种戒毒方法。其特点是通过辅助手段和"心理暗示"的方法减轻吸毒者戒断症状痛苦,达到脱毒目的。缺点是时间长,巩固不彻底。

戒毒是一个长期的过程,无数事实证明,戒毒者在消除了毒品的戒断反应后,仍然无法忘怀毒品带给他们的美妙感觉和异常快感,即心瘾。许多人在戒断毒品后又复吸,复吸率高达 95%,这就是所谓的"一朝吸毒,十年戒毒,终生想毒"。如何使戒毒者克服心瘾不再复吸毒品是摆在人类面前的一道难题。

9.4　清洁美化

9.4.1　洗涤与去污

洗涤是指以化学和物理作用并用的方法,将附在被洗涤物表面的污垢去掉,从而使物体表面洁净的过程。洗涤的基本过程可表示为:

$$被洗物\text{-}污垢 + 洗涤剂 \xrightarrow{\text{介质}} 被洗物 + 洗涤剂\text{-}污垢$$

式中的介质取决于水洗还是干洗,水洗介质为水,干洗介质为有机溶剂。当然,关键是洗涤剂。

1. 洗涤用水

什么样的水最适合洗衣服呢?海水中含有较多的氯化钠($NaCl$),江河湖泊淡水中含有钙(Ca^{2+})和碳酸氢盐(HCO_3^-),地下水含较多的钙(Ca^{2+})和镁(Mg^{2+}),而使水质变硬,人称硬水。硬水与肥皂会生成沉淀而降低洗涤效果(如在澡盆或洗衣机沉积水垢)。

$$C_{17}H_{35}COONa + Ca^{2+}(Mg^{2+}) \longrightarrow (C_{17}H_{35}COO)_2Ca(Mg) \downarrow$$

　　肥皂　　　　　　　　　　　　钙皂或镁皂

生成的钙皂和镁皂会使纺织品变成灰黄色,久而久之,会使纤维变硬变脆。而且,这种沉淀物还会堵塞纤维的孔隙而影响吸湿性和透气性。

此外,一些地下水中含有较多的铁,当被加热时会生成铁锈。这些铁锈会沉积在衣服上成为棕色斑点,不易除去。若水中含有沙粒、泥浆、动植物悬浮物,都会弄脏衣服,堵住空隙。

$$2Fe + \frac{3}{2}O_2 + xH_2O \xrightarrow{\triangle} Fe_2O_3 \cdot xH_2O$$

显然,洗衣服首先要用清洁的软水。如果硬度太高,可用软水剂碳酸钠或磷酸钠将其软化。在一般的合成洗涤剂(洗衣粉)中都加了磷酸钠,就是为了减少硬水的危害。

$$Ca^{2+}(Mg^{2+}) + Na_2CO_3 \longrightarrow CaCO_3 \downarrow (MgCO_3 \downarrow) + 2Na^+$$

$$3Ca^{2+}(Mg^{2+}) + 2Na_3(PO_4)_2 \longrightarrow Ca_3(PO_4)_2 \downarrow [Mg_3(PO_4)_2 \downarrow] + 6Na^+$$

2. 洗涤剂

洗涤剂是按专门配方配制的具有去污性能的产品,如肥皂、合成洗涤剂等(图9-16)。

图9-16　琳琅满目的洗涤剂

（1）肥皂

主成分是硬脂酸钠。它是用氢氧化钠（NaOH）和动、植物的油脂为原料发生皂化反应而制成的。若用氢氧化钾（KOH）代替氢氧化钠，可使肥皂温和、柔软一些。

$$
\begin{array}{l}
CH_2\!-\!O\!-\!\overset{O}{\overset{\|}{C}}\!-\!C_{17}H_{33} \\
CH\!-\!O\!-\!\overset{O}{\overset{\|}{C}}\!-\!C_{15}H_{31} + 3NaOH \xrightarrow[\triangle]{\text{皂化}} \\
CH_2\!-\!O\!-\!\overset{O}{\overset{\|}{C}}\!-\!C_{17}H_{35}
\end{array}
\quad
\begin{array}{l}
CH_2OH \quad C_{17}H_{33}COONa \quad（油酸钠）\\
CHOH \;\;+ C_{15}H_{31}COONa \quad（软脂酸钠）\\
CH_2OH \quad C_{17}H_{35}COONa \quad（硬脂酸钠）
\end{array}
$$

油脂（猪油）　　　　　　　　　　　　甘油　　　　肥皂

肥皂的质量取决于油脂的含量、种类、未皂化的杂质等。油脂含量越高，肥皂质量越好。用植物性油脂（如椰子油、橄榄油等）制造的肥皂比用动物性油脂（如猪油）制造的肥皂好。未皂化的 NaOH 含量越高，碱性越强，泡沫少，质量差。肥皂中还加入松香（提高肥皂中脂及酸含量）、硅酸钠（有利于成型）、滑石粉（增加固体量防止收缩变形）等。

家用肥皂主要有普通洗衣皂、透明洗衣皂、香皂（加入香草油等香精）、增白皂（荧光增白剂）、儿童皂（碱性弱，油脂含量高，还加少许硼酸和羊毛脂）、药皂（加入苯酚、甲酚及硼酸，可杀身上细菌，但不宜洗脸和洗头）等。也有用表面活性剂加工成合成皂。因合成的表面活性剂不能形成硬块，故需加一些黏合剂，如石蜡、淀粉、树胶等。

普通洗衣皂一般只含有 42%～53% 的油脂，其中还含未被皂化的 NaOH，因而碱性较强，适合于洗涤棉、麻纺织品，长期接触易导致皮肤皲裂，不宜用来洗脸和洗头。透明洗衣皂中除一般的动、植物油脂外，还添加了甘油等原料来降低碱性和刺激性，适合于洗涤合成纤维纺织品。

（2）合成洗涤剂

合成洗涤剂的主要成分是用化学方法合成出来的表面活性剂，辅助成分是洗涤助剂。表面活性剂是一种用量很少但对体系的表面行为有显著效应的物质。它们能降低水的表面张力，起到润湿、增溶、乳化、分散等作用，使污垢从被洗物表面脱离分散到水中，再用清水把污物漂洗干净。洗涤助剂是能使表面活性剂充分发挥活性作用，从而提高洗涤效果的物质。市场上的合成洗涤剂品种很多，主要有洗衣粉、液体洗洁精、洗手剂、洗发香波、沐浴露等。

表面活性剂大约已有 2000 多种。表面活性剂的共同特点是分子中同时带有"双亲"基团，即既带有亲水的极性基团（如羟基、羧基等），又带有疏水的非极性基团（如碳原子数≥8 的烃基）。

常用的表面活性剂有脂肪酸盐、烷基苯磺酸钠、烷基醇酰胺、脂肪醇硫酸钠、脂肪醇聚氧乙烯醚（平平加）等。它们分为离子型和非离子型两大类。① 离子型。离子型又分为阴离子型、阳离子型和两性型三种。如脂肪酸盐、烷基苯磺酸钠、脂肪醇硫酸钠都是阴离子型；一些用作杀菌剂的铵盐如季铵盐、叔胺为阳离子型；如可用作乳化剂、柔软剂的氨基酸盐（十二烷基氨基丙酸钠），它们在水中可离解成阴、阳两类离子，故称为两性型。② 非离子型。如一些山梨醇的脂肪衍生物大多制成液态洗净剂或洗涤精，它们在水中并不离解出离子，而是以分子状态存在;一些烷醇酰胺制为液体合成洗涤剂,去污力强,多作泡沫稳定剂;一些聚醚类如丙二醇与环氧乙烷加成聚合而得低泡沫洗涤剂(如上海美加净)等。

选择适当的助剂可增强洗涤剂的效果。常用助剂有:① 三聚磷酸钠($Na_5P_3O_{10}$,STPP)。俗称五钠,配合水中的钙、镁离子,造成碱性介质,有利油污分解,防止制品结块,使粉剂成空心状。② 硅酸钠。俗称水玻璃,除有碱性缓冲能力外,还有稳泡、乳化、抗蚀等功能,亦可使粉状成品保持疏松、均匀和增加喷雾颗粒的强度。③ 硫酸钠。其无水物俗称元明粉,十水物俗称芒硝。在洗衣粉中用量甚大(约40%),有利于配料成型。④ 羧甲基纤维素钠(简称 CMC)。可防止污垢再沉积。⑤ 月桂酸二乙醇酰胺。促泡和稳定泡沫。⑥ 荧光增白剂。如二苯乙烯三嗪类化合物,配入量约0.1%。⑦ 过硼酸钠。水解后可释出过氧化氢,起漂白和去污作用,多用作器皿的洗涤剂。

表9-14列举了两种常用的洗衣粉的主要成分。

表 9-14　两种常用洗衣粉的主要成分

成分	腈纶脸红用洗衣粉	棉、麻织物用洗衣粉
表面活性剂/%	14～20	25～32
三聚磷酸钠(碱性)/%	40～60	2～15
硅酸钠(碱性)/%	6～8	0.02～0.08
硫酸钠/%	5～25	5～25
羧甲基纤维素钠/%	0.5～0.9	—

合成洗涤剂发展很快,新品种层出不穷。兹举数例以下:

1) 加酶合成洗涤剂(如商品"衣领净")

成分中加了0.2%～0.7%的酶制剂(碱性蛋白酶、淀粉酶、脂肪酶、纤维素酶等),可用于洗涤含有较多蛋白质的污垢(如衣领、袖口及袜子上污垢),也容易洗去新旧血迹和汗迹,因为酶能促使蛋白质迅速分解成溶于水的氨基酸。不能用这种商品来洗涤本身是蛋白质的真丝、全毛织物。

2) 无磷洗涤剂

磷酸钠是植物的重要肥料,如含有大量磷酸钠的洗涤污水流入江河湖泊中,就会加速水藻类繁殖,引起污染。同时,含三聚磷酸钠的洗衣粉在洗涤时泡沫太多,不利洗净。因此,洗涤剂无磷化已经成为世界性潮流。目前,德国、意大利、加拿大、荷兰、比利时、爱尔兰、奥地利、卢森堡都实现了100%使用无磷洗涤剂。我国无磷洗涤剂比例大约仅10%。

3) 香波

是洗发用的化妆品的专称。香波不但可洗去发垢和头屑,还可使之柔顺,便于梳理。主要有乳液香波(主成分为脂肪酸盐、脂肪醇硫酸盐、聚氧乙烯醇酰胺等表面活性剂和甘油或丙二醇的蛋白质衍生物)、透明香波(主成分为由脂肪酸和三乙醇胺中和而成的表面活性剂,有适宜的黏度）、去头屑香波（添加硫化物及杀菌剂）、营养香波（添加人参或大蒜提取液、维生素和卵磷脂等中草药）、婴儿香波（又称婴儿浴液，用两性咪唑啉表面活性剂和香料组成的高档无刺激性洗液）。

4）珠光浴波

主成分有聚氧乙烯羊毛脂（50％）5％、月桂醇硫酸酯钠盐（12％）20％、脂肪酸酰胺烷基甜菜碱（19％）7％、乙醇酰胺 1.5％、聚氧乙烯油酸盐 1％、去离子水 65.5％，外加适量的氯化钠、香料及防腐剂。

（3）去污剂

生活中经常为不易用水洗净皮肤、衣服或其他表面污迹而烦恼。若懂得化学知识与技能，就可减少此类烦恼。

例如，草酸溶液可除去铁锈，因为草酸能将棕色或黑色的铁锈（Fe_2O_3）转化为可溶于水的草酸铁［$Fe_2(C_2O_4)_3$］：

$$Fe_2O_3 + 3H_2C_2O_3 \longrightarrow Fe_2(C_2O_4)_3 + 3H_2O$$

再如，用硬水煮开水容易在锅底或壁上结水垢，影响传热，浪费燃料。

$$Mg^{2+} + H_2O \xrightarrow[\triangle]{CO_2} MgCO_3 \downarrow + 2H^+$$

铝壶、铝锅底或壁上的水垢可用醋酸或草酸溶液除去：

$$CaCO_3 + 2H^+ \longrightarrow Ca^{2+} + CO_2 \uparrow + H_2O$$

$$MgCO_3 + 2H^+ \longrightarrow Mg^{2+} + CO_2 \uparrow + H_2O$$

铁壶较耐酸，可用盐酸除水垢。玻璃做的暖瓶不怕酸，更可直接用盐酸溶液洗水垢。

常见污渍的去除方法如表 9-15 所列。

表 9-15　常见污渍的洗涤方法

污渍种类	去污方法
油渍	润滑油、皮鞋油、油漆、印刷油墨的污渍可用汽油、四氯化碳、乙醚等有机溶剂除去。煤焦油渍、圆珠笔油渍可用苯擦去。动、植物油渍，先用松香水、香蕉水、汽油擦或用液体洗剂，再用清水漂洗
酱油渍	新渍用冷水搓洗后再用洗涤剂洗。陈渍在温洗涤剂溶液中加入 2％氨水或硼砂进行洗涤，然后用清水洗净
墨渍	由于碳很稳定，不易与一般化学试剂作用，通常用吸附力强的淀粉吸收。新墨汁渍用米饭粒涂在污迹表面，细心揉搓，再用洗涤剂揉搓。陈迹用 1 份酒精、2 份肥皂混制的溶液反复搓洗
墨水渍	新的蓝黑墨水渍可用洗涤剂水洗，因鞣酸亚铁可溶于水。对已氧化陈迹，则先用水浸湿，然后用 2％亚硫酸钠、硫代硫酸钠或草酸还原，再用肥皂或洗涤剂水洗，或用维生素 C 浸洗。红墨水渍可用 20％酒精及 0.25％高锰酸钾使染料氧化去除。对于中性墨水渍，新渍水洗，再用温肥皂液浸洗一些时间，用清水浸洗。陈渍先用洗涤剂洗，再用 10％酒精溶液洗，最后水漂洗。也可用 0.25％高锰酸钾溶液或双氧水漂洗

续表

污渍种类	去污方法
血渍、尿渍、汗渍	主成分为蛋白质,宜先用冷水浸泡(如用热水烫煮则蛋白质凝固,黏牢于纤维上),再用加酶洗衣粉洗涤。这类污渍由于阳光和空气作用逐渐氧化成尿胆素的黄斑,可用稀氨水(氨∶水=1∶4)揉搓脱色
果汁、茶迹、菜汤、乳汁污渍	菜汤先用汽油揉搓去其油脂,再用稀氨水浸洗;果汁,如西红柿汁,先用食盐水刷洗再以稀氨水处理;茶迹,先用浓食盐水搓,羊毛织品则用10%甘油轻揉后再用清水漂洗
红酒渍	用纱布沾酒精或挥发油擦洗
香糖迹	先撕下残迹,再放置冰箱中冷却剥离,最后用挥发油擦洗
铁锈斑	不同环境的锈斑组成不同,日常由于工作、劳动时衣服上沾的铁锈斑为羟基氧化铁,呈棕黑色,通常用2%草酸溶液或5%～10%柠檬酸溶液浸洗
毛织物上的油污	通常用干洗精去除。市售干洗精为非离子表面活性剂与乙二醇(助溶剂)及四氯乙烯或汽油和少量水的混合液
首饰污渍	指金、银合金受酸、碱、油脂作用失去光彩,甚至形成斑点,可用碳酸氢钠溶液、含皂素及生物碱的溶液、中药(如桔梗)的浸汁或5%～10%的草酸溶液浸泡后再刷洗
铝制品油污	如饭锅、水壶上的污渍,主成分为油垢,切不可擦拭或刮挖,可用棉花黏少许醋轻搓,待熏黑部位光洁后,再用中性洗衣粉洗净
厕所污渍	10%酸(除去尿碱和水锈)、硫酸氢钠与松节油或烷基苯磺酸钠混合物可擦除尿碱

9.4.2　化妆品

美容是人们追求自身完善和自爱的一种表现,更是人类文明的基础。美容的基础是化学,有一定化学理论指导的美容才是科学的美容。

按应用功能不同,化妆品分为洁肤护肤、美容医疗、洁发护发、洁齿护齿几类。下面主要从皮肤、毛发、牙齿的生理结构入手,简介化妆品的正确选用。

1. 皮肤的结构及护肤品的选择

(1) 皮肤的结构与分类

人的皮肤重量约占人体总重量的8%,皮肤内容纳了人体约$\frac{1}{3}$的循环血液和约$\frac{1}{4}$的水分。皮肤由外向内分表皮(没有血管和神经)、皮、皮下组织三层(后两层有微血管、淋巴管、神经、脂肪、内分泌腺等)。表皮又分为皮脂膜、角质层、颗粒层、有棘层和基底层,其中最外两层即皮脂膜和角质层,与美容化妆关系最密切。

从类型上说,皮肤大致可分为干性皮肤、油性皮肤和中性皮肤三类。干性皮肤毛孔细小,纹理细腻,因其皮脂分泌少而表现为干燥、易皱而缺乏光泽;油性皮肤则毛孔粗大,油脂分泌多,脸上油腻光亮而易长粉刺和小疙瘩;中性皮肤表现为组织紧密,柔软洋溢,富有弹性和光泽,是最理想的皮肤。

(2) 化妆品的正确选用

护肤用品一般是膏霜类化妆品,其主要成分是油、蜡、水和乳化剂。按其乳化的性质可分为 W/O(油包水)和 O/W(水包油)两种。W/O 型乳化体是水分散成微波的水珠被油所包围,水是分散相,油脂是连续相。反之,O/W 型乳化体是油分散成油珠被水所包围,油脂是分散相,水是连续相。

护肤化妆品的选用要根据皮肤的类型来决定。干性皮肤应选用油包水型(W/O)化妆品滋润皮肤。因为干性皮肤感觉不够柔软光滑,缺乏弹性和光泽。油性皮肤宜用清洁霜类化妆品及时清洁皮肤。因为油性皮肤皮脂分泌较多,油腻感重,若用油脂含量较高的护肤品,则容易使油脂堵塞毛孔而诱发粉刺和毛囊炎。

此外,对化妆品的选择还应考虑酸碱度。因为皮肤的 pH 值通常为 4.5～6.5,呈弱酸性。其原因是汗液中含乳酸和氨基酸及皮脂中含有脂肪酸,微弱的酸性抑制皮肤表面的病菌及微生物,并能阻止天然润湿因子的流失。若所选化妆品 pH 值过高,则会破坏皮脂和汗液共同形成的皮脂膜。

(3) 化妆品污染

化妆品中的色素、香料、表面活性剂、防腐剂、漂白剂、避光剂等都可导致接触性皮炎。如香水、防晒剂、染发剂中所含的对苯二胺,口红中所含的二溴和四溴荧光素都具有变应态的原性质,可引起皮肤红肿、瘙痒。胭脂、眉笔的笔芯可引起眼睑变应性皮炎。含氢醌的皮肤漂白剂、含巯基醋酸的冷烫剂、含硫化物的脱毛剂和指甲油通常引起刺激性皮炎。使用含雌激素的化妆品,能引起儿童性早熟发育症状。洗发香波所含的苯酚有高毒,若大面积通过皮肤进入人体,对内脏、肾功能和神经系统有严重损伤,甚至死亡。洗发水中含苯胺类化合物,溅入眼内能严重损伤眼球表面,并能渗入晶体引发白内障。祛斑霜中含有汞,长期使用会导致发汞、尿汞含量升高,引起慢性汞中毒。有些化妆品中含有四氧化三铅或碱式碳酸铅,进入人体或呼吸道易引起铅中毒。

因此,现代人应崇尚自然美,不用、少用化妆品,或选用有卫生部门批准文号的合格化妆品。

2. 毛发结构及烫发护发原理

(1) 毛发的结构

毛发主要由角蛋白组成,含有 C、O、N 及少量 S 元素。其中 S 元素虽含量少,但对毛发的化学性质有重要影响。在毛发的蛋白质结构中,氨基酸分子相互结合形成多肽,长链状的蛋白质分子大多呈卷曲螺旋状结构。因为多肽链中的 C=O 和—NH 基之间和多肽链之间都可生成氢键,使多肽链呈立体网状结构,并按一定的形状排列。

构成毛发的角蛋白常温下不溶于水,化学性质不大活泼,但对沸水、酸、碱、氧化剂和还原剂比较敏感,在一定条件下会导致毛发损伤。

（2）烫发原理

通常毛发微结构的 pH 值约为 4.1（相当于赖氨酸和谷氨酸结合成离子型化合物的等电点）。当头发变湿时,因水的 pH 值为 7,使离子键减弱。水温越高,断裂氢键越多。因此,头发在水中能膨胀软化,弹性增加,大约可被拉伸到干燥时的 1.5 倍。头发干后氢键恢复,头发也就恢复原状。

$$O=C \qquad\qquad N-H$$
$$H-CCH_2-S-S-CH_2C-H$$
$$\underset{\text{二硫键}}{H-N} \qquad\qquad C=O$$

NaOH 溶液可使头发水解,打开其中的二硫键:

$$R-S-S-R+H_2O \xrightarrow{NaOH} R-SH+HOS-R$$

温度越高,pH 值越大,或处理时间越长,打开的双硫键就越多。

烫发原理就是基于头发的水解反应。烫发分热烫和冷烫两类。热烫是以碳酸钠或氢氧化钠为软化及膨胀剂、亚硫酸钠为卷曲剂,在 100℃（电热）下使发卷成波纹;冷烫则是用硫基乙酸（$HSCH_2COOH$）的稀氨水溶液切断头发角朊分子间的二硫键,使头发卷曲,再以氧化剂（如溴酸钠、溴酸钾、过硼酸钠、双氧水等）使打开的键再接上,除去残留的还原剂,让已变形的头发由柔软而恢复原来的刚韧,从而固定成一定发型。

无论是将直发卷曲成波浪形,还是将原来卷曲的头发拉直,都是基于上述的头发水解原理。至于头发的漂染原理也是利用氧化剂来破坏原有毛发中的黑发素,头发颜色的变化过程为:黑发→棕色→红色→金黄色,直至最终变成白色。七彩漂染的原理其实很简单,一般以 H_2O_2 为氧化剂,用氨水（$NH_3·H_2O$）作催化剂,用热蒸气加温,一定时间内便可达到预想的色彩效果。

染发已成为一种时尚,许多人将黑飘飘的头发染成棕色、红色、黄色等颜色。但应注意,若乱用染发剂会危害头皮健康。因为染发原料能减少有益于头皮的细菌数量。经检验,棕色染料中的对苯二胺会减慢有益菌的生长,而这些有益菌属可驱除其他引起感染的细菌和引起头皮菌的真菌。

（3）护发原理

化妆品的选用与头发的结构和性状密切相关。例如头发的颜色和浓疏决定了其染烫及洗理方式。因头发呈弱酸性,故用碱性肥皂洗头会刺激头皮和损伤头发结构。头皮分泌皮脂过多的油性发,可勤用中性及稍强碱性的洗涤剂洗,不宜用头油,否则由于毛囊堵塞,营养供应不足而造成脂溢性脱发。对于头皮分泌皮脂过少的干性发,不能洗得过勤,并且洗发后要用发油保护,否则有抑制细菌作用的皮脂减少,可能导致发癣感染。

理想的洗发用品应该是集洗发、护发为一体的性能温和的乳化型香波。香波的基本成分包括洗涤剂、助洗剂和添加剂三个部分。洗发剂赋予香波良好的去污力和丰富的泡沫,一般选用脂肪醇硫酸盐、脂肪醇醚硫酸盐或烷基苯磺酸盐等。助洗剂主要是增加香波的去污力和泡沫稳定性,改善香波的洗涤性能和调理作用。助洗剂一般可选用脂肪酸单甘油酯硫酸盐、环氧乙烷缩合物或阳离子表面活性剂等。添加剂的种类很多,其功能主要是赋予香波各种不同的功效,如增稠、防腐、滋润、添香、调理等。

好的洗发香波,其作用不仅仅是清洁头发,促进毛发正常新陈代谢,更应具有滋润毛发和固定发型等作用。

3. 牙齿结构及护齿原理

成人共有 32 颗牙齿。牙齿的结构分齿头(又称牙冠,指露在口腔的部分)、齿颈及齿根(埋在齿槽内的部分)三部分。牙釉质与牙骨质分别覆盖于牙冠和齿根的表面。牙釉质由难溶的羟基磷酸钙[$Ca_5(PO_4)_3OH$,$K_{sp}=6.8\times10^{-37}$]组成,呈乳白色。常见的牙病是龋齿(即蛀牙)。伴随龋齿还常见牙髓牙周炎。蛀牙是由牙釉质的溶解开始的。当羟基磷酸钙溶解时(又称脱矿化),相关离子就进入唾液。

在正常情况下,这个反应向右进行的程度很小。该溶解反应的逆过程叫再矿化作用,是人体自身的防蛀牙的过程:

$$Ca_5(PO_4)_3OH(s)\longrightarrow 5Ca^{2+}(aq)+3PO_4^{3-}(aq)+OH^-(aq)$$

$$5Ca^{2+}(aq)+3PO_4^{3-}(aq)+OH^-(aq)\longrightarrow Ca_5(PO_4)_3OH(s)$$

在儿童时期,釉质层(矿化作用)生长比脱矿化作用快,而在成年时期,脱矿化与再矿化作用的速率大致相等。

进餐之后,口腔中的细菌分解食物产生有机酸,如乳酸[$CH_3CH(OH)COOH$]、醋酸(CH_3COOH)。特别像糖果、冰淇淋和含糖饮料等高糖含量的食物产生的酸最多,因而导致 pH 减小,促进了牙齿的脱矿化作用。当保护性的釉质层被削弱时,蛀牙就开始了。

防止蛀牙的最好方法是吃低糖的食物和坚持饭后立即刷牙。大多数牙膏含有氟化物,如 NaF 或 SnF_2。这些氟化物能够减少蛀牙,这是因为在再矿化过程中 F^- 取代了 OH^-。使牙齿的釉质层组成发生了变化。

$$5Ca^{2+}(aq)+3PO_4^{3-}(aq)+F^-(aq)\longrightarrow Ca_5(PO_4)_3F(s)$$

氟磷灰石[$Ca_5(PO_4)_3F$]是比羟基磷酸钙更难溶的化合物($K_{sp}=1\times10^{-60}$),而且 F^- 又是比 OH^- 更弱的碱,不易与酸反应,从而赋予牙齿较强的抗酸能力。

常用的牙膏分普通牙膏和药物牙膏两类。其主成分有摩擦剂(如碳酸钙、磷酸氢钙、氢氧化铝)、发泡剂或清洁剂(表面活性剂如十二醇硫酸钠)、稠合剂(羧甲基纤维钠、海藻酸钠、使牙膏保持黏结状态)、保湿剂(甘油、山梨醇,防止干裂和低温硬化)、香精和药物等。各种牙膏的化学成分各有侧重,功效也有差别,供消费者选用。

（1）普通牙膏

① 氟化锶牙膏。主成分是加锶、钠、锡的氟化物。除杀菌作用外，氟离子有利于生成氟化钙，保护珐琅质，适用于低氟地区。

② 酶牙膏。基本成分是加聚糖酶、淀粉酶，可加速分解牙垢，消除牙积石，去烟渍，适应于饮水含氟高的地区。

③ 氯化锶牙膏。基体加较大量的氯化锶，是重要的脱敏物，有使蛋白质凝固、减少刺激的功效。锶离子可吸附在牙本质有机层的生物胶原上，同时生成碳酸锶、磷酸锶，增强抗酸能力。

④ 其他香型牙膏。有果香及花草香类，主成分是加叶绿素、桂花汁、兰花汁、薄荷、茴香和维生素等，同时加糖精为甜味剂，如"留兰香"、"叶绿素"、"维生素"等牌号。

（2）药物牙膏

基本成分是特殊药物如中草药，以防治疑难齿病或流行病，主要有：

① 止痛消炎类。主要用药为丁香油、龙脑、百里香酚、两面针、田七及苯甲醇、氯丁醇、洗必太、新洁尔灭等，名品有"健美"、"两面针"、"田七"牙膏。

② 止血类。大多使用止血降压名药芦丁、三七制作，可防治牙龈出血。

③ 预防感冒类。最常用的药为连翘、金银花、贯仲、紫苏、野菊花、柴胡、鱼腥草、板蓝根等，牌号有"连翘"、"本草"、"雪莲"、"香风茶"，可在口腔内杀死病毒。

④ 固齿营养类。如"美加净"，用丹皮酚、尿素、氯化锶复合配制；"芳草"含人中白、丁香油、冰片、氯化锶等。

9.4.3　家庭装饰

当今社会，人们对家庭装饰（或装修、装潢）愈来愈重视，不但追求质地、空间、视觉等效果，还普遍关注环保元素。

从选择装修材料看，应尽量选择环保型。如选草墙纸、麻墙纸、纱绸墙布等作墙面装饰材料，具有有保湿、驱虫、保健作用。墙面漆料也应符合"绿色"标准。

1. 家居装修中的常见污染物

（1）甲醛

甲醛的主要来源是各种人造板（刨花板、纤维板、胶合板、细木工板等）、复合地板、纤维地毯、塑料地板和油漆涂料等。如 801 等建筑胶水中常含有 1% 的游离甲醛。

甲醛（HCHO，相对分子质量 30.03）是一种无色、有强烈刺激性气味的气体，易溶于水、醇、醚。其常以水溶液的形式出现，其 40% 的水溶液称为福尔马林。沸点为 19℃，常温下极易挥发，是室内环境的主要污染物，经常吸入会引起慢性中毒。

甲醛具有强烈的致癌和促癌作用，在我国有毒化学品优先控制名单上高居第二位（第一位为二噁英），是公认的变态反应源。甲醛对人体的危害主要表现在可引发嗅觉异常、刺激、过敏、肺功能、肝功能和免疫功能异常等。

装修时应选择合适的材料，装修后不可立即入住。保持室内通风。

（2）苯和苯系物（甲苯、二甲苯等）

室内空气中的苯和苯系物主要来源于各种油漆、涂料中的稀释剂、黏合剂，橡胶制品及合成纤维。

苯是一种气味芳香的无色液体，易燃，易挥发（沸点80.1℃）。甲苯、二甲苯属于苯的同系物。苯和苯系物常可用作化学试剂、溶剂或稀释剂。在工业生产中，家具制造业等行业均广泛使用。

苯是一种毒性很高的物质，于1993年被世界卫生组织（WHO）确定为致癌物。苯作溶剂具有脂溶性特点，可以通过完好无损的皮肤进入人体。浓度很高的苯蒸气具有麻醉作用，可使人短时间内昏迷，发生急性苯中毒，甚至危及生命。长期吸入高浓度苯蒸气，可损害造血系统和神经系统而发生慢性苯中毒。患者症状为头痛、头晕、疲倦、失眠、厌食、神经萎靡、记忆力减退、白细胞减少、胎儿先天缺陷等。严重者可引发再生障碍性贫血或白血病。

建议：在进行油漆或涂料施工时，第一遍完成后应延长晾干时间再进行第二遍施工，减少苯系物聚集；尽量选用水性漆或更环保的漆；装修后保持居室通风。

（3）放射性物质——氡

氡是一种无色、无味、有放射性的稀有气体。氡对人体健康的危害主要有体内辐射和体外辐射。体内辐射主要是由于氡在作用于人体的同时会很快衰变成人体能吸收的核素，进入人体的呼吸系统造成辐射损伤，诱发肺癌。体外辐射主要是指天然石材中的辐射体直接照射人体后产生一种生物效应，会对人体内的造血器官、神经系统、生殖系统和消化系统造成损伤。常温下，氡及子体在空气中能形成放射性气溶胶而污染空气，容易被呼吸系统截留，并在局部区域不断累积。长期吸入高浓度氡最终可诱发肺癌，所以，氡是WHO认定的19种致癌物之一。

（4）总挥发性有机物

TVOC（total volatile organic compounds，TVOC）是熔点低于室温而沸点在$50 \sim 260$℃的挥发性有机化合物的总称，主要来自油漆、涂料、卷材、塑料门窗等多种材料及物质。其特点是成分复杂、异味重、毒性大、刺激性强等。

挥发性有机物（volatile organic compounds，VOC）是指除CO、CO_2、H_2CO_3、金属碳化物、金属碳酸盐和碳酸铵外，任何参加大气光化学反应的碳化合物。最普遍的共识认为VOC是指那些沸点小于250℃的化学物质，主要包括苯系物、有机氯化物、氟利昂系列、酮、胺、醇、醛、醚、酯和石油烃化合物等。

2. 室内常见几种污染物限量指标

我国《室内空气质量卫生规范》（2001）和《民用建筑工程室内环境污染控制规范》

(2006),对室内空气中常见的几种污染物浓度限量指标做出了具体规定(表9-16)。

表9-16　室内空气中几种污染物浓度限值

污染物名称	单位	浓度限值	备注	
二氧化硫	SO_2	$mg \cdot m^{-3}$	0.15	
二氧化氮	NO_2	$mg \cdot m^{-3}$	0.10	
一氧化碳	CO	$mg \cdot m^{-3}$	5.0	
二氧化碳	CO_2	%	0.10	
氨	NH_3	$mg \cdot m^{-3}$	0.2	
臭氧	O_3	$mg \cdot m^{-3}$	0.1	小时平均
甲醛	HCHO	$mg \cdot m^{-3}$	0.12	小时平均
苯	C_6H_6	$\mu g \cdot m^{-3}$	90	小时平均
苯并[α]芘	B[α]P	$\mu g \cdot (100m)^{-3}$	0.1	
可吸入颗粒	PM10	$mg \cdot m^{-3}$	0.15	
总挥发性有机物	TVOC	$mg \cdot m^{-3}$	0.60	
氡	Rn	$Bq \cdot m^{-3}$	200	

为了降低甲醛和VOC在室内空气中的浓度,减轻其对人类健康及生存的威胁,应从以下几方面采取措施:

① 新装修好的住宅或办公场所不宜马上入住,在加强通风、换气的基础上,2~6个月后再居住,以防高浓度甲醛和VOC毒害。

② 装修时应减少采用人工合成板型材,如胶合板、纤维板等。应选用无害化材料,特别是涂料,如油漆、墙面涂料、胶黏剂应选择低毒型的。在满足使用条件的前提下,甲醛释放量越少,对人体越好。如 E0 级(游离甲醛含量≤0.5mg · L^{-1})、E1 级(游离甲醛含量≤1.5mg · L^{-1})的人造板可直接使用,E2 级(游离甲醛含量≤5.0mg · L^{-1})及以上级别的人造板必须涂覆元素材料后方可在居室使用。

③ 政府及有关部门应尽快制定"室内空气品质卫生标准",以法规形式对安全健康的居住环境加以定义,对室内污染特别是公共场所的污染予以限制。同时,对家具、涂料、常用装修材料和毒害进行控制,实行"警示标签"的明示制度或环境标志的引导制度。

④ 大力推广新一代换气机产品,以加强居室通风换气。大力推广有甲醛处理能力的空气净化器,以提高室内空气品质,降低污染毒害。加强宣传,倡导健康居室概念。

▶▶▶ **练习题** ◀◀◀

1. 人体的主要化学成分是什么？

2. 为什么说人体生命活动的基础是化学反应？

3. 简述生命必需元素的含义和主要名称。

4. 化学元素主要通过什么途径进入人体？

5. 何为微量生命元素？人体生命活动中微量生命元素主要有哪些？

6. 铁与人体健康有什么关系？

7. 人体缺碘有何症状？碘盐中加的是碘的什么化合物？

8. 解释硒、钙、磷、钠元素对人体有何重要作用？

9. 人体需要哪些重要的维生素？通过什么途径补充？

10. 人体必需的氨基酸是哪些？

11. 营养素包括哪几类物质？人体必须从体外摄取哪些营养素？

12. 人体缺铁或铁过量会对健康产生何影响？

13. 人体缺碘有何症状？碘盐中加的是碘的什么化合物？

14. 纤维素也是维持人体健康的营养素吗？为什么？

15. 中国居民平衡膳食宝塔建议的每天饮食比例有何特点？正确饮食应遵循什么原则？

16. 什么是平衡营养观念？如何做到平衡营养？

17. 你认为实现人类健康长寿的关键是哪些？

18. 烧烤食品美味可口，但为什么说要尽量少吃？

19. 为什么发芽的马铃薯、花生不能食用？

20. 简述不吃隔夜蔬菜的原因。

21. 何为转基因食品？转基因食品上市需做哪些准备？

22. 何为绿色食品？绿色食品是否就是纯天然食品？

23. 如何避免农药化肥对水果、蔬菜食品的污染？

24. 巴氏杀菌奶(杀菌温度 72～75℃)一般在 0～4℃可密闭保存 48h，而超高温奶(杀菌温度 140℃)常温下可保存 1～6 个月，请说明理由。为什么液体奶制品启封后需尽快饮完？

25. 合成药物与人的平均寿命的延长有什么关系？

26. 为什么说在新药的开发中化学承担了主要的任务？

27. 为什么说植物化学、分析化学、药物化学等现代研究方法使古老的中药又焕发了青春？

28. 解热药的药用目的是什么？镇痛药的药用目的是什么？有没有兼具两者性能的

药物?

29．试从化学结构角度解释磺胺类药物的抗菌药效。

30．抗生素是万能药吗？简述滥用抗生素的危害性。

31．烟草在燃烧过程中，会发生复杂的化学反应，从而产生含数千种化学物质的烟气，其中对人体健康最有害的有哪几种？

32．为什么说消除毒品危害是一件长期而艰巨的工作？

33．甲醛、苯和氡对人体各有什么害处？

34．W/O 型乳化体和 O/W 型乳化体有什么区别？

35．何为表面张力？

36．水滴为什么总是球形的？

37．水中溶有其他物质时水的表面张力会不会改变？怎样改变？

38．请简述洗涤剂的洗涤原理和洗涤过程。

39．按化学结构来分，表面活性剂主要有哪些类型？各有什么特点？

40．表面活性剂为什么能降低水的表面张力？

41．何为两亲基(双亲基)化合物？为什么说肥皂是两亲基化合物？

42．肥皂的去污原理是什么？

43．洗衣粉中的三聚磷酸钠起何作用？为何要限制三聚磷酸钠的使用？

44．何为阴离子表面活性剂、阳离子表面活性剂、非离子表面活性剂？

45．表面活性剂有哪些应用？

46．化妆和化妆品主要指什么？化妆品的效用主要有哪些？

47．常用化妆品主要有哪些类型？各自有哪些特点？

48．简述烫发、染发的化学原理。

附　　录

附录Ⅰ　本书采用的法定计量单位

本书采用《中华人民共和国法定计量单位》,现将有关法定计量单位摘录如下:

1. 国际单位制基本单位

量的名称	单位名称	单位符号
长　度	米	m
质　量	千克	kg
时　间	秒	s
电　流	安培	A
热力学温度	开尔文	K
物质的量	摩[尔]	mol
光强度	坎德拉	cd

2. 国际单位制导出单位(部分)

量的名称	单位名称	单位符号
面　积	平方米	m^2
体　积	立方米	m^3
压　强	帕斯卡	Pa
能、功、热量	焦　尔	J
电量、电荷	库　仑	C
电势、电压、电动势	伏　特	V
摄氏温度	摄氏度	℃

3. 国际单位制词冠（部分）

倍　数	中文符号	国际符号	分　数	中文符号	国际符号
10^1	十	da	10^{-1}	分	d
10^2	百	h	10^{-2}	厘	c
10^3	千	k	10^{-3}	毫	m
10^6	兆	M	10^{-6}	微	μ
10^9	吉	G	10^{-9}	纳	n
10^{12}	太	T	10^{-12}	皮	p

4. 我国选定的非国际单位制单位（部分）

单位名称		单位符号
时间	分	min
	[小]时	h
体积	天（日）	d
	升	L
能	毫升	mL
	电子伏特	eV
质量	吨	t

附录Ⅱ　本书使用的基本物理常数和一些常用量的符号与名称

1. 基本物理常数

物理量	数　值	单　位
$R=$摩尔气体常数	8.3143(12)	$J \cdot mol^{-1} \cdot K^{-1}$
$N_A=$阿伏加德罗常数	$6.02252(28) \times 10^{23}$	mol^{-1}
$c=$光在真空中的速度	$2.997925(3) \times 10^8$	$m \cdot s^{-1}$
$h=$普朗克常数	$6.6256(5) \times 10^{-34}$	$J \cdot s$
$e=$元电荷	$1.60210(7) \times 10^{-19}$	C 或 $J \cdot V^{-1}$
$F=$法拉第常数$=N_A e$	96487.0(16)	$C \cdot mol^{-1}$或$J \cdot V^{-1} \cdot mol^{-1}$
$T=t+T_0=$绝对温度	$T_0=273.15$（正确值）	K

2. 本书使用的一些常用量的符号与名称

符　号	名　称	符　号	名　称	符　号	名　称
A	活度	H	焓	N	物质的量
A_i	电子亲和能	I	离子强度、电离能	N_A	阿伏伽德罗数
C	物质的量浓度	k	速率常数	p	压强
d_i	偏差	K	平衡常数	Q	热量、电量、反应商
D_i	键解离能	m	质量	r	粒子半径
G	吉布斯函数	M	摩尔质量	s	标准偏差
S	熵、溶解度	$Y_{l,m}$	原子轨道的角度分布	θ	键角
T	热力学温度、滴定度	E_a	活化能	μ	真值、键矩、磁矩、偶极矩
U	热力学能、晶格能	φ	电极电势	ρ	密度
V	体积	α	副反应系数、极化率	ξ	反应进度
w	质量分数	β	累积平衡常数	σ	屏蔽常数
W	功	γ	活度系数	E	电动势
x_B	摩尔分数、电负性	Δ	分裂能	ψ	波函数、原子(分子)轨道

附录Ⅲ　一些常见单质、离子及化合物的热力学函数
（298.15K，100kPa）

物质B化学式	状　态	$\Delta_f H_m^\ominus /$ $(kJ \cdot mol^{-1})$	$\Delta_f G_m^\ominus /$ $(kJ \cdot mol^{-1})$	$S_B^\ominus /$ $(J \cdot mol^{-1} \cdot K^{-1})$
Ag	cr	0	0	42.5
Ag^+	ao	105.579	77.107	72.68
AgBr	cr	−100.37	−96.90	107.1
AgCl	cr	−127.068	−109.789	96.2
Ag_2CrO_4	cr	−731.74	−641.76	217.6
AgI	cr	−61.84	−66.19	115.5
AgI_2^-	ao	—	87.0	—
$AgNO_3$	cr	−124.39	−33.41	140.92
Ag_2O	cr	−31.05	−11.20	121.3
Ag_2S	cr(α-斜方)	−32.59	−40.69	144.01

续表

物质B化学式	状 态	$\Delta_f H_m^{\ominus} /$ $(kJ \cdot mol^{-1})$	$\Delta_f G_m^{\ominus} /$ $(kJ \cdot mol^{-1})$	$S_B^{\ominus} /$ $(J \cdot mol^{-1} \cdot K^{-1})$
Al	cr	0	0	28.33
Al^{3+}	ao	-531.0	-485.0	-321.7
$AlCl_3$	cr	-704.2	-628.8	110.67
Al_2O_3	cr(刚玉)	-1675.7	-1582.3	50.92
$Al(OH)_4^-$	ao$[AlO_2^-(ao)+2H_2O(l)]$	1502.5	1305.3	102.9
As	cr(灰)	0	0	35.1
AsH_3	g	66.44	68.93	222.78
As_4O_6	cr	-1313.94	-1152.43	214.2
As_2S_3	cr	-169.0	-168.6	163.6
B	cr	0	0	5.86
BCl_3	g	-403.76	-388.72	290.10
BF_3	g	-1137.00	-1120.33	254.12
B_2H_6	g	35.6	86.7	232.11
B_2O_3	cr	-1272.77	-1193.65	53.97
Ba	cr	0	0	62.8
Ba^{2+}	ao	-537.64	-560.77	9.6
$BaCl_2$	cr	-858.6	-810.4	123.68
BaO	cr	-553.5	-525.1	70.42
BaS	cr	-460.0	-456.0	78.2
$BaSO_4$	cr	-1473.2	-1362.2	132.2
Be	cr	0	0	9.50
Be^{2+}	ao	382.8	379.73	129.7
$BeCl_2$	cr(α)	-490.4	-445.6	82.68
BeO	cr	-609.6	-580.3	14.14
$Be(OH)_2$	cr(α)	-902.5	-815.0	51.9
$BiCl_3$	cr	-379.1	-315.0	117.0
Bi_2S_3	cr	-143.1	-140.6	200.4
Br^-	ao	-121.55	-103.96	82.4
Br_2	l	0	0	152.231
Br_2	g	30.907	3.110	245.436

物质 B 化学式	状　态	$\Delta_f H_m^\ominus /$ $(kJ \cdot mol^{-1})$	$\Delta_f G_m^\ominus /$ $(kJ \cdot mol^{-1})$	$S_B^\ominus /$ $(J \cdot mol^{-1} \cdot K^{-1})$
C	cr(石墨)	0	0	5.740
C	cr(金刚石)	1.895	2.900	2.377
CH_4	g	−74.81	−50.72	186.264
CH_3OH	l	−238.66	−166.27	126.8
C_2H_2	g	226.73	209.20	200.94
CH_3COO^-	ao	−486.01	−369.31	86.6
CH_3COOH	l	−484.5	−389.9	124.3
CH_3COOH	ao	−485.76	−396.46	178.7
$CHCl_3$	l	−134.47	−73.66	201.7
CCl_4	l	−135.44	−65.21	216.40
C_2H_5OH	l	−277.69	−174.78	160.78
C_2H_5OH	ao	−288.3	−181.64	148.5
CN^-	ao	150.6	172.4	94.1
CO	g	−110.525	−137.168	197.674
CO_2	g	−393.509	−394.359	213.74
CO_2	o	−413.80	−385.98	117.6
$C_2O_4^{2-}$	ao	−825.1	−673.9	45.6
CS_2	l	89.70	65.27	151.34
Ca	cr	0	0	41.42
Ca^{2+}	ao	−542.83	−553.58	−53.1
$CaCl_2$	r	−795.8	−748.1	104.6
$CaCO_3$	cr(方解石)	−1206.92	−1128.79	92.9
CaH_2	cr	−186.2	−147.2	42.0
CaF_2	cr	−1219.6	−1167.3	68.87
CaO	cr	−635.09	−604.03	39.75
$Ca(OH)_2$	cr	−986.09	−898.49	83.39
CaS	cr	−482.4	−477.4	56.5
$CaSO_4$	cr(α)	−1425.24	−1313.42	108.4
Cd	cr	0	0	51.76
Cd^{2+}	ao	−75.9	−77.612	−73.2

续表

物质 B 化学式	状　态	$\Delta_f H_m^\ominus /$ $(kJ \cdot mol^{-1})$	$\Delta_f G_m^\ominus /$ $(kJ \cdot mol^{-1})$	$S_B^\ominus /$ $(J \cdot mol^{-1} \cdot K^{-1})$
$Cd(OH)_2$	cr	-560.7	-473.6	96.0
CdS	cr	-161.9	-156.5	64.9
Cl^-	ao	-167.159	-131.228	56.5
Cl_2	g	0	0	223.066
ClO^-	ao	-107.1	-36.8	42.0
ClO_3^-	ao	-103.97	-7.95	162.3
ClO_4^-	ao	-129.33	-8.52	182.0
Co	cr(六方)	0	0	30.04
Co^{2+}	ao	-58.2	-54.4	-113.0
Co^{3+}	ao	-92.0	-134.0	-305.0
$CoCl_2$	cr	-312.5	-269.8	109.16
$Co(NH_3)_6^{3+}$	ao	-584.9	-157.0	14.6
$Co(OH)_2$	cr(桃红)	-539.7	-454.3	79.0
Cr	cr	0	0	23.77
$CrCl_3$	cr	-556.5	-486.1	123.0
Cr_2O_3	cr	-1139.7	-1058.1	81.2
Cs	cr	0	0	85.23
$CsCl$	cr	-443.04	-414.53	101.17
CsF	cr	-553.5	-525.5	92.80
Cu	cr	0	0	33.150
Cu^+	ao	71.67	49.98	40.6
Cu^{2+}	ao	64.77	65.49	-99.6
$CuBr$	cr	-104.6	-100.8	96.11
$CuCl$	cr	-137.2	-119.86	86.2
CuI	cr	-67.8	-69.5	96.7
$Cu(NH_3)_4^{2+}$	ao	-348.5	-111.07	273.6
CuO	cr	-157.3	-129.7	42.63
Cu_2O	cr	-168.6	-146.0	93.14
CuS	cr	-53.1	-53.6	66.5
$CuSO_4$	cr	-771.36	-661.8	109.0

物质 B 化学式	状　态	$\Delta_f H_m^{\ominus} /$ $(kJ \cdot mol^{-1})$	$\Delta_f G_m^{\ominus} /$ $(kJ \cdot mol^{-1})$	$S_B^{\ominus} /$ $(J \cdot mol^{-1} \cdot K^{-1})$
F^-	ao	-332.63	-278.79	-13.8
F_2	g	0	0	202.78
Fe	cr	0	0	27.28
Fe^{2+}	ao	-89.1	-78.9	-137.7
Fe^{3+}	ao	-48.5	-4.7	-315.9
$FeCl_2$	cr	-341.79	-302.30	117.95
$FeCl_3$	cr	-399.49	-334.00	142.3
Fe_2O_3	cr(赤铁矿)	-824.2	-742.2	87.4
Fe_3O_4	cr(磁铁矿)	-1118.4	-1015.4	146.4
$Fe(OH)_2$	cr(沉淀)	-569.0	-486.5	88.0
$Fe(OH)_3$	cr(沉淀)	-823.0	-696.5	106.7
FeS_2	cr(黄铁矿)	-178.2	-166.9	52.93
$FeSO_4 \cdot 7H_2O$	cr	-3014.57	-2509.87	409.2
H^+	ao	0	0	0
H_2	g	0	0	130.684
H_3AsO_3	ao	-742.2	-639.80	195.0
H_3AsO_4	ao	-902.5	-766.0	184
H_3BO_3	cr	-1094.33	-968.92	88.83
H_3BO_3	ao	-1072.32	-968.75	162.3
HBr	g	-36.40	-53.45	198.695
HCl	g	-92.307	-95.299	186.908
$HClO$	g	-78.7	-66.1	236.67
$HClO$	ao	-120.9	-79.9	142.0
HCN	ao	107.1	119.7	124.7
H_2CO_3	ao$[CO_2(ao)+H_2O(l)]$	-699.65	-623.08	187.4
$HC_2O_4^-$	ao	-818.4	-698.34	149.4
HF	g	-271.1	-273.2	173.779
HI	g	26.48	1.70	206.549
HIO_3	ao	-211.3	-132.6	166.9
HNO_2	ao	-119.2	-50.6	135.6

续表

物质 B 化学式	状　态	$\Delta_f H_m^\ominus /$ $(kJ \cdot mol^{-1})$	$\Delta_f G_m^\ominus /$ $(kJ \cdot mol^{-1})$	$S_B^\ominus /$ $(J \cdot mol^{-1} \cdot K^{-1})$
HNO_3	l	-174.10	-80.71	155.6
H_3PO_4	r	-1279.0	-1119.1	110.50
HS^-	ao	-17.6	12.08	62.8
H_2S	g	-20.63	-33.56	205.79
H_2S	ao	-39.7	-27.83	121.0
HSO_4^-	ao	-887.34	-755.91	131.8
H_2SO_3	ao	-608.81	-537.81	232.2
H_2SO_4	l	-831.989	-609.003	156.904
H_2SiO_3	ao	-1182.8	-1079.4	109.0
H_4SiO_4	ao$[H_2SiO_3(ao)+H_2O(l)]$	-1468.6	-1316.6	180.0
H_2O	g	-241.818	-228.575	188.825
H_2O	l	-285.830	-237.129	69.91
H_2O_2	l	-187.78	-120.35	109.6
H_2O_2	g	-136.31	-105.57	232.7
H_2O_2	ao	-191.17	-134.03	143.9
Hg	l	0	0	76.02
Hg	g	61.317	31.820	174.96
Hg^{2+}	ao	171.1	164.40	-32.2
Hg_2^{2+}	ao	172.4	153.52	84.5
$HgCl_2$	ao	-216.3	-173.2	155.0
Hg_2Cl_2	cr	-265.22	-210.745	192.5
HgI_2	cr(红色)	-105.4	-101.7	180.0
HgO	cr(红色)	-90.83	-58.539	70.29
HgS	cr(红色)	-58.2	-50.6	82.4
HgS	cr(黑色)	-53.6	-47.7	88.3
I^-	ao	-55.19	-51.57	111.3
I_2	cr	0	0	116.135
I_2	g	62.438	19.327	260.69
K	cr	0	0	64.18
K^+	ao	-252.38	-283.27	102.5

续表

物质 B 化学式	状 态	$\Delta_f H_m^\ominus /$ $(kJ \cdot mol^{-1})$	$\Delta_f G_m^\ominus /$ $(kJ \cdot mol^{-1})$	$S_B^\ominus /$ $(J \cdot mol^{-1} \cdot K^{-1})$
KBr	cr	−393.798	−380.66	95.90
KCl	cr	−436.747	−409.14	82.59
$KClO_3$	cr	−397.73	−296.25	143.1
$KClO_4$	cr	−432.75	−303.09	151.0
KCN	cr	−113.0	−101.86	128.49
K_2CO_3	cr	−1151.02	−1063.5	155.52
K_2CrO_4	cr	−1403.7	−1295.7	200.12
$K_2Cr_2O_7$	cr	−2061.5	−1881.8	291.2
KF	cr	−567.27	−537.75	66.57
$K_3[Fe(CN)_6]$	cr	−249.8	−129.6	426.06
$K_4[Fe(CN)_6]$	cr	−594.1	−450.3	418.8
KHF_2	cr(α)	−927.68	−859.68	104.27
KI	cr	−327.900	−324.892	106.32
KIO_3	cr	−501.37	−418.35	151.46
$KMnO_4$	cr	−837.2	−737.6	171.71
KNO_2	cr(正交)	−369.82	−306.55	152.09
KNO_3	cr	−494.63	−394.86	133.05
KO_2	cr	−284.93	−239.4	116.7
K_2O_2	cr	−494.1	−425.1	102.1
KOH	cr	−424.764	−379.08	78.9
KSCN	cr	−200.16	−178.31	124.26
K_2SO_4	cr	−1437.79	−1321.37	175.56
Li	cr	0	0	29.12
Li^+	ao	−278.49	−293.31	13.4
Li_2CO_3	cr	−1215.9	−1132.06	90.37
LiF	cr	−615.97	−587.71	35.65
LiH	cr	−90.54	−68.05	20.008
Li_2O	cr	−597.94	−561.18	37.57
LiOH	cr	−484.93	−438.95	42.80
Li_2SO_4	cr	−1436.49	−1321.70	115.1

续表

物质B化学式	状 态	$\Delta_f H_m^\ominus /$ $(kJ \cdot mol^{-1})$	$\Delta_f G_m^\ominus /$ $(kJ \cdot mol^{-1})$	$S_B^\ominus /$ $(J \cdot mol^{-1} \cdot K^{-1})$
Mg	cr	0	0	32.68
Mg^{2+}	ao	−466.85	−454.8	138.1
$MgCl_2$	cr	−641.32	−591.79	89.62
$MgCO_3$	cr(菱镁矿)	−1095.8	−1012.1	65.7
$MgSO_4$	cr	−1284.9	−1170.6	91.6
MgO	cr(方镁石)	−606.70	−569.43	26.94
$Mg(OH)_2$	cr	−924.54	−833.51	63.18
Mn	cr(α)	0	0	32.01
Mn^{2+}	ao	−220.75	−228.1	73.6
$MnCl_2$	cr	−481.29	−440.59	118.24
MnO_2	cr	−520.03	−466.14	53.05
MnS	cr(绿色)	−214.2	−218.4	78.2
$MnSO_4$	cr	−1065.25	−957.36	112.1
N_2	g	0	0	191.61
NH_3	g	−46.11	−16.45	192.45
NH_3	ao	−80.29	−26.50	111.3
NH_4^+	ao	−132.51	−79.31	113.4
N_2H_4	l	50.63	149.34	121.21
N_2H_4	g	95.40	159.35	238.47
N_2H_4	ao	34.31	128.1	138.0
NH_4Cl	cr	−314.43	−202.87	94.6
NH_4HCO_3	cr	−849.4	−665.9	120.9
$(NH_4)_2CO_3$	cr	−333.51	−197.33	104.60
NH_4NO_3	cr	−365.56	−183.87	151.08
$(NH_4)_2SO_4$	cr	−1180.5	−901.67	220.1
NO	g	90.25	86.55	210.761
NO_2	g	33.18	51.31	240.06
NO_2^-	ao	−104.6	−32.0	123.0
NO_3^-	ao	−205.0	−108.74	146.4
N_2O_4	g	9.16	97.89	304.29

续表

物质 B 化学式	状　态	$\Delta_f H_m^{\ominus} /$ $(kJ \cdot mol^{-1})$	$\Delta_f G_m^{\ominus} /$ $(kJ \cdot mol^{-1})$	$S_B^{\ominus} /$ $(J \cdot mol^{-1} \cdot K^{-1})$
N_2O_5	g	11.3	115.1	355.7
Na	cr	0	0	51.21
Na^+	ao	-240.12	-261.905	59.0
$NaAc$	cr	-708.81	-607.18	123.0
$Na_2B_4O_7$	cr	-3291.1	-3096.0	189.54
$Na_2B_4O_7 \cdot 10H_2O$	cr	-6288.6	-5516.0	586.0
$NaBr$	cr	-361.062	-348.983	86.82
$NaCl$	cr	-411.153	-384.138	72.13
Na_2CO_3	cr	-1130.68	-1044.44	134.98
$NaHCO_3$	cr	-950.81	-851.0	101.7
NaF	cr	-573.647	-543.494	51.46
NaH	cr	-56.275	-33.46	40.016
NaI	cr	-287.78	-286.06	98.53
$NaNO_2$	cr	-358.65	-284.55	103.8
$NaNO_3$	cr	-467.85	-367.00	116.52
Na_2O	cr	-414.22	-375.46	75.06
Na_2O_2	cr	-510.87	-447.7	95.0
NaO_2	cr	-260.2	-218.4	115.9
$NaOH$	c r	-425.609	-379.494	64.455
Na_3PO_4	cr	-1917.4	-1788.80	173.80
NaH_2PO_4	cr	-1536.8	-1386.1	127.49
Na_2S	cr	-364.8	-349.8	83.7
Na_2SO_3	cr	-1100.8	-1012.5	145.94
Na_2SO_4	cr(斜方晶体)	-1387.08	-1270.16	149.58
Na_2SiF_6	cr	-2909.6	-2754.2	207.1
Ni	cr	0	0	29.87
Ni^{2+}	ao	-54.0	-45.6	-128.9
$NiCl_2$	cr	-305.332	-259.032	97.65
NiO	cr	-239.7	-211.7	37.99
$Ni(OH)_2$	cr	-529.7	-447.2	88.0

续表

物质 B 化学式	状　态	$\Delta_f H_m^\ominus /$ $(kJ \cdot mol^{-1})$	$\Delta_f G_m^\ominus /$ $(kJ \cdot mol^{-1})$	$S_B^\ominus /$ $(J \cdot mol^{-1} \cdot K^{-1})$
$NiSO_4$	cr	−872.91	−759.7	92.0
$NiSO_4$	ao	−949.3	−803.3	18.0
NiS	cr	−82.0	−79.5	52.97
O_2	g	0	0	205.138
O_3	g	142.7	163.2	238.9
O_3	ao	125.9	174.6	146.0
OH^-	ao	−229.994	−157.244	−10.75
P	白磷	0	0	41.09
P	红磷(三斜)	−17.6	−12.1	22.80
PH_3	g	5.4	13.4	210.23
PO_4^{3-}	ao	−1277.4	−1018.7	−222.0
P_4O_{10}	cr	−2984.0	−2697.7	228.86
Pb	cr	0	0	64.81
Pb^{2+}	ao	−1.7	−24.43	10.5
$PbCl_2$	cr	−359.41	−314.10	136.0
$PbCl_3^-$	ao	—	426.3	—
$PbCO_3$	cr	−699.1	−625.5	131.0
PbI_2	cr	−175.48	−173.64	174.85
PbI_4^{2-}	ao	—	254.8	—
$PbSO_4$	cr	−919.94	−813.14	148.57
S	cr(正交)	0	0	31.80
S^{2-}	ao	33.1	85.8	−14.6
SO_2	g	−296.830	−300.194	248.22
SO_2	ao	−322.980	−300.676	161.9
SO_3	g	−395.72	−371.06	256.76
SO_3^{2-}	ao	−635.5	−486.5	−29.0
SO_4^{2-}	ao	−909.27	−744.53	20.1
$S_2O_3^{2-}$	ao	−648.5	−522.5	67.0
$SbCl_3$	cr	−382.11	−323.67	184.1
Sb_2S_3	cr(黑)	−174.9	−173.6	182.0

物质 B 化学式	状　态	$\Delta_f H_m^{\ominus} /$ $(kJ \cdot mol^{-1})$	$\Delta_f G_m^{\ominus} /$ $(kJ \cdot mol^{-1})$	$S_B^{\ominus} /$ $(J \cdot mol^{-1} \cdot K^{-1})$
SCN^-	ao	76.44	92.71	144.3
Si	cr	0	0	18.83
SiC	cr(β-立方)	−65.3	−62.8	16.61
$SiCl_4$	l	−680.7	−619.84	239.7
$SiCl_4$	g	−657.01	−616.98	330.73
SiF_4	g	−1614.9	−1572.65	282.49
SiO_2	cr	−910.49	−856.64	41.84
Sn	cr(白色)	0	0	51.55
Sn	cr(灰色)	−2.09	0.13	44.14
$Sn(OH)_2$	cr	−561.1	−491.6	155.0
$SnCl_2$	ao	−329.7	−299.5	172.0
$SnCl_4$	l	−511.3	−440.1	258.6
SnS	cr	−100.0	−98.3	77.0
Sr	cr(α)	0	0	52.3
$SrCl_2$	cr(α)	−828.9	−781.1	114.85
SrO	cr	−592.0	−561.9	54.5
$SrSO_4$	cr	−1453.1	−1340.9	117.0
Ti	cr	0	0	30.63
$TiCl_3$	cr	−720.9	−653.5	139.7
$TiCl_4$	l	−804.2	−737.2	252.34
TiO_2	cr(锐钛矿)	−939.7	884.5	49.92
TiO_2	cr(金红石)	−944.7	889.5	50.33
Zn	cr	0	0	41.63
Zn^{2+}	ao	−153.89	−147.06	−112.1
$ZnCl_2$	cr	−415.05	−396.398	111.46
$Zn(OH)_2$	cr(β)	−641.91	−553.52	81.2
ZnS	闪锌矿	−205.98	−201.29	57.7
$ZnSO_4$	cr	−982.8	−871.5	110.5

注：cr 为结晶固体；l 为液体；g 为气体；ao 为水溶液，非电离物质，标准状态，$b = 1mol \cdot kg^{-1}$ 或不考虑进一步解离时的离子。

数据摘自：[美国]国家标准局. NBS 化学热力学性质表. 刘天河、赵梦月译. 北京：中国标准出版社，1998.

附录 Ⅳ　一些弱电解质在水中的解离常数(25℃)

物　质	化学式	$K_a^\ominus$	$pK_a^\ominus$
亚砷酸	$HAsO_2$ 或 $As(OH)_4$	6.0×10^{-10}	9.22
砷酸	H_3AsO_4	$6.3\times10^{-3}(K_{a1}^\ominus)$	2.20
		$1.0\times10^{-7}(K_{a2}^\ominus)$	6.98
		$3.2\times10^{-12}(K_{a3}^\ominus)$	11.50
硼酸	H_3BO_3	5.8×10^{-10}	9.24
次溴酸	$HBrO$	2.4×10^{-9}	8.62
碳酸	CO_2+H_2O	$4.2\times10^{-7}(K_{a1}^\ominus)$	6.38
		$5.6\times10^{-11}(K_{a2}^\ominus)$	10.25
次氯酸	$HClO$	3.2×10^{-8}	7.50
亚氯酸	$HClO_2$	0.011	1.96
氢氰酸	HCN	6.2×10^{-10}	9.21
氰酸	$HOCN$	3.5×10^{-4}	3.46
硫代氰酸	$HSCN$	0.14	0.85
氢氟酸	HF	6.6×10^{-4}	3.18
次碘酸	HIO	2.3×10^{-11}	10.64
亚硝酸	HNO_2	5.1×10^{-4}	3.29
次磷酸	H_3PO_2	1.0×10^{-11}	11
亚磷酸	H_3PO_3	$5.0\times10^{-2}(K_{a1}^\ominus)$	1.30
		$2.5\times10^{-7}(K_{a2}^\ominus)$	6.6
磷酸	H_3PO_4	$7.6\times10^{-3}(K_{a1}^\ominus)$	2.12
		$6.3\times10^{-8}(K_{a2}^\ominus)$	7.20
		$4.4\times10^{-13}(K_{a3}^\ominus)$	12.36
氢硫酸	H_2S	$1.1\times10^{-7}(K_{a1}^\ominus)$	6.97
		$1.3\times10^{-13}(K_{a2}^\ominus)$	12.90

物　　质	化学式	$K_a^{\ominus}$	$pK_a^{\ominus}$
亚硫酸	$SO_2 + H_2O$	$1.3 \times 10^{-2}(K_{a1}^{\ominus})$	1.90
		$6.3 \times 10^{-8}(K_{a2}^{\ominus})$	7.20
硫酸	H_2SO_4	$1.3 \times 10^{-2}(K_{a2}^{\ominus})$	1.92
硫代硫酸	$H_2S_2O_3$	$0.25(K_{a1}^{\ominus})$	0.60
		$2 \times 10^{-2} \sim 4 \times 10^{-2}(K_{a2}^{\ominus})$	1.4～1.7
偏硅酸	H_2SiO_3	$1.7 \times 10^{-10}(K_{a1}^{\ominus})$	9.77
		$1.6 \times 10^{-12}(K_{a2}^{\ominus})$	11.80
甲酸	$HCOOH$	1.8×10^{-4}	3.75
醋酸	$CH_3COOH(HAc)$	1.8×10^{-5}	4.76
草酸	$H_2C_2O_4$	$5.4 \times 10^{-2}(K_{a1}^{\ominus})$	1.27
		$6.5 \times 10^{-5}(K_{a2}^{\ominus})$	4.19
EDTA	H_6Y^{2+}	$0.1(K_{a1}^{\ominus})$	0.9
	H_5Y^{+}	$3 \times 10^{-2}(K_{a2}^{\ominus})$	1.6
	H_4Y	$1 \times 10^{-2}(K_{a3}^{\ominus})$	2.0
	H_3Y^{-}	$2.1 \times 10^{-3}(K_{a4}^{\ominus})$	2.67
	H_2Y^{2-}	$6.9 \times 10^{-7}(K_{a5}^{\ominus})$	6.16
	HY^{3-}	$5.5 \times 10^{-11}(K_{a6}^{\ominus})$	10.26
氨水	$NH_3 \cdot H_2O$	1.8×10^{-5}	4.76
乙二胺	$H_2NCH_2CH_2NH_2$	$8.5 \times 10^{-5}(K_{b1}^{\ominus})$	4.07
		$7.1 \times 10^{-3}(K_{b2}^{\ominus})$	7.15
联氨	H_2NNH_2	$3.0 \times 10^{-6}(K_{b1}^{\ominus})$	5.52
		$7.6 \times 10^{-15}(K_{b2}^{\ominus})$	14.12
羟氨	NH_2OH	9.1×10^{-9}	8.04
吡啶	C_5H_5N	1.7×10^{-9}	8.77
三乙醇胺	$(HOCH_2CH_2)_3N$	5.8×10^{-7}	6.24

附录 V　溶度积常数(18~25℃)

物　质	溶度积常数 $K_{sp}^{\ominus}$	p$K_{sp}^{\ominus}$	物　质	溶度积常数 $K_{sp}^{\ominus}$	p$K_{sp}^{\ominus}$
AgBr	5.0×10^{-13}	12.30	BaCrO$_4$	1.2×10^{-10}	9.93
AgBrO$_3$	5.3×10^{-5}	4.28	BaF$_2$	1.0×10^{-6}	5.98
AgCN	1.2×10^{-16}	15.92	BaHPO$_4$	3.2×10^{-7}	6.5
Ag$_2$CO$_3$	8.1×10^{-12}	11.09	Ba(NO$_3$)$_2$	4.5×10^{-3}	2.35
Ag$_2$C$_2$O$_4$	3.4×10^{-11}	10.46	Ba(OH)$_2$	5.0×10^{-3}	2.3
AgCl	1.8×10^{-10}	9.75	Ba$_3$(PO$_4$)$_2$	3.4×10^{-23}	22.47
Ag$_2$CrO$_4$	1.1×10^{-12}	11.95	BaSO$_3$	8.0×10^{-7}	6.1
Ag$_2$Cr$_2$O$_7$	2.0×10^{-7}	6.70	BaSO$_4$	1.1×10^{-10}	9.96
AgI	8.3×10^{-17}	16.08	BaS$_2$O$_3$	1.6×10^{-5}	4.79
AgIO$_3$	3.0×10^{-8}	7.52	BeCO$_3 \cdot 4H_2O$	1.0×10^{-3}	3
AgNO$_2$	6.0×10^{-4}	3.22	Be(OH)$_2$(无定形)	1.6×10^{-22}	21.8
AgOH	2.0×10^{-8}	7.71	BiI$_3$	8.1×10^{-19}	18.09
Ag$_3$PO$_4$	1.4×10^{-16}	15.84	Bi(OH)$_3$	4.0×10^{-30}	30.4
Ag$_2$S	6.3×10^{-50}	49.2	BiOBr	3.0×10^{-7}	6.52
AgSCN	1.0×10^{-12}	12.00	BiOCl	1.8×10^{-31}	30.75
Ag$_2$SO$_3$	1.5×10^{-14}	13.82	BiO(NO$_2$)	4.9×10^{-7}	6.31
Ag$_2$SO$_4$	1.4×10^{-5}	4.84	BiO(NO$_3$)	2.8×10^{-3}	2.55
Al(OH)$_3$(无定形)	1.3×10^{-33}	32.9	BiOOH	4.0×10^{-10}	9.4
AlPO$_4$	6.3×10^{-19}	18.24	BiPO$_4$	1.3×10^{-23}	22.89
Al$_2$S$_3$	2.0×10^{-7}	6.7	Bi$_2$S$_3$	1.0×10^{-97}	97
AuCl	2.0×10^{-13}	12.7	CaCO$_3$	2.8×10^{-9}	8.54
AuI	1.6×10^{-23}	22.8	CaC$_2$O$_4 \cdot H_2O$	4.0×10^{-9}	8.4
AuCl$_3$	3.2×10^{-25}	24.5	CaCrO$_4$	7.1×10^{-4}	3.15
AuI$_3$	1.0×10^{-46}	46	CaF$_2$	2.7×10^{-11}	10.57
Au(OH)$_3$	5.5×10^{-46}	45.26	CaHPO$_4$	1.0×10^{-7}	7.0
BaCO$_3$	5.1×10^{-9}	8.29	Ca(OH)$_2$	5.5×10^{-6}	5.26
BaC$_2$O$_4$	1.6×10^{-7}	6.79	Ca$_3$(PO$_4$)	2.0×10^{-29}	28.70
BaC$_2$O$_4$	2.3×10^{-8}	7.64	CaSO$_3$	6.8×10^{-8}	7.17

物　质	溶度积常数 $K_{sp}^{\ominus}$	$pK_{sp}^{\ominus}$	物　质	溶度积常数 $K_{sp}^{\ominus}$	$pK_{sp}^{\ominus}$
$CaSO_4$	9.1×10^{-6}	5.04	CuC_2O_4	2.3×10^{-8}	7.64
$Ca[SiF_6]$	8.1×10^{-4}	3.09	$CuCrO_4$	3.6×10^{-6}	5.44
$CaSiO_3$	2.5×10^{-8}	7.60	$Cu_2[Fe(CN)_6]$	1.3×10^{-16}	15.89
$CdCO_3$	5.2×10^{-12}	11.28	$Cu(IO_3)_2$	7.4×10^{-8}	7.13
$CdC_2O_4 \cdot 3H_2O$	9.1×10^{-8}	7.04	$Cu(OH)_2$	2.2×10^{-20}	19.66
$Cd_3(PO_4)_2$	2.5×10^{-33}	32.6	$Cu_3(PO_4)_2$	1.3×10^{-37}	36.9
CdS	8.0×10^{-27}	26.1	CuS	6.3×10^{-36}	35.2
CeF_3	8.0×10^{-16}	15.1	$FeCO_3$	3.2×10^{-11}	10.50
CeO_2	8.0×10^{-37}	36.1	$Fe(OH)_2$	8.0×10^{-16}	15.1
$Ce(OH)_3$	1.6×10^{-20}	19.8	FeS	6.3×10^{-18}	17.2
$CePO_4$	1.0×10^{-23}	23	$Fe(OH)_3$	4.0×10^{-38}	37.4
Ce_2S_3	6.0×10^{-11}	10.22	$FePO_4$	1.3×10^{-22}	21.89
$CoCO_3$	1.4×10^{-13}	12.84	Hg_2Br_2	5.6×10^{-23}	22.24
$CoHPO_4$	2.0×10^{-7}	6.7	$Hg_2(CN)_2$	5.0×10^{-40}	39.3
$Co(OH)_2$（新制备）	1.6×10^{-15}	14.8	Hg_2CO_3	8.9×10^{-17}	16.05
$Co(OH)_3$	1.6×10^{-44}	43.8	$Hg_2C_2O_4$	2.0×10^{-13}	12.7
$Co_3(PO_4)_2$	2.0×10^{-35}	34.7	Hg_2Cl_2	1.3×10^{-18}	17.88
$\alpha\text{-}CoS$	4.0×10^{-21}	20.4	Hg_2I_2	4.5×10^{-29}	28.35
$\beta\text{-}CoS$	2.0×10^{-25}	24.7	$Hg_2(OH)_2$	2.0×10^{-24}	23.7
$Cr(OH)_2$	2.0×10^{-16}	15.7	Hg_2S	1.0×10^{-47}	47.0
CrF_3	6.6×10^{-11}	10.18	$Hg_2(SCN)_2$	2.0×10^{-20}	19.7
$Cr(OH)_3$	6.3×10^{-31}	30.2	Hg_2SO_3	1.0×10^{-27}	27.0
$CuBr$	5.3×10^{-9}	8.28	Hg_2SO_4	7.4×10^{-7}	6.13
$CuCl$	1.2×10^{-6}	5.92	$Hg(OH)_2$	3.0×10^{-26}	25.52
$CuCN$	3.2×10^{-20}	19.49	HgS（红色）	4.0×10^{-53}	52.4
CuI	1.1×10^{-12}	11.96	HgS（黑色）	1.6×10^{-52}	51.8
$CuOH$	1.0×10^{-14}	14.0	$K_2[PtCl_6]$	1.1×10^{-5}	4.96
Cu_2S	2.5×10^{-48}	47.6	K_2SiF_6	8.7×10^{-7}	6.06
$CuSCN$	4.8×10^{-15}	14.32	Li_2CO_3	2.5×10^{-2}	1.60
$CuCO_3$	1.4×10^{-10}	9.86	LiF	3.8×10^{-3}	2.42

续表

物　质	溶度积常数 $K_{sp}^{\ominus}$	$pK_{sp}^{\ominus}$	物　质	溶度积常数 $K_{sp}^{\ominus}$	$pK_{sp}^{\ominus}$
Li_3PO_4	3.2×10^{-9}	8.5	$PbOHBr$	2.0×10^{-15}	14.70
$MgCO_3$	3.5×10^{-8}	7.46	$PbOHCl$	2.0×10^{-14}	13.7
MgF_2	6.5×10^{-9}	8.19	$Pb_3(PO_4)_2$	8.0×10^{-43}	42.10
$Mg(OH)_2$	1.8×10^{-11}	10.74	PbS	1.3×10^{-28}	27.9
$MgSO_3$	3.2×10^{-3}	2.5	$Pb(SCN)_2$	2.0×10^{-5}	4.70
$MnCO_3$	1.8×10^{-11}	10.74	$PbSO_4$	1.6×10^{-8}	7.79
$Mn(OH)_2$	1.9×10^{-13}	12.72	PbS_2O_3	4.0×10^{-7}	6.40
MnS(无定形)	2.5×10^{-10}	9.6	$Pb(OH)_4$	3.2×10^{-66}	65.5
MnS(晶状)	2.5×10^{-13}	12.6	$Pd(OH)_2$	1.0×10^{-31}	31.0
Na_3AlF_6	4.0×10^{-10}	9.39	$Sc(OH)_3$	8.0×10^{-31}	30.1
$NiCO_3$	6.6×10^{-9}	8.18	$Sn(OH)_2$	1.4×10^{-28}	27.85
NiC_2O_4	4.0×10^{-10}	9.4	SnS	1.0×10^{-25}	25.0
$Ni(OH)_2$(新制备)	2.0×10^{-15}	14.7	$Sn(OH)_4$	1.0×10^{-56}	56.0
α-NiS	3.2×10^{-19}	18.5	CuI	1.1×10^{-12}	11.96
β-NiS	1.0×10^{-24}	24.0	$SrCO_3$	1.1×10^{-10}	9.96
γ-NiS	2.0×10^{-26}	25.7	$SrC_2O_4 \cdot H_2O$	1.6×10^{-7}	6.80
$PbAc_2$	1.8×10^{-3}	2.75	$SrCrO_4$	2.2×10^{-5}	4.65
$PbBr_2$	4.0×10^{-5}	4.41	SrF_2	2.5×10^{-9}	8.61
$PbCO_3$	7.4×10^{-14}	13.13	$SrSO_3$	4.0×10^{-8}	7.4
PbC_2O_4	4.8×10^{-10}	9.32	$SrSO_4$	3.2×10^{-7}	6.49
$PbCl_2$	1.6×10^{-5}	4.79	$Ti(OH)_3$	1.0×10^{-40}	40
$PbCrO_4$	2.8×10^{-13}	12.55	$ZnCO_3$	1.4×10^{-11}	10.84
PbF_2	2.7×10^{-8}	7.57	ZnC_2O_4	2.7×10^{-8}	7.56
PbI_2	7.1×10^{-9}	8.15	$Zn(OH)_2$	1.2×10^{-17}	16.92
$Pb(IO_3)_2$	3.2×10^{-13}	12.49	α-ZnS	1.6×10^{-24}	23.8
$Pb(OH)_2$	1.2×10^{-15}	14.93	β-ZnS	2.5×10^{-22}	21.6

附录Ⅵ　标准电极电势(298.15K)

元　素	半反应式(酸性介质)	$E_A^{\ominus}/V$
Ag	$Ag_2S + 2e^- \rightleftharpoons 2Ag + S^{2-}$	-0.7051
	$AgI + e^- \rightleftharpoons Ag + I^-$	-0.152
	$AgBr + e^- \rightleftharpoons Ag + Br^-$	0.071
	$AgCl + e^- \rightleftharpoons Ag + Cl^-$	0.222
	$AgIO_3 + e^- \rightleftharpoons Ag + IO_3^-$	0.354
	$Ag_2SO_4 + 2e^- \rightleftharpoons 2Ag + SO_4^{2-}$	0.654
	$Ag^+ + e^- \rightleftharpoons Ag$	0.799
	$Ag^{2+} + e^- \rightleftharpoons Ag^+$	1.98
Al	$Al^{3+} + 3e^- \rightleftharpoons Al$	-1.622
As	$As_2O_3 + 6H^+ + 6e^- \rightleftharpoons 2As + 3H_2O$	0.234
	$As_2O_5 + 10H^+ + 10e^- \rightleftharpoons 2As + 5H_2O$	0.429
	$H_3AsO_4 + 2H^+ + 2e^- \rightleftharpoons HAsO_2 + 2H_2O$	0.56
Au	$AuBr_4^- + 2e^- \rightleftharpoons AuBr_2^- + 2Br^-$	0.82
	$AuBr_4^- + 3e^- \rightleftharpoons Au + 4Br^-$	0.87
	$AuCl_4^- + 2e^- \rightleftharpoons AuCl_2^- + 2Cl^-$	0.926
	$AuBr_2^- + e^- \rightleftharpoons Au + 2Br^-$	0.956
	$AuCl_4^- + 3e^- \rightleftharpoons Au + 4Cl^-$	1.00
	$AuCl_2^- + e^- \rightleftharpoons Au + 2Cl^-$	1.15
	$AuCl + e^- \rightleftharpoons Au + Cl^-$	1.17
	$Au^{3+} + 2e^- \rightleftharpoons Au^+$	1.40
	$Au^{3+} + 3e^- \rightleftharpoons Au$	1.498
	$Au^+ + e^- \rightleftharpoons Au$	1.691
B	$H_3BO_3 + 3H^+ + 3e^- \rightleftharpoons B + 3H_2O$	-0.870
Ba	$Ba^{2+} + 2e^- \rightleftharpoons Ba$	-2.906
Be	$Be^{2+} + 2e^- \rightleftharpoons Be$	-1.847
	$BeO_2^{2-} + 4H^+ + 2e^- \rightleftharpoons Be + 2H_2O$	-0.909
Bi	$BiOCl + 2H^+ + 3e^- \rightleftharpoons Bi + Cl^- + H_2O$	0.160
	$Bi^{3+} + 3e^- \rightleftharpoons Bi$	0.2

续表

元　素	半反应式（酸性介质）	$E^{\ominus}_A/V$
Bi	$Bi_2O_3+6H^++6e^- \Longleftrightarrow 2Bi+3H_2O$	0.371
	$NaBiO_3+4H^++2e^- \Longleftrightarrow BiO^++Na^+\,2H_2O$	>1.8
Br	$Br_2(液)+2e^- \Longleftrightarrow 2Br^-$	1.065
	$Br_2(水)+2e^- \Longleftrightarrow 2Br^-$	1.087
	$HBrO+H^++2e^- \Longleftrightarrow Br^-+H_2O$	1.33
	$BrO_3^-+6H^++6e^- \Longleftrightarrow Br^-+3H_2O$	1.44
	$BrO_3^-+5H^++4e^- \Longleftrightarrow HBrO+2H_2O$	1.45
	$BrO_3^-+6H^++5e^- \Longleftrightarrow \frac{1}{2}Br_2+3H_2O$	1.52
	$BrO_4^-+2H^++2e^- \Longleftrightarrow BrO_3^-+H_2O$	1.763
C	$2CO_2+2H^++2e^- \Longleftrightarrow H_2C_2O_4$	−0.49
	$CO_2+2H^++2e^- \Longleftrightarrow HCOOH$	−0.199
	$CO_2+2H^++2e^- \Longleftrightarrow CO+H_2O$	−0.12
	$CO_3^{2-}+3H^++2e^- \Longleftrightarrow HCOO^-+H_2O$	0.227
	$CO+6H^++6e^- \Longleftrightarrow CH_4+H_2O$	0.497
Ca	$Ca^{2+}+2e^- \Longleftrightarrow Ca$	−2.866
Cd	$Cd(CN)_4^{2-}+2e^- \Longleftrightarrow Cd+4CN^-$	−1.09
	$Cd^{2+}+2e^- \Longleftrightarrow Cd$	−0.403
Ce	$Ce^{3+}+3e^- \Longleftrightarrow Ce$	−2.483
	$Ce^{4+}+3e^- \Longleftrightarrow Ce^{3+}$	1.4430
Cl	$ClO^-+H_2O+2e^- \Longleftrightarrow Cl^-+2OH^-$	0.90
	$ClO_4^-+2H^++2e^- \Longleftrightarrow ClO_3^-+H_2O$	1.19
	$ClO_3^-+3H^++2e^- \Longleftrightarrow HClO_2+H_2O$	1.21
	$ClO_4^-+8H^++7e^- \Longleftrightarrow \frac{1}{2}Cl_2+4H_2O$	1.34
	$Cl_2(气)+2e^- \Longleftrightarrow 2Cl^-$	1.358
	$ClO_4^-+8H^++8e^- \Longleftrightarrow Cl^-+4H_2O$	1.38
	$ClO_3^-+6H^++6e^- \Longleftrightarrow Cl^-+3H_2O$	1.45
	$ClO_3^-+6H^++5e^- \Longleftrightarrow \frac{1}{2}Cl_2+3H_2O$	1.47
	$HClO+H^++2e^- \Longleftrightarrow Cl^++H_2O$	1.494
	$HClO+H^++e^- \Longleftrightarrow \frac{1}{2}Cl_2+H_2O$	1.63
Co	$Co^{2+}+e^- \Longleftrightarrow Co$	−0.277
	$Co^{3+}+e^- \Longleftrightarrow Co^{2+}$	1.808

元　素	半反应式（酸性介质）	$E_A^\ominus / V$
Cr	$Cr^{2+} + 2e^- \Longrightarrow Cr$	-0.913
	$Cr^{3+} + 3e^- \Longrightarrow Cr$	-0.744
	$Cr^{3+} + e^- \Longrightarrow Cr^{2+}$	-0.408
	$Cr_2O_7^{2-} + 14H^+ + 6e^- \Longrightarrow 2Cr^{3+} + 7H_2O$	1.33
Cu	$CuI + e^- \Longrightarrow Cu + I^-$	-0.185
	$CuBr + e^- \Longrightarrow Cu + Br^-$	0.033
	$CuCl + e^- \Longrightarrow Cu + Cl^-$	0.137
	$Cu^{2+} + e^- \Longrightarrow Cu^+$	0.153
	$2Cu^{2+} + H_2O + 2e^- \Longrightarrow Cu_2O + 2H^+$	0.203
	$Cu^{2+} + 2e^- \Longrightarrow Cu$	0.337
	$Cu^+ + e^- \Longrightarrow Cu$	0.521
	$Cu^{2+} + Cl^+ e^- \Longrightarrow CuCl$	0.538
	$CuO + 2H^+ + 2e^- \Longrightarrow Cu + H_2O$	0.570
	$Cu^{2+} + Br^+ + e^- \Longrightarrow CuBr$	0.640
	$Cu^{2+} + I^+ + e^- \Longrightarrow CuI$	0.86
Cs	$Cs^+ + e^- \Longrightarrow Cs$	-2.923
F	$\frac{1}{2}F_2 + e^- \Longrightarrow F^-$	2.87
	$F_2 + 2H^+ + 2e^- \Longrightarrow 2HF$	3.035
Fe	$Fe^{2+} + 2e^- \Longrightarrow Fe$	-0.440
	$Fe_2O_3(\alpha) + 6H^+ + 6e^- \Longrightarrow 2Fe + 3H_2O$	-0.051
	$Fe^{3+} + e^- \Longrightarrow Fe^{2+}$	0.771
H	$2H^+ + 2e^- \Longrightarrow H_2$	0.000
Hg	$[HgBr_4]^{2-} + 2e^- \Longrightarrow Hg + 4Br^-$	0.223
	$[HgCl_4]^{2-} + 2e^- \Longrightarrow Hg + 4Cl^-$	0.38
	饱和甘汞电极（饱和 KCl 溶液）	0.2412
	$2HgCl_2 + 2e^- \Longrightarrow Hg_2Cl_2 + 2Cl^-$	0.63
	$Hg_2^{2+} + 2e^- \Longrightarrow 2Hg$	0.788
	$Hg^{2+} + 2e^- \Longrightarrow Hg$	0.854
	$2Hg^{2+} + 2e^- \Longrightarrow Hg_2^{2+}$	0.920

续表

元　素	半反应式（酸性介质）	$E_A^\ominus/V$
I	I_2（结晶）$+2e^- \Longrightarrow 2I^-$	0.536
	$I_3^- + 2e^- \Longrightarrow 3I^-$	0.536
	$HIO + H^+ + 2e^- \Longrightarrow I^- + H_2O$	0.99
	$IO_3^- + 6H^+ + 6e^- \Longrightarrow I^- + 3H_2O$	1.085
	$2IO_3^- + 12H^+ + 10e^- \Longrightarrow I_2 + 6H_2O$	1.195
	$IO_4^- + 8H^+ + 8e^- \Longrightarrow I^- + 4H_2O$	1.4
	$2HIO + 2H^+ + 2e^- \Longrightarrow I_2 + 2H_2O$	1.45
	$IO_4^- + 2H^+ + 2e^- \Longrightarrow IO_3^- + H_2O$	1.653
K	$K^+ + e^- \Longrightarrow K$	-2.925
La	$La^{3+} + 3e^- \Longrightarrow La$	-2.522
Li	$Li^+ + e^- \Longrightarrow Li$	-3.045
Mg	$Mg^{2+} + 2e^- \Longrightarrow Mg$	-2.363
Mn	$Mn^{2+} + 2e^- \Longrightarrow Mn$	-1.180
	$2MnO_2 + 2H^+ + 2e^- \Longrightarrow Mn_2O_3 + H_2O$	0.98
	$MnO_2 + 4H^+ + 2e^- \Longrightarrow Mn^{2+} + 2H_2O$	1.23
	$Mn^{3+} + e^- \Longrightarrow Mn^{2+}$	1.51
	$MnO_4^- + 8H^+ + 5e^- \Longrightarrow Mn^{2+} + 4H_2O$	1.51
	$MnO_4^- + 4H^+ + 3e^- \Longrightarrow MnO_2 + 2H_2O$	1.692
	$MnO_4^{2-} + 4H^+ + 2e^- \Longrightarrow MnO_2 + 2H_2O$	2.257
N	$N_2 + 8H^+ + 6e^- \Longrightarrow 2NH^+$	0.26
	$4NO_3^- + 2H^+ + e^- \Longrightarrow NO_2 + H_2O$	0.80
	$HNO_2 + 7H^+ + 6e^- \Longrightarrow NH_4^+ + 2H_2O$	0.864
	$NO_3^- + 10H^+ + 8e^- \Longrightarrow NH_4^+ + 3H_2O$	0.864
	$NO_3^- + 3H^+ + 2e^- \Longrightarrow HNO_2 + H_2O$	0.934
	$NO_3^- + 4H^+ + 3e^- \Longrightarrow NO + 2H_2O$	0.96
	$HNO_2 + H^+ + e^- \Longrightarrow NO + H_2O$	1.00
	$NO_2 + 2H^+ + 2e^- \Longrightarrow NO + H_2O$	1.03
	$N_2O_4 + 4H^+ + 4e^- \Longrightarrow 2NO + 2H_2O$	1.035
	$N_2O_4 + 2H^+ + 2e^- \Longrightarrow 2HNO_2$	1.065
	$NO_2 + H^+ + e^- \Longrightarrow HNO_2$	1.07

元　素	半反应式（酸性介质）	$E_A^\ominus / V$
N	$2NO_3^- + 10H^+ + 8e^- \Longrightarrow N_2O + 5H_2O$	1.116
	$2NO_3^- + 12H^+ + 10e^- \Longrightarrow N_2 + 6H_2O$	1.24
	$2HNO_2 + 4H^+ + 4e^- \Longrightarrow N_2O + 3H_2O$	1.29
	$2NO_2 + 8H^+ + 8e^- \Longrightarrow N_2 + 4H_2O$	1.35
	$2HNO_2 + 6H^+ + 6e^- \Longrightarrow N_2 + 4H_2O$	1.44
	$2NO + 2H^+ + 2e^- \Longrightarrow N_2O + H_2O$	1.59
	$2NO + 4H^+ + 4e^- \Longrightarrow N_2 + 2H_2O$	1.68
	$N_2O + 2H^+ + 2e^- \Longrightarrow N_2 + H_2O$	1.77
Na	$Na^+ + e^- \Longrightarrow Na$	-2.714
Ni	$Ni^{2+} + 2e^- \Longrightarrow Ni$	-0.250
	$NiO + 2H^+ + 2e^- \Longrightarrow Ni + H_2O$	0.110
	$NiO_2 + 4H^+ + 2e^- \Longrightarrow Ni^{2+} + 2H_2O$	1.678
O	$O_2 + 2H^+ + 2e^- \Longrightarrow H_2O_2$	0.682
	$O_2 + 4H^+ + 4e^- \Longrightarrow 2H_2O$	1.229
	$O_3 + 6H^+ + 6e^- \Longrightarrow 3H_2O$	1.511
	$H_2O_2 + 2H^+ + 2e^- \Longrightarrow 2H_2O$	1.776
	$O_3 + 2H^+ + 2e^- \Longrightarrow O_2 + H_2O$	2.07
P	$H_3PO_3 + 3H^+ + 3e^- \Longrightarrow P(白) + 3H_2O$	-0.502
	$H_3PO_3 + 3H^+ + 3e^- \Longrightarrow P(红) + 3H_2O$	-0.454
	$H_3PO_4 + 2H^+ + 2e^- \Longrightarrow H_3PO_3 + H_2O$	-0.276
	$P(红) + 3H^+ + 3e^- \Longrightarrow PH_3(气)$	-0.111
	$P(白) + 3H^+ + 3e^- \Longrightarrow PH_3(气)$	0.0637
Pb	$PbSO_4 + 2e^- \Longrightarrow Pb + SO_4^{2-}$	-0.359
	$PbBr_2 + 2e^- \Longrightarrow Pb + 2Br^-$	-0.284
	$PbCl_2 + 2e^- \Longrightarrow Pb + 2Cl^-$	-0.268
	$Pb^{2+} + 2e^- \Longrightarrow Pb$	-0.126
	$PbO + 2H^+ + 2e^- \Longrightarrow Pb + H_2O$	0.248
	$PbO_2 + 4H^+ + 4e^- \Longrightarrow Pb + 2H_2O$	0.666
	$Pb_3O_4 + 2H^+ + 2e^- \Longrightarrow 3PbO + H_2O$	0.972
	$PbO_2 + 4H^+ + 2e^- \Longrightarrow Pb^{2+} + 2H_2O$	1.455
	$PbO_2 + SO_4^{2-} + 4H^+ + 2e^- \Longrightarrow PbSO_4 + 2H_2O$	1.682
	$Pb^{4+} + 2e^- \Longrightarrow Pb^{2+}$	1.69

续表

元　素	半反应式（酸性介质）	$E_A^\ominus/V$
Pd	$[PdCl_4]^{2-}+2e^-\Longrightarrow Pd+4Cl^-$	0.591
	$[PdBr_4]^{2-}+2e^-\Longrightarrow Pd+4Br^-$	0.60
	$Pd^{2+}+2e^-\Longrightarrow Pd$	0.987
Pt	$[PtI_6]^{2-}+2e^-\Longrightarrow[PtI_4]^{2-}+2I^-$	0.393
	$[PtBr_4]^{2-}+2e^-\Longrightarrow Pt+4Br^-$	0.58
	$[PtCl_6]^{2-}+2e^-\Longrightarrow[PtCl_4]^{2-}+2Cl^-$	0.68
	$[PtCl_4]^{2-}+2e^-\Longrightarrow Pt+4Cl^-$	0.73
	$Pt^{2+}+2e^-\Longrightarrow Pt$	1.2
Ra	$Ra^{2+}+2e^-\Longrightarrow Ra$	-2.916
Rb	$Rb^++e^-\Longrightarrow Rb$	-2.925
Re	$Re^{3+}+3e^-\Longrightarrow Re$	0.300
Rh	$Rh^{3+}+3e^-\Longrightarrow Rh$	0.80
	$[RhCl_6]^{2-}+e^-\Longrightarrow[RhCl_6]^{3-}$	1.2
Ru	$Ru^{2+}+2e^-\Longrightarrow Ru$	0.45
S	$S+H^++2e^-\Longrightarrow HS^-$	-0.065
	$HSO_3^-+5H^++4e^-\Longrightarrow S+3H_2O$	0.0
	$S+2H^++2e^-\Longrightarrow H_2S(水)$	0.142
	$SO_4^{2-}+8H^++8e^-\Longrightarrow S^{2-}+4H_2O$	0.149
	$SO_4^{2-}+4H^++2e^-\Longrightarrow H_2SO_3+H_2O$	0.172
	$SO_3^{2-}+6H^++6e^-\Longrightarrow S^{2-}+3H_2O$	0.231
	$2SO_4^{2-}+10H^++8e^-\Longrightarrow S_2O_3^{2-}+5H_2O$	0.29
	$SO_4^{2-}+8H^++6e^-\Longrightarrow S+4H_2O$	0.357
	$2H_2SO_3+2H^++4e^-\Longrightarrow S_2O_3^{2-}+3H_2O$	0.400
	$H_2SO_3+4H^++4e^-\Longrightarrow S+3H_2O$	0.450
	$S_2O_3^{2-}+6H^++4e^-\Longrightarrow 2S+3H_2O$	0.465
	$4H_2SO_3+4H^++6e^-\Longrightarrow S_4O_6^{2-}+6H_2O$	0.51
	$2SO_3^{2-}+6H^++4e^-\Longrightarrow S_2O_3^{2-}+3H_2O$	0.705
	$S_2O_8^{2-}+2e^-\Longrightarrow 2SO_4^{2-}$	2.01
	$S_2O_8^{2-}+2H^++2e^-\Longrightarrow 2HSO_4^-$	2.123
Sb	$Sb+3H^++3e^-\Longrightarrow SbH_3$	-0.510
	$Sb_2O_3+6H^++6e^-\Longrightarrow 2Sb+3H_2O$	0.150

续表

元　素	半反应式(酸性介质)	$E_A^\ominus/V$
Sb	$SbO^+ + 2H^+ + 3e^- \Longrightarrow Sb + H_2O$	0.204
	$Sb^{3+} + 3e^- \Longrightarrow Sb$	0.24
	$SbO_3^- + 2H^+ + 2e^- \Longrightarrow SbO_2^- + H_2O$	0.363
	$Sb_2O_5 + 6H^+ + 4e^- \Longrightarrow 2SbO^+ + 3H_2O$	0.581
	$SbO_2^+ + 2H^+ + 2e^- \Longrightarrow SbO^+ + H_2O$	0.720
	$SbO_3^- + 4H^+ + 2e^- \Longrightarrow SbO^+ + 2H_2O$	0.720
Sc	$Sc^{3+} + 3e^- \Longrightarrow Sc$	-2.077
Si	$SiO_2 + 4H^+ + 4e^- \Longrightarrow Si + 2H_2O$	-0.857
	$H_2SiO_3 + 4H^+ + 4e^- \Longrightarrow Si + 3H_2O$	-0.84
	$SiO_3^{2-} + 6H^+ + 4e^- \Longrightarrow Si + 3H_2O$	-0.455
	$Si + 4H^+ + 4e^- \Longrightarrow SiH_4$	0.102
Sn	$SnO_2 + 4H^+ + 2e^- \Longrightarrow Sn^{2+} + 2H_2O$	-0.77
	$Sn^{2+} + 2e^- \Longrightarrow Sn$	-0.136
	$SnO_2 + 2H^+ + 2e^- \Longrightarrow SnO + H_2O$	-0.108
	$SnO + 2H^+ + 2e^- \Longrightarrow Sn + H_2O$	-0.104
	$Sn^{4+} + 4e^- \Longrightarrow Sn$	0.009
	$Sn^{4+} + 2e^- \Longrightarrow Sn^{2+}$	0.151
Sn	$SnO_3^{2-} + 3H^+ + 2e^- \Longrightarrow HSnO_2^- + H_2O$	0.374
Sr	$Sr^{2+} + 2e^- \Longrightarrow Sr$	-2.888
Ti	$Ti^{2+} + 2e^- \Longrightarrow Ti$	-1.628
	$Ti^{3+} + 3e^- \Longrightarrow Ti$	-1.21
	$TiO_2(金红石) + 4H^+ + e^- \Longrightarrow Ti^{3+} + 2H_2O$	-0.666
	$TiO_2(金红石) + 4H^+ + 2e^- \Longrightarrow Ti^{2+} + 2H_2O$	-0.502
	$Ti^{3+} + e^- \Longrightarrow Ti^{2+}$	-0.368
	$Ti^{4+} + e^- \Longrightarrow Ti^{3+}$	-0.04
Tl	$TlI + e^- \Longrightarrow Tl + I^-$	-0.752
	$TlBr + e^- \Longrightarrow Tl + Br^-$	-0.658
	$TlCl + e^- \Longrightarrow Tl + Cl^-$	-0.557
	$Tl^+ + e^- \Longrightarrow Tl$	-0.336
	$Tl^{3+} + 3e^- \Longrightarrow Tl$	0.71
	$Tl^{3+} + 2e^- \Longrightarrow Tl^+$	1.25

续表

元　素	半反应式（酸性介质）	$E_A^\ominus/V$
V	$V^{2+}+2e^-\Longrightarrow V$	-1.186
	$V^{3+}+3e^-\Longrightarrow V$	-0.835
	$V^{3+}+e^-\Longrightarrow V^{2+}$	-0.256
	$VO_2^++4H^++5e^-\Longrightarrow V+2H_2O$	-0.25
	$VO^{2+}+e^-\Longrightarrow VO^+$	-0.044
	$VO^{2+}+2H^++e^-\Longrightarrow V^{3+}+H_2O$	0.359
	$VO_2^++4H^++3e^-\Longrightarrow V^{2+}+2H_2O$	0.360
	$VO_2^++4H^++2e^-\Longrightarrow V^{3+}+2H_2O$	0.668
	$V_2O_5+6H^++2e^-\Longrightarrow 2VO^{2+}+3H_2O$	0.958
	$VO_2^++2H^++e^-\Longrightarrow VO^{2+}+H_2O$	0.999
	$VO_4^{2-}+6H^++2e^-\Longrightarrow VO^{2+}+3H_2O$	1.031
	$HVO_3+3H^++e^-\Longrightarrow VO^{2+}+2H_2O$	1.1
	$VO_4^{3-}+6H^++2e^-\Longrightarrow VO^++3H_2O$	1.256
Y	$Y^{3+}+3e^-\Longrightarrow Y$	-2.372
Zn	$Zn^{2+}+2e^-\Longrightarrow Zn$	-0.763
Ag	$Ag_2S+e^-\Longrightarrow 2Ag+S^{2-}$	-0.66
	$Ag(CN)_2^-+e^-\Longrightarrow Ag+2CN^-$	-0.31
	$Ag(S_2O_3)_2^{3-}+e^-\Longrightarrow Ag+2S_2O_3^{2-}$	0.017
	$[Ag(NH_3)_2]^++e^-\Longrightarrow Ag+2NH_3$	0.373
	$Ag_2CrO_4+2e^-\Longrightarrow 2Ag+CrO_4^{2-}$	0.464
Al	$Al(OH)_3+3e^-\Longrightarrow Al+3OH^-$	-2.30
As	$AsO_4^{3-}+2H_2O+2e^-\Longrightarrow AsO_2^-+4OH^-$	-0.67
Au	$Au(CN)_2^-+e^-\Longrightarrow Au+2CN^-$	-0.611
Br	$2BrO^++2H_2O+2e^-\Longrightarrow Br_2+4OH^-$	0.45
	$BrO_3^-+2H_2O+4e^-\Longrightarrow BrO^++4OH^-$	0.54
	$BrO_3^-+3H_2O+6e^-\Longrightarrow Br^++6OH^-$	0.61
	$BrO^++H_2O+2e^-\Longrightarrow Br^++2OH^-$	0.761
Cl	$ClO^++H_2O+e^-\Longrightarrow \frac{1}{2}Cl_2+2OH^-$	0.49
	$ClO_4^-+4H_2O+8e^-\Longrightarrow Cl^++8OH^-$	0.56
	$ClO_3^-+3H_2O+6e^-\Longrightarrow Cl^++6OH^-$	0.63
	$ClO^++H_2O+2e^-\Longrightarrow Cl^++2OH^-$	0.89

元　素	半反应式(酸性介质)	$E_A^\ominus/V$
Co	$CoS(\alpha)+2e^-\Longrightarrow Co+S^{2-}$	-0.90
	$[Co(CN)_6]^{3-}+e^-\Longrightarrow[Co(CN)_6]^{4-}$	-0.83
	$Co(OH)_3+e^-\Longrightarrow Co(OH)_2+OH^-$	0.17
	$[Co(NH_3)_6]^{3+}+e^-\Longrightarrow[Co(NH_3)_6]^{2+}$	0.108
Cr	$Cr(OH)_2+2e^-\Longrightarrow Cr+2OH^-$	-1.41
	$Cr(OH)_3+3e^-\Longrightarrow Cr+3OH^-$	-1.34
	$CrO_4^{2-}+4H_2O+3e^-\Longrightarrow Cr(OH)_3+5OH^-$	-0.13
Cu	$CuS+2e^-\Longrightarrow Cu+S^{2-}$	-0.76
	$[Cu(CN)_2]^-+e^-\Longrightarrow Cu+2CN^-$	-0.429
	$Cu_2O+H_2O+2e^-\Longrightarrow 2Cu+2OH^-$	-0.358
	$Cu(OH)_2+2e^-\Longrightarrow Cu+2OH^+$	-0.224
	$[Cu(NH_3)_2]^++e^-\Longrightarrow Cu+2NH_3$	-0.12
	$[Cu(NH_3)_4]^{2+}+2e^-\Longrightarrow Cu+4NH_3$	-0.05
	$[Cu(NH_3)_4]^{2+}+e^-\Longrightarrow[Cu(NH_3)_2]^++2NH_3$	-0.01
	$Cu^{2+}+2CN^++e^-\Longrightarrow[Cu(CN)_2]^-$	1.12
F	$F_2+2e^-\Longrightarrow 2F^-$	2.866
Fe	$[Fe(CN)_6]^{4-}+2e^-\Longrightarrow Fe+6CN^-$	-1.5
	$FeS+2e^-\Longrightarrow Fe+S^{2-}$	-0.95
	$Fe(OH)_2+2e^-\Longrightarrow Fe+2OH^-$	-0.877
	$[Fe(CN)_6]^{3-}+e^-\Longrightarrow[Fe(CN)_6]^{4-}$	0.356
	$FeO_4^{2-}+4H_2O+3e^-\Longrightarrow Fe(OH)_3+5OH^-$	0.72
H	$2H_2O+2e^-\Longrightarrow H_2+2OH^-$	-0.828
Hg	$HgS(黑)+2e^-\Longrightarrow Hg+S^{2-}$	-0.69
I	$2IO_3^-+6H_2O+10e^-\Longrightarrow I_2+12OH^-$	0.21
	$IO_3^-+3H_2O+6e^-\Longrightarrow I^++6OH^-$	0.26
	$IO^++H_2O+2e^-\Longrightarrow I^++2OH^-$	0.485
M	$Mn(OH)_2+2e^-\Longrightarrow Mn+2OH^-$	-1.55
	$MnO_2+2H_2O+2e^-\Longrightarrow Mn(OH)_2+2OH^-$	-0.05
	$Mn(OH)_3+e^-\Longrightarrow Mn(OH)_2+OH^-$	0.15
	$MnO_4^-+4H_2O+5e^-\Longrightarrow Mn(OH)_2+6OH^-$	0.34
	$MnO_4^-+2H_2O+3e^-\Longrightarrow MnO_2+4OH^-$	1.23

续表

元　素	半反应式（酸性介质）	$E_X^\ominus/V$
N	$NO_3^- + H_2O + 2e^- \Longrightarrow NO_2^- + 2OH^-$	0.01
Ni	$NiS(\gamma) + 2e^- \Longrightarrow Ni + S^{2-}$	-1.04
	$NiS(\alpha) + 2e^- \Longrightarrow Ni + S^{2-}$	-0.83
	$Ni(OH)_2 + 2e^- \Longrightarrow Ni + 2OH^-$	-0.72
	$[Ni(NH_3)_6]^{2+} + 2e^- \Longrightarrow Ni + 6NH_3$	-0.49
	$NiO_2 + 2H_2O + 2e^- \Longrightarrow Ni(OH)_2 + 2OH^-$	-0.490
O	$O_2 + 2H_2O + 4e^- \Longrightarrow 4OH^-$	0.401
	$O_3 + H_2O + 2e^- \Longrightarrow O_2 + 2OH^-$	1.24
S	$SO_4^{2-} + H_2O + 2e^- \Longrightarrow SO_3^{2-} + 2OH^-$	-0.93
	$2SO_3^{2-} + 3H_2O + 4e^- \Longrightarrow S_2O_3^{2-} + 6OH^-$	-0.571
	$S + 2e^- \Longrightarrow S^{2-}$	-0.48
	$2S + 2e^- \Longrightarrow S_2^{2-}$	-0.476
	$S_4O_6^{2-} + 2e^- \Longrightarrow 2S_2O_3^{2-}$	0.08
	$SO_3^{2-} + 3H_2O + 4e^- \Longrightarrow S + 6OH^-$	0.66
Si	$SiO_3^{2-} + 3H_2O + 4e^- \Longrightarrow Si + 6OH^-$	-1.697
Sb	$SbO_2^- + 2H_2O + 3e^- \Longrightarrow Sb + 4OH^-$	-0.675
Sn	$HSnO_2^- + H_2O + 2e^- \Longrightarrow Sn + 3OH^-$	-0.909
	$SnS + 2e^- \Longrightarrow Sn + S^{2-}$	-0.87
Pb	$PbS + 2e^- \Longrightarrow Pb + S^{2-}$	-0.93
	$PbO + H_2O + 2e^- \Longrightarrow Pb + 2OH^-$	-0.58
	$PbCO_3 + 2e^- \Longrightarrow Pb + CO_3^{2-}$	-0.509
	$PbO_2 + H_2O + 2e^- \Longrightarrow PbO + 2OH^-$	0.247
Zn	$ZnS + 2e^- \Longrightarrow Zn + S^{2-}$	-1.405
	$[Zn(CN)_4]^{2-} + 2e^- \Longrightarrow Zn + 4CN^-$	-1.26
	$Zn(OH)_2 + 2e^- \Longrightarrow Zn + 2OH^-$	-1.245
	$ZnO_2^{2-} + 2H_2O + 2e^- \Longrightarrow Zn + 4OH^-$	-1.216
	$[Zn(NH_3)_4]^{2+} + 2e^- \Longrightarrow Zn + 4NH_3$	-1.04

附录Ⅶ　条件电极电势

电极反应	条件电势 $E^{\ominus\prime}/\mathrm{V}$	介　　质
$\mathrm{Ag^+ + e^- \rightleftharpoons Ag}$	0.792	$1\mathrm{mol \cdot dm^{-3}\ HClO_4}$
	0.228	$1\mathrm{mol \cdot dm^{-3}\ HCl}$
	0.59	$1\mathrm{mol \cdot dm^{-3}\ NaOH}$
$\mathrm{H_3AsO_4 + 2H^+ + 2e^- \rightleftharpoons H_3AsO_3 + H_2O}$	0.577	$1\mathrm{mol \cdot dm^{-3}\ HCl, HClO_4}$
	0.07	$1\mathrm{mol \cdot dm^{-3}\ NaOH}$
	-0.16	$5\mathrm{mol \cdot dm^{-3}\ NaOH}$
$\mathrm{Au^{3+} + 2e^- \rightleftharpoons Au^+}$	1.27	$0.5\mathrm{mol \cdot dm^{-3}\ H_2SO_4}$（氧化金饱和）
	1.26	$1\mathrm{mol \cdot dm^{-3}\ HNO_3}$（氧化金饱和）
	0.93	$1\mathrm{mol \cdot dm^{-3}\ HCl}$
$\mathrm{Au^{3+} + 3e^- \rightleftharpoons Au}$	0.30	$7\sim8\mathrm{mol \cdot dm^{-3}\ NaOH}$
$\mathrm{Ce^{4+} + e^- \rightleftharpoons Ce^{3+}}$	1.70	$1\mathrm{mol \cdot dm^{-3}\ HClO_4}$
	1.71	$2\mathrm{mol \cdot dm^{-3}\ HClO_4}$
	1.75	$4\mathrm{mol \cdot dm^{-3}\ HClO_4}$
	1.82	$6\mathrm{mol \cdot dm^{-3}\ HClO_4}$
	1.87	$8\mathrm{mol \cdot dm^{-3}\ HClO_4}$
	1.61	$1\mathrm{mol \cdot dm^{-3}\ HNO_3}$
	1.62	$2\mathrm{mol \cdot dm^{-3}\ HNO_3}$
	1.61	$4\mathrm{mol \cdot dm^{-3}\ HNO_3}$
	1.56	$8\mathrm{mol \cdot dm^{-3}\ HNO_3}$
	1.44	$1\mathrm{mol \cdot dm^{-3}\ H_2SO_4}$
	1.44	$0.5\mathrm{mol \cdot dm^{-3}\ H_2SO_4}$
	1.43	$2\mathrm{mol \cdot dm^{-3}\ H_2SO_4}$
	1.28	$1\mathrm{mol \cdot dm^{-3}\ HCl}$
$\mathrm{Co^{3+} + e^- \rightleftharpoons Co^{2+}}$	1.84	$3\mathrm{mol \cdot dm^{-3}\ HNO_3}$
$\mathrm{Cr^{3+} + e^- \rightleftharpoons Cr^{2+}}$	-0.40	$5\mathrm{mol \cdot dm^{-3}\ HCl}$
$\mathrm{Cr_2O_7^{2-} + 14H^+ + 6e^- \rightleftharpoons Cr^{3+} + 7H_2O}$	0.93	$0.1\mathrm{mol \cdot dm^{-3}\ HCl}$
	0.97	$0.5\mathrm{mol \cdot dm^{-3}\ HCl}$
	1.00	$1\mathrm{mol \cdot dm^{-3}\ HCl}$

续表

电极反应	条件电势 $E^{\ominus\prime}/V$	介　质
$Cr_2O_7^{2-}+14H^++6e^-\Longrightarrow Cr^{3+}+7H_2O$	1.05	$2mol\cdot dm^{-3}$ HCl
	1.08	$3mol\cdot dm^{-3}$ HCl
	1.15	$4mol\cdot dm^{-3}$ HCl
	0.92	$0.1mol\cdot dm^{-3}$ H_2SO_4
	1.08	$0.5mol\cdot dm^{-3}$ H_2SO_4
	1.10	$2mol\cdot dm^{-3}$ H_2SO_4
	1.15	$4mol\cdot dm^{-3}$ H_2SO_4
	0.84	$0.1mol\cdot dm^{-3}$ $HClO_4$
	1.10	$0.2mol\cdot dm^{-3}$ $HClO_4$
	1.025	$1mol\cdot dm^{-3}$ $HClO_4$
	1.27	$1mol\cdot dm^{-3}$ HNO_3
$CrO_4^{2-}+2H_2O+3e^-\Longrightarrow CrO_2^-+4OH^-$	-0.12	$1mol\cdot dm^{-3}$ NaOH
$Cu^{2+}+e^-\Longrightarrow Cu^+$	-0.09	pH=14
$Fe^{3+}+e^-\Longrightarrow Fe^{2+}$	0.73	$0.1mol\cdot dm^{-3}$ HCl
	0.72	$0.5mol\cdot dm^{-3}$ HCl
	0.70	$1mol\cdot dm^{-3}$ HCl
	0.69	$2mol\cdot dm^{-3}$ HCl
	0.68	$3mol\cdot dm^{-3}$ HCl
	0.64	$5mol\cdot dm^{-3}$ HCl
	0.68	$0.1mol\cdot dm^{-3}$ H_2SO_4
	0.674	$0.5mol\cdot dm^{-3}$ H_2SO_4
	0.68	$4mol\cdot dm^{-3}$ H_2SO_4
	0.735	$0.1mol\cdot dm^{-3}$ $HClO_4$
	0.732	$1mol\cdot dm^{-3}$ $HClO_4$
	0.46	$2mol\cdot dm^{-3}$ H_3PO_4
	0.70	$1mol\cdot dm^{-3}$ HNO_3
	-0.68	$10mol\cdot dm^{-3}$ NaOH
	0.51	$1mol\cdot dm^{-3}$ HCl$+0.5mol\cdot dm^{-3}$ H_3PO_4
$2Hg^{2+}+2e^-\Longrightarrow Hg_2^{2+}$	0.920	$1mol\cdot dm^{-3}$ $HClO_4$
	0.28	$1mol\cdot dm^{-3}$ HCl

电极反应	条件电势 $E^{\ominus\prime}/V$	介　质
$Hg_2^{2+} + 2e^- \rightleftharpoons 2Hg$	0.33	$0.1mol \cdot dm^{-3} KCl$
	0.28	$1mol \cdot dm^{-3} KCl$
	0.25	饱和 KCl
	0.66	$4mol \cdot dm^{-3} HClO_4$
	0.274	$1mol \cdot dm^{-3} HCl$
$I_3^- + 2e^- \rightleftharpoons 3I^-$	0.5446	$0.5mol \cdot dm^{-3} H_2SO_4$
$I_2(aq) + 2e^- \rightleftharpoons 2I^-$	0.6276	$0.5mol \cdot dm^{-3} H_2SO_4$
$Mn^{3+} + e^- \rightleftharpoons Mn^{2+}$	1.50	$7.5mol \cdot dm^{-3} H_2SO_4$
$MnO_4^- + 8H^+ + 5e^- \rightleftharpoons Mn^{2+} + 4H_2O$	1.45	$1mol \cdot dm^{-3} HClO_4$
$O_2 + 2H_2O + 4e^- \rightleftharpoons 4OH^-$	0.41	$1mol \cdot dm^{-3} NaOH$
$Sb^{5+} + 2e^- \rightleftharpoons Sb^{3+}$	0.82	$6mol \cdot dm^{-3} HCl$
	0.75	$3.5mol \cdot dm^{-3} HCl$
$Sn^{4+} + 2e^- \rightleftharpoons Sn^{2+}$	0.14	$1mol \cdot dm^{-3} HCl$
	0.13	$2mol \cdot dm^{-3} HCl$
	-0.16	$1mol \cdot dm^{-3} HClO_4$
$SnCl_4^{2-} + 2e^- \rightleftharpoons Sn + 4Cl^-$	-0.19	$1mol \cdot dm^{-3} HCl$
$SnCl_6^{2-} + 2e^- \rightleftharpoons SnCl_4^{2-} + 2Cl^-$	0.14	$1mol \cdot dm^{-3} HCl$
	0.10	$5mol \cdot dm^{-3} HCl$
	0.07	$0.1mol \cdot dm^{-3} HCl$
	0.40	$4.5mol \cdot dm^{-3} H_2SO_4$
$Ti^{4+} + e^- \rightleftharpoons Ti^{3+}$	-0.05	$1mol \cdot dm^{-3} H_3PO_4$
	-0.15	$5mol \cdot dm^{-3} H_3PO_4$
	-0.24	$0.1mol \cdot dm^{-3} KSCN$
	-0.01	$0.2mol \cdot dm^{-3} H_2SO_4$
	0.12	$2mol \cdot dm^{-3} H_2SO_4$

附录Ⅷ 一些配位化合物的稳定常数与金属离子的羟合效应系数

1. 一些配位化合物的稳定常数

	$\lg\beta_1$	$\lg\beta_2$	$\lg\beta_3$	$\lg\beta_4$	$\lg\beta_5$	$\lg\beta_6$
1. F^-						
Al(Ⅲ)	6.10	11.15	15.00	17.75	19.37	19.84
Be(Ⅱ)	5.1	8.8	12.6			
Fe(Ⅲ)	5.28	9.30	12.06			
Th(Ⅲ)	7.65	13.46	17.97			
Ti(Ⅳ)	5.4	9.8	13.7	18.0		
Zr(Ⅲ)	8.80	16.12	21.94			
2. Cl^-						
Ag(Ⅰ)	3.04	5.04		5.30		
Au(Ⅲ)		9.8				
Bi(Ⅲ)	2.44	4.7	5.0	5.6		
Cd(Ⅱ)	1.95	2.50	2.60	2.80		
Cu(Ⅰ)		5.5	5.7			
Fe(Ⅲ)	1.48	2.13	1.99	0.01		
Hg(Ⅱ)	6.74	13.22	14.07	15.07		
Pb(Ⅱ)	1.62	2.44	1.70	1.60		
Pt(Ⅱ)		11.5	14.5	16.0		
Sb(Ⅲ)	2.26	3.49	4.18	4.72		
Sn(Ⅱ)	1.51	2.24	2.03	1.48		
Zn(Ⅱ)	0.43	0.61	0.53	0.20		
3. Br^-						
Ag(Ⅰ)	4.38	7.33	8.00	8.73		
Au(Ⅰ)		12.46				
Cd(Ⅱ)	1.75	2.34	3.32	3.70		
Cu(Ⅰ)		5.89				
Cu(Ⅱ)	0.30					

	$\lg\beta_1$	$\lg\beta_2$	$\lg\beta_3$	$\lg\beta_4$	$\lg\beta_5$	$\lg\beta_6$
Hg(Ⅱ)	9.05	17.32	19.74	21.00		
Pb(Ⅱ)	1.2	1.9		1.1		
Pd(Ⅱ)				13.1		
Pt(Ⅱ)				20.5		
4. I⁻						
Ag(Ⅰ)	6.58	11.74	13.68			
Cd(Ⅱ)	2.10	3.43	4.49	5.41		
Cu(Ⅰ)		8.85				
Hg(Ⅱ)	12.87	23.82	27.60	29.83		
Pb(Ⅱ)	2.00	3.15	3.92	4.47		
5. CN⁻						
Ag(Ⅰ)		21.1	21.7	20.6		
Au(Ⅰ)		38.3				
Cd(Ⅱ)	5.48	10.60	15.23	18.78		
Cu(Ⅰ)		24.0	28.59	30.30		
Fe(Ⅱ)						35
Fe(Ⅲ)						42
Hg(Ⅱ)					41.4	
Ni(Ⅱ)					31.3	
Zn(Ⅱ)					16.7	
6. NH₃						
Ag(Ⅰ)	3.24	7.05				
Cd(Ⅱ)	2.65	4.75	6.19	7.12	6.80	5.14
Co(Ⅱ)	2.11	3.74	4.79	5.55	5.73	5.11
Co(Ⅲ)	6.7	14.0	20.1	25.7	30.8	35.2
Cu(Ⅰ)	5.93	10.86				
Cu(Ⅱ)	4.31	7.98	11.02	13.32	12.86	
Fe(Ⅱ)	1.4	2.2				
Hg(Ⅱ)	8.8	17.5	18.5	19.28		
Ni(Ⅱ)	2.80	5.04	6.77	7.96	8.71	7.74

续表

	lgβ_1	lgβ_2	lgβ_3	lgβ_4	lgβ_5	lgβ_6
Pt(Ⅱ)						35.3
Zn(Ⅱ)	2.37	4.81	7.31	9.46		
7. OH$^-$						
Ag(Ⅰ)	3.96					
Al(Ⅲ)	9.27			33.03		
Be(Ⅱ)	9.7	14.0	15.2			
Bi	12.7	15.8		35.2		
Cd	4.17	8.33	9.02	8.62		
Cr(Ⅲ)	10.1	17.8		29.9		
Cu(Ⅱ)	7.0	13.68	17.00	18.5		
Fe(Ⅱ)	5.56	9.77	9.67	8.58		
Fe(Ⅲ)	11.87	21.17	29.67			
Ni(Ⅱ)	4.97	8.55	11.33			
Pb(Ⅱ)	7.82	10.85	14.58		61.0	
Sb(Ⅲ)		24.3	36.7	38.3		
Tl(Ⅲ)	12.86	25.37				
Zn(Ⅱ)	4.40	11.30	14.14	17.60		
8. P$_2$O$_7^{4-}$						
Ca(Ⅱ)	4.6					
Cd(Ⅱ)	5.6					
Cu(Ⅱ)	6.7	9.0				
Ni(Ⅱ)	5.8	7.4				
Pb(Ⅱ)		5.3				
9. SCN$^-$						
Ag(Ⅰ)		7.57	9.08	10.08		
Au(Ⅰ)		23		42		
Cd(Ⅱ)	1.39	1.98	2.58	3.6		
Co(Ⅱ)	−0.04	−0.70	0	3.00		
Cr(Ⅲ)	1.87	2.98				
Cu(Ⅰ)	12.11	5.18				
Fe(Ⅲ)	2.95	3.36				

	$\lg\beta_1$	$\lg\beta_2$	$\lg\beta_3$	$\lg\beta_4$	$\lg\beta_5$	$\lg\beta_6$
Hg（Ⅱ）		17.47		21.23		
Ni（Ⅱ）	1.18	1.64	1.81			
Zn（Ⅱ）	1.62					
10. $S_2O_3^{2-}$						
Ag（Ⅰ）	8.82	13.46				
Cd（Ⅱ）	3.92	6.44				
Cu（Ⅰ）	10.27	12.22	13.84			
Hg（Ⅱ）		29.44	31.90	33.24		
Pb（Ⅱ）		5.13	6.35			
11. 草酸（$H_2C_2O_4$）						
Al（Ⅲ）	7.26	13.0	16.3			
Fe（Ⅱ）	2.9	4.52	5.22			
Fe（Ⅲ）	9.4	16.2	20.2			
Mn（Ⅱ）	3.97	5.80				
Ni（Ⅱ）	5.3	7.64	8.5			
Zn（Ⅱ）	4.89	7.60	8.15			
12. 乙酸（CH_3COOH）						
Ag（Ⅰ）	0.73	0.64				
Pb（Ⅱ）	2.52	4.0	6.4	8.5		
13. 乙二胺（en）						
Ag（Ⅰ）	4.70	7.70				
Cd（Ⅱ）	5.47	10.09	12.09			
Co（Ⅱ）	5.91	10.64	13.94			
Co（Ⅲ）	18.7	34.9	48.69			
Cr（Ⅱ）	5.15	9.19				
Cu（Ⅰ）		10.8				
Cu（Ⅱ）	10.67	20.00	21.0			
Fe（Ⅱ）	4.34	7.65	9.70			
Hg（Ⅱ）	14.3	23.3				
Mn（Ⅱ）	2.73	4.79	5.67			
Ni（Ⅱ）	7.52	13.84	18.33			
Zn（Ⅱ）	5.77	10.83	14.11			

2. 一些金属离子的羟合效应系数 [$\lg\alpha_{M(OH)}$]

金属离子	离子强度	pH													
		1	2	3	4	5	6	7	8	9	10	11	12	13	14
Al^{3+}	2					0.4	1.3	5.3	9.3	13.3	17.3	21.3	25.3	29.3	33.3
Bi^{3+}	3	0.1	0.5	1.4	2.4	3.4	4.4	5.4							
Ca^{2+}	0.1													0.3	1.0
Cd^{2+}	3								0.1	0.5	2.0	4.5	2.1	12.0	
Co^{2+}	0.1								0.1	0.4	1.1	2.2	4.2	7.2	10.2
Cu^{2+}	0.1								0.2	0.8	1.7	2.7	3.7	4.7	5.7
Fe^{2+}	1								0.1	0.6	1.5	2.5	3.5	4.5	
Fe^{3+}	3			0.4	1.8	3.7	5.7	7.7	9.7	11.7	13.7	15.7	17.7	19.7	21.7
Hg^{2+}	0.1			0.5	1.9	3.9	5.9	7.9	9.9	11.9	13.9	15.9	17.9	19.9	21.9
La^{3+}	3									0.3	1.0	1.9	2.9	3.9	
Mg^{2+}	0.1											0.1	0.5	1.3	2.3
Mn^{2+}	0.1										0.1	0.5	1.4	2.4	3.4
Ni^{2+}	0.1									0.1	0.7	1.6			
Pb^{2+}	0.1						0.1	0.5	1.4	2.7	4.7	7.4	10.4	13.4	
Th^{4+}	1				0.2	0.8	1.7	2.7	3.7	4.7	5.7	6.7	7.7	8.7	9.7
Zn^{2+}	0.1									0.2	2.4	5.4	8.5	11.8	15.5

3. 金属-EDTA 配位化合物的稳定常数

M	Ag^+	Al^{3+}	Ba^{2+}	Be^{2+}	Bi^{3+}	Ca^{2+}	Cd^{2+}	Co^2	Co^{3+}	Cr^{3+}
$\lg K_{稳}^{\ominus}$	7.32	16.5	7.78	9.2	27.8	11.0	16.36	16.26	41.4	23.4
M	Cu^{2+}	Fe^{2+}	Fe^{3+}	Hg^{2+}	Mg^{2+}	Mn^{2+}	Ni^{2+}	Pb^{2+}	Sn^{2+}	Zn^{2+}
$\lg K_{稳}^{\ominus}$	18.70	14.27	24.23	21.5	9.12	13.81	18.5	17.88	18.3	16.36

4. 金属-EDTA 配位化合物的条件稳定常数

当金属离子(M)和 EDTA(Y)由于副反应的影响而得到的稳定常数称条件稳定常数 $K_{M'Y'}$,或称表观稳定常数。如果忽略酸式或碱式配位化合物的影响,它与稳定常数的关系为:

$$\lg K_{M'Y'} = \lg K_{MY} - \lg\alpha_M - \lg\alpha_Y$$

本表列出的是在不同 pH 值时 M-EDTA 配位化合物的条件稳定常数。除 Fe(Ⅲ)、Hg(Ⅱ)和 Al 的 EDTA 配位化合物的条件稳定常数考虑了碱式或酸式配位化合物的影响外,其余的则只考虑酸效应和羟基配位效应。

金属 离子	各 pH 值时的 lg$K_{M'Y'}$														
	0	1	2	3	4	5	6	7	8	9	10	11	12	13	14
Ag					0.7	1.7	2.8	3.9	5.0	5.9	6.8	7.1	6.8	5.0	2.2
Al			3.0	5.4	7.5	9.6	10.4	8.5	6.6	4.5	2.4				
Ba						1.3	3.0	4.4	5.5	6.4	7.3	7.7	7.8	7.7	7.3
Bi	1.4	5.3	8.6	10.6	11.8	12.8	13.6	14.0	14.1	14.0	13.9	13.3	12.4	11.4	10.4
Ca					2.2	4.1	5.9	7.3	8.4	9.3	10.2	10.6	10.7	10.4	9.7
Cd		1.0	3.8	6.0	7.9	9.9	11.7	13.1	14.2	15.0	15.5	14.4	12.0	8.4	4.5
Co		1.0	3.7	5.9	7.8	9.7	11.5	12.9	13.9	14.5	14.7	14.0	12.1		
Cu		3.4	6.1	8.3	10.2	12.2	14.0	15.4	16.3	16.6	16.6	16.1	15.7	15.6	15.6
Fe(Ⅱ)			1.5	3.7	5.7	7.7	9.5	10.9	12.0	12.8	13.2	12.7	11.8	10.8	9.8
Fe(Ⅲ)	5.1	8.2	11.5	13.9	14.7	14.8	14.6	14.1	13.7	13.6	14.0	14.3	14.4	14.4	14.4
Hg(Ⅱ)	3.5	6.5	9.2	11.1	11.3	11.3	11.1	10.5	9.6	8.8	8.4	7.7	6.8	5.8	4.8
La			1.7	4.6	6.8	8.8	10.6	12.0	13.1	14.0	14.6	14.3	13.5	12.5	11.5
Mg						2.1	3.9	5.3	6.4	7.3	8.2	8.5	8.2	7.4	
Mn			1.4	3.6	5.5	7.4	9.2	10.6	11.7	12.6	13.4	13.4	12.6	11.6	10.6
Ni		3.4	6.1	8.2	10.1	12.0	13.8	15.2	16.3	17.1	17.4	16.9			
Pb		2.4	5.2	7.4	9.4	11.4	13.2	14.5	15.2	15.2	14.8	13.0	10.6	7.6	4.6
Sr						2.0	3.8	5.2	6.3	7.2	8.1	8.5	8.6	8.5	8.0
Zn		1.1	3.8	6.0	7.9	9.9	11.7	13.1	14.2	14.9	13.6	11.0	8.0	4.7	1.0

附录Ⅸ　常用化合物的摩尔质量

化合物	摩尔质量/(g·mol^{-1})	化合物	摩尔质量/(g·mol^{-1})
AgBr	187.77	AlCl$_3$	133.34
AgCl	143.32	AlCl$_3$·6H$_2$O	241.43
AgCN	133.89	Al(NO$_3$)$_3$	213.00
AgSCN	165.95	Al(NO$_3$)$_3$·9H$_2$O	375.13
Ag$_2$CrO$_4$	331.73	Al$_2$O$_3$	101.96
AgI	234.77	Al(OH)$_3$	78.00
AgNO$_3$	169.87	Al$_2$(SO$_4$)$_3$	342.14

续表

化合物	摩尔质量/(g·mol^{-1})	化合物	摩尔质量/(g·mol^{-1})
$Al_2(SO_4)_3 \cdot 18H_2O$	666.41	$Co(NO_3)_2 \cdot 6H_2O$	291.03
As_2O_3	197.84	CoS	90.99
As_2O_5	229.84	$CoSO_4$	154.99
As_2S_3	246.02	$CoSO_4 \cdot 7H_2O$	281.10
$BaCO_3$	197.34	$CO(NH_2)_2$	60.06
BaC_2O_2	225.35	$CrCl_3$	158.35
$BaCl_2$	208.24	$CrCl_3 \cdot 6H_2O$	266.45
$BaCl_2 \cdot 2H_2O$	244.27	$Cr(NO_3)_3$	238.01
$BaCrO_4$	253.32	Cr_2O_3	151.99
BaO	153.33	$CuCl$	98.999
$Ba(OH)_2$	171.34	$CuCl_2$	134.45
$BaSO_4$	233.39	$Cu(NO_3)_2$	187.56
$BiCl_3$	315.34	$Cu(NO_3)_2 \cdot 3H_2O$	241.60
$BiOCl$	260.43	CuO	79.545
CO_2	44.01	Cu_2O	143.09
CH_3COOH	60.052	CuS	95.61
$C_6H_8O_7 \cdot H_2O$(柠檬酸)	210.14	$CuSO_4$	159.60
$C_4H_6O_6$(酒石酸)	150.09	$CuSO_4 \cdot 5H_2O$	249.68
C_6H_5OH	94.11	$FeCl_2$	126.75
$Ca(OH)_2$	74.09	$FeCl_2 \cdot 4H_2O$	198.81
$Ca_3(PO_4)_2$	310.18	$FeCl_3$	162.21
$CaSO_4$	136.14	$FeCl_3 \cdot 6H_2O$	270.30
$CdCO_3$	172.42	$C_2H_2(COOH)_2$(丁二烯酸)	116.07
$CdCl_2$	183.32	CaO	56.08
CdS	144.47	$CaCO_3$	100.09
$Ce(SO_4)_2$	332.24	CaC_2O_2	128.10
$Ce(SO_4)_2 \cdot 4H_2O$	404.30	$CaCl_2$	110.99
$CoCl_2$	129.84	$CaCl_2 \cdot 6H_2O$	219.08
$CoCl_2 \cdot 6H_2O$	237.93	$Ca(NO_3)_2 \cdot 4H_2O$	236.15
$Co(NO_3)_2$	182.94	FeS	87.91

化合物	摩尔质量/(g·mol⁻¹)	化合物	摩尔质量/(g·mol⁻¹)
$FeSO_4$	151.90	FeO	71.846
$FeSO_4 \cdot 7H_2O$	278.01	Fe_2O_3	159.69
$FeSO_4 \cdot (NH_4)_2SO_4 \cdot 6H_2O$	392.13	Fe_3O_4	231.54
H_3AsO_3	125.94	$Fe(OH)_3$	106.87
H_3AsO_4	141.94	K_2CO_3	138.21
H_3BO_3	61.83	K_2CrO_4	194.19
HBr	80.912	$K_2Cr_2O_7$	294.18
HCN	27.026	$K_3Fe(CN)_6$	329.25
$HCOOH$	46.026	$K_4Fe(CN)_6$	368.35
H_2CO_3	62.025	$KFe(SO_4)_2 \cdot 12H_2O$	503.24
$H_2C_2O_4$	90.035	$KHC_4H_4O_6$	188.18
$H_2C_2O_4 \cdot 2H_2O$	126.07	$KHSO_4$	136.16
HCl	36.461	KI	166.00
HF	20.006	KIO_3	214.00
HI	127.91	$KMnO_4$	158.03
HIO_3	175.91	$KNaC_4H_4O_6 \cdot 4H_2O$	282.22
HNO_3	63.013	KNO_3	101.10
HNO_2	47.013	KNO_2	85.104
H_2O	18.015	K_2O	94.196
H_2O_2	34.015	KOH	56.106
H_3PO_4	97.995	K_2SO_4	174.25
H_2S	34.08	$MgCO_3$	84.314
H_2SO_3	82.07	$MgCl_2$	95.211
H_2SO_4	98.07	$MgCl_2 \cdot 6H_2O$	203.30
$HgCl_2$	271.50	$Mg(NO_3)_2 \cdot 6H_2O$	256.41
Hg_2Cl_2	472.09	MgO	40.304
HgI_2	454.40	$Mg(OH)_2$	58.32
$FeNH_4(SO_4)_2 \cdot 12H_2O$	482.18	$MgSO_4 \cdot 7H_2O$	246.47
$Fe(NO_3)_3$	241.86	$MnCO_3$	114.95
$Fe(NO_3)_3 \cdot 9H_2O$	404.00	$MnCl_2 \cdot 4H_2O$	197.91

续表

化合物	摩尔质量/(g·mol⁻¹)	化合物	摩尔质量/(g·mol⁻¹)
$Mn(NO_3)_2 \cdot 6H_2O$	287.04	$NaCl$	58.443
MnO	70.937	$NaClO$	74.442
$Hg_2(NO_3)_2$	525.19	$NaHCO_3$	84.007
$Hg_2(NO_3)_2 \cdot 2H_2O$	561.22	$Na_2HPO_4 \cdot 12H_2O$	358.14
$Hg(NO_3)_2$	324.60	$Na_2H_2Y \cdot 2H_2O$	372.24
HgO	216.59	$NaNO_2$	68.995
HgS	232.65	$NaNO_3$	84.995
$HgSO_4$	296.65	MnO_2	86.937
$KAl(SO_4)_2 \cdot 12H_2O$	474.38	MnS	87.00
KBr	119.00	$MnSO_4$	151.00
$KBrO_3$	167.00	$MnSO_4 \cdot 4H_2O$	223.06
KCl	74.551	NO	30.006
$KClO_3$	122.55	NO_2	46.006
$KClO_4$	138.55	NH_3	17.03
KCN	65.116	CH_3COONH_4	77.083
$KSCN$	97.18	NH_4Cl	53.491
NH_4NO_3	80.043	$(NH_4)_2CO_3$	96.086
$(NH_4)_2S$	68.14	$(NH_4)_2C_2O_4$	124.10
$(NH_4)_2SO_4$	132.13	$(NH_4)_2SCN$	76.12
Na_3AsO_3	191.89	NH_4HCO_3	79.055
$Na_2B_4O_7$	201.22	$(NH_4)_2MoO_4$	196.01
$Na_2B_4O_7 \cdot 10H_2O$	381.37	$Pb(CH_3COO)_2$	325.30
$NaBiO_3$	279.97	$Pb(CH_3COO)_2 \cdot 3H_2O$	379.30
$NaCN$	49.007	PbI_2	461.00
$NaSCN$	81.07	$Pb(NO_3)_2$	331.20
Na_2CO_3	105.99	PbO	223.20
$Na_2CO_3 \cdot 10H_2O$	286.14	PbO_2	239.20
NaC_2O_4	134.00	PbS	239.30
CH_3COONa	82.034	$PbSO_4$	303.30
$CH_3COONa \cdot 3H_2O$	136.08	SO_3	80.06

化合物	摩尔质量/(g·mol^{-1})	化合物	摩尔质量/(g·mol^{-1})
SO_2	64.06	$Na_2S_2O_3$	158.10
$SbCl_3$	228.11	$Na_2S_2O_3 \cdot 5H_2O$	248.17
$SbCl_5$	299.02	$NiCl_2 \cdot 6H_2O$	237.69
Sb_2O_3	291.50	NiO	74.69
Sb_2S_3	339.68	$Ni(NO_3)_2 \cdot 6H_2O$	290.79
SiF_4	104.08	NiS	90.75
SiO_2	60.084	$NiSO_4 \cdot 7H_2O$	280.85
$SnCl_2$	189.62	P_2O_5	141.94
$SnCl_2 \cdot 2H_2O$	225.65	$PbCO_3$	267.20
$SnCl_4 \cdot 5H_2O$	350.596	$PbCl_2$	278.10
SnO_2	150.71	$PbCrO_4$	323.20
SnS	150.776	$SrCO_3$	147.63
Na_2O	61.979	$SrSO_4$	183.68
Na_2O_2	77.978	$ZnCO_3$	125.39
$NaOH$	39.997	$ZnCl_2$	136.29
Na_3PO_4	163.94	$Zn(CH_3COO)_2$	183.47
Na_2S	78.04	$Zn(NO_3)_2$	189.39
$Na_2S \cdot 9H_2O$	240.18	ZnO	81.38
Na_2SO_3	126.04	ZnS	97.44
Na_2SO_4	142.04	$ZnSO_4$	161.44

参考文献

1. 曲宝忠，朱炳林，周伟红主编. 新大学化学. 北京：科学出版社，2002

2. 倪哲明，陈爱民主编. 无机及分析化学. 北京：化学工业出版社，2009

3. L. P. Eubanks，C. H. Middlecamp 编著. 化学与社会. 段连运等译. 林国强审校. 北京：化学工业出版社，2008

4. 张胜义，陈祥迎，杨捷编著. 化学与社会发展. 合肥：中国科学技术大学出版社，2009